空间电子信息科学与技术系列

星间链路天线跟踪指向系统

黎孝纯　邱乐德　陈明章　余晓川 等　编著

上海交通大学出版社

内 容 提 要

本书是空间电子信息科学与技术系列之一。全书阐述中继星星间链路天线跟踪指向系统的设计理论与方法,重点讲述星载 Ka 频段角跟踪系统的设计这一技术难题。在分析研究星地大回路跟踪指向系统的同时,论述星上自主闭环跟踪指向系统的工程设计理论与方法。全书共 16 章,分为三个部分。第一部分第 1～3 章论述中继星星间链路天线跟踪指向系统组成、工作原理和技术性能;第二部分第 4～8 章论述分机(天线、结构与机构、跟踪接收机、控制处理器和驱动电路)的设计理论与方法;第三部分第 9～16 章分别介绍系统设计中几个技术难题的解决途径,如宽带数据传输信号的角跟踪理论,包括卫星姿态控制和天线指向控制的动力学数学模型及仿真分析,天线跟踪指向控制的解耦设计和鲁棒稳定性设计分析,角跟踪系统的在轨相位校准方法,星载角跟踪系统程控跟踪指向算法,星载角跟踪系统的扫描捕获方法,中继星天线星地大回路跟踪指向系统的性能等。

全书内容丰富,系统性和可读性较强,具有较高的实际应用价值。本书可作为高等院校跟踪测控工程、通信工程、自动控制工程、机械工程等专业本科生和研究生的教材或教学参考书,也可供相关专业的科研、工程技术人员参考。

图书在版编目(CIP)数据

星间链路天线跟踪指向系统/黎孝纯等编著. —上海:上海交通大学出版社,2013
(空间电子信息科学与技术系列)
ISBN 978-7-313-09344-8

Ⅰ. 星… Ⅱ. 黎… Ⅲ. 卫星通信系统—天线跟踪 Ⅳ. TN828.5

中国版本图书馆 CIP 数据核字(2012)第 296409 号

星间链路天线跟踪指向系统
黎孝纯 等编著
上海交通大学出版社出版发行
(上海市番禺路 951 号 邮政编码 200030)
电话:64071208 出版人:韩建民
常熟市文化印刷有限公司 印刷 全国新华书店经销
开本:787mm×1092mm 1/16 印张:22.25 字数:547 千字
2013 年 3 月第 1 版 2013 年 3 月第 1 次印刷
ISBN 978-7-313-09344-8/TN 定价:98.00 元

前　　言

随着航天事业的发展,中低轨道卫星数目不断增多,高性能的对地观测卫星、宇宙飞船和空间站等都要求长弧段(甚至全球覆盖)连续实时的高速数据传输和测控。实现这种任务要求的技术手段就是跟踪与数据中继卫星系统。

跟踪与数据中继卫星系统 TDRSS(tracking and data relay satellite system)的建成,标志着对低轨道航天器的天基测控通信网的诞生,它的"天基"设计思想从根本上解决了测控、通信的高覆盖率问题,同时还解决了高速数传和多目标测控通信等技术难题,使航天测控通信技术发生了革命性的变化。

因为 TDRSS 要进行高速数据中继传输,传输码速率高达 300~800 Mbps,而实现高速数据率中继传输的基础是 TDRS 星上高增益天线的应用,用来提高信号的有效发射功率 $EIRP$ 和接收信号的增益噪声温度比 G/T 值,否则不可能实现高速数传。例如 TDRS 星上的 Ka 频段天线直径为 3~4.9 m,波束宽度约为 $0.18°$~$0.25°$,它覆盖不了 $23°$ 的区域,故要求窄波束天线扫描 $23°$ 的空域捕获跟踪用户航天器,要求 Ka 频段天线波束指向损失 $\leqslant 0.5$ dB,也要求 Ka 频段天线跟踪用户星的跟踪指向误差 $\leqslant 0.05°$。同时,中继星 S/Ka 天线要对各种(例如只有 S 频段、或只有 Ka 频段、或有 S/Ka 频段,相应的 100 Kbps~800 Mbps 的 BPSK 或 QPSK 数传信号的)用户航天器捕获跟踪,建立起星间链路。对于这样的星载角跟踪系统,美国一二代中继卫星系统都选择了星地大回路捕获跟踪方案,说明在这个历史时期,中继星 S/Ka 天线实现星上自主闭环捕获跟踪用户星是一大技术难题。

本书是从事卫星测控通信的技术研究和教学人员多年通力合作完成的兼具学术著作和教材性质的书。本书既可作为高等院校无线电跟踪测控工程、通信工程、自动控制工程、机械工程等专业本科生和研究生的教材或教学参考书,也可供相关专业的科研工程技术人员参考。

本书主要阐述星上自主闭环天线跟踪指向系统的设计理论与方法。全书共由 16 章构成,分为三个部分。第一部分包括第 1~3 章,论述中继星星间链路天线跟踪指向系统的系统设计;第二部分包括第 4~8 章,论述分机(天线、结构与机构、跟踪接收机、控制处理器和驱动电路)的设计理论与方法;第三部分包括第 9~16 章,论述星上自主闭环天线跟踪指向系统中几个技术难题的解决途径。各章的内容如下:

第 1 章　概述中继星星间链路的组成和功能,说明星间链路天线捕获跟踪指向是建立中继星星间链路的前提条件,它的工程设计是一大技术难题。简述中继星天线星地大回路捕获跟踪指向系统的工作原理。

第 2 章　阐述中继星天线星上闭环跟踪指向系统的设计,包括系统的组成和工作原理、工作模式、技术难题及其解决途径。

第 3 章　阐述用户星天线跟踪指向系统的设计,包括系统的组成、工作原理、工作模式、技术难题及其解决途径。

第 4 章　介绍中继星单址 ka/S 天线的设计方法,阐述双反射面正馈多模(TE$_{11}$为和模,TM$_{01}$为差模)跟踪天线的设计,介绍单反射面偏馈多模馈源跟踪天线方案。

第 5 章　阐述用户星 ka/S 天线的设计方法,重点是双反射面多模(TE$_{11}$为和模,TE$_{21}$为差模)跟踪天线的设计。

第 6 章　阐述中继星天线结构与机构的设计方法,阐述用户星天线结构与机构的设计方法。

第 7 章　阐述中继星跟踪接收机的设计方法,阐述用户终端跟踪接收机的设计方法。

第 8 章　阐述天线控制器的设计,重点是天线指向控制即捕获跟踪控制器及驱动电路的设计方法。

第 9 章　阐述宽带数据传输信号的角跟踪理论,并用数学推导、物理解释和实验验证来证明该理论的正确性。由此,中继星 APS 的跟踪接收机用 2~3 个带通滤波器切换,就能实现对 100 Kbps~300 Mbps 数传信号的角跟踪。

第 10 章　建立中继星卫星平台控制和天线指向控制的动力学模型,并进行天线指向控制运动和星体姿态运动的动力耦合分析,其结果为中继星大型天线设计和天线伺服控制设计提供了依据。

第 11 章　根据第 10 章建立的 APS 和 ACS 动力学模型和动力耦合分析结果,分析论证确定 APS 和 ACS 的解耦方法即前馈补偿解耦方法,用以单环设计天线指向控制器,单环设计 ACS 控制器。必要时,用鲁棒稳定性分析的 μ 方法,检验包含 APS 和 ACS 的整个系统的多环稳定性。

第 12 章　阐述中继星 APS 在轨相位校准方法,阐述用户星 APS 在轨相位校准方法。

第 13 章　用传统的坐标转换矩阵方法介绍中继星天线程控指向用户星的方位角和俯仰角计算过程。

第 14 章　阐述用户终端天线程控指向算法,包括用户星 GPS 数据计算指向角方法。

第 15 章　介绍一种更适合星间链路天线扫描捕获的恒线速度螺旋扫描捕获方法。该方法既对卫星姿态冲击影响小,又有利于对目标的发现与捕获。

第 16 章　阐述中继星单址天线星地大回路指向系统中长延时的影响分析与仿真。

本书的编写分工如下:第 1 章(黎孝纯),第 2 章(黎孝纯、邱乐德、陈明章、余晓川),第 3 章(张剑、翟军涛、荣国志),第 4 章(姚永田),第 5 章(许智),第 6 章(宋剑鸣),第 7 章(王珊珊、关鹏),第 8 章(闫剑虹、徐文强),第 9 章(黎孝纯、薛丽、朱舸),第 10 章(韦娟芳),第 11 章(黎孝纯),第 12 章(黎孝纯、陈明章、余晓川、刘翠翠),第 13 章(黎孝纯),第 14 章(李荣),第 15 章(黎孝纯、于瑞霞、张剑),第 16 章(于瑞霞)。

本书所涉及的天线跟踪指向系统的研究与教学得到张洪太研究员、谢军研究员、史平彦研究员、李军研究员、何兵哲研究员、熊之凡研究员的热心指导和支持。在本书的撰写过程中,陈豪、崔万照、冀有志三位专家审阅了原稿,在此,一并致以诚挚的感谢。

空间电子信息科学与技术系列是中国空间技术研究院西安分院针对研究生培养和科研人员教育计划而组织编写的,本书为空间电子信息科学与技术系列之一,在编写过程中参阅了大量中外资料和经典著作,均已列入书后的参考文献中,在此谨向这些文献的作者表示深切的感谢。

书中有不妥之处,敬请广大读者予以批评指正。

编著者

目　　录

第1章　中继星星间链路天线指向系统概述

1.1　跟踪与数据中继卫星系统的组成和功能

1.1.1　跟踪与数据中继卫星系统的发展

随着航天事业的发展,中低轨道卫星数目不断增多,高性能的对地观测卫星、宇宙飞船和空间站等都要求长弧段(甚至全球覆盖)连续实时的高速数据传输和测控。而完成这种任务的技术设备就是跟踪与数据中继卫星系统。

跟踪与数据中继卫星系统是一个利用同步卫星和地面终端站,对中、低轨飞行器(称为用户航天器)进行高覆盖率测控和数据中继的测控通信系统。这个综合系统具有跟踪测轨(T)和数据中继(DR)两方面的功能,故称为跟踪与数据中继卫星系统(TDRSS)。这个系统中的同步卫星称为跟踪与数据中继卫星(TDRS),因为它从远离地球3.6万km的同步轨道向地球俯视,所以覆盖范围很大。这可形象地视为把测控通信站搬到了天上的同步轨道,故又称为"天基测控通信系统"。

跟踪与数据中继卫星系统TDRSS(Tracking and Data Relay Satellite System)的建成,标志着对低轨道航天器的天基测控通信网的诞生,它的"天基"设计思想从根本上解决了测控、通信的高覆盖率问题,同时还解决了高速数传和多目标测控通信等技术难题。TDRSS的出现使航天测控通信技术发生了革命性的变化,目前还在继续向前发展,不断地拓宽自己的应用领域,并具有较高的经济效益。

自20世纪80年代以来,NASA(美国宇航局)、苏联/俄罗斯、ESA(欧洲宇航局)和NASDA(日本国家航天开发局)4个空间组织都在研制自己的中继卫星系统[1~10]。美国1983年发射了第一颗中继卫星,到1995年共发射了7颗中继卫星TDRS-A~G,称为美国第一代中继卫星系统,使用频率是S/Ku频段;1997~2002年,美国发射了第二代中继卫星TDRSH,TDRSI,TDRSJ,使用频率是S/Ku,Ka频段;2007年开始,美国在研发第三代跟踪与数据中继卫星。2002年9月,日本发射了中继卫星DRTS,使用S/Ka频段;2003年欧空局发射了中继卫星ARTEMIS,使用S/Ka频段;2008年4月中国发射了中继卫星天链一号卫星,使用S/Ka频段。

美国、欧空局、日本都有各自的数据中继卫星发展计划,考虑到互用带来的优点,1988年,NASA,ESA,NASDA三家开了空间网络互用协调会(Space Network Interperabirity Panel,SNIP)进行规约协调,制定了SNIP标准,见表1.1[2]。本书后面叙述的中继卫星天线指向系统和用户星天线指向系统的频率和跟踪信号形式等多项参数参考了SNIP标准。

表 1.1　SNIP 推荐参数和各国中继星参数

参数			SNIP	TDRS(美)	DRTS(日)	ARTEMIS(欧)
S 频段	前向	频率范围	2 025~2 110 MHz	2 025~2 110 MHz	2 025~2 110 MHz	2 025~2 110 MHz
		带宽	10 MHz(min)	10 MHz(min)	10 MHz(min)	17 MHz
		频率步进量	0.5 MHz			
		EIRP	未精确定义	43.6~46.1 dBW	38~47 dBW	25~45 dBW
		极化	左旋、右旋均可	左旋、右旋均可	左旋、右旋均可	左旋、右旋均可
	返向	频率范围	2 200~2 290 MHz	2 200~2 290 MHz	2 200~2 290 MHz	2 200~2 290 MHz
		带宽	10 MHz	10 MHz	10 MHz	17 MHz
		频率步进量	0.5 MHz(max)			
		G/T 值	8.8 dB/K	8.5 dB/K	8.0 dB/K	6.8 dB/K
		极化	左旋、右旋均可	左旋、右旋均可	左旋、右旋均可	左旋、右旋均可
Ka 频段	前向	频率范围	23 205 MHz+n×60 MHz $n=0,\cdots,5$	WD:23 505 MHz NB:23.487 49 MHz, 23.522 5 MHz	23 175~23 545 MHz	23 205 MHz+n×60 MHz $n=0,\cdots,7$
		带宽	50 MHz(min)	50 MHz	30 MHz	50 MHz
		EIRP	依容量而定	48.5~63 dBW	48~62 dBW	45~61.3 dBW
		极化	左旋、右旋均可	左旋、右旋均可	左旋、右旋均可	左旋、右旋均可
	返向	频率范围	25 600 MHz+n×250 MHz $n=0,\cdots,7$	25 250~27 500 MHz	25 450~27 500 MHz	25 600 MHz+n×250 MHz $n=0,\cdots,7$
		带宽	225 MHz(min)	250 MHz,80 MHz	150 MHz	230 MHz
		G/T 值	依容量而定	29.4 dB/K	27.0 dB/K	22.3 dB/K
		极化	左旋、右旋均可	左旋、右旋均可	左旋、右旋均可	左旋、右旋均可
		信号形式	未调制载波	未调制载波	未调制载波	未调制载波
Ka 天线跟踪	前向信标	EIRP	24 dBW(min)			24 dBW
		频率	23 530 MHz,23 535 MHz, 23 540 MHz,23 545 MHz(可选择)	23 175 MHz~23 545 MHz		23 540 MHz 或者 23 545 MHz (可选择)
		极化	左旋			左旋
中继星天线跟踪信号形式			用户星返向数传信号	用户星返向数传信号	用户星返向数传信号	用户星返向数传信号

1.1.2 跟踪与数据中继卫星系统的组成

在同步轨道上放置 2 颗跟踪与数据中继卫星,两卫星经度相距约 130°,在地球上适当位置建地面终端站,就可以对装有中继终端设备的中低轨道卫星(用户星)进行中继测控和通信。如图 1.1 所示。其组成包括:

(1) 跟踪与数据中继卫星——TDRS1 和 TDRS2。

(2) 用户航天器——低轨卫星(侦察卫星、遥感卫星、飞船)、无人侦察机等。

(3) 地面终端站。

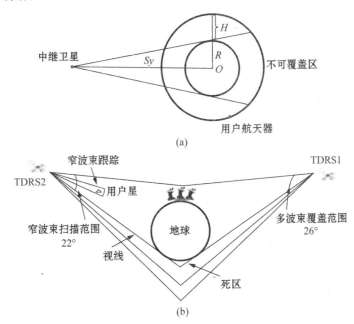

图 1.1　跟踪与数据中继卫星覆盖图
(a) 一颗 TDRS 星覆盖图;(b) 两颗 TDRS 星覆盖图

1.1.3 跟踪与数据中继卫星系统的功能

(1) 高覆盖率。如表 1.2 所示,对轨道高度在 1 200 km 以上的用户星,覆盖率为 100%;对轨道高度在 200 km 的用户星,覆盖率为 85%。这样的覆盖率,如果不用中继卫星,而用增加地面建站的方法是绝对无法实现的。

表 1.2　中继星覆盖率

用户星轨道高度 H	一颗中继星覆盖率	两颗中继星覆盖率 (经度相隔 130°)
200～2 000 km	52%～68%	
200～1 200 km		85%～100%
1 200～2 000 km		100%

(2) 实现天基卫星测控,代替现有的地基(由地面多个测控站、测量船组成)卫星测控系统。

(3) 高速数据中继传输。

（4）进行多目标测控通信。

1.2　中继星星间链路的组成和功能

1.2.1　星间链路的定义

星间链路泛指卫星之间建立的通信链路。一般称同步轨道卫星之间（轨道间无相对运动）建立的链路为星间链路 ISL（Inter Satellite Links）；称同步轨道卫星和中低轨道卫星之间（轨道间有相对运动）建立的链路为轨道间链路 IOL（Inter Orbit Links）。例如：中继星和用户航天器之间（轨道间有相对运动）的链路叫做轨道间链路，中低轨道卫星之间（轨道间有相对运动）建立的通信链路（例如"铱"系统就是在中低轨道上投放 66 颗卫星，卫星间用通信链路连接），也叫轨道间链路。

中继星星间链路就是将低轨道的用户航天器（遥感、气象、侦察等应用卫星、无人机和空间站载人飞船等）与同步轨道卫星——跟踪与数据中继卫星之间进行连接而形成的地面站和用户航天器之间的卫星通信测控链路。

1.2.2　中继星星间链路的组成

中继星星间链路包括地面站、中继星和用户航天器三部分，如图 1.2 和图 1.3 所示。地面站和中继星之间的链路叫馈电链路 FL（Feeder Link），中继星与用户航天器之间的链路叫轨道间链路 IOL。中继星星间链路包括馈电链路 FL 和轨道间链路 IOL。

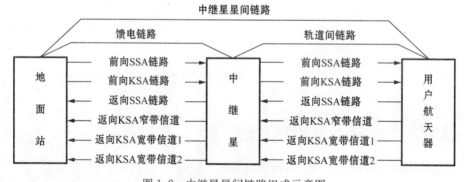

图 1.2　中继星星间链路组成示意图

对应一个用户星，中继星星间链路通常设计有两条独立的通信链路：S 频段单址通信链路（SSA）；Ka 频段单址通信链路（KSA）。

（1）S 频段通信链路 SSA 包括：

一条前向 S 频段链路（由地面站→中继星→用户航天器）。

一条返向 S 频段链路（由用户航天器→中继星→地面站）。

（2）Ka 频段通信链路 KSA 包括：

一条前向 Ka 频段链路（由地面站→中继星→用户航天器）。

一条返向 Ka 频段窄带通道（由用户航天器→中继星→地面站）。

两条返向 Ka 频段宽带通道（由用户航天器→中继星→地面站）。

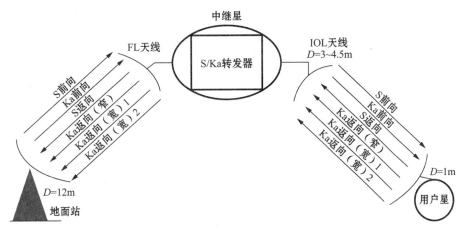

图1.3　中继星星间链路组成示意图

SSA链路和含窄带通道的KSA链路可用于测控和低速率数传。两条返向KSA宽带通道分别用于例如150 Mbps高速数传。

所谓中继星星间链路实质上是由中继星有效载荷、用户星有效载荷和地面站中相关部分构成的通信和测控链路。

从图1.3可见,中继星有效载荷主要有S/Ka转发器,轨道链路S/Ka天线(天线口径$D \approx 3 \sim 4.5\,\mathrm{m}$)和馈电链路S/Ka天线(天线口径$D \approx 1 \sim 2\,\mathrm{m}$);用户星有效载荷主要有收发设备、调制解调设备及S/Ka天线(天线口径$D \approx 1\,\mathrm{m}$);地面终端站相应的接收机、发射机、调制解调设备和天线(天线口径$D \approx 12\,\mathrm{m}$)。

可以看出由于传输的数据率提高,例如$300 \sim 600\,\mathrm{Mbps}$,星上天线口径增大,波束更窄,星上天线捕获跟踪指向是必要的。

1.2.3　中继星星间链路的功能

中继星星间链路的功能就是完成TDRSS的最基本的各种通信、测控任务。包括各种数据的传输、测距和测速等。

1) 中继星的功能

中继星的功能是对前向通信链路信号和返向通信链路信号进行变频转发:

(1) 将地面站发出的属于SSA的KSA的前向链路信号,经转发器变频为SSA信号后,转发给用户航天器。

(2) 将KSA的前向链路信号,经转发器仍变频为KSA信号后,转发给用户航天器。

(3) 将用户航天器发出的返向SSA通信链路信号,经转发器变频为KSA信号后,转发给地面站。

(4) 将KSA的返向窄带信道信号,经KSA窄带转发器仍变频为KSA信号后,转发给地面站。

(5) 将KSA的返向宽带信道信号,经KSA宽带转发器仍变频为KSA信号后,转发给地面站。

TDRS的转发器对所转发的信号而言是透明的。

TDRS工作在非相干模式时,星上本振采用星上晶振;工作在相干模式时,接收地面站发送的频标作为星上本振。前向通信链路和返向通信链路均要相干。

2) 地面站的功能

地面站是星间链路的建立、控制和管理者。

地面站的主要功能是：

（1）向用户航天器发送前向通信链路信号，并对信号进行调制、扩频等处理。

（2）接收发自用户航天器的返向通信链路信号，对所接收到的信号进行解调、解码、解扩等处理。

（3）对用户航天器进行测距和测速。

（4）对 TDRS 进行测控。

（5）对前向和返向链路的多普勒频率进行补偿。

（6）对星间链路进行监视、控制和管理。

（7）对系统工作状态进行控制管理等。

3）用户航天器的功能

用户航天器终端的功能是：

（1）接收经 TDRS 转发的前向通信链路信号，并进行解调、解扩等各种处理。

（2）将所采集到的各种数据，进行调制和编码处理后，经返向通信链路向 TDRS 发送。

（3）用户航天器在非相干工作模式下，使用星上晶振作为本振源，在相干模式下使用从前向链路信号中提取的载波信号作为本振源。

（4）在测距、测速时，将接收的测距码经返向通信链路向 TDRS 转发，此时，必须工作在相干模式下。

1.3 天线角跟踪系统的组成及工作原理

1.3.1 角跟踪系统的组成

一个典型的角跟踪系统如图 1.4 所示。它由天线、天线支架、跟踪接收机、捕获跟踪控制器及驱动电路等四个分机组成。

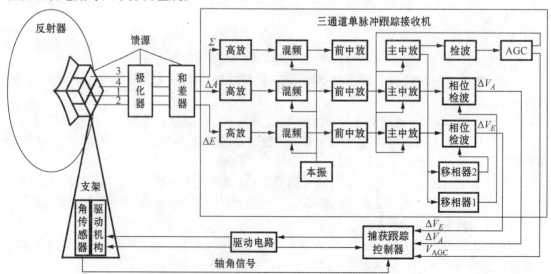

图 1.4 角跟踪系统组成框图

1.3.2 分机功能及工作原理

1.3.2.1 天线

天线由抛物面反射器及四喇叭单脉冲馈源组成。天线接收目标(例如卫星)发来的信号(单载波、BPSK、QPSK 信号),馈源形成并输出:和信号 Σ、方位差信号 ΔA、俯仰差信号 ΔE,如图 1.4 所示。和信号 Σ 为四个喇叭(1,2,3,4)接收信号之和,方向图如图 1.5 所示,目标在电轴上,信号最大,目标偏离电轴,信号逐渐减小,下降 3 dB 的两点之间为波束宽度。

波束宽度:$\theta \approx \dfrac{70\lambda}{D}(°)$

增益:$G = (0.5 - 0.65)\left(\dfrac{\pi D}{\lambda}\right)^2$;

式中:λ 为天线接收(发射)信号波长;D 为天线反射面直径。

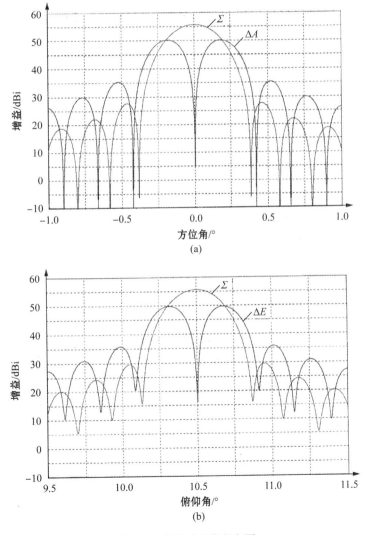

(a)

(b)

图 1.5　单脉冲天线方向图

1）方位差信号 ΔA

四喇叭馈源产生方位差的原理是 1,2 号喇叭接收的和信号减去 3,4 号喇叭接收的和信号形成方位差信号 ΔA。方向图如图 1.5(a)所示,可见:

(1) 目标在天线电轴上,$\Delta A = 0$。

(2) 目标偏天线电轴左边 $0 - \frac{1}{2}\theta$,ΔA 强度正比于偏角 θ 大小,ΔA 相位与 Σ 同相。

(3) 目标偏天线电轴右边 $0 - \frac{1}{2}\theta$,ΔA 强度正比于偏角 θ 大小,ΔA 相位与 Σ 反相。

2）俯仰差信号 ΔE

四喇叭馈源产生俯仰差的原理是 1,3 号喇叭接收的和信号减去 2,4 号喇叭接收的和信号形成俯仰差信号 ΔE,方向图如图 1.5(b)所示,可见:

(1) 目标在天线电轴上,$\Delta E = 0$。

(2) 目标偏天线电轴俯仰上边 $0 - \frac{1}{2}\theta$,ΔE 强度正比于偏角大小,ΔE 相位与 Σ 同相。

(3) 目标偏天线电轴俯仰下边 $0 - \frac{1}{2}\theta$,ΔE 强度正比于偏角大小,ΔE 相位与 Σ 反相。

单脉冲天线主要参数有波束宽度、增益、差斜率、圆极化轴比、交叉耦合等。

1.3.2.2　天线支架

天线支架固定在天线座上,天线安装在支架上。有两种支架即方位-俯仰（A-E）支架,X-Y 支架,如图 1.6 所示。天线装在支架上后,要求天线电轴和机械轴重合。

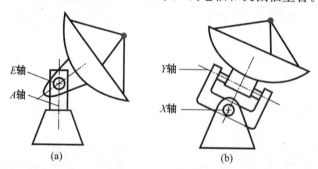

图 1.6　天线支架
(a) A-E;(b) X-Y

要注意:由图 1.6 可见,A-E 支架,A 轴指向与天线座固连;X-Y 支架,X 轴指向与天线座固连。

电轴——天线差波瓣零值所指的方向,它应该与和波束最大值辐射方向的轴线重合。

机械轴——在 A-E 支架里,是指与方位轴、俯仰轴正交的轴;在 X-Y 支架里,是指与 X-Y 轴正交的轴。方位-俯仰支架和 X-Y 支架比较如表 1.3 所示。

表 1.3　两种天线支架比较

A-E	X-Y
结构较小,重量较轻	结构较大,重量较重
天线过顶（A 轴顶端）有约 10°的死区	低仰角（X 轴）端约有 10°死区
需高频滑环或旋转关节	无需高频滑环或旋转关节

在星上天线往往要保证过顶无死区，几乎都采用 X-Y 支架。

天线支架的 A-E(或 X-Y)都有相应的驱动机构和角传感器。驱动机构由步进电机驱动。角传感器输出天线的方位轴、俯仰轴(或是 X 轴、Y 轴)的实时角数据，送捕获跟踪控制器。

转动 A 轴或 E 轴，即转动了机械轴(也就转动了电轴)；同理，转动 X 轴或 Y 轴，即转动了支架机械轴(也就转动了电轴)。

1.3.2.3　跟踪接收机

1) 跟踪接收机原理框图如图 1.4 所示

它叫做单脉冲三通道跟踪接收机，即和 Σ 通道、方位差 ΔA 通道、俯仰差 ΔE 通道。Σ，ΔA，ΔE 分别经低噪声放大器、混频器(三路本振源用同一信号源)、前中放、主中放大器、和路检波器、AGC 放大器、方位鉴相器、俯仰鉴相器组成。输出 AGC 电压 V_{AGC} 作为接收电平指示。输出方位角误差电压 ΔV_A、俯仰角误差电压 ΔV_E。

2) AGC 作用

由图 1.4 可见，AGC 控制是由和路 Σ 放大、变频、主中放检波后，视频放大后的控制电压去控制和路主中放增益，同时用这个电压去控制方位差 ΔA 通道的主中放增益，同时用这个电压去控制俯仰差 ΔE 通道的主中放增益。这样的 AGC 作用有三：一是馈源输出在较大范围内变化，使通道不饱和；二是和差三通道的相对幅度保持一致性，相位保持一致性；三是鉴相器输出的 ΔV_A，ΔV_E 特性(斜率)不变化或变化很小。

3) 角误特性 ΔV_A，ΔV_E 的提取

用鉴相器提取角误差电压，鉴相器的功能等效为一个乘法器。

方位鉴相器：输入是差信号 ΔA，参考信号是和信号经相移器 1 后的 Σ 信号。调试的时候：

(1) 先是天线电轴对准目标，此时方位差 ΔA 等于零，方位鉴相器输出为零。

(2) 然后，天线俯仰不动，方位右偏半波束宽度角，此时，馈源输出的方位差 ΔA 与馈源输出的 Σ 同相位。虽然进入方位鉴相器的 ΔA，Σ 分别经过接收机里的较长信道，这里采用移相器 1 调和路相移量，使在鉴相器(乘法器)里同相相乘，输出正电压 $+\Delta V_A$(ΔA，Σ 完全同相，$+\Delta V_A = \Delta V_{A最大}$)。

(3) 天线俯仰不动，方位左偏半波束宽度角，显然方位鉴相器的输入 ΔA 与参考 Σ 反相，鉴相器内 ΔA 与 Σ 反相相乘，其输出为 $-\Delta V_{A最大}$。

俯仰鉴相器：输入是差信号 ΔE，参考信号是经相移器 2 后的 Σ 信号，调试的时候：

(1) 先是天线电轴对准目标，此时，差信号 ΔA，ΔE 为零，俯仰鉴相器输出 $\Delta V_E = 0$。

(2) 天线方位不动，天线俯仰下偏半波束宽度角，调移相器 2，使鉴相器内 ΔE 与 Σ 同相相乘，鉴相器输出 $\Delta V_E = +\Delta V_{E最大}$。

(3) 天线方位不动，天线俯仰上偏半波束宽度角，此时，鉴相器内 ΔE 与 Σ 反相相乘，鉴相器输出为 $\Delta V_E = -\Delta V_{E最大}$。

4) 方位角误差特性曲线及俯仰角误差特性曲线

(1) 方位角误差特性曲线是方位鉴相器输出电压 ΔV_A-$\angle A$(天线方位角)变化曲线，如图 1.7(a)所示。

(2) 俯仰角误差特性曲线是俯仰鉴相器输出电压 ΔV_E-$\angle E$(天线仰角)变化曲线，如图 1.7(b)所示。

注意：除有图 1.4 所示的三通道单脉冲跟踪接收机，还有其他类型单脉冲跟踪接收机，例

如单通道单脉冲接收机和双通道单脉冲接收机。

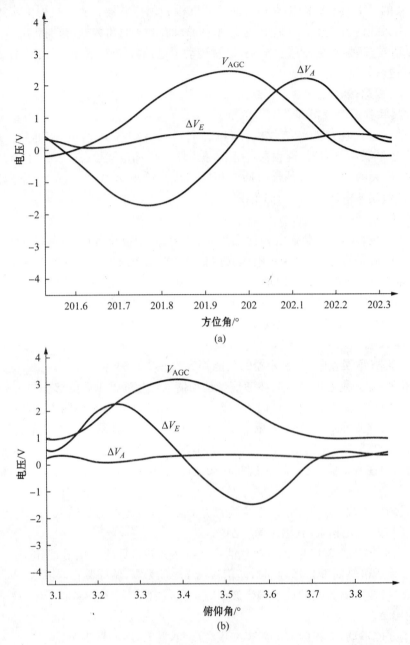

图 1.7　接收机输出角度误差特性曲线
（a）方位角；（b）俯仰角

对于角跟踪功能要求,每种接收机＋天线＋天线支架,都要输出正确的方位角误差 ΔV_A-$\angle A$ 特性曲线、正确的俯仰角误差 ΔV_E-$\angle E$ 特性曲线。

1.3.2.4　捕获跟踪控制器及驱动电路

由图 1.4 可知,捕获跟踪控制器就是天线指向控制数据处理器,根据输入的 V_{AGC},ΔV_A,ΔV_E、支架轴角信号及指令等进行工作模式切换,决定控制规律并输出脉冲给驱动电路。

图 1.4 中，驱动电路由方位驱动电路和俯仰驱动电路构成。它的功率放大驱动信号驱动方位俯仰步进电机，带动天线转动。

方位误差电压 ΔV_A 送至捕获跟踪控制器产生控制脉冲，再送至方位驱动电路驱动方位轴转动，使电轴方位逐渐靠近目标，实现对目标方位跟踪。

同理，俯仰误差电压 ΔV_E 送捕获跟踪控制器到驱动电路，进而驱动天线俯仰跟踪目标。

1.3.3　角跟踪系统工作过程

由上面的叙述可见，它是一个角跟踪系统，工作分为捕获阶段和自动跟踪阶段。

1) 自动跟踪阶段

参看天线方向图 1.5 和角误差特性曲线图 1.7，目标落入差波束内或是在误差特性牵引范围（曲线正最大与负最小之间），系统会自动牵引到转入自动跟踪。

2) 捕获阶段

当目标偏在误差特性牵引范围以外，可控制天线方位、俯仰扫描范围，当 V_{AGC} 大于某一门限值，表示目标出现并落入差波束内，即转入牵引进入自跟踪。

1.3.4　角跟踪系统相位校准方法

从角跟踪系统组成和原理可见：

(1) 天线、支架、跟踪接收机构成一个角误差检测器。测量出目标偏离天线电轴的方位角大小和偏离方向，测量出目标偏离天线电轴的俯仰角大小和偏离方向。检测器输出是：方位角误差 ΔV_A-$\angle A$ 曲线，表明目标偏离天线轴方位角大小和方向；俯仰角误差 ΔV_E-$\angle E$ 曲线，表明目标偏离天线轴俯仰角大小和方向。

(2) 角误差特性的稳定性取决于 Σ,Δ 信号幅相一致的稳定性，而 Σ,Δ 通道的相对相位稳定难保证。

(3) Σ,Δ 通道的相对相位稳定由天线和接收机决定。目标信号进入天线形成的 Σ,ΔA,ΔE 信号分别经过较长的信道，到方位鉴相器时，（俯仰鉴相器类同），ΔA 与 Σ 之间的相位关系往往随着时间推移由于温度、电路参数等各种因素改变而变化了，不能保证目标偏左为同相，偏右为反相，即不是能一直保持已调好的相位关系。这里的相位校准就是在方位鉴相器前信道中串一个可调相移器，在执行跟踪任务前，天线接收标校塔上发来的标校信号，调节相移器，使目标偏左时 ΔA 和 Σ 相位差为 $+0°$，偏右边时，ΔA 与 Σ 相位差为 $180°$；同理，在俯仰鉴相器前串一可调相移器，调节相移器，使目标俯仰上偏时，ΔE 与 Σ 相位差为 $0°$；当目标俯仰下偏时，ΔE 与 Σ 相位差为 $180°$。

我们常说的跟踪系统相位校准就是任务前 Σ,Δ 通道之间相对相位的变化后的检查和补偿调整。

1.4　中继星星间链路建立过程中的天线指向控制

1.4.1　天线程控跟踪指向和自动跟踪指向的定义

1) 波束（极值）轴

对单波束天线，波束（极值）轴是指波束最大值所指的方向；对具有"和"、"差"波束的单脉冲天线,波束(极值)轴是指"和"波束最大值所指向的方向。

2) 自动跟踪(零值)轴

对具有"和"、"差"波束的单脉冲天线,自动跟踪(零值)轴是指天线"差"波束零值所指的方向。

对具有"和"、"差"波束的单脉冲天线,在理想情况下,和波束(极值)轴与差波束零值轴是重合的。

3) 机械轴

天线机械轴是指与天线方位轴和俯仰轴正交的轴。

4) 编码器轴

编码器轴是指由编码器决定的轴。对星上单脉冲角跟踪系统,以天线机械轴与星体坐标联系,在理想情况下,上述 4 个轴(波束轴、自动跟踪轴、机械轴和编码器轴)是重合的。即使在自动跟踪测量时,天线对目标自动跟踪(天线差波束零点对准目标),编码器输出的数据就是目标在以星体坐标为参考的位置数据。

5) 光轴

为了测试和标校以上 4 个轴,在天线上安装光学望远镜,光轴是物镜和目镜中心的连线,是光学望远镜的观察轴。

6) 天线指向损失

若一个接收天线的波束轴准确指向(对准)目标,称此时天线接收信号的 G/T 值(增益噪声温度比)指向损失为零,若波束轴偏离目标一小角度,天线接收信号的 G/T 值有所下降,其下降值为接收天线的指向损失。

若一个发射天线的波束轴准确指向(对准)目标,称此时天线发射信号的 $EIRP$ 值(有效发射功率)指向损失为零,若波束轴偏离目标一小角度,天线发射至目标的 $EIRP$ 值有所下降,其下降值为发射天线的指向损失。

7) 天线程控跟踪指向

根据目标的轨道预报,计算出目标在天线坐标内的运动轨迹、天线程控指向目标的方位角和俯仰角并生成指令、程控天线跟踪目标轨迹。

程控指向精度:天线程控指向目标的轨迹(测量值)与相应的真实目标位置(真值)之差称为程控跟踪指向误差,或叫程控跟踪指向精度。

8) 天线自动跟踪指向

对"和"、"差"波束的单脉冲天线,以跟踪接收机输出的角误差信号控制天线,实现天线"差"波束零值轴跟踪目标,称为天线自动跟踪指向目标。

自动跟踪指向精度:天线自动跟踪目标时,此时和波束轴(测量值)与相应的真实目标位置(真值)之差称为自动跟踪指向误差,或称自动跟踪指向精度。

1.4.2 中继星星间链路建立过程中的天线指向控制

图 1.3 所示的中继星星间链路建立过程:

(1) 地面终端站天线跟踪指向中继星。

(2) 中继星对地天线指令控制调节使天线指向地面终端站,保证建立起馈电链路。

(3) 按 SNIP 规定,中继星发射 Ka 波段信标信号,供用户航天器捕获跟踪中继星使用,信标信号波束宽度覆盖中低轨道卫星范围,如图 1.8 中的覆盖地球区的波束。

图 1.8 中继星捕获跟踪低轨道用户星示意图

(4)用户星 S/Ka 天线程控指向中继星,可以实现对中继星的程控跟踪指向,若有必要 Ka 天线接收中继星的 Ka 信标信号,实现 Ka 天线对中继星的自动跟踪。

(5)用户星向中继星天线发射遥测信号和数传信号。

(6)中继星 S/Ka 天线程控指向用户星,可以实现 S/Ka 天线对用户星的程控跟踪指向,必要时接收用户星的 Ka 数传信号,扫描捕获实现 Ka 天线的自动跟踪指向用户星,保证建立起轨道间链路。

图 1.8 是中继星捕获跟踪低轨用户星的示意图。图中覆盖地球的锥形区域代表中继星信标作用范围(供用户星自动跟踪中继星用),细的锥形区域代表中继星天线的窄波束敏感范围,中继星捕获跟踪设备控制天线转动捕获跟踪用户星,为建立星间链路提供先决条件。

由上可见,天线的指向控制,特别是中继 S/Ka 天线对用户星的捕获跟踪和用户星 S/Ka 天线对中继星的捕获跟踪是建立中继星星间链路的前提条件。

1.4.3 中继星对用户星的天线跟踪指向系统

通常,把天线捕获跟踪指向系统简写为天线指向系统 APS(Antenna Pointing System)。

如图 1.3 所示,中继星的轨道间链路 S/Ka 天线直径是最大的,因为 TDRSS 要进行高速数据中继传输,传输码速率高达 300~600 Mbps,而实现高速数据率中继传输的基础是 TDRS 星上高增益天线的采用,用来提高发射的 $EIRP$ 和接收的 G/T 值,否则高速数传将不可能实现。TDRS 星上的 Ka 频段天线直径为 3~4.5 m,波束宽度约为 0.18°~0.25°,它覆盖不了 23°的区域,又要求窄波束天线在 23°的空域捕获跟踪用户航天器。如图 1.8 所示。要求 Ka 天线波束指向损失≤0.5 dB,则要求 Ka 天线跟踪用户航天器的跟踪误差≤0.04°。同时,中继星 S/Ka 天线要对各种(例如只有 S、或只有 Ka、或有 S/Ka,相应的 100 Kbps~300 Mbps 的 BPSK 或 QPSK 数传信号的)用户航天器捕获跟踪,建立起星间链路。

对于这样的星载角跟踪系统,美国一二代中继卫星系统都选择了星地大回路捕获跟踪方案,说明在这个历史时期,中继星 S/Ka 天线实现星上自主闭环捕获跟踪用户星是一个很大的技术难题。本书第 2 章讲述的就是一个星上自主闭环捕获跟踪用户星的方案以及实现该方案需要解决的技术难题。

国外中继星天线指向系统主要参数见表 1.4。

表 1.4　国外中继星天线指向系统主要参数

项　　目	美国 TDRS(H/I/J)	日本 DRTS	欧空局 ARTEMIS
发射时间	2000.1/2002.3/2002.12	2002.9	2003.1
工作频段	S,Ku,Ka	S,Ka	S,Ka
轨道间链路天线口径	4.58 m	3.6 m	2.85 m
轨道间链路天线数量	2个	1个	1个
捕获跟踪环形式	星地大回路	星上自主闭环	星上自主闭环
自动跟踪精度	优于 0.045°	优于 0.037°	0.05°
程序跟踪精度	优于 0.102°	优于 0.19°	
星地链路天线口径	2 m	1.8 m	

图 1.9～图 1.12 是美国、欧空局和日本中继星在轨形态。

图 1.9　美国第二代中继卫星在轨形态

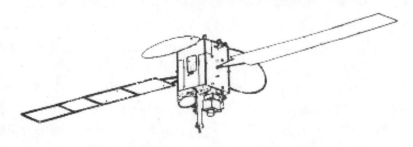

图 1.10　欧空局 ARTEMIS 卫星在轨形态

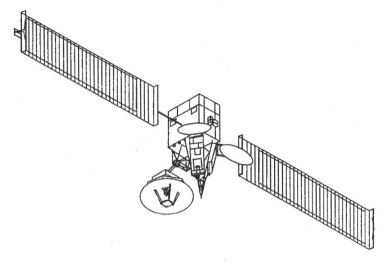

图 1.11　日本 COMETS 卫星在轨形态

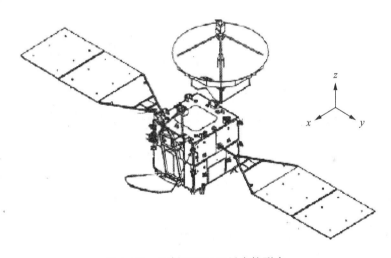

图 1.12　日本 DRTS 卫星在轨形态

1.4.4　中继星 S/Ka 天线星地大回路跟踪指向方案工作原理

中继星 S/Ka 天线主要对用户星发来的 Ka 频段数据传输信号(例如 100Kbps～300Mbps 码速率的 BPSK 或 QPSK 信号)进行角跟踪,采用星地大回路捕获跟踪方案的工作原理图如图 1.13 所示。

S/Ka 天线直径为 3～4.5 m,单脉冲馈源输出和信号 Σ 与差信号 Δ,基准信号产生器输出的基准信号对差信号 Δ 进行四相调制后与和信号 Σ 合成单通道调幅(AM)信号,经低噪声放大(LNA),返向信号处理和变频后,再和遥测发射机输出信号合成,由星地链路天线传到地面终端站,同时,基准信号通过遥测通道传到地面终端站。

地面终端站接收的角跟踪信号经 LNA 和变频后,再通过带通滤波器切换适应各种不同数传速率的数传信号,在基准信号配合下角误差信号分离出方位误差信号 ΔV_A、俯仰误差信号 ΔV_E 和 AGC 电压送自动跟踪处理器,自动跟踪处理器产生星上天线跟踪用户星所用的驱

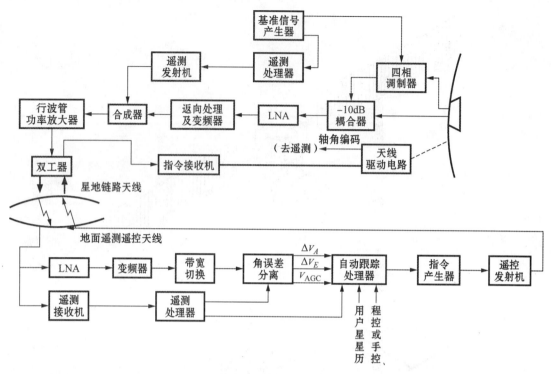

图 1.13　星地大回路捕获跟踪方案示意图

动信号,再生成指令经遥控发射至星上,星上遥控指令接收机输出到天线驱动电路驱动 S/Ka 天线跟踪用户星。

据说,这种方案的好处是把很多设备特别是大量数据处理放到地面站,这种方案带来的问题是单脉冲单通道调幅(信噪比不高)信号长回路传输性能受损;另一个问题是长时延对跟踪控制不利。

1.4.5　用户星对中继星的天线跟踪指向系统

参考表 1.1 的 SINP 规定,中继星发射 Ka 频率约为 23 GHz,$EIRP \approx 24$ dBW 的信标信号供用户星天线捕获跟踪中继星。按星间链路建立过程规定,用户星天线程控指向中继星,用户星天线口径 $D \leqslant 1$ m,若只有 S 频段,用户星天线程控指向中继星就足够了(保证天线指向损失 $\leqslant 0.5$ dB);若用户星天线是约为 1 m 的 Ka 天线,就需要自动跟踪中继星。

用户星 Ka 天线捕获跟踪中继星也有一定难度。

用户星 APS 的体积重量功耗要求更小,以适应各种航天器使用。

角跟踪子系统的相位校准更困难。

1.5　本章小结

对一个国家的航天事业而言,跟踪与数据中继卫星系统的建设成功将对一个国家的测控通信带来革命性的变化。星间链路天线的捕获跟踪指向成功是建立中继星星间链路的前提条件,中继星星间链路天线捕获跟踪指向系统的设计是一大技术难题。

第 2 章 中继星天线指向系统设计

2.1 中继星天线指向系统的顶层设计

这里的顶层设计包含两个方面,一是 TDRSS 大系统与 SNIP 协议相关参数的确定,二是中继卫星的整星设计,要进行这两方面设计,必须进行中继星星间链路如图 1.3 所示的链路计算,为顶层设计决定提供依据。

2.1.1 参考 SNIP 协议

在第 1 章中叙述了跟踪与数据中继卫星系统 TDRSS(以下简称中继卫星系统)的组成及功能、中继星星间链路的组成及功能和中继星星间链路建立过程中的天线指向控制等。这些设计的具体参数确定都需要参考表 1.1 所示的 SNIP 协议。例如:S 频段前向链路的频率范围、带宽、$EIRP$ 值和天线极化形式以及返向链路的频率范围、带宽、G/T 值和天线极化形式;Ka 频段前向链路的频率范围、带宽、$EIRP$ 值和天线极化形式以及返向链路的频率范围、带宽、G/T 值和天线极化形式;Ka 天线跟踪信号形式(前向:中继卫星设置信标,供用户星捕获中继星,其信标频率和 $EIRP$ 值;返向:中继星天线跟踪信号为用户星发来的数传信号)。

2.1.2 中继卫星整星设计

中继卫星整星设计中需要确定与天线指向系统相关的参数有:
(1) 天线形式,两副 Ka 天线或 1 副 Ka 天线的确定。
(2) 网状或固面反射面的确定;天线是正馈或偏馈的确定。
(3) 天线反射面直径 D 的确定。
(4) 卫星平台参数和天线安装形式的确定。
(5) 星地大回路捕获跟踪或星上自主闭环捕获跟踪方案的确定。

2.1.3 中继星天线指向系统链路计算

中继星天线指向系统是对用户航天器(包括低轨卫星和无人机等)发来的高速数传信号角捕获跟踪。本小节进行角跟踪系统链路计算。为角跟踪系统设计提供依据。例如,用户星天线直径为 1 m,发射 10W 功率的 150Mbps 数传信号至中继星,中继星单址天线直径为 3.5 m,接收用户星发来的数传信号进行角跟踪,建立起用户星至中继星的数传中继转发;与此同时,用户星 1m 天线要对中继星发来的信标信号(按 SNIP 规定信标信号 $EIRP \geqslant 24$ dBW)角跟踪。问题是:数传中继转发要求误码率 $P_e \leqslant 10^{-6}$ 时,最低门限要求 $E_b/N_0 = 10.8$ dB,那么,这样的链路性能参数能满足中继星天线指向系统对用户星捕获跟踪的要求吗? 能满足用户星天线对中继星信标信号的角跟踪要求吗?

2.1.3.1 基本方程

(1) 应答式(或信标式)雷达方程[108]。

$$\left(\frac{C}{N}\right)_i = \frac{P_t G_t G_r}{\left(\frac{4\pi R^2}{\lambda} k T_n B_i L_\Sigma M_l\right)} \tag{2.1}$$

式中:$\left(\dfrac{C}{N}\right)_i$——接收机检波前的信号噪声功率比;

P_t——发射机输出功率;

G_t——发射天线增益;

G_r——接收天线增益;

λ——工作波长;

R——作用距离;

k——玻耳兹曼常数$=1.38\times10^{-23}(\mathrm{J/K})$;

T_n——在接收机输入端所表现的总的等效噪声温度,包括在传输过程中所吸收的噪声和接收机本身的噪声;

B_i——接收机射频带宽,即检波前的最后一级中放带宽;

L_Σ——传输通道中的总损耗,以倍数计;

M_l——设计留余量,以倍数计。

(2) 方程中各种参数及其关系的计算如表2.1所示。

表2.1 参数与计算

参数或参数关系	计　算
发射功率	以分贝瓦(dBW)或分贝毫瓦(dBmW)计, $1\,\mathrm{dBW}=30\,\mathrm{dBmW}$
发射和接收 天线增益:G_t 和 G_r	以分贝计,如果是抛物面天线,则有 $$G=\frac{4\pi A_e}{\lambda^2}=\frac{4\pi\eta A}{\lambda^2}=\eta\left(\frac{\pi D}{\lambda}\right)^2=\frac{\eta\pi^2 D^2 f^2}{c^2}$$ $$G(\mathrm{dB})=10\lg\eta+20\lg D(\mathrm{m})+20\lg f(\mathrm{MHz})-39.6(\mathrm{dB})$$ $\eta=0.5\sim0.7$,视具体天线设计而定;A_e 为天线有效接收面积
空间损耗 L_{SP}	$$L_{SP}=\left(\frac{4\pi R}{\lambda}\right)^2=\left(\frac{4\pi Rf}{c}\right)^2$$ 以分别计: $$L_{SP}(\mathrm{dB})=20\lg R(\mathrm{km})+20\lg f(\mathrm{MHz})+32.44(\mathrm{dB})$$
等效系统噪声 温度 T_n(归算到 接收机输入端)	$$T_n=\frac{T_a}{L_{cr}}+\left(1+\frac{1}{L_{cr}}\right)\cdot290+T_r(\mathrm{K})$$ T_a 为天线噪声温度; L_{cr} 为接收天线至接收机输入端的馈线损耗,以倍数计 T_r 为接收机本身的噪声温度,有高放(或前放)时, $$T_r=(F_N-1)\cdot290\,\mathrm{K}$$ F_N 为高放(或前放)的噪声系数,以倍数计

（续表）

参数或参数关系	计　算
总的线路损耗：L_Σ	$L_\Sigma = L_{ct} + L_p + L_\theta + L_{atm} + L_{cr}$ 均以 dB 计 L_{ct} 为发射机至发射天线的馈线损耗；L_θ 为极化损耗；L_p 为指向损失；L_{atm} 为大气吸收衰耗，必要时需要加雨吸收衰耗；L_{cr} 为接收天线至接收机输入端之间馈线损耗
有效发射功率：$EIRP$	$EIRP(dBW) = P_t(dBW) - L_{ct}(dB) + G_t(dB)$
接收功率：P_r	在接收机输入端有 $P_r(dBW) = P_t(dBW) + G_t(dB) + G_r(dB) - L_{SP}(dB) - L_\Sigma(dB) - M_l(dB)$
噪声功率：P_n	归算到接收机输入端有：$P_n = kT_n B_i$ $kT_n = \Phi_n$：单边噪声功率谱密度 以分贝计： $P_n(dBW) = -228.6\,dB + 10\lg T_n(K) + 10\lg B_i(Hz)$
增益噪声 温度比：G/T	G/T 值 $= G_r/T_n$ 以分贝计： (G/T) 值 $(dB) = G_r(dB) - 10\lg T_n(K)$
要求的输入信号 功率与噪声谱 密度比：P_r/Φ_n	$P_r/\Phi_n = (C/N)_i B_i$ 以分贝计： $P_r/\Phi_n(dB) = (C/N)_i(dB) = 10\lg B_i(Hz)$
备余量：M_l	设计较长期工作的系统时，应留有备余量 $M_l = 3\sim6\,dB$

（3）用户星天线指向系统链路计算。

用户星天线指向系统就是一部信标式雷达。因为，它接收中继星发射的信标信号（未调制的单载波信号）进行角跟踪。式（2.1）就是描述这种系统的雷达方程。本书中的用户星天线指向系统，中继星按 SNIP 规定（表 1.1），发射频率为 23 GHz 信标信号，按 SNIP 规定，$EIRP \geqslant 24\,dBW$，例如用户星天线直径为 1 m，在系统 G/T 值条件下，用式（2.1）计算出用户星跟踪接收机检波前带通滤波器内的信噪比 $\left(\dfrac{C}{N}\right)_i$，判断是否满足捕获跟踪需要的 $\left(\dfrac{C}{N}\right)_i$ 值。

2.1.3.2　轨道间返向高速率数据传输链路计算

用户星天线（直径 1 m）发射 10 W 功率的 150 Mbps 数据传输信号至中继星，中继星单址天线直径为 3.5 m，接收用户星发来的数传信号进行角跟踪，建立起用户星至中继星的数传中继转发。很明显，中继星天线指向系统是应答式雷达，与用户星天线指向系统不同的是跟踪信号是宽带数据传输信号，不是未调制信号。因此，它的链路计算既要满足数据通信信道传输的要求，又要满足角跟踪通道功率关系和作用距离等要求。

1）$\dfrac{C}{N_0}$ 的计算

$$\frac{C}{N_0} = \frac{P_t G_t G_r}{\left(\dfrac{4\pi R}{\lambda}\right)^2 kT_n L_\Sigma M_l} \qquad (2.2)$$

式中：C——未调制载波功率；

N_0——噪声谱密度。

其他符号意义与式（2.1）中符号意义相同。

2) $\dfrac{E_b}{N_0}$ 与 $\dfrac{C}{N_0}$ 的换算关系

由 $\dfrac{E_b R_b}{N_0} = \dfrac{C}{N_0}$ 得

$$\frac{E_b}{N_0} = \frac{C}{N_0} - 10\lg R_b \,(\text{dB}) \tag{2.3}$$

式中：E_b——每比特能量；

$\quad R_b$——传输比特率；

$\quad N_0, C$ 的定义同式（2.2）。

3) 信噪比 $\dfrac{C}{N}$ 与 $\dfrac{C}{N_0}$ 的换算关系

$$\frac{C}{N} = \frac{C}{N_0 B} = \frac{C}{N_0} - 10\lg B \,(\text{dB}) \tag{2.4}$$

式中：B 为传输比特率在通道所占用的带宽，与滤波器的滚降特性 α 和多进制指数 M 有关：

$$B = R_b(1+\alpha)/M \tag{2.5}$$

式中：α——滚降因子，一般 $\alpha = 1, 0.5, 0.25$；

$\quad M$——多进制指数，$M = \log_2 m$，m 为多电平调制时的电平数。

在 BPSK 时，$M = 1$；

在 QPSK 时，$M = 2$；

在 8PSK 时，$M = 3$。

$$\frac{C}{N} = \frac{C}{N_0} - 10\lg B = \frac{C}{N_0} - 10\lg[R_b(1+\alpha)/M]$$

$$= \frac{C}{N_0} - 10\lg R_b - 10\lg\left(\frac{1+\alpha}{M}\right) \tag{2.6}$$

$$\frac{C}{N} = \frac{E_b}{N_0} + 10\lg R_b - 10\lg R_b - 10\lg\left(\frac{1+\alpha}{M}\right) = \frac{E_b}{N_0} - 10\lg\left(\frac{1+\alpha}{M}\right) \tag{2.7}$$

4) $\dfrac{C_0}{N_0}$ 与 $\dfrac{C}{N_0}$ 的换算关系

$$C_0 = C - 10\lg(R_b/M \cdot K) \,(\text{dB/Hz}) \tag{2.8}$$

式中：C_0——已调载波中心谱密度；

$\quad K$——与调制方式有关的系数；

$\quad C, N_0, M, R_b$ 定义同上。

在 BPSK 时，$M = 1, K = 1$；

在 QPSK 时，$M = 2, K = 1$；

在 8PSK 时，$M = 3, K = 1$。

$$C_0 = \frac{C}{R_b/M \cdot K} \,(\text{dB/Hz}) \tag{2.9}$$

$$\frac{C_0}{N_0} = \frac{C}{N_0} \cdot \frac{1}{R_b/M \cdot K} = \frac{C}{N_0} - 10\lg R_b + 10\lg(M \cdot K)$$

$$= \frac{E_b}{N_0} + 10\lg R_b - 10\lg R_b + 10\lg(M \cdot K) = \frac{E_b}{N_0} + 10\lg(M \cdot K) \tag{2.10}$$

对 BPSK,
$$\frac{C_0}{N_0} = \frac{C}{N_0} \cdot \frac{1}{R_b} = \frac{E_b}{N_0}(\text{dB}) \tag{2.11}$$

对 QPSK,
$$\frac{C_0}{N_0} = \frac{C}{N_0} \cdot \frac{1}{R_b/2} = \frac{E_b}{N_0} + 3(\text{dB}) \tag{2.12}$$

5) 数据传输链路 $\frac{E_b}{N_0}$ 计算

数据传输链路,对于 QPSK 传输:

当要求误码率 $P_e \leqslant 10^{-6}$ 时,$\frac{E_b}{N_0}$ 门限值为 10.8 dB;

当要求误码率 $P_e \leqslant 10^{-5}$ 时,$\frac{E_b}{N_0}$ 门限值为 9.9 dB;

当要求误码率 $P_e \leqslant 10^{-4}$ 时,$\frac{E_b}{N_0}$ 门限值为 8.4 dB。

式(2.3)中的 $\frac{C}{N_0}$ 用式(2.2)代入,并计入信道编码增益 A、解调损失 L_D,得到 $\frac{E_b}{N_0}$ 计算公式为:

$$\frac{E_b}{N_0} = \frac{P_t G_t G_r}{\left(\frac{4\pi R}{\lambda}\right)^2 k T_n L_\Sigma M_l} \cdot \frac{A}{R_b L_D}$$

$$= (EIRP)_{\text{用户星}} + (G/T)_{\text{中继星}} - L_{SP} - L - M_l - k + A - R_b - L_D(\text{dB}) \tag{2.13}$$

式中:$L = L_p + L_\theta + L_{\text{atm}}$。

各参数定义和计算见式(2.1)和表 2.1。

[例]　用户星天线直径为 1 m,发射 10 W 功率的 150 Mbps 数传信号至中继星,中继星单址天线直径 3.5 m,接收数传信号,要求传输误码率 $P_e \leqslant 10^{-6}$ 时,即要 $\frac{E_b}{N_0} \geqslant 10.8$ dB,轨道间链路计算结果见表 2.2。

表 2.2　轨道间链路计算结果

返向轨道间链路(IOL,Ka)	
用户星	
发射载波频率/GHz	26(SNIP 规定)
传输数据率/Mbps	150
天线口径/m	1
天线效率	50%
发射功率/W	+10
天线增益/dB	+45.69
极化损耗/dB	-0.5
指向损耗/dB	-0.5
发射传输损耗/dB	-2
空间传输距离/km	45 000

（续表）

返向轨道间链路(IOL,Ka)		
用户星		
空间传输损耗/dB		−213.8
$EIRP$/dBW		+53.68
中继星		
天线口径/m		3.5
天线效率		55%
天线增益/dB		56.99
天线噪声温度/K		300
LNA 噪声系数/dB		4
接收馈线损耗＋极化损耗/dB		1.0+0.5
系统噪声温度/K		1 038.55
指向损耗/dB		−0.5
接收 G/T 值/(dB/K)		26.83
信道编码增益/dB		+5
传输误码率		10^{-6}
解调损耗/dB		−2.5
接收 E_b/N_0/dB	14.56	(要求门限为 10.8)
设计留余量/dB		−3.5
系统裕量/dB		0.26

结果表明，$\dfrac{E_b}{N_0}=14.56$ dB，除去设计余量 3.5 dB，还有 11.06 dB，大于要求值 10.8 dB。表 2.2 中，如果 LNA 噪声系数可做得更小、发射传输线损耗可做得更小，则链路余量更大些。

6）中继星天线指向系统链路计算

本章设计的中继星天线跟踪指向系统是按 SNIP 规定，跟踪信号是用户星发来的数据传输信号，但是跟踪接收机检波前中频带通滤波器带宽只是数传信号频谱主瓣宽度的小部分，例如 $\left(\dfrac{1}{5}-\dfrac{1}{10}\right)$。所以，带通滤波器输出信噪比 $\dfrac{C}{N}$

$$\frac{C}{N} \approx \frac{C_0}{N_0} \cdot \frac{B_i}{B_i} = \frac{C_0}{N_0} \qquad (2.14)$$

注意 $\dfrac{C_0}{N_0}$ 是已调载波中心处的载噪谱密度比。如果带通滤波器中心频率不对准已调载波频谱中心频率，$\dfrac{C}{N}$ 计算会有小量误差。

式(2.10) $\dfrac{C_0}{N_0}=\dfrac{C}{N}\cdot\dfrac{1}{R_b/(M\cdot K)}$ 中的 $\dfrac{C}{N}$ 用式(2.2)代入，这里不存在编码增益，也不存在解

调损失,得到

$$\frac{C}{N}=\frac{C_0}{N_0}=\frac{E_b}{N_0}\cdot(M\cdot K)=\frac{P_tG_tG_r}{\left(\dfrac{4\pi R}{\lambda}\right)^2kT_nL_\Sigma M_l}\cdot\frac{M\cdot K}{R_b}$$

$$=(EIRP)_{用户星}+(G/T)_{中继星}-L_{SP}-L-M_l-k-R_b+M\cdot K(dB) \qquad (2.15)$$

式中:$L=L_p+L_\theta+L_{atm}$

各参数定义和计算见式(2.1)和表 2.1。

[**例**] 用对 $\dfrac{E_b}{N_0}$ 计算例 1 的参数,很显然,这种 $\dfrac{C}{N}$ 的计算过程和表 2.2 相同,但是本例中不存在编码增益,不存在解调损失,如要增加 $(M\cdot K)$ 项,对于 QPSK,$M\cdot K=2$,即增加 3 dB,所以计算结果 $\dfrac{C}{N}=\dfrac{C_0}{N_0}=15.05\,dB$,不含设计余量($-3.5\,dB$)。这样的结果表明:对于中继星单址天线跟踪指向系统,采用小部分带宽法跟踪用户星发来的数据传输信号,跟踪接收机振幅检波前中频带宽内的信噪比 $\dfrac{C}{N}$ 等于或略大于数传保证误码率 $P_e\leqslant10^{-5}$(或 $P_e\leqslant10^{-6}$)时,所要达到门限 $\dfrac{E_b}{N_0}$ 值,即 $\dfrac{C}{N}\geqslant10\,dB$。这对角跟踪系统是允许的门限值。

由式(2.11)、式(2.12)、式(2.14)、式(2.15)和本例的结果可以得出一个重要结论:中继星系统轨道间链路 Ka 数据传输链路参数若能满足数据中继传输要求(例如误码率 $P_e\leqslant10^{-6}$ 或 $P_e\leqslant10^{-5}$)的 $\dfrac{E_b}{N_0}$ 值,也就满足了中继星单址天线跟踪指向系统(取数传信号频谱主瓣的小部分信号实现角跟踪)跟踪接收机振幅检波前信号噪声功率比 $\dfrac{C}{N}\geqslant10\,dB$ 的门限要求。

2.2 中继星 APS 的特点

(1) 网状反射面的形面精度难保证。

(2) 天线驱动机构必须是 X-Y 型,保证过顶无死区。

(3) 跟踪信号为宽带数传信号(例如 100 Kbps ～ 300 Mbps 或更高,BPSK 或 QPSK 调制)。

(4) 必须是单通道单脉冲角跟踪,Ka 频段单通道调制器是必要的。

(5) APS 及 ACS 的相互影响要考虑、结构动态柔性要克服。

(6) 波束窄(约 0.2°),不确定区较大(例如 ±0.41°),需要扫描捕获目标。

(7) 在轨相位校准是必要的。

2.3 中继星 APS 的组成及工作原理

本设计采用一副 Ka 天线、固面反射面、正馈、天线反射面直径为 3.5 m、星上自主闭环捕获跟踪方案。

中继星 APS(天线指向系统)的组成和工作原理用图 2.1 来说明。为了叙述清楚,图 2.1 中的设备带有编号。

中继星 APS 的组成：中继星 APS 由天线 1、指向机构 2、跟踪接收机 3、捕获跟踪控制器 4 和驱动电路 5 组成。

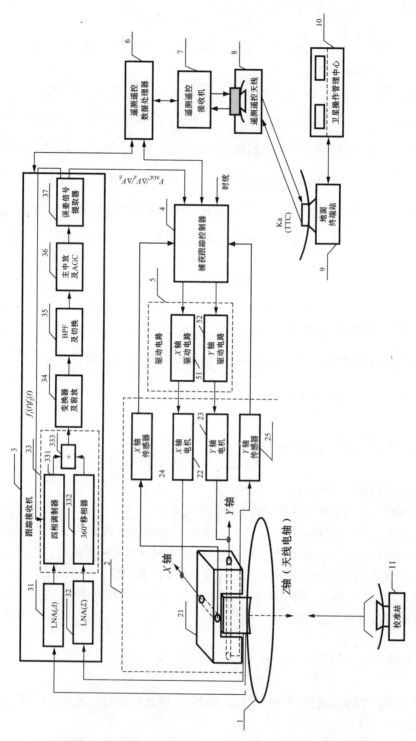

图 2.1　中继星 APS 组成及说明其工作过程的相关设备

中继星 APS 的在轨性能测试和中继星 APS 的在轨运行操作管理,都由图 2.1 中的地面卫星操作管理中心 10 及地面终端站 9 通过星上遥测遥控设备(遥测遥控数据处理器 6,遥测遥控收发机 7 和遥测遥控天线 8)来进行的。

中继星 APS 的在轨相位校准是在地球表面适当位置设置校准站 11 发射校相信号,卫星操作管理中心 10 通过地面终端站 9↔星上遥测遥控设备↔中继星 APS 来进行的。

天线 1 由直径约为 3.5 m 的抛面反射器和单脉冲多模(例如 TE_{11} 模为和模,TM_{01} 模为差模)馈源构成,天线波束宽度约为 $0.2°$,天线 1 接收用户星发来的 Ka 波段信号,馈源输出和信号 Σ、差信号 Δ(方位差 ΔA 与俯仰差 ΔE 合成在一起成为 Δ),如图 2.2 所示。单脉冲馈源形成的 Σ,ΔA,ΔE 有如下关系:①若天线 1 轴正对准目标(用户星)或目标在天线轴上,Σ 为最

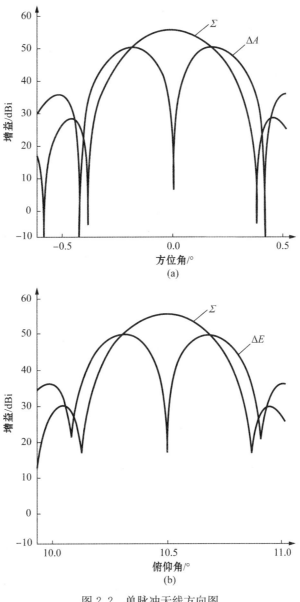

图 2.2　单脉冲天线方向图

大,$\Delta A=0$,$\Delta E=0$;②若目标没有在轴上,有一个小偏角,在天线差波瓣内,那么Σ略有下降,差信号ΔA或ΔE的大小正比于目标方位或俯仰偏离电轴的角度大小,相位则有 0/180°的变化。例如,目标对电轴方位左偏,ΔA相位为 0°,目标对电轴方位右偏,ΔA相位为 180°;目标对电轴俯仰上偏,ΔE相位为 0°,目标对电轴俯仰下偏,ΔE相位为 180°。天线输出和信号Σ、差信号Δ到跟踪接收机 3。

指向机构 2 由 X-Y 轴支架 21、X 轴电机 22、Y 轴电机 23、X 轴角传感器 24 和 Y 轴角传感器 25 组成,X 轴也称为方位轴,Y 轴也称为俯仰轴,X 轴电机也称为方位电机,Y 轴电机也称为俯仰电机,X 轴角传感器也称为方位角传感器,Y 轴角传感器也称为俯仰角传感器;在 X-Y 轴支架 21 里,垂直于 X-Y 轴的 Z 轴为天线机械轴,差波束零点轴为天线电轴,要求天线机械轴与电轴重合,X,Y,Z 三轴指向符合右手定则;X 轴电机 22 带动 X-Y 轴支架 21 的 X 轴转动,Y 轴电机 23 带动 X-Y 轴支架 21 的 Y 轴转动;X 轴的转角α(又称方位角α)的正负用右手定则确定,即右手握住 X 轴,拇指指向箭头方向,α 角转动方向与四个手指方向一致为正,否则为负;同理,Y 轴的转角β(又称为俯仰角β)的正负用右手定则确定。X 轴角传感器 24 将 X 轴的转角即方位角α形成编码信号送捕获跟踪控制器 4,Y 轴角传感器 25 将 Y 轴的转角即俯仰角β形成编码信号送捕获跟踪控制器 4。

跟踪接收机 3 由差低噪声放大器 LNA(Δ)31 和低噪声放大器 LNA(Σ)32、单脉冲调制器 33、变频器 34、BPF 及切换 35、主中放及自动增益控制(AGC)36 和角误差信号提取器 37 组成。跟踪接收机 3 对输入的和信号Σ、差信号Δ首先进行低噪声放大,然后形成单通道信号,变频后送入主中放及自动增益控制 AGC,自动增益控制依据和信号Σ的电平大小输出 AGC 电压 V_{AGC},角误差信号提取器分离出方位误差信号ΔV_A和俯仰误差信号ΔV_E,跟踪接收机输出电压 V_{AGC} 表示接收机输入的和信号Σ的电平大小,可以用作天线是否对准目标的判断,天线对准目标时,V_{AGC} 最大。图 2.3(a)所述的方位角误差信号ΔV_A;其大小正比于目标方位偏角的大小,其符号(+/−)表示目标方位偏离电轴(左/右)的方向,方位角误差信号ΔV_A送去捕获跟踪控制器 4→方位驱动电路 51→驱动方位电机带动天线向减小偏差方向转动,实现天线 1 对目标的方位跟踪。图 2.3(b)所述的俯仰角误差信号ΔV_E,其大小正比于目标俯仰偏角的大小,其符号(+/−)表示目标俯仰偏离电轴(上/下)的方向,俯仰误差信号ΔV_E送去捕获跟踪控制器 4→俯仰驱动电路 52→驱动俯仰电机带动天线向减小偏差方向转动,实现天线 1 对目标的俯仰跟踪。

要特别说明:只有接收机输出的 V_{AGC} 大于某一值,表示目标已落入天线和波束半功率波瓣内,也就是目标落入天线差波瓣内的条件下,才能实现这种角误差信号 $V_{AGC}/\Delta V_A/\Delta V_E$ 的牵引捕获到自动跟踪。

捕获跟踪控制器 4 是天线指向控制的数据处理器,根据输入的 $V_{AGC}/\Delta V_A/\Delta V_E$、天线支架 21 的轴角信号、卫星姿态数据、时统信号、注入数据和遥控指令等进行工作模式切换、决定控制规律并在时统的控制下输出控制脉冲给驱动电路 5,驱动电路 5 将驱动脉冲信号进行放大和排序后送至指向机构 2 的电机 22 和电机 23,以驱动天线按预定轨迹转动。

如图 2.1 所示,星上天线 1 接收用户星发来的信号,馈源形成并输出和信号Σ、差信号Δ到跟踪接收机 3,跟踪接收机 3 分离出方位误差信号ΔV_A和俯仰误差信号ΔV_E,跟踪接收机 3 输出 AGC 电压 V_{AGC} 表示接收信号电平大小,跟踪接收机 3 输出 $V_{AGC}/\Delta V_A/\Delta V_E$ 送捕获跟踪控制器 4。$V_{AGC}/\Delta V_A/\Delta V_E$ 同时送遥测遥控数据处理器 6,并经过遥测遥控收发机 7 到遥测遥控天线 8,传到地面终端站 9,再传到卫星操作管理中心 10。

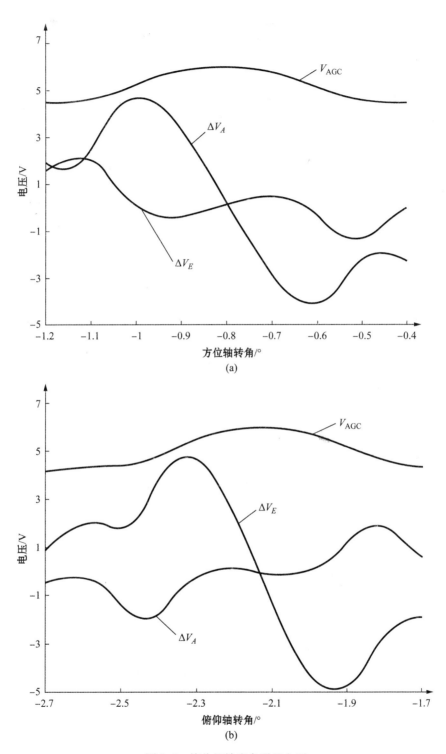

图 2.3　接收机输出角误差电压

卫星操作管理中心 10 的遥控指令通过地面终端站 9、星上遥测遥控天线 8、遥测遥控收发机 7、遥测遥控数据处理器 6 传到跟踪接收机 3。

卫星操作管理中心 10 的遥控指令或注入数据等通过地面终端站 9、星上遥测遥控天线 8、遥测遥控收发机 7、遥测遥控数据处理器 6、捕获跟踪控制器 4 到驱动器 5,实现对天线方位角 α 及俯仰角 β 的转动控制。相反的,捕获跟踪控制器 4 的遥测参数例如工作模式,天线 α 角、β 角参数,通过遥测遥控数据处理器 6、遥测遥控收发机 7、遥测遥控天线 8 传到地面终端站,再传到卫星操作管理中心 10。

2.4 中继星 APS 的工作模式

中继星 APS 有 5 种工作模式:定位工作模式、自动跟踪模式、程序跟踪模式、扫描捕获模式、相位校准模式。

1)定位工作模式

卫星操作管理中心 10 发出天线定位位置(天线方位角 α 及俯仰角 β)指令,经过地面终端站 9、星上遥测遥控天线 8、遥测遥控收发机 7、遥测遥控数据处理器 6 传到捕获跟踪控制器 4。捕获跟踪控制器 4 将位置指令角数据与天线传感器 24,25 送来的角数据进行比较,其结果(正负)产生驱动脉冲送驱动电路 5,以规定的速度转动天线到指令要求的位置。它用于系统标定和预定位置等待。

2)自动跟踪模式

当接收机输出的 V_{AGC} 大于设定的门限值,表明目标落入天线差波束内,角跟踪系统根据接收机输出的角误差信号 $\Delta V_A / \Delta V_E$ 的大小和极性控制天线转动减小角误差实现角跟踪目标。

3)程序跟踪模式

根据中继星和用户星的轨道预报,计算出中继星天线程控指向用户星的方位角 $\alpha_{程}$ 及俯仰角 $\beta_{程}$:

$$\alpha_{程} = -\arctan \frac{Y_{aDU}}{Z_{aDU}}$$

$$\beta_{程} = \arctan \frac{X_{aDU}}{\sqrt{Y_{aDU}^2 + Z_{aDU}^2}} = \arcsin \frac{X_{aDU}}{\sqrt{X_{aDU}^2 + Y_{aDU}^2 + Z_{aDU}^2}} \tag{2.16}$$

式中:X_{aDU},Y_{aDU},Z_{aDU} 为用户星在中继星天线坐标系内的位置坐标。

计算出的方位角 $\alpha_{程}$ 及俯仰角 $\beta_{程}$ 值是与时间对应的。与定位工作模式相似,卫星操作管理中心 10 发出天线程控角度($\alpha_{程}$ 和 $\beta_{程}$ 时间函数)指令,经过地面终端站 9、星上遥测遥控天线 8、遥测遥控收发机 7、遥测遥控数据处理器 6 到捕获跟踪控制器 4。捕获跟踪控制器 4 在时统信号的控制下,按规定时间的 $\alpha_{程}$ 和 $\beta_{程}$ 角指令数据与该规定时间的天线角传感器 24,25 送来的角数据进行比较,其结果产生驱动脉冲送驱动电路 5,转动天线按规定时间指向要求的角度。

4)扫描捕获模式

控制天线方位角及俯仰角(参见第 15 章),使天线电轴以预置位置为中心进行小范围螺旋扫描,进而捕获目标。本书叙述天线电轴恒线速度螺旋扫描,天线方位轴转角 $\alpha_{螺}$ 及俯仰轴转角 $\beta_{螺}$ 的表示公式为

$$\left.\begin{aligned}\alpha_{螺} &= \frac{d}{2\pi}\sqrt{\frac{d}{4\pi}}\sqrt{vt}\cos\left(\sqrt{\frac{d}{4\pi}}\sqrt{vt}\right)\\\beta_{螺} &= \frac{d}{2\pi}\sqrt{\frac{d}{4\pi}}\sqrt{vt}\sin\left(\sqrt{\frac{d}{4\pi}}\sqrt{vt}\right)\end{aligned}\right\} \qquad(2.17)$$

式中:θ——螺旋线极角,rad;

　　　d——螺旋线螺距,(°);

　　　v——螺旋线线速度,°/s;

　　　t——时间,$t=0$ 时开始螺旋扫描,s。

计算出的方位角 $\alpha_{螺}$ 及俯仰轴转角 $\beta_{螺}$ 值是与时间 t 对应的,同时它也是螺距 d、扫描轨迹线速度 v 的函数。与程控跟踪模式相似,卫星操作管理中心 10 发出扫描捕获角度(选定 d,v 后,计算出 $t=0\sim t_{\rm T}$ 的时间内对应的 $\alpha_{螺}$ 和 $\beta_{螺}$ 角)指令,经过地面终端站 9、星上遥测遥控天线 8、遥测遥控收发机 7、遥测遥控数据处理器 6 到捕获跟踪控制器 4。捕获跟踪控制器 4 在时统信号的控制下,按规定时间的 $\alpha_{螺}$ 和 $\beta_{螺}$ 指令数据与该规定时间的天线角传感器 24,25 送来的角数据进行比较,其结果产生驱动脉冲送驱动电路 5,转动天线按规定时间指向要求的角度。结果是在垂直于天线电轴的平面内,天线电轴轨迹为阿基米德旋线即螺旋扫描。

5)相校工作模式

卫星操作管理中心 10 发出指令,中继星 APS 的天线对准地面校准站 11,校准站发射规定的校相信号。卫星操作管理中心 10 发出指令至星上 APS 的捕获跟踪控制器 4,天线按校相程序指向规定位置,同时,卫星操作管理中心 10 发出指令至星上 APS 的单通道调制器 33,调节 360°移相器根据卫星遥测 $V_{\rm AGC}/\Delta V_{A}/\Delta V_{E}$ 进行相位校准。

2.5　中继星 APS 的总体指标

以一中继星为例,其总体指标如表 2.3 所示。

表 2.3　总体指标

项　目	指　标	备　注
工作频率	Ka	
天线口径	3.5 m	
跟踪信号形式	100 Kbps～300 Mbps 数传信号	
跟踪体制	单脉冲单通道角跟踪	
天线转动范围	方位:±13° 俯仰:±13°	
天线最大回扫时间	从 −11.5° 到 +11.5° 运动时间≤210 s	
最大跟踪角速度	0.015°/s	
自动跟踪误差	≤0.04°	

（续表）

项　目	指　标	备　注
程序控制指向（跟踪误差）	≤0.4°	
扫描捕获时间	平均时间≤110 s	
Ka频段最大频率偏移	±800 kHz	
捕获概率	≥96%	
中频带宽设置	遥控设置分为3档，500 kHz，5 MHz，50 MHz	
寿命	≥6年	
可靠度	6年末96%	

2.6　中继星APS中几个技术难题的解决途径

本章采取星上自主闭环APS方案，而不是采取星-地大回路APS方案。美国一代中继星APS采用星-地大回路捕获跟踪方案，美国二代中继星仍采用星-地大回路捕获跟踪方案。美国中继星之所以要星-地大回路捕获跟踪方案，是因为这样的APS方案有很多设备；特别是大量数据处理都可以在地面进行。

本节叙述解决下述1）~5）等方面技术难题的途径，认为采用星上自主闭环APS方案是合理的。

1）Ka频段单通道调制器是一个大难题

对于星载天线自动角跟踪系统，国外几乎都是采用单通道单脉冲角跟踪体制，因为它相对于三通道角跟踪系统，结构简单，对差通道与和通道间的幅度一致性、相位一致性要求容易得到保证。

中继星Ka天线单通道单脉冲角跟踪系统中，Ka频段单通道调制器是一个难题。

单通道调制器由差路四相调制器、和路360°数字相移器、耦合器组成。单通道调制器基本原理框图如图2.4所示，图2.5为各点波形图。

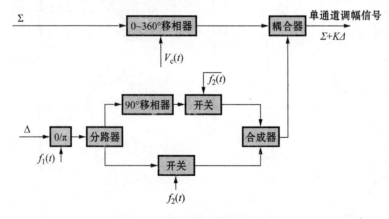

图2.4　单通道调制器原理图

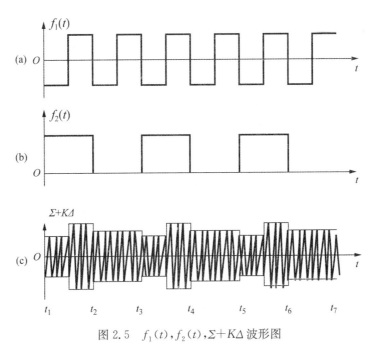

图 2.5 $f_1(t)$, $f_2(t)$, $\Sigma+K\Delta$ 波形图

差路的 $0/\pi$ 调制器、分路器、90°移相器、开关、合成器构成一个四相调制器。基准信号 $f_1(t)$, $f_2(t)$ 由捕获跟踪接收机产生, $f_1(t)$ 的频率为 2 kHz, $f_2(t)$ 的频率为 1 kHz, 且 $f_1(t)$ 与 $f_2(t)$ 是相位相干的。差信号 Δ 由 $f_1(t)$ 进行 $0/\pi$ 调制, $0/\pi$ 调制后的差信号再经 $f_2(t)$ 进行 $0/90°$ 调制, 即完成了对差信号的四相调制。$V_c(t)$ 控制在 360°相移器里对 Σ 信号进行相移, 保证在耦合器中 Σ 与 Δ 相加时, 使经过四相调制的差信号中, ΔA 与 Σ 同相位 (或反相), ΔE 与 Σ 同相位 (或反相), 如图 2.5 所示。图中只画出 ΔA 的 $\Sigma+\Delta$ (设 $\Delta E=0$), 可见差信号 ΔA 的存在以调幅信号形式表现出来。振幅检波出 ΔV_A 方波信号, 例如在图 2.5(c) 中, 检波出的调幅包络的大小, 表示目标偏离天线电轴的方位角度的大小。在图 2.5(c) 中, $t_1\sim t_2$ 段内的包络是先正后负或是先负后正表示目标偏离电轴的 (左/右) 方向。这个信号再与 $f_1(t)$, $f_2(t)$ 相干检波得到方位角跟踪误差信号 ΔV_A。俯仰角跟踪误差信号 ΔV_E 的形成与 ΔV_A 类同。

如何在 Ka 波段直接实现和、差信号的调制和合成, 这项技术的攻关无论在国外还是在国内都是一大技术难题。因为在 Ka 频段, 用微波二极管构成的微波集成单通道调制器, 其插损较大 (十几 dB 以上)、移相精度较低、相位的稳定性较差; 用铁氧体器件做单通道调制器, 插损较小, 移相精度可以做到很高, 但是相位随温度变化很大, 一般情况下, 环境温度变化 1℃, 相移变化约为 1°。卫星单通道调制器的环境温度范围是 −5～＋60℃, 其相位的变化是不可接受的。解决难题的途径一是攻关研制出 Ka 频段单脉冲调制器, 另一种办法是和、差信号可以在 C 频段进行单通道合成[6], 设备相对复杂些。

2) 对宽带数传信号的角跟踪是一大难题

按表 1.1 规定, 中继星 APS 要对用户星发来的数传信号 (100 Kbps～300 Mbps, BPSK 或 QPSK) 进行角跟踪。

中继星星间 Ka 频段角跟踪系统的设计有两种: 第一种是传统方法, 角跟踪接收机中频带通滤波器由多个滤波器构成滤波器组, 根据不同的码速率进行切换, 每个滤波器带宽分别包括需跟踪的数传信号频谱主瓣宽度。例如,用 12 个滤波器构成滤波器组,每个滤波器带宽是前一个相邻滤波带宽的 2 倍[2],一种设计带宽分别为 $0.25, 0.5, 1, 2, 4, 8, 16, 32, 64, 128, 256,$ $512 (MHz)$,进行切换适应对 $100\,Kbps\sim300\,Mbps$ 的数传信号的角跟踪。在星上,这种方案基本上是行不通的,因为带宽为 $512\,MHz$ 时,中频应为 $1\,GHz$ 左右;带宽为 $0.5\,MHz$ 时,中频应为数十兆赫兹,滤波器切换档数太多,可靠性低。

第二种是新方法,基于一种新的概念和理论(详见第 9 章)。它是取数传信号频谱主瓣的小部分(例如 $1/5\sim1/20$)带宽内谱线信号提取角误差信号实现角跟踪,也就是跟踪接收机中频带宽只是宽带数传信号频谱主瓣宽度的 $1/5\sim1/20$,提取角误差信号实现角跟踪,这样做的优点很突出:

上述接收机中频带宽可选用三种带宽(例如三种带宽为 $500\,kHz, 5\,MHz, 50\,MHz$)滤波器切换就能实现 $100\,Kbps\sim300\,Mbps$ 数传信号接收提取角误差信号。例如,带宽是 $500\,kHz$ 的滤波器用于接收 $500\,Kbps$ 以下的和 $500\,Kbps\sim4\,Mbps$ 数传信号,带宽是 $5\,MHz$ 的滤波器用于 $4\,Mbps$ 以上至 $50\,Mbps$ 的数传信号,带宽为 $50\,MHz$ 的滤波器用于 $50\,Mbps$ 以上至 $300\,Mbps$ 的数传信号接收。对于星上角跟踪接收机,显然,本方案有很多方面优于 12 个滤波器组方案。

即便是两个数传信号频谱主瓣有接近一半的交叠,只要不需跟踪的那个数传信号频谱主瓣谱线不进入跟踪接收机中频带宽内,就不会影响对另一个数传信号的角捕获跟踪。显然抗干扰能力提高了。对于新方法,问题变成为:从数传信号频谱主瓣的很小(例如 $1/5\sim1/20$)带宽内信号,能否提取出角跟踪误差信号?这样的角跟踪系统性能怎样?

文献[16],[17]建立了角跟踪技术的一种新的概念和理论,这就是,角跟踪系统天线接收宽带数据传输信号(例如调制为 BPSK 或 QPSK,码速率为 $100\,Kbps\sim300\,Mbps$),而接收机检波前带通滤波器带宽只是数传信号频谱主瓣的很小一部分(例如 $1/5\sim1/20$),能够提取角误差信号,实现角跟踪。文献[16]建立和推导出此理论的数学表达式,从物理概念上解释这种理论的正确性,实验验证这种理论的正确性。

文献[16]的数学表达式论证了当接收机带通滤波器中心频率与数传信号的中心频率相等时,就能从数传信号频谱主瓣中的很小部分带宽信号提取角误差信号,实现角跟踪。

文献[17]的数学推导论证了当接收的数传信号存在多普勒频偏 ω_d 后,接收机带通滤波器中心频率与数传信号的中心频率存在一频偏 ω_d 时,只要接收机带通滤波器取出一定数传信号频谱能量,就能提取出角误差信号实现角跟踪,文献[17]也从物理概念上解释了这种理论的正确性,系统实验测得此种理论下的角误差特性曲线,证明这种理论是正确的。

这种理论对中继星星间链路角跟踪系统设计研制意义特别重大。用这种理论,中继星 Ka 频段角跟踪系统的跟踪接收机用 $2\sim3$ 种(例如 $500\,kHz, 5\,MHz, 50\,MHz$)带宽切换就能实现对各种用户终端(例如 BPSK 或 QPSK 调制,$100\,Kbps\sim300\,Mbps$ 或 $500\,Mbps\sim1\,Gbps$)数传信号实现角跟踪;若按文献[2],这种星载角跟踪接收机难以实现。

这种结论也可用于工程中的多普勒频率补偿方案。通常情况下,采取调整接收机混频本振源频率,跟踪多普勒频率进行所谓的多普勒频率补偿,使接收机带通滤波器中心频率与数传信号频谱中心频率相等或者相差很小。本书有论证,例如 BPSK 数传信号频谱主瓣 $20\,MHz$(BPSK 码速率 $10\,Mbps$),若多普勒频偏为 $\pm1\,MHz$(或 $\pm2\,MHz$),接收机带通滤波器带宽 $4\,MHz$,那么,就可以不再进行多普勒频率补偿。

3) 波束窄（约 0.2°）和目标不确定区大（约±0.4°）造成捕获难

中继星星间链路 Ka 天线对用户星的扫描捕获跟踪是中继卫星系统的一项关键技术，它是建立星间测控通信链路的首要条件。中继星 Ka 天线波束窄（约 0.2°），要求指向精度高（≤0.05°），由于卫星轨道预报误差和中继星姿态误差，中继星 Ka 天线程控指向用户星精度约为±0.4°。因此采取 Ka 天线程控指向用户星，用户星落入±0.4°的区内，接着，天线扫描搜索±0.4°的不定区域，使天线波束中心与目标方向偏差小于 1/2 波束宽度，再牵引转入自动跟踪，跟踪指向精度优于 0.05°。很多学者对这一问题进行了研究，但是都是恒角速度螺旋扫描捕获方法。

天线方位轴转角 α 和俯仰轴转角 β 如式（2.18）所示，扫描轨迹如图 2.6 所示，图中，

$$\alpha = a\theta\cos\theta = a\omega_a t\cos\omega_a t = \frac{d}{2\pi}\omega_a t\cos\omega_a t$$

$$\beta = a\theta\sin\theta = a\omega_a t\sin\omega_a t = \frac{d}{2\pi}\omega_a t\sin\omega_a t$$

(2.18)

式中：θ——阿基米德螺旋线的极角；

　　　d——阿基米德螺旋线的螺距；

　　　a——阿基米德螺旋线的比例系数；

　　　$\frac{d}{2\pi}\omega_a$——代表极径增长速度；

　　　ω_a——代表天线扫描轨迹角速度。

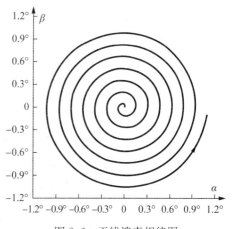

图 2.6　天线搜索规律图

从式（2.18）和图 2.6 可以看出，ω_a 一定，不管扫描轨迹是第 1 圈还是第 5 圈，扫过每一圈的时间相等。该方法的缺点是：天线方位角速度和俯仰角速度的幅值随着扫描圈数的增加而增大，同样，角加速度也随着扫描圈数的增加而增大。这增加了对卫星姿态的冲击影响，也不利于对目标信号的发现和捕获。因为发现和捕获目标需要一定的迟滞时间，而随着扫描圈数的增加，扫描轨迹运动越快，则目标穿过波束的时间越短。

本书第 15 章根据阿基米德螺旋线的基本特性构造了一种适合中继星 Ka 天线的恒线速度螺旋扫描捕获方法，推导出了扫描轨迹方程、天线方位轴转动及俯仰轴转动的数学表达式和扫描参数的选择等。

螺线长 L 可近似为

$$L \approx \frac{a}{2}\theta^2 = \frac{d}{4\pi}\theta^2$$

(2.19)

$$\theta = \sqrt{\frac{4\pi L}{d}} = \sqrt{\frac{4\pi}{d}}\sqrt{vt}$$

(2.20)

式中：$L = vt$；

　　　L——螺旋线长；

　　　v——螺旋线线速度；

　　　t——扫描时间。

天线方位轴转角 α 和俯仰轴转角 β 为

$$\alpha = a\theta\cos\theta = \frac{d}{2\pi}\sqrt{\frac{4\pi}{d}}\sqrt{vt}\cos\left(\sqrt{\frac{4\pi}{d}}\sqrt{vt}\right) \tag{2.21}$$

$$\beta = a\theta\sin\theta = \frac{d}{2\pi}\sqrt{\frac{4\pi}{d}}\sqrt{vt}\sin\left(\sqrt{\frac{4\pi}{d}}\sqrt{vt}\right) \tag{2.22}$$

注意式(2.19)～式(2.22)中各量的单位。θ 的单位为弧度；L 和 d 的单位相同,此处为 (°);v 的单位为°/s;t 的单位为 s;α 和 β 的单位为(°)。

扫描轨迹仍是螺旋扫描,它是扫一圈的时间随扫描圈数增加而增加,保证每 1 秒扫过相等的螺线长。

该方法的优点是:曲线方程简单,螺距相等,易于实现全覆盖扫描;扫描螺旋线平滑且线速恒定,这既对卫星姿态冲击影响小,扫过用户星的时间相等,又有利于对目标信号的发现与捕获。

4) 在轨校相方法和设备是难题

地面站角跟踪系统有专门的标校塔进行校相。前述的星上自主闭环 APS 是在地面适当位置建立校准站向中继星发射校相信号,校相是通过地面卫星操作管理中心向中继星发送遥控指令,调整接收机和通道相移器的相位,通过遥测检测接收机误差电压,在地面处理进行校相(详见第 12 章),这样的方法要解决以下几个问题:

(1) 一个校相过程的时间会较长。必须要快速遥测,减小遥控时间来控制一个校相过程时间。

(2) 和差通道有较多的组合需要校相。多个频点、多个滤波器切换、设备有备份等,需要对主要的组合进行相位校准和验证。在制订校相方案时,要尽量降低每种组合的校准时间。

(3) 校相过程中,卫星姿态不稳将带来校相误差,同时,校相过程中,天线拉偏转动,对卫星平台姿态也是个扰动,造成校相误差。所以,校相方案既要降低每种组合的校相时间,也要尽量减少天线拉偏次数和控制天线转动速度。

根据确保卫星在轨校相成功的要求,在 APS 设计中采取了特殊设计:

Ka 单通道调制器中在和路有 360°高分辨率数字移相器。校相过程中,地面卫星操作管理中心发送移相遥控指令,调节 360°移相器,同时记录接收机的 $V_{\text{AGC}}/\Delta V_A/\Delta V_E$ 遥测信号进行校相。

5) 天线指向系统(APS)和卫星姿态控制系统(ACS)的相互影响是一个难题

天线跟踪指向系统的天线基座安装在卫星平台上,这个平台是受卫星姿态控制系统所稳定的。例如,卫星运转中,总是保持卫星平台基准面对准地球。而基座上的天线跟踪指向系统是要捕获跟踪中低轨道的用户星,后者是无线电测角系统。这就形成了天线跟踪指向系统和姿态控制系统有一定关系。可见,卫星姿态控制系统的功能就是要保证卫星平台姿态基准面对准地球的稳定性,也就保证了作为天线测角系统框架坐标的参考坐标系的稳定性,达到要求的精度。天线跟踪指向系统的功能是测量出中低轨道卫星在天线框架角坐标系中的位置,达到要求的精度和准确度。从控制系统的组成和功能看,天线跟踪指向系统和卫星姿态控制系统是两个各自独立的控制系统,有两个各自独立的控制回路。

因为要进行高速数据中继传输,传输码速率高达 300～600 Mbps,而实现高速数据率中继传输的基础是 TDRS 星上采用高增益天线,提高发射的 $EIRP$ 和接受的 G/T 值,否则高速数据传输将不可能实现。见图 1.9～图 1.12,中继星上太阳能帆板长达 20～30 m,是大型挠性附

件。太阳能帆板结构谐振频率很低,例如:一阶模态频率≤0.3 Hz。单址天线反射面直径为
3~4.9 m,美国一二代中继星,每颗中继星上有两个单址天线,日本和欧空局的中继星,每颗中
继星上有一个单址天线。单址天线由支撑臂、驱动机构和反射面组成。由于卫星重量限制,天
线展开刚度不可能设计得很高。天线支撑臂和反射面有一定挠性,单址天线是一个大型挠性
附件,天线结构谐振频率很低,例如:一阶模态频率≤1 Hz。

　　带大型挠性附件的中继星动力特征为:低频段上的高的模态堆积;对扰动的高灵敏度;结
构谐振时的弱阻尼。这些动力特征决定了,在内外干扰冲击下,会有弹性振动产生。

　　中继星要完成多项任务:太阳能帆板要对太阳定向,姿态控制系统控制星体基准面对地球
定向,单址天线要捕获跟踪用户星,星地天线要程控指向地面终端站等等。受这些运动的瞬时
加速度冲击,可能引起挠性附件产生弹性振动。这些运动将产生一系列相互耦合影响的问题,
其中各构件的动力学耦合、各控制系统的相互耦合及挠性特征(例如引起结构参数变化),必定
会影响天线指向控制系统工作和卫星姿态控制系统工作。例如,天线跟踪指向系统的天线转
动时,反作用扭矩作用于卫星星体,卫星姿态受到影响,即天线转动对姿态控制是一个扰动,为
此,数据中继卫星的姿态控制系统不仅要像以往的卫星那样用姿态控制系统来稳定卫星,还需
要天线跟踪指向系统的配合。同样,当姿态控制系统进行控制时,对天线跟踪指向系统也是一
个扰动,为此,天线跟踪指向系统不仅要像通常的测角跟踪那样捕获跟踪目标,还需要卫星姿
态控制系统的配合。必须使这两部分控制系统间的干扰最小即要解耦合设计,才能达到天线
指向的高精度和保证卫星姿态控制的精度。

　　从以上分析看,在设计中继星单址天线跟踪指向系统时,两个重要的问题必须解决:一个
是卫星姿态控制系统(ACS)和天线跟踪指向系统(APS)的相互影响要解决,也就是两控制系
统间存在耦合,要解耦设计;另一个是系统动态特征中挠性结构所产生的结构参数的不确定性
和建模时产生的所建模型的摄动问题要考虑,即要对控制系统鲁棒性分析设计。

　　要解决这两个问题的关键是建立中继星 ACS 和 APS 的数学模型,才能进行解耦设计和
鲁棒性分析设计(详见第 10、11 章)。

　　文献[9]在研究美国第二代中继星 TDRSH.I.J 单址天线控制设计时强调:对单址(SA)
天线指向控制系统,由于它是大附件带挠性、长的星地链路、大转动范围、控制结构相互作用,
SA 天线指向控制设计是最困难和具有挑战性的。

2.7　跟踪指向误差和程序跟踪误差

2.7.1　跟踪指向误差

　　根据跟踪系统不同的工作状态,可在系统不同部位输出处理获取跟踪误差。

　　1) 自动跟踪目标

　　例如中继星在轨跟踪地面标校站。

　　(1)确定真值。

　　差波束零点对准目标,此时角误差电压 ΔV_{ATM}, ΔV_{ETM}, $V_{\Sigma TM}$ 为第一个真值,此时的框架角
A_0、E_0 为第二个真值。

　　(2)以 A_0, E_0 为准,分别拉偏天线适当角度,再进入跟踪状态,记录稳定跟踪下的框架角

A_i, E_i, 角误差电压 ΔV_{Ai}, ΔV_{Ei}, $V_{\Sigma i}$。

（3）求 A_i, E_i 的平均值, 相对平均值的均方根误差。求 ΔV_{Ai}, ΔV_{Ei} 的平均值, 相对平均值的均方根误差。

（4）求相对于第一个真值的误差和相对于第二个真值的误差。

（5）由方位角、俯仰角误差综合出角跟踪误差。

2）自动跟踪误差估计

如表 2.4 所示。

表 2.4　自动跟踪误差估计

序号	误差源	短期项
		设计分配
1	天线控制环路控制误差	0.028°
2	滚动俯仰姿态耦合	0.014°
3	天线支撑结构振动	0.014°
4	天线两轴交叉耦合误差	0.01°
5	热噪声误差	0.015°
	RSS	0.039°
	总计	设计 0.039°（指标 0.05°）

差波束零点轴与和波束最大值轴之差估计为 0.01°。

3）跟踪指向误差

自动跟踪误差就是差波束零点轴跟踪目标的误差。跟踪指向误差包括两项：①自动跟踪误差；②差波束零点轴偏离和波束最大值轴之值。

2.7.2　程序跟踪误差

以被跟踪目标（例如用户星）随时间运动的轨迹为基准值（真值）, 以中继星天线按计算的指向角随时间指向用户星为测量值, 其差值统计计算出程序跟踪误差。

测量中继星天线程序跟踪误差的一种方法是：中继星天线自动跟踪目标, 用自动跟踪的天线指向为基准, 计算实际自动跟踪目标时的框架角与程序跟踪轨迹的当前对应的计算值相减, 得到跟踪指向误差的样本点, 经过统计计算, 得到程序跟踪误差。这个误差中不包括程序跟踪控制环路的控制误差, 但是包含自动跟踪控制环路的控制误差。

影响程序跟踪误差的主要因素如下：

（1）标校误差 δ_A, δ_E。

（2）跟踪过程中姿态及姿态变化。

（3）跟踪轨迹拟合误差。

（4）用户星轨道预报误差。

（5）起始跟踪时刻不同步。

（6）星上时钟周期误差。

（7）程序跟踪控制环路控制误差。

（8）自动跟踪指向作为基准的误差。

2.8　本章小结

本章叙述中继星轨道间链路 S/Ka 天线星上自主闭环捕获跟踪指向系统的组成及工作过程、系统技术性能指标以及要解决的技术难题。一个地面角跟踪系统是非常成熟的,但是一个 Ka 频段角跟踪系统特别是一个在星上 3～10 年工作寿命而不能进行维修的角跟踪系统是有很多难题要解决的。各子系统设计要解决技术难题,在整个系统设计上更要合理解决技术难题,例如:

（1）要研制出 Ka 频段单通道调制器。

（2）建立对宽带数传信号的角跟踪理论(见第 9 章),才能用少量(2～3 个)带通滤波器切换适应对 100 Kbps～300 Mbps 或更高码速率的 BPSK 或 QPSK 信号的角跟踪。

（3）建立了恒线速度螺旋扫描捕获方法和理论(见第 15 章)才能保证对用户星的可靠捕获跟踪。

（4）角跟踪系统的在轨校相方法(见第 12 章)要解决。

（5）星载大型天线指向控制设计如何解决 APS 和 ACS 的相互影响和克服动态特性中柔性结构的影响(见第 10 章和第 11 章)。

第3章 用户星天线跟踪指向系统设计

3.1 系统任务分析

用户星天线跟踪指向系统是中继卫星系统用户终端的重要组成部分之一。

用户星天线捕获跟踪指向系统应具备的主要功能是：

(1) 捕获并跟踪中继卫星信标信号，完成中继终端对中继卫星捕获、跟踪。

(2) 在中继卫星的可视弧段通过中继信道(Ka频段)向地面传输数据。

(3) 具备接收和处理遥控、程控和注入数据的能力。

(4) 提供工作状态遥测参数，全面反映单机和系统工作状态。

3.2 工作体制简介

单通道单脉冲跟踪能确定天线波束偏离跟踪目标的信标源方向，并能驱动伺服系统使天线迅速对准信标源。为了减小和、差接收通道幅-相特性不一致性对角跟踪的影响，一般将和差信号通过单通道调制形成一个道信号传输。它的测角原理是：天线波瓣接收微波信号，并进行比较得到角度误差信号，然后将此误差信号经过放大变换后加到伺服机构，驱动天线向减小误差的方向运动。其中差信号的幅度反映了目标偏离天线轴角度的大小，差信号与和信号之间的相位差反映了目标偏离等信号轴的方向。

用户星天线捕获跟踪指向系统中继天线馈源输出 Σ,Δ 两路信号可以分别表示为

$$E_{\mathrm{s}}(t) = AE_{\mathrm{s}}(\theta)\mathrm{e}^{\mathrm{j}(\omega t+\varphi)} \tag{3.1}$$

$$E_{\mathrm{d}}(t) = AE_{\mathrm{d}}(\theta)\mathrm{e}^{\mathrm{j}\left(\omega t+\varphi-\frac{\pi}{2}+\alpha\right)} \tag{3.2}$$

式中：A——信号幅度；

$\quad\ \omega$——信号角频率；

$\quad\ \varphi$——初始相位；

$\quad\ E_{\mathrm{s}}(\theta),E_{\mathrm{d}}(\theta)$——分别为和、差通道的方向函数；

$\quad\ \alpha$——馈源输出口 Σ,Δ 两路信号相位不一致的相位差。

当 θ 很小时，$E_{\mathrm{s}}(\theta)$ 为一常数，$E_{\mathrm{s}}(\theta)$ 与 θ 成线性关系。

差信号 Δ 是方位差 ΔA、俯仰差 ΔE 的矢量和，$\Delta=\Delta A+\mathrm{i}\Delta E$ 单通道调制器前仍是两个通道；单通道合成后经变频放大，在跟踪接收机中输出的信号为

$$\Delta V_A = K\theta\mu\cos(\varphi-\Delta\alpha) \tag{3.3}$$

$$\Delta V_E = K\theta\mu\sin(\varphi - \Delta\alpha) \tag{3.4}$$

式中：K——差通道增益系数；

　　　μ——差归一化斜率；

　　　θ——目标偏离电轴空间角（取值范围为天线半波束宽度）；

　　　$\Delta\alpha$——单通道调制器合成器前 Σ，Δ 两路信号相位不一致的相位差；

　　　φ——差信号合成矢量 $\boldsymbol{\Delta}$ 与方位矢量 $\boldsymbol{A}$ 的夹角。

当和、差通道相位一致的情况，即 $\Delta\alpha \approx 0$ 时，

$$\Delta V_A \approx K\theta\mu\cos\varphi \tag{3.5}$$
$$\Delta V_E \approx K\theta\mu\sin\varphi \tag{3.6}$$

方位差、俯仰差信号送至伺服控制器后作为控制系统的输入，进行自动跟踪。

用户星天线捕获跟踪指向系统由 Ka 中继天线、低噪放（LNA）、Ka 单通道调制器、Ka/C 下变频器、中频跟踪接收机、伺服控制单元、10 MHz 参考源、综合接口单元、Ka 波导组件、开关控制器以及 Ka 中继高频电缆组成。

用户星天线捕获跟踪指向系统原理框图如图 3.1 所示。

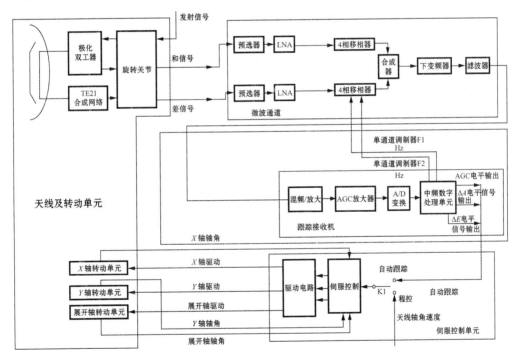

图 3.1　用户星天线捕获跟踪指向系统原理框图

用户星天线捕获跟踪指向系统采用单通道单脉冲角跟踪体制。图 3.1 中 Ka 馈源输出和信号采用 TE_{11} 模，差信号采用 TE_{21} 模，输出信号（Σ，Δ）分别经低噪声放大器（LNA）放大后输出到 Ka 单通道调制器；在 Ka 单通道调制器内经过对差信号的 QPSK 调制后，把 Σ，ΔA，ΔE 合为一个信号。该调幅信号再经过 Ka/C 下变频送到中频跟踪接收机。在中频跟踪接收机内该信号经中频放大后，送至中频数字处理单元进行误差信号解调；解调出 ΔA，ΔE 作为反馈信号，送入自动跟踪回路，在满足信号跟踪门限条件下，牵引天线进入并维持对中继卫星的自动跟踪状态。如果跟踪过程中丢失目标，自动回到程控跟踪状态，直到跟踪接收机再次捕获目标后重新进入自动跟踪状态。

3.2.1 射频通道预算

用户星天线捕获跟踪指向系统内部指标分配如图 3.2 所示。图中发射信号泄露指 Ka 频段发射信号泄漏到捕获跟踪接收端的信号电平。Ka 频段发射信号两路每路功率 47 dBmW 合计 50 dBmW，输出双工器、波导滤波器及输出波导组件插入损耗 2 dB，天线收发端口隔离 21 dB，因此泄漏到捕获跟踪设备接受端口的隔离为 27 dBmW。

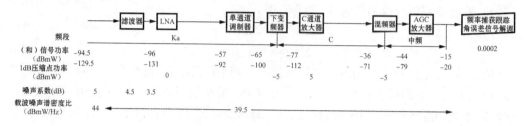

图 3.2　用户星天线捕获跟踪指向系统通道指标分配

Ka 频段中继行波管放大器为宽带功率器件，在捕获跟踪设备接收频段输出噪声功率谱密度为 -80 dBmW/Hz，通过优化设计使得 Ka 频段中继输出双工器对 Ka 接收频段的信号抑制达到 85 dB，Ka 频段天线收发隔离 21 dB，因此捕获跟踪子系统接收端口收到的行波管放大器噪声功率谱密度为 -185 dBmW/Hz，远低于接收端口热噪声电平 -174 dBmW/Hz。解决了大功率发射系统与小信号接收系统之间的干扰问题。

3.2.2　工作模式及工作流程

在卫星发射过程中，中继天线反射器及跟踪机构将通过锁紧/释放装置锁定。卫星入轨后，通过地面指令引爆火工品切割器使天线释放。随后，伺服控制单元根据指令将中继天线反射器及跟踪机构从锁紧位置展开至工作位置后锁定。天线展开动作完成后，分系统就处于待工作状态。

在一次捕获跟踪任务中，用户星天线捕获跟踪指向系统主要有角度程控加自动跟踪、强制角度程控两种工作模式，如图 3.3 所示。

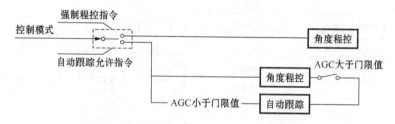

图 3.3　捕获跟踪系统工作状态转移图

注：① AGC 为跟踪接收机输出信号，反映接收信号的强弱；② 控制指令位总线指令，由数管发出。

1）自动跟踪模式

首先，通过遥控指令使分系统处于程控状态（角度程控，GPS 程控或轨道程控）。该状态下，利用程控输出的中继天线角度信息进行捕获跟踪。用户星天线捕获跟踪指向系统接收来自程控输出的中继天线指向角度数据，自行计算出用户星中继天线跟踪中继星的角速度，控制中继天线跟踪中继卫星。

接着，通过遥控指令使系统处于自动跟踪允许状态。该状态下，直接对信标波束进行跟踪。

跟踪接收机捕获中继星发送的 Ka 频段信标,提取角跟踪误差信号 $\Delta A, \Delta E$ 作为反馈信号送入自动跟踪回路。在满足自跟踪门限条件后,牵引天线进入并维持对中继卫星的自动跟踪状态。

自动跟踪过程中,用户星天线捕获跟踪指向系统仍然接收姿态控制计算机输出天线的角度和角速度转动信息。如果跟踪过程中丢失目标,伺服控制单元自动回到角度程控状态,直到跟踪接收机再次捕获目标后重新进入自动跟踪状态。

在收到天线停止转动指令后,天线停止转动,退出跟踪过程。

2) 角度程控模式

通过遥控指令可使分系统处于强制角度程控模式。在该模式下,用户星天线捕获跟踪指向系统始终利用姿态控制计算机输出的中继天线角度信息进行捕获跟踪。在收到天线停止转动指令后,天线停止转动,退出跟踪过程。

用户星天线捕获跟踪指向系统(图 3.4)在完成对中继卫星的捕获跟踪后的同时,向中继卫星发射数据,使中继卫星捕获跟踪用户星天线捕获跟踪指向系统,建立目标飞行器—中继卫星—地面站链路。完成本次数据传输任务后,中继终端关机,至此这次数据传输任务结束。

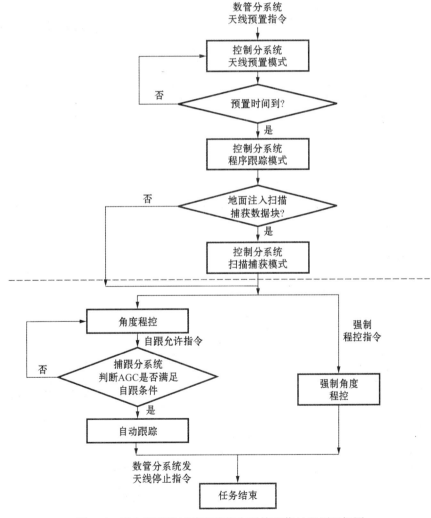

图 3.4　用户星天线捕获跟踪指向系统工作过程原理框图

3.3 系统功能仿真结果

3.3.1 程序跟踪控制仿真结果

天线控制系统驱动机构由电机驱动器、步进电机、谐波减速器和负载组成。其系统框图如图 3.5 所示。

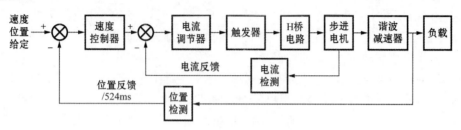

图 3.5 天线控制系统框图

根据获得的传递函数,进行仿真,每 0.524 ms 发送预制角度,仿真数据设定如表 3.1 所示。

表 3.1 仿真数据

时间/s	天线目标角度/(°)
0	−86.243 6
0.524	−85.939 1
1.048	−85.634 7
1.572	−85.330 4
2.096	−85.026 2

获得该情况下的仿真结果显示,信号给定和信号响应曲线完全重合。

3.3.2 自动跟踪功能仿真

自动跟踪模式仿真模型如图 3.6 所示。

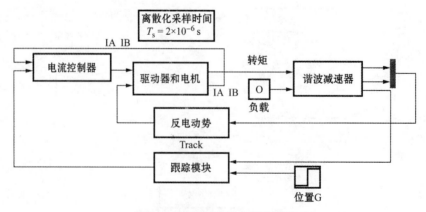

图 3.6 自动跟踪模式仿真模型

图 3.6 中,电流控制器、驱动器和电机、负载、反电动势与程控模式仿真模型基本相同;跟踪(Track)模块为跟踪接收机模型和转速、位置计算模块,它接收来自电机的位置信号以及系统的位置给定信号,输出电流控制器所需的转速信号。

自跟模式下伺服系统速度环速度信号的获得利用 PI 控制算法实现。PI 控制算法在工程应用中由于其算法简单易用、可靠,因此使用非常广泛。

在该系统中,在设计 PI 控制器时一方面需要考虑系统能够快速跟踪目标,另一方面由于噪声信号的存在,使得跟踪接收机输出的信号可能与实际信号存在较大的偏差,因此设置 PI 参数时,可能由于噪声信号干扰,导致系统产生的波动,尤其是 P 参数设置较大时,系统反应比较灵敏,对于较小的噪声干扰,系统都可能出现波动。

在工程应用中,为提供系统的动态响应速度以及跟踪精度,采用较多的是变 PI 控制算法,即实时判断位置误差信号,当误差较大时取较大的比例参数,位置较小时,采用较小的比例参数,取较大的积分参数。在本系统中,采用的是固定 PI 参数,根据误差的不同情况,设定不同的限幅值,例如误差较大时,PI 输出限幅值取大一些,加快系统的动态响应,以实现快速跟踪目的;位置误差较小时,PI 输出限幅值取小一些,以减小波动。仿真模型如图 3.7 所示。

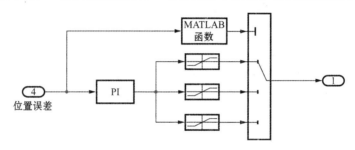

图 3.7　PI 控制器仿真模型

根据以上的说明,在设定 PI 参数时,就要综合考虑系统性能。为加快动态响应以及跟踪精度,需要尽可能增加 P 值,但是增加 P 值又可能引起电机波动,包括电机本体、甚至负载的波动,以下仿真说明了该情况的可能性。

1) 比例参数 $K_p = 0.2(K_i = 0.0105)$ 仿真结果

图 3.8 的曲线为仿真给定的位置信号和系统跟踪给定信号时的响应信号,由图中可知,在给定斜坡信号情况下,系统可以实现跟踪,但是由于滤波环节的影响,输出响应存在滞后。

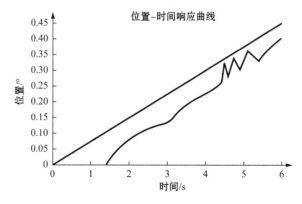

图 3.8　给定位置信号的响应曲线

图 3.9 的曲线为误差信号跟踪波形,其中曲线 1 为系统实际的位置误差信号,它可以通过给定信号减去负载的实际位置信号获得。该信号输入跟踪接收机后,跟踪接收机输出的信号如图中曲线 2 所示,由图中可知,跟踪接收机以及其滤波算法基本能够实现误差信号的跟踪,但是在时间上存在滞后,并存在一定程度的误差。

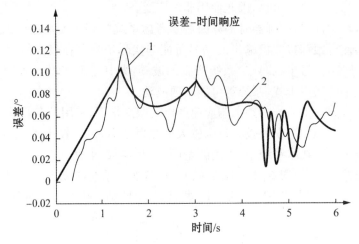

图 3.9　误差信号跟踪曲线

由于采用了较大的比例参数,该仿真中系统的实际误差、跟踪误差均较小,基本控制在 0.08 左右,但是由图 3.10 曲线可知,此时伺服电机已经存在波动,并且可能引起负载的波动。

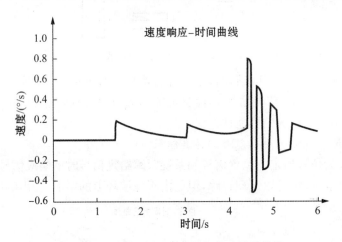

图 3.10　伺服电机波动引起负载波动的曲线

2) 比例参数 $K_p = 0.1(K_i = 0.0105)$ 仿真结果

为减小波动,需适当缩小比例参数进行仿真,分别得到实际的误差信号和跟踪误差信号如图 3.11 曲线所示,此时系统的动态响应性能显然变差,稳定误差也较原先比例参数较大时差,但跟踪接收机能够有效跟踪输入信号,如图 3.12 曲线所示,图 3.13 曲线为电机响应曲线,该曲线表面电机及其负载能够稳定运行。

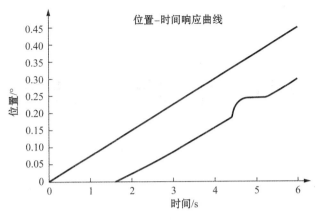

图 3.11　实际的和跟踪的误差信号曲线

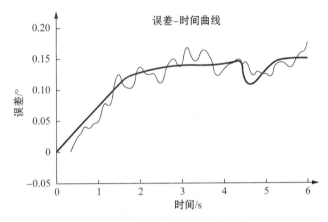

图 3.12　有效跟踪输入信号曲线

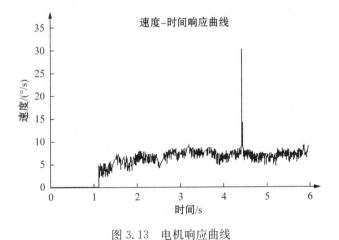

图 3.13　电机响应曲线

综上所述,该系统在实际控制器参数时,需要综合考虑系统的动态响应性能和动态稳定性,选择中间合适的参数,尽可能选择动态响应较好、稳态误差较小、系统稳定的参数。

第4章 中继星 Ka/S 天线

4.1 概述

美国宇航局(NASA)于1983年发射了第一颗同步轨道的中继卫星,并在随后的十余年里陆续发射了其他几颗中继卫星,建成了世界上第一个跟踪与数据中继卫星系统(TDRSS)。该系统在地球静止轨道上布置了两颗间隔130°的跟踪与数据中继卫星(TDRS),在两颗卫星中间还放置一颗备用星,地面站设在美国的白沙靶场。星上配置两副口径为4.9 m的星间链路天线,工作在 Ku/S 频段,同时配置一副 S 频段的相控阵天线。两颗工作卫星与地面站一起配合,可为低轨道用户星提供20个返向传输信道及2个前向信道。该系统可为200～3 000 km的低轨道用户星提供大于85%的覆盖率,可同时服务于近30个低轨道用户星,其中最多同时提供4条高码速率(300 Mbps)的数据传输链路。TDRSS建成后,美国逐渐把对低轨道用户星的地面测控任务放在 TDRSS 上进行。根据中低轨航天器的需要,NASA 于20世纪90年代后期开始发展第二代跟踪与数据中继卫星系统(ATDRS)。2000年6月发射了由休斯公司制造的第一颗二代中继卫星,随后又发射了两颗后续星。星上仍然配置两副口径为4.6 m的星间链路天线,工作频段在保留 Ku/S 频段的同时,增加了 Ka 频段。

继美国建成第一代 TDRSS 后,欧洲各国和日本决定研制自己的跟踪与数据中继卫星系统。欧洲与日本吸收了美国的成功经验,同时在美国的基础上又有所发展,其特点是将星间链路工作的频段由 Ku/S 频段扩展为 Ka/S 频段。从 Ku 频段扩展到 Ka 频段不仅提高了系统的传输容量,也降低了星间链路天线的口径。

欧空局(ESA)于1989年制订了数据中继卫星发展计划,启动了"数据中继和技术任务"。2001年7月发射了"高级中继和技术任务"(Artemis)卫星,也称为阿蒂米斯卫星。但是由于火箭故障,Artemis 卫星没有进入预定轨道。经过18个月的努力,ESA 终于将该卫星送入了正确的轨道。Artemis 卫星配置了一副口径2.85 m的固面星间链路天线,工作于 Ka/S 频段。2008年欧空局通过了新的中继卫星——"欧洲数据中继卫星"(EDRS)系统计划,并于2009年2月正式启动。

日本宇宙开发团(NASDA)将数据中继与跟踪卫星系统(DRTSS)的研制分两步进行。第一步是试验阶段,在试验阶段发射两颗卫星,分别进行单址和多址星间链路试验;第二步是在1998年正式发射第一颗数据中继与跟踪卫星,1999年发射第二颗。实际上,第一步于1994年发射了第一颗工程试验卫星 ETS-Ⅵ,第二步于1997年发射了通信与广播试验卫星 COMETS。这两颗卫星都配置了星间链路天线。不幸的是这两颗卫星分别因为远地点发动机故障和发射运载的二级火箭故障而未能准确入轨。随后,日本于2002年9月10日成功发射一颗数据中继试验卫星 DRTS,并于11月11日成功定点于东经90.75°,与轨道高度300～1 000 km的飞行器进行数据中继试验。这是日本第一颗定点于地球同步轨道的数据中继卫星。DRTS 配置了一副口径为 3.6 m 的正馈卡塞格伦天线,工作于 Ka/S 频段,在 Ka 频段具有 240 Mbps 的星间高码速率数传能力和高精度的捕获跟踪能力。

　　由于欧、美、日第一代的中继卫星系统对低轨道用户星的覆盖均存在盲区,为防止系统突发故障而中断运行,他们准备相互合作,在系统运行中能够提供相互支持,因此在体制与通信频带上三家选择保持一致。欧、美、日三方成立了空间网互操作委员会,随后达成建立互操作系统的协议,以实现三方联网。因此,美国的第二代跟踪与数据中继卫星系统(ATDRSS)的星间链路天线除保留第一代天线的全部功能外,又增加了 Ka 频段,即为 S/Ku/Ka 三频段星间链路天线。

4.1.1　中继星 Ka/S 天线的功能

　　中继卫星的星间链路天线主要用于中继星与用户星之间的链路建立和双向通信,除美国一代中继卫星选择工作于 Ku/S 频段外,其他各国均选择了 Ka/S 频段。Ka 频段与 Ku 频段相比具有更宽的绝对带宽,可以实现更高的码速率。美国二代中继卫星系统也增加了 Ka 频段星间链路。中继星星间链路天线必须具备二维转动功能,以便通过程序控制或自动跟踪实现对用户星的跟踪,建立连续稳定的星间链路。

　　星间链路天线的口径一般为 3~5 m,在 S 频段具有较宽的波束,通过轨道预报和程序控制等手段完全可以满足跟踪用户星的要求,因此 S 频段不需要自动跟踪功能。对于 Ka 频段而言,天线增益高达 50 dB 以上,波束宽度一般小于 0.3°,程序跟踪已经无法满足对用户星的跟踪要求,因此天线须产生和差波束以便采用单脉冲体制实现自动跟踪,在伺服控制系统引导下实现对用户星的连续准确跟踪,建立并保持良好的星间通信。图 4.1 给出了中继卫星在轨道上,与用户星、地面站进行中继通信的示意图。

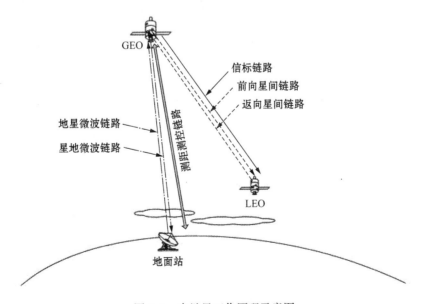

图 4.1　中继星工作原理示意图

4.1.2 中继星 Ka/S 天线的组成

4.1.2.1 中继星天线的反射面型式

为了减轻重量,卫星天线的反射面一般采用复合材料制成,比较常见的复材反射器由碳纤维蒙皮和铝蜂窝夹层构成。这种固面反射面通过高温成型,具有型面精度高、热稳定性好和重量轻的优点。固面反射面天线发射时收拢在舱板上,入轨后象花瓣似展开,可以有效地利用运载的空间装载能力,但受运载火箭风罩的限制,固面反射面天线的最大口径一般在3 m左右。

若要进一步增大反射面天线的口径,须采用网状反射面技术或其他的口面膨胀技术。网状反射面由金属丝网及其支撑结构组成,金属丝网由直径几十微米的金属丝线通过一定的方式编制而成,具有接近良金属面的电磁波反射能力。支撑结构将金属丝网按照设计要求张开,满足反射面的型面精度要求。近年来国内外对网状反射面的研究越来越多,比较常见的结构型式有伞状反射面、构架式反射面和环形桁架式反射面等,口径可以从几米到几十米不等。网状反射面天线的主要优点在于可以制成口径很大的反射面,但网状反射面有展开精度和型面精度难于控制、展开风险较大等缺点。

美国一代跟踪与数据中继卫星的星间链路天线采用了口径为4.9 m的网状反射面,工作于Ku/S频段。俄罗斯发射的多颗射线号中继卫星采用了口径为4.5 m的网状反射面,工作于S/Ku频段。美国二代中继卫星的星间链路天线采用口径为4.6 m的网状反射面,工作于Ka/Ku/S频段。

由意大利Alenia公司承制的欧洲中继卫星Artemis配置了口径为2.85 m的固面反射面,工作于Ka/S频段。日本的数据中继与跟踪卫星配置了口径为3.6 m固面星间链路天线,工作于Ka/S频段。

4.1.2.2 中继星天线的结构形式

如前所述,中继星的星间链路天线需要持续跟踪低轨道用户星来建立稳定的星间链路,因此天线必须具备二维转动能力。

美国的跟踪与数据中继卫星的星间链路天线采用正馈卡塞格伦方案,馈源处于反射面的中心,由馈源发出的射线通过副面反射后,照射到主面,整个结构紧凑、对称性好。二维驱动机构安装在主反射器背部,带动主面与馈源一起转动,在转动过程中天线的跟踪与通信能力是稳定不变的。

欧洲的Artemis卫星的星间链路天线采用偏置单抛物反射面方案,Ka/S组合馈源固定在反射面焦点上,反射面利用偏转架绕自身的焦点转动实现波束的二维转动。这种转动方式由于馈源组件固定不动,使射频通道设计得以简化,转动损失相对较小。

正馈卡塞格伦与偏馈单反射面两种方案相比较而言,前者实现难度较大,但具有转动范围大、跟踪精度高的优点,即可以在几十度范围转动内跟踪低轨道用户星,保持其跟踪精度与数传能力不变。后者虽然绕过了射频通道的转动问题,但天线转动范围不宜过大,一般偏角大于10°后天线电性能开始恶化,不能继续提供跟踪与数据中继服务。

4.1.2.3 中继星天线的单脉冲跟踪馈源

所谓单脉冲跟踪天线是指能同时产生"和差波束",通过"和差波束"确定天线波束偏离目标的角度,并能驱动伺服机构迅速使天线重新对准目标源,这样的天线称为单脉冲跟踪天线。由于跟踪精度高,这种天线在捕获与跟踪技术中得到广泛的应用。单脉冲跟踪天线的跟踪精度主要体现在馈源的设计上,根据馈源的不同形式分为多喇叭跟踪天线与高次模跟踪天线等。

多喇叭跟踪天线的馈源可分为四喇叭、五喇叭和十二喇叭等不同的实现方案。四喇叭跟踪馈源由 4 个"田"字型分布的喇叭与后面的和差网络组成,如图 4.2 所示。当 1,2,3 和 4 号喇叭的信号等幅同相合成时,馈源产生一个笔形的合成波束即"和波束",用于通信波束并作为幅度比较的基准。当 1,2 号喇叭的信号同相合成,3,4 号喇叭的信号同相合成,然后两者再反相合成,则形成方位差波束。当 1,3 号喇叭的信号同相合成,2,4 号喇叭的信号同相合成,然后两者再反相合成,则形成俯仰差波束。这种 4 喇叭的跟踪天线可以获得较高的差增益。但和增益较低,也即并没有很好地解决和差矛盾。

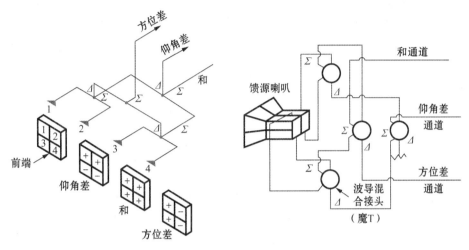

图 4.2　四喇叭跟踪馈源原理图

相比较采用五喇叭能较好地解决和差矛盾。五喇叭中的中心喇叭产生"和波束"专门负责信号的收发,周围的 4 个喇叭产生"差波束",专门负责跟踪差信号。设计良好的五喇叭使和增益得到最佳,同时差增益也能达到满意的水平。

更多的喇叭例如十二喇叭方案,虽然能进一步地改善和差矛盾,但造成了馈电网络的复杂化,而性能的改善十分有限。

高次模跟踪方式是采用了圆喇叭内的 TE_{11} 模作为和模,喇叭内部的高次模形成差波束作为跟踪波束,例如:TM_{01} 模、TE_{21} 模均可做差模。在方波导中也是一样,可以利用喇叭内的 TE_{10} 模作为和模,利用各种高次模,例如:TE_{11} 模作为方位差,TE_{20} 模作为俯仰差完成跟踪任务。高次模跟踪方式在解决和差矛盾方面介于四喇叭与五喇叭之间,由于馈电网络简单也得到了广泛的应用。

在应用方面,欧洲的 Artemis 卫星星间链路天线在 Ka 频段采用方喇叭混合模实现和差波束。美国的 TDRS 星间链路天线在 Ka 频段采用圆喇叭 TE_{21} 模实现差波束。

由于在角度测量面上对差信号的最佳馈源尺寸一般是对和信号最佳馈源尺寸的 2 倍左右,图 4.2 所示的简单的四喇叭跟踪馈源效率不高。通常为了尽可能地提高和差效率,一般选取五喇叭、十二喇叭等方案。

多喇叭跟踪馈源多用于地面站天线,这与其工作原理有关,即多喇叭跟踪馈源通常是将两组喇叭反相合成后形成一维差波束。若在反相合成中出现相位漂移,则差波束性能将会降低,严重时不可用。卫星天线通常都暴露在星体外,空间环境十分恶劣,高低温差近 300℃,馈源自身的热膨胀效应引起的相位漂移已经无法忽视。为了使其工作在较窄的温度范围内,就必须增加卫星资源的开销。为了解决这一问题,多模跟踪馈源应运而生。

圆口径馈源的差模电场方向图在天线轴向为零值,而在偏轴角度上又有极性,多模跟踪就是利用这种特点来实现自跟踪的,因此也称为差模跟踪。常用的几种差模跟踪方式有[21]:

(1) TE_{11} 模为和模,TM_{01} 模为差模的两模自跟踪方式。

(2) TE_{11} 模为和模,TE_{01} 模、TM_{01} 模为差模的三模自跟踪方式。

(3) TE_{11} 模为和模,TE_{21} 模为差模的两模自跟踪方式。

(4) TE_{11} 模为和模,TM_{01} 模、TE_{21} 模为差模的三模自跟踪方式。

差模自跟踪与多喇叭自跟踪相比既有相同点,又有不同点。其相同点是:两者都有和方向图与差方向图,两者都是零值跟踪(即跟踪差方向图在轴向为零值),且偏轴后电场方向图具有极性。两者的不同点是:多喇叭自跟踪的差方向图是通过配置外围喇叭(五喇叭)或喇叭分割(四喇叭)来实现的,而差模跟踪是利用波导高次模的方向图来实现的。

工程实践中的多模馈源喇叭一般不采用简单的圆锥喇叭,而是用性能更好的圆锥波纹喇叭,因此和模通常为 HE_{11} 模。采用圆锥波纹喇叭可以有效地提高天线的效率和交叉极化性能。HE_{11} 模与 TM_{01} 模的场型分布如图 4.3 所示。

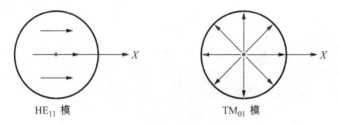

HE$_{11}$ 模   TM$_{01}$ 模

图 4.3   多模跟踪馈源的工作模式

多模跟踪馈源波纹喇叭的结构复杂,早些时期对其辐射特性的准确分析有一定困难。为了配合工程研制的需要,国内外专家进行了近似分析方法的研究。20 世纪 70 年代,D. Bitter 和 C. Aubry 采用一组正交的 Laguerre-Gaussian 函数的模式展开式来描述圆锥波纹喇叭的口径场,由 Kirchhoff-Fresnel 近似表达式获得 HE_{11} 模和 TM_{01} 模的辐射方向图。在喇叭半张角小于 $20°$ 时该方法的分析结果与实测结果一致性很好[22]。随着计算机技术与电磁场数值分析技术的发展,波纹喇叭的仿真分析得到了很好的解决。用模式匹配法分析波纹喇叭的反射特性与辐射特性,可以达到令人满意的精度。

4.1.3   Ka/S 天线技术指标要求

中继卫星的星间链路天线是具有跟踪能力的通信天线,除了具有高增益的通信天线的要求之外,还应具备高精度的跟踪能力,具体有以下一些技术指标:

1) 工作频段

工作频段是指天线工作的频率范围,天线在工作频段内应该满足所列举的技术指标的要求。

2) 口径

天线口径是指反射面边缘在与反射面辐射方向相垂直的平面上的投影口径。天线口径是决定天线增益的重要因素。

3）增益

天线的增益是天线最大辐射方向上辐射强度与相同输入功率条件下全向辐射的平均辐射强度之比，以 dBi 表示。

4）差波束性能

中继星 Ka/S 天线采用单脉冲跟踪方式，差波束的性能优劣直接影响到自动跟踪的精度。差波束的性能主要包括差增益（差斜率）、零深、零点方向。

自动跟踪天线的驱动信号分别从和、差信号中提取，如果差增益低，就造成差斜率低，当目标信号偏离天线轴激起的差信号的变化率降低，这就会影响到跟踪精度，因此差波束的增益要尽量高。由于和差波束照射同一个副面，为了保证和波束的有效照射，差波束无法达到最佳照射，这就是所谓的"和差矛盾"。

差波束的零深是指正前方零点方向的电平与左右两个差瓣电平的比值，一般用 dB 表示。零深直接影响差波束的差斜率大小，在跟踪接收机中表现为"S"曲线斜率的大小，零点越深，斜率越大，跟踪精度越高。

由于单脉冲自跟踪天线总是将目标尽量锁定在差波束的零点方向上，如果目标锁定后和波束最大增益方向没有指向目标，则会产生指向失配损耗。因此，单脉冲自跟踪天线应该对差波束零点方向与和波束最大增益方向的偏差提出要求，一般来说只要达到和波束半功率波束宽度的十分之一就可以忽略指向失配损耗的影响了。

5）极化方式（轴比）

天线的极化方式分为线极化和椭圆极化两种，其定义与平面波的极化定义一致。

线极化是指电场矢量在传播方向上的端点轨迹是一条直线，不随时间变化。线极化根据电场矢量的空间方向可以分为水平极化和垂直极化。

椭圆极化是指在电磁波传播的一个周期内，电场矢量端点在垂直于传播方向的平面上的轨迹是一个椭圆。顺着传播方向看出去，如果电场矢量旋转方向是顺（逆）时针的，称为右（左）旋极化。椭圆的长轴与短轴之比称为轴比。轴比为 1 的椭圆极化就是圆极化，轴比为无穷大的椭圆极化就是线极化，因此线极化和圆极化都是椭圆极化的特例。

6）旁瓣电平

旁瓣是指方向图中除主瓣之外的波瓣，也叫副瓣。旁瓣电平是旁瓣最大值与主瓣最大值的比值，用 dB 表示，通常都是负数。旁瓣的产生是不可避免的，只能尽量降低电平。高旁瓣电平不仅会影响天线的效率，也会对其他通信系统造成干扰，或者被恶意利用引发安全问题。一般来说，旁瓣会有若干个，从主瓣向两侧数，依次为第一旁瓣、第二旁瓣……。与主瓣方向完全相反的旁瓣叫做后瓣或尾瓣。旁瓣电平一般情况下指的是第一旁瓣的电平。

天线的主瓣电平、旁瓣电平与天线的口面场分布有关，可以证明当口面场幅相均匀分布时，可以获得最大的口面利用率，但此时旁瓣电平相对较高。因此旁瓣电平与口面利用率存在着矛盾。

7）电压驻波比

电压驻波比是表征天线辐射能力的参数，它与天线端口的阻抗特性有关。电压驻波比越小，由阻抗失配引起的损耗也就越小，天线辐射的有效功率越多，反之亦然。

8）收发隔离度

天线的收发隔离度是指天线收发端口之间的隔离能力，在收发共用的天线系统中，收发隔离度是十分重要的指标,它表示发射信号落入接收通道的功率电平(在发射频率上)以及发射信号的杂波(在接收频率上)落入接收通道的功率电平。系统的收发隔离度是天线收发隔离度与转发器收发隔离的总效应,在确定其指标时,由双方共同承担。

9) 型面精度

型面精度是表征实际加工的反射面型面与理论数据间的误差,用均方根值(RMS)来表示。型面精度对天线的口径效率有着重要影响,型面精度较差时会明显影响反射面的口面场幅度和相位分布,造成天线波束的增益损失,交叉极化上升或零点偏移等。

反射器加工完成后,在反射面上选取一组靶点,通过测试靶点的实际位置数据,与理论数据相比求取均方根误差,即为型面精度。选取的靶点应该尽可能地均匀分布在整个反射面上,靶点数据的获取通常采用经纬仪测量法,当靶点数量较多时可采用摄影测量法提高工作效率。

10) 跟踪方式

跟踪天线对目标的跟踪方式有程控跟踪和自动跟踪两种。

程控跟踪也叫程序跟踪,即由控制软件根据目标移动轨迹实时计算目标位置并控制天线转动将波束指向目标。这种跟踪方式是开环的,软件计算得到的目标位置误差一般较大。

自动跟踪分很多种,有单脉冲跟踪方式、圆锥扫描方式、多喇叭比幅方式等。单脉冲跟踪利用天线的和差波束分别接收来自目标的信标信号,跟踪接收机对和差信号进行处理得到目标的角误差信息,驱动伺服机构转动天线将波束指向目标。这种跟踪方式是闭环的,单脉冲跟踪可以达到较高的跟踪精度。

11) 跟踪范围

跟踪范围是指天线能够自动跟踪目标的角度范围。这个指标根据跟踪目标的特性确定,天线在设计上必须保证在跟踪范围内性能良好。

12) 指向误差

天线的指向误差是指实际的波束指向与期望值之间的偏离角度。在理想情况下,天线的波束指向应该和设计方向是一致的。然而实际情况是,最终的天线产品由于反射面加工误差、反射面安装误差、馈源安装误差、天线在平台上的安装误差以及反射面在轨热变形等因素,导致波束指向与设计期望值并不相符。指向误差虽然无法消除,但是可以测量,多次测量后求取均方根误差,即可得到指向精度。

指向误差会导致天线波束不能指向目标而造成指向失配损耗,对于自跟踪天线而言,由于天线最终会锁定目标,指向误差造成的链路损失会得到补偿,但是如果指向误差太大,可能导致无法正常捕获目标。

13) 跟踪精度

跟踪精度是指可跟踪天线完成对目标的捕获、锁定后,波束指向与目标之间残留的偏离角度的统计指标,这是一项综合性的考核指标。跟踪精度与天线系统、伺服控制系统、跟踪接收机、转动机构等的各项技术指标有关,也与系统中的误差有关。跟踪精度的各项误差又可以分为固定误差和随机误差两大类[23]。固定误差主要有光电轴的不一致性、电轴的漂移、转动轴间的正交性等。随机误差主要有接收机热噪声、伺服电噪声、伺服机械噪声等。

14) 功率容量与微放电

功率容量是指天线在不发生微放电的前提下所能承受的最大功率。微放电是指发生在两个金属表面之间或者是单个介质表面上的一种真空谐振放电现象。它通常是由部件中传输的射频电场所激发,在射频电场中被加速而获得能量的电子,撞击表面产生二次电子而形成[24]。因此微放电效应也称为二次电子倍增效应。在通常情况下,真空中发生的微放电效应都是我们所不希望的,尤其是在卫星上。一旦发生微放电效应,将会使得微波传输系统驻波比增大、反射功率增加、系统噪声增加甚至损坏部件,使系统不能正常工作,造成很大的损失。

因此,星载微波功率设备必须有一定的功率容量,也即微放电设计余量,以尽量避免微放电现象的发生。这个余量在卫星技术发展的初期定为高于设备通过的峰值功率的 6 dB。随着对微放电现象的深入了解和充分实验,欧洲的卫星研制单位已经将星载设备的微放电要求定为高于峰值功率的 3 dB。而有些卫星设备生产厂家已经将此余量降到了高于部件总功率的 3 dB[25]。

15) 无源互调

在通信系统中,当两个或两个以上频率不同的信号在具有非线性特性的器件上混合时,由于非线性作用,它们会彼此相互调制而在输出信号中产生新的组合频率的信号。尽管线性是无源部件所表现出的基本特性,但研究和试验表明无源部件也具有微弱的非线性,尤其是在大功率条件下[26]。无源互调就是两个或两个以上的大功率信号通过无源部件(双工器、隔离器、波导、同轴电缆、连接器、天线和负载等)时产生互调产物的现象。输入信号的功率越大,产生的无源互调干扰就越严重,阶数低的互调分量比阶数高的影响大。

在收发共用天线系统中,天线的共用通道为无源互调提供了捷径,如果在共用通道中产生无源互调,就直接落入了接收通道,就会影响卫星接收系统正常工作,严重时导致卫星失效。20 世纪 70,80 年代以来,国外由于 PIM 问题而导致卫星故障,发生失效的情况也有发生,如美国舰队通信卫星 FLTSATCOM 的 3 阶互调产物;美国海事卫星 MARISAT 的 13 阶互调产物;欧洲海事卫星 MARECS 的 43 阶互调产物;国际通信卫星 INTELSAT 的 27 阶互调产物等都曾引起了卫星接收频带的严重干扰,拖延了卫星系统的进度甚至影响了卫星系统的发展。

无源互调与有源互调一样都是由系统中的非线性引起的,其特殊性在于:随温度变化的特性;具有门限效应;功率电平的不可预知性和宽频带噪声特性[27]。无源互调产生的微观机理十分复杂,但都是因为非线性引起的,基本可以概括为三类:接触非线性、材料非线性和表面效应。

在频率资源不太紧张的情况下,可以通过收发频率的优化选择,抬高落入接收频带内的无源互调的产物阶数来降低风险。阶数已定的情况下,可以通过材料的选择、结构设计和加工工艺等措施控制无源互调产物的电平。

16) 刚度

刚度是指机械零件或构件在外力作用下抵抗变形的能力。在弹性范围内,刚度是零件载荷与位移成正比的比例系数,即引起单位位移所需的力。它的倒数称为柔度,即单位力引起的位移。刚度可分为静刚度和动刚度。静载荷下抵抗变形的能力称为静刚度。动载荷下抵抗变形的能力称为动刚度,即引起单位振幅所需的动态力。当干扰力的频率与结构的固有频率相近时,有共振现象,此时动刚度最小,即最易变形,其动变形可达静载变形的几倍乃至十几倍。在质量不变的情况下,刚度大则固有频率高,因此工程应用中通常用固有频率来衡量刚度。

卫星在发射过程中,不可避免地要承受运载施加的力,然后从平台传递到天线上。因此星载天线需要通过设计提高刚度,确保其固有频率避开运载及平台的固有频率,以免发生共振造成结构损坏。

17）重量

与地面设备不同，星载设备对重量的要求是严格限制的。一般在运载确定之后，卫星的整星重量就确定了。卫星燃料必须保证卫星在轨工作若干年的需求。平台和有效载荷的重量增加，燃料的重量就必然会减少，卫星的在轨寿命就会受影响。作为有效载荷的重要组成部分，星载天线的重量在研制过程中要严格控制。

天线的重量一般包括反射器组件、馈源组件、支撑结构、控制器及其电缆、热控多层组件等。

18）尺寸与包络

天线的尺寸一般情况下是指物理尺寸，用长、宽、高来表示三维尺度。对于可展开天线，通常是指发射阶段收拢状态下的尺寸。受运载整流罩和平台上其他设备的限制与影响，星载天线的尺寸受到严格限制。根据方案阶段的卫星布局，初步确定天线尺寸不能超越的三维空间，这就是天线设计必须考虑的包络限制。天线方案的选择必须遵守包络限制，否则就会影响星上其他设备或者与整流罩干涉。

天线若采用空间展开方案，发射时处于收拢状态，此时天线的最大包络小于实际工作时的尺寸，有利于充分利用有限的运载空间。

19）寿命与可靠度

寿命是指天线能够正常工作的最长时间，也称无故障工作时间。可靠度是天线在规定的条件下和规定的时间内完成规定功能的概率，它包括安全性、适用性和耐久性三个方面。可靠度越高，天线的无故障工作时间就越长。

4.2 双反射面正馈多模跟踪天线

双反射面正馈多模跟踪天线通常为卡塞格伦天线或环焦天线。严格地讲，对于同样口径的主面，只要口面场分布函数一样，旁瓣特性不因天线结构形式不同而变化，天线的增益和效率也没有多大的差别[28]。双反射面正馈天线具有结构紧凑的优点，但副面对主面的口径遮挡会引起旁瓣性能恶化。副面遮挡所造成的影响，可以用一个口径和遮挡口径相同的天线所形成的负场与无遮挡主面所形成的正场矢量相加来描述。一般副面口径比主面口径要小一个数量级，因此遮挡形成的负场主波束要比主面的主波束宽得多，矢量叠加之后并不会影响主波束的场，而只影响旁瓣电平。副面口径越小，负场主波束越宽，能量向广角扩散，正场的近旁瓣影响就会变小。双反射面天线的副面与主面口径比有一个限定，当小于 0.1 时，副面的遮挡效应就可以忽略。

对于小口径天线尺寸，例如：相当于 30 个波长的口径，卡塞格伦天线在设计上遇到挑战。如果按要求只选择 3 个波长的副面，显然副面太小。选取较大的副面，则产生了较大的遮挡。选择较小的副面，就会造成较强的绕射而影响天线的效率。为了减少绕射损失，馈源喇叭口径要相应增大，又造成馈源遮挡超过副面遮挡。而环焦天线可以使馈源喇叭距离副面很近，只要喇叭外形尺寸小于副面尺寸，就不会出现这种情况。因而可以选取较小口径的副面，使近轴旁瓣性能得到改善。

中继卫星 Ka/S 天线是典型的大口径天线，综合比较偏置单反射面天线、偏置双反射面天线、正馈卡塞格伦天线和正馈环焦天线方案的电气、结构特性，选择正馈卡塞格伦天线是一种比较折中的方案。

4.2.1　组成及基本原理

中继卫星 Ka/S 天线采用双修正正馈卡塞格伦天线的设计方案,由主反射面、副反射面(具有频率选择特性)、Ka 频段馈源、S 频段馈源、展开机构、支撑结构、高频箱等组成,如图 4.4 所示。

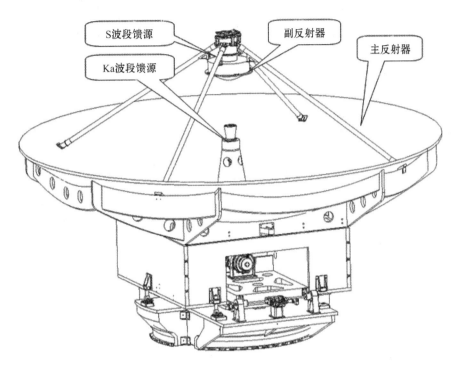

图 4.4　Ka/S 天线结构示意图

中继卫星 Ka/S 天线采用了频率选择面(FSS)技术,这与采用多频段组合馈源的多频段天线工作原理完全不同。采用 FSS 技术使得天线可以在共享主反射面的同时在 Ka 频段和 S 频段上独立优化设计,尽可能提高各自频段的口面利用效率。其工作原理如图 4.5 所示。

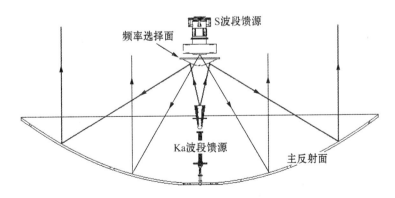

图 4.5　星间链路天线工作原理图

对于 Ka 频段，Ka/S 天线是一副典型的正馈卡塞格伦天线。主反为抛物面，副反为双曲面，双曲面的实焦点与抛物面的焦点重合。Ka 馈源的相位中心位于双曲面的虚焦点上。射频信号从 Ka 馈源照射到副面上，副面具有频率选择特性，对 Ka 频段信号全反射，经过副面反射的波照射到主反射面上，然后辐射到天线的正前方。由于 Ka 频段馈源为多模跟踪馈源，能够产生和差初级照射，因此天线可以产生次级和差波束，具备了自动跟踪的基础。

对于 S 频段，Ka/S 天线是一副前馈抛物面天线。S 馈源位于主反抛物面的焦点上。射频信号从 S 馈源出发，透过频率选择副面，照射到主反射面上，然后辐射到天线的正前方。S 频段不产生差波束，不具备自动跟踪的能力。但是由于波束较宽，可以通过程序控制的方式使天线波束指向用户。

4.2.1.1 卡塞格伦天线设计

典型的卡塞格伦天线由三个部分组成[29]。主反射面是一个旋转抛物面；副反射面是一个旋转双曲面，并用 2～4 根支撑杆将其固定在抛物面上；馈源一般采用各种形式的喇叭。整个天线系统的相对位置剖面示意图如图 4.6 所示。卡塞格伦天线的几何参数关系比单反抛物面天线的复杂，有 9 个主要参数，分别为抛物面直径 D_m，抛物面焦距 F_m，抛物面半张角 φ_v，双曲面直径 D_s，双曲面两焦点间距离 F_c，双曲面的离心率 e，双曲面顶点到虚焦点的距离 L_v，馈源到双曲面边缘的半张角 φ_r，馈源不引起遮挡的最大口径 A。这 9 个参数之间满足图 4.6 中的 5 个关系式，只要任意确定 4 个参数就可以确定天线的其他参数。

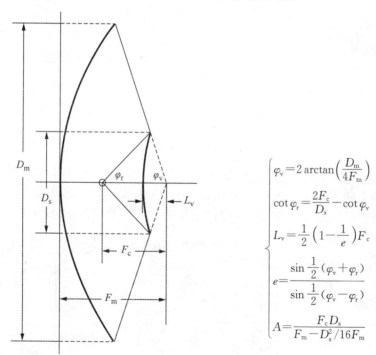

$$\begin{cases} \varphi_v = 2\arctan\left(\dfrac{D_m}{4F_m}\right) \\[2mm] \cot\varphi_r = \dfrac{2F_c}{D_s} - \cot\varphi_v \\[2mm] L_v = \dfrac{1}{2}\left(1-\dfrac{1}{e}\right)F_c \\[2mm] e = \dfrac{\sin\frac{1}{2}(\varphi_v+\varphi_r)}{\sin\frac{1}{2}(\varphi_v-\varphi_r)} \\[2mm] A = \dfrac{F_c D_s}{F_m - D_s^2/16F_m} \end{cases}$$

图 4.6　卡塞格伦天线设计参数及公式

因此，卡塞格伦天线的设计比较灵活，根据不同的输入条件可以选取不同的设计方法。中继星 Ka/S 天线的设计选取主面口径、主面焦距、副面口径和副面焦距 4 个参数开始设计，最终确定全部 9 个参数。

4.2.1.2 反射面修正

卡塞格伦天线和其他反射面天线一样,在口面利用率和口径漏射率之间存在矛盾,因而限制了标准的卡塞格伦天线效率的提高。但是如果对卡氏天线的副面形状加以修改,使其副面顶点附近较之普通双曲面更为突起,则馈源照射到副面中央的能量就会向主面边缘扩散,提高了口面边缘的照射电平,实现主面幅度的均匀分布。再修改主面形状,使得口面场依然保持同相。通过对主、副反射面的修正来提高口面利用率,减少漏射损失,从而提高天线的整体效率。卡塞格伦天线对主、副反母线的修正必须遵守能量守恒定律、副面反射定律、主面反射定律和等光程条件的原则。修正之后的反射面母线数据与标准曲线的对比情况如图 4.7 所示。

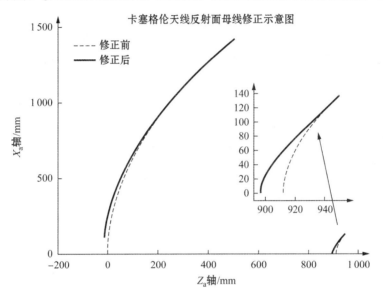

图 4.7 卡塞格伦天线母线修正示意图

4.2.1.3 频率选择面

频率选择面(Frequency Selective Surface,FSS)是一种对特定频段内的电磁波具有反射或透射特性的结构[30],其实质是一种空间滤波器。典型的 FSS 通常由周期排列的导体贴片单元或开孔屏构成,如图 4.8 所示就是几种常见的结构单元。FSS 的传输或反射特性由单元的

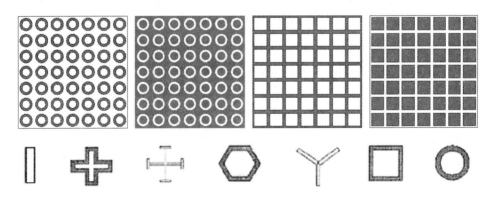

图 4.8 常见的 FSS 及单元结构示意图

形状、尺寸及排列方式决定。实际工程中 FSS 单元往往依附在介质基体上,而介质基体对其性能也有较大的影响,在设计中不可忽视,因此实际上 FSS 是具有多层结构的。

FSS 通常采用印刷电路板的加工工艺,这种技术十分成熟,成本相对低廉,适合大批量加工。按照某种方式周期排列的 FSS 单元对特定频率的电磁波会产生谐振,整体表现为会对该频率的电磁波完全反射。随着频率的变化,单元谐振的程度会逐渐减弱,电磁波就可以透过 FSS 了。这种对某段频率反射的 FSS 为带阻型。如果在导体平面上刻蚀,形成镂空的 FSS 单元,则只有特定频率的电磁波能够透过,而其他会被反射,这种 FSS 为带通型。

中继星 Ka/S 天线的副反射面是一种典型的带阻型 FSS,对 Ka 频段的电磁波具有良好的反射特性,对 S 频段的电磁波具有良好的透波特性。副反射面采用 FSS 设计,实现 S,Ka 馈源在电气与结构上完全独立。S 频段馈源位于主反射器焦点,"穿透"频率选择副面照射到主反射面,因此对于 S 频段天线为正馈单反射面天线。Ka 频段馈源处于双曲副反射面的实焦点上,先照射频率选择副面,经其反射后再照射主反射面,因此对于 Ka 频段天线为双修正正馈卡塞格伦天线。Ka 频段馈源和 S 频段馈源分开设计,可以在两个频段上各自实现最佳的天线口径效率。Ka/S 组合馈源除了自身设计难度较大外,还需要解决漏射效率与初级遮挡之间的矛盾。

中继星 Ka/S 天线的频率选择副面由聚酰亚胺覆铜薄膜、Kevlar 布、Nomex 蜂窝夹层和胶膜层组成,聚酰亚胺覆铜薄膜采用化铣工艺生成规则排列的谐振单元。由于天线工作的两个频段都是圆极化信号,频率选择面不仅实现 S 频段信号的最佳透射和 Ka 频段信号的最佳反射,还要保证对两个频段的圆极化波不产生附加幅度和相位的恶化。设计选择了正方形栅格排列的阳模圆环谐振单元方案,实现对 Ka 频段电磁波的准各向同性反射,对 S 频段电磁波的准各向同性透射。频率选择副反射面的设计方案如图 4.9 所示,图 4.9(a)给出了构成频率选择面的谐振单元及排列方式,图 4.9(b)给出了 FSS 反射器的分层结构示意图。

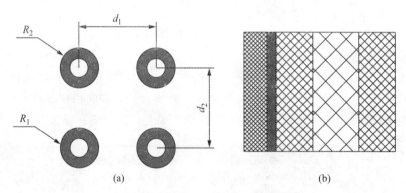

图 4.9　频率选择副反射面的设计方案

(a)谐振单元排列方式;(b)反射面剖面结构示意

4.2.1.4　Ka 频段跟踪馈源

1)组成

Ka 频段跟踪馈源是实现中继星 Ka/S 天线 Ka 频段自动跟踪功能的重要部件,由波纹喇叭、TM_{01} 差模耦合器、圆极化器和正交模耦合器组成。其组成结构如图 4.10 所示。

2)波纹喇叭

圆锥波纹喇叭以其良好的宽带低驻波比性能、低旁瓣性能、低交叉极化性能和辐射场的幅度相位轴对称性能,越来越广泛地应用于天线馈源喇叭。

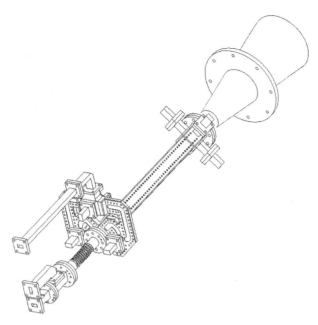

图 4.10　Ka 频段跟踪馈源示意图

自 1966 年 A. J. Simons 和 R. E. Lawrie 等提出以波纹喇叭作为反射面天线的馈源后，这种馈源以其低旁瓣、辐射场的幅度相位轴对称性及其低交叉极化等优异性能，引起了人们的强烈关注，并在 20 世纪 60 年代末 70 年代初掀起了研究波纹喇叭的热潮。70 年代中期以来，对波纹喇叭的研究工作主要集中在新型结构的波纹壁和波纹喇叭辐射场的交叉极化及波导内各种模式的转换问题上，出现了部分填充介质的波纹壁、V 形槽波纹壁和环加载波纹壁，用以展宽波纹喇叭的工作频带；P. J. B. Clarricoats 和 A. D. Olver 等全面系统地从理论与实验上研究了波纹喇叭的交叉极化。80 年代又出现了新型结构的波纹壁，如双槽波纹壁和特殊内壁轮廓波纹壁，用以改善辐射场的交叉极化电平。国内的章日荣、杨可忠、陈木华等也对波纹喇叭进行了深入的理论研究及实验检验，提出了一套系统的关于波纹喇叭的设计理论[31]。

波纹喇叭一般由输入段、模式转换段、传输段和辐射段组成。输入段实现输入圆波导与模式变换段之间的匹配，模式变换段实现圆波导 TE_{11} 模到波纹波导 HE_{11} 混合模之间的转换，过渡段是模式转换段与辐射段之间的过渡部分，辐射段通过调整波纹波导 EH_{1n} 模实现近似频率无关的辐射特性[32]。

中继星 Ka/S 天线用的波纹喇叭设计时通过选择合适的输入段圆波导尺寸，不仅可以传输 TE_{11} 模辐射出等化良好、低交叉极化的和波束初级方向图，还可以传输 TM_{01} 模辐射出差波束初级方向图。

3）TM_{01} 模耦合器

从波纹喇叭进入馈源组件的来波信号会在喇叭后端的圆波导中激励起 TE_{11}、TM_{01} 等模式，选取合适的半径使得 TE_{11} 模和 TM_{01} 模可以在圆波导中无损传输。通过在圆波导上开孔将 TM_{01} 模耦合出来，TE_{11} 模与 TM_{01} 模分离，分别形成馈源组件的和、差通道。这种耦合提取 TM_{01} 模的微波部件就是 TM_{01} 模耦合器。设计优良的 TM_{01} 模耦合器可以将圆波导中 TM_{01} 模几乎无损耗地全部耦合到侧臂矩形波导中，而主模 TE_{11} 模可以几乎无损耗地在圆波导中继续传播。图 4.11 给出了一种行波 TM_{01} 模耦合器的耦合结构示意图。

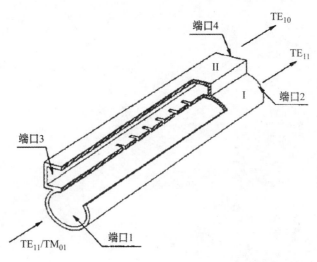

图 4.11　行波 TM_{01} 模耦合器结构示意图

在行波 TM_{01} 模耦合器设计中,主通道圆波导尺寸的选择必须既要保证和模 TE_{11} 模、跟踪模 TM_{01} 模能无损耗地传输[33],又要保证不能传输更高阶的模式。根据耦合理论可知,为了使圆波导中的 TM_{01} 模最大限度地耦合到矩波导中去,矩形波导中的 TE_{10} 模的相位常数应该与圆波导中的 TM_{01} 模的相位常数相等。圆波导与矩波导之间的耦合孔可以是圆孔、矩形孔或其他形状。Y. H. CHONG 的研究表明,矩形耦合孔的带宽相对要宽一些。从波导中的场分布可以知道,要使得耦合孔处于最强耦合的状态,矩形耦合孔的宽边方向应该与矩波导宽边平行。

从耦合理论出发,研究矩波导中 TE_{10} 模的方向性与耦合分布的关系。通过比较耦合函数分别为均匀分布、台阶余弦分布、台阶平方余弦分布、台阶线性分布、第一类零阶台阶 BESSEL 函数分布的性能,可以得出第一类零阶台阶 BESSEL 分布的性能最好。根据工作带宽的需要,选择耦合孔的数目,然后根据耦合函数分布确定耦合孔的大小与间距,就可以使从端口 1 进入的 TM_{01} 模几乎完全耦合到端口 4,在端口 3 形成很高的方向性;而从端口 1 输入的 TE_{11} 模,几乎无损耗地从端口 2 输出,并相对于端口 3 与端口 4 形成很高的隔离度。

图 4.12 给出了中继星 Ka/S 天线中四臂 TM_{01} 模行波耦合器中 TM_{01} 模的场耦合过程示意图。

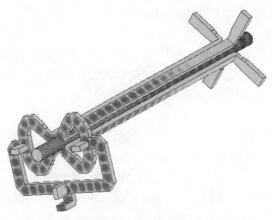

图 4.12　行波 TM_{01} 模耦合器的场耦合示意图

4）圆极化器

圆极化器是实现线极化-圆极化转换的微波无源部件,在波导馈电的圆极化天线中是重要的组成部分。比较常见的圆极化器有膜片式圆极化器、隔片式圆极化器和介质板圆极化器,如图 4.13～图 4.15 所示。

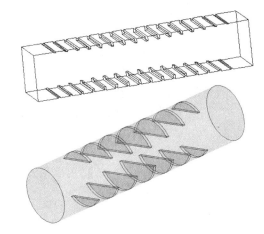

图 4.13　膜片式圆极化器

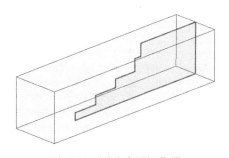

图 4.14　隔片式圆极化器

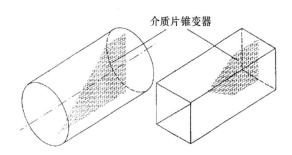

图 4.15　介质板圆极化器

膜片式圆极化器与介质板圆极化器的工作原理类似,都是使移相部件(膜片或介质板)与入射电场方向成 45°夹角放置。这样可以把入射波分解成两个等幅同相的线极化分量,其中一个分量与移相部件平行,另一个分量与移相机构垂直,如图 4.16 所示。与移相部件垂直的分量受移相部件的影响小,而与移相部件平行的分量受移相部件的影响大,当两个分量经过移相部件后在相位上相差 90°时,就合成为圆极化波了。

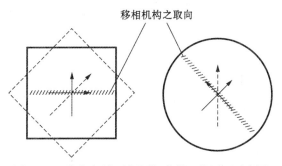

图 4.16　膜片式/介质板圆极化器工作原理示意图

膜片式圆极化器除了具有驻波比小、工作带宽宽等优点外，还具有插损小的优点。Ka 频段馈源选择了膜片式圆极化器。

5）正交模耦合器

正交模耦合器，也叫正交模变换器（OMT），是一种能实现极化分离的微波部件，在双极化天线用来实现极化分离功能。正交模耦合器在物理外观上表现为三端口，但实际上是一个四端口的微波无源器件，这是因为其中一个物理端口为公共端口，同时传输两个独立的正交模式。两个极化隔离端口通常是矩形波导或同轴线，与天线后端的接收/发射设备连接。公共端口通常为方波导或圆波导，工作的两个正交模为方波导或圆波导的主模。

正交模耦合器的功能是将从公共通道输入的两个正交极化波分别提取至两个极化隔离端口，在各端口匹配的同时保证两个正交极化信号之间有较高的隔离度。选择合适的设计方案，如方波导公共通道、加膜片的圆波导公共通道、尺寸较小的耦合谐振窗等，可以获得 30 dB 左右的极化隔离度。极化隔离度不好，将导致馈源初级方向图的交叉极化性能较差。

正交模耦合器对馈源初级辐射交叉极化性能影响较大的另一个因素是公共通道中的高次模。公共通道中一旦出现高次模，如圆波导中的 TM_{01} 模、TE_{21} 模，方波导中的 TE_{20} 模、TE_{11} 模和 TM_{11} 模等，进入馈源喇叭后将会产生较高的交叉极化分量。对于窄带正交模耦合器，可以通过公共通道波导的尺寸来控制高次模的传播，减小其危害。对于宽带正交模耦合器，公共通道在保证频率下限主模不被截止的情况下，对于频率上限已经能够传输一个或更多的高次模了。此时，需要采用一些特殊设计将高次模分量抑制在可以忍受的量级，如根据高次模的场型特点选取合适的分支耦合结构。

在中继星 Ka/S 天线 Ka 馈源中使用的正交模耦合器公共端口为圆波导；公共通道的另一端是返向链路口，为 BJ-260 波导；公共通道侧面的耦合端口是前向链路口，为 BJ-220 波导。其结构如图 4.17 所示。

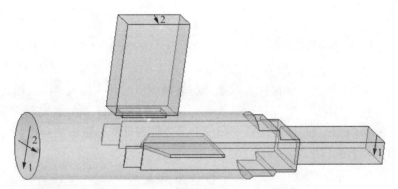

图 4.17　正交模耦合器结构示意图

4.2.1.5　S 频段馈源

中继星 Ka/S 天线在 S 频段是一个典型的前馈抛物面天线，S 馈源位于抛物面的焦点上。为了减小口径遮挡引起的天线效率损失和旁瓣升高，S 馈源的初级辐射方向图设计为"马鞍形"。S 频段馈源组件由单环同轴多模喇叭、四探针模耦合器、90°电桥和 180°电桥组成，其组成结构如图 4.18 所示。

同轴馈源是 G. F. Kock 和 H. Scheffer 在 20 世纪 60 年代首先提出的[34]，由中心圆波导和周围的若干个同轴环组成。通常有一个同轴环就可以实现"马鞍形"的初级辐射，增加更多的同轴环对提高天线效率的作用已经不太明显[35]，但横截面尺寸却会增加从而形成更大的口面遮挡。因此在前馈反射面天线中单环同轴多模喇叭的应用较多。单环同轴多模喇叭的结构如图 4.19 所示。

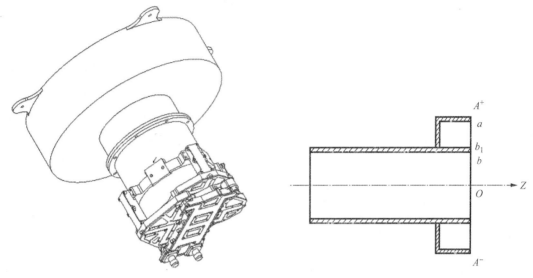

图 4.18　S 馈源组件结构示意图　　　　图 4.19　单环同轴多模喇叭结构示意图

单环同轴多模喇叭是利用多种模式共同作用、形成具有正前方下凹的"马鞍形"方向图的。选择合适的中心圆波导直径，激励起圆波导 TE_{11} 模和 TM_{11} 模，形成中心圆波导的均匀口面场。选择合适的中心圆波导壁厚，控制外围同轴波导中 TE_{11} 模和 TE_{12} 模的模比，适当调整同轴波导与圆波导的口面高度来改变同轴模式与圆波导模式的相对相位，最终形成如图 4.20 所示的圆形口径场分布，即可得到"马鞍形"方向图。

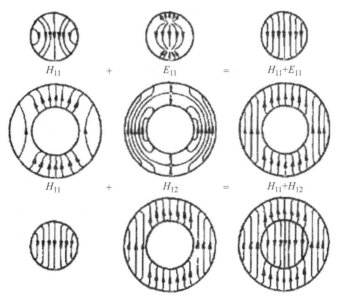

图 4.20　同轴多模喇叭工作原理

4.2.2　Ka 频段单脉冲和差信号的形成

Ka 频段和、差波束的形成依赖于 Ka 频段馈源组件。波纹喇叭将来自和通道的圆波导主模 TE_{11} 模转换为波纹波导主模 HE_{11} 模,辐射出去形成和波束。在圆波导中,单纯的 TE 模或 TM 模不可能获得低交叉极化性能。但是,如果将 TE_{11} 模和 TM_{11} 模按照特定的传输比和相位关系混合起来,就可以获得优良的低交叉极化性能,如图 4.21 所示。普通的光壁波导也可以完成 HE_{11} 模的合成,但是带宽非常窄。通过波纹波导可以在很宽的频带内获得满意的混合效果。

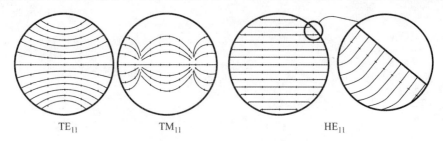

$$TE_{11} \qquad TM_{11} \qquad HE_{11}$$

图 4.21　混合模 HE_{11} 的产生

理论研究表明,波纹波导中主模 HE_{11} 模经由波纹喇叭辐射生成方向图时,受喇叭口径和内部轮廓线形状的影响。选择合适的喇叭口径和形状,可以在两倍频程带宽内获得优良的交叉极化性能和波束稳定性。图 4.22 与图 4.23 给出了和波束初级辐射的幅度和相位方向图仿真曲线。

Ka 馈源组件差方向图是由圆波导的 TM_{01} 模辐射形成的。TM_{01} 模的产生在前面已经论述过。在圆波导中 TM_{01} 模的场型分布如图 4.24 所示,在圆波导横截面上,电场呈辐射状对称分布,方向与径向一致,在中心形成电场的零点。从波纹喇叭辐射出去的 TM_{01} 模场分布仍然符合这种规律,因此会在喇叭轴向上形成幅度方向图零点,如图 4.25 所示。

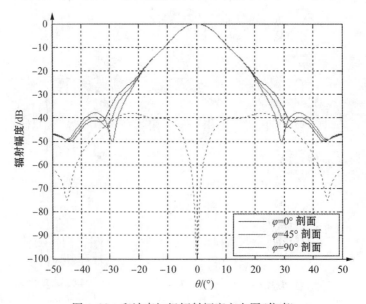

图 4.22　和波束初级辐射幅度方向图(仿真)

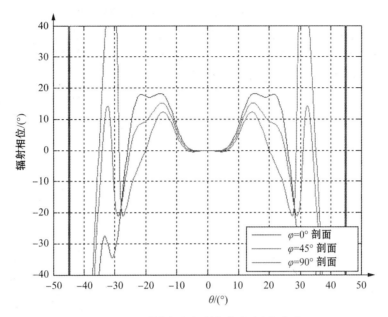

图 4.23　和波束初级辐射相位方向图(仿真)

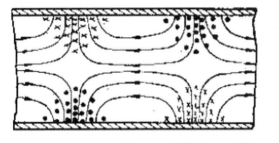 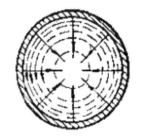

图 4.24　圆波导 TM_{01} 模的场型分布

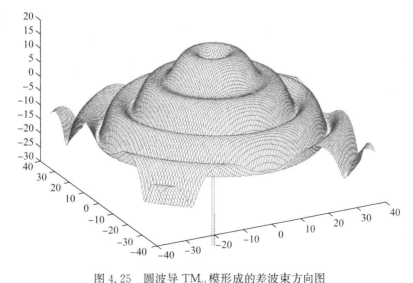

图 4.25　圆波导 TM_{01} 模形成的差波束方向图

从图 4.25 中可以看出,理想情况下 TM_{01} 模电场分布中心辐射状对称性非常好,形成的方向图零点理论上为无穷小。实际上,在经过波纹喇叭辐射后,由于波纹喇叭口径已经不是理论上的圆了,扰乱了场型分布,影响到零点深度仅有 $-50\,dB$ 左右了。再经过反射面,反射面的加工形面误差引入相位扰动,零点深度会进一步降低。

来自 Ka 馈源组件的初级辐射经过副反、主反的反射后,场型分布保留基本特征,方向性得到很大的提高。图 4.26 给出了和、差波束的次级辐射三维方向图,左为和方向图,右为差方向图。

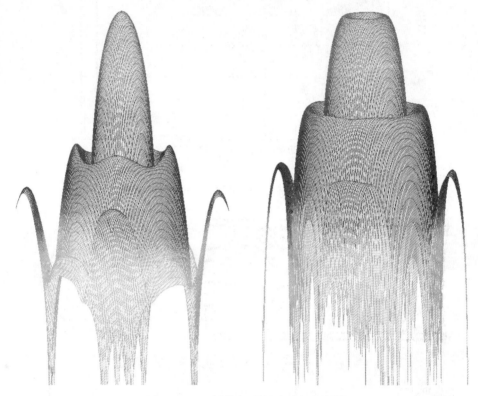

图 4.26   Ka 频段和、差波束次级方向图

4.2.3   主要性能分析

中继卫星 Ka/S 天线的主要技术指标如表 4.1 所示。

表 4.1   Ka/S 频段自跟踪天线主要技术指标

序号	项　目	技术指标
1	工作频率/GHz	S 频段:2.0～2.1(前向);2.2～2.3(返向) Ka 频段:23～24(前向);25～27(返向)
2	口径/mm	$\Phi 3\,600$
3	增益/dBi	S 频段:33.5(前向);34.3(返向) Ka 频段:54.8(前向);55.4(返向)
4	差波束性能	差波束零深与差波束增益之差≥30 dB 差波束零深与和波束最大增益方向偏差≤0.02°

（续表）

序号	项　目	技术指标
5	极化方式	前向链路:左旋圆极化;返向链路:右旋圆极化
6	轴比/dB	S 频段:半波宽度内≤1.8;返向轴向 1.0 Ka 频段:半波宽度内≤1.8;返向轴向 1.5
7	旁瓣电平/dB	S 频段:－18 Ka 频段:－14
8	电压驻波比	≤1.3
9	收发隔离度/dB	S 频段:≥80 Ka 频段:≥90
10	形面精度/mm	≤0.25(rms)
11	跟踪方式	单脉冲自动跟踪
12	跟踪范围	圆锥半张角≤13°
13	跟踪精度	≤0.02°

4.3　单反射面偏馈多模跟踪天线

Artemis 是欧洲数据中继卫星系统的技术试验卫星,卫星在轨示意图如图 4.27 所示,其星间链路工作于 Ka/S 频段。

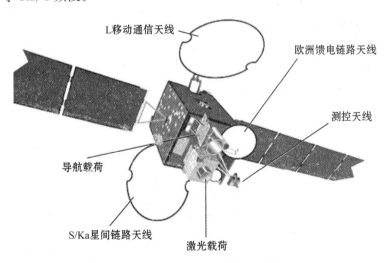

L移动通信天线

欧洲馈电链路天线

测控天线

导航载荷

S/Ka星间链路天线

激光载荷

图 4.27　Artemis 卫星在轨示意图

Artemis 卫星的 Ka/S 星间链路可跟踪天线,采用了单反射面偏馈形式,馈源固定,通过转动反射面实现天线的扫描。由于馈源直接固定在平台上,可方便地实现与转发器的射频连接。天线投影口径 2.85 m,$F/D=0.5$,偏置 168 mm,采用双频段组合馈源,在 Ka 频段采用多模跟踪体制。图 4.28 给出了天线的转动方式示意图,表 4.2 给出了该天线的主要技术指标。

表 4.2　Artemis 卫星 Ka/S 天线主要技术指标

项　目	技术指标
频率/GHz	S 频段:2.025～2.110(前向);2.20～2.29(返向) Ka 频段:23.12～23.55(前向);25.25～27.50(返向)
口径/mm	2 850
增益/dBi	S 频段:32.9(前向);33.6(返向) Ka 频段:53.4(前向);53.8(返向)
扫描范围	圆锥半张角≤10.5°
扫描损失	≤0.5 dB

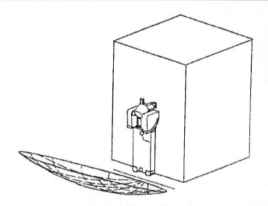

图 4.28　Artemis 卫星 Ka/S 天线上的安装与转动示意图

Artemis 卫星 Ka/S 天线的 Ka 馈源与 S 馈源是整体设计的[36],如图 4.29 所示。Ka 频段馈源由一个方口径喇叭和一个腔体组成,在腔体中激励起 3 组不同的模式,分别对应和波束、方位差波束与俯仰差波束。腔体中部放置的激励装置激励起 TE_{10},TM_{12} 与 TE_{12} 三个模式,通过优化这些混合模式能够满足对反射器的合理照射,在正交方向放置相同的激励装置并相移 90°,就形成旋转对称的圆极化和波束初级方向图。

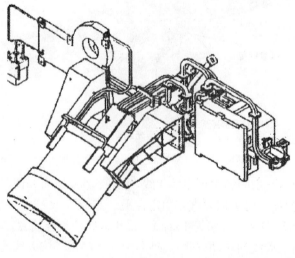

图 4.29　Artemis 卫星 Ka/S 天线双频段组合馈源

方位面差波束由 TE_{20}，TM_{11}，TE_{11} 混合模形成，其中 TM_{11} 和 TE_{11} 反相；俯仰面差波束由 TE_{02}，TM_{11}，TE_{11} 混合模形成，其中 TM_{11} 和 TE_{11} 同相。这些模式由位于和模激励装置周围的 8 个开口波导激励，通过一个 8 入 8 出的比较器馈电。有 4 个输入端口对应 4 种差模方向图（方位、俯仰、左旋、右旋），另外 4 个端口接匹配负载。

S 频段馈源由一个同轴喇叭、四探针模耦合器和圆极化合成网络组成，四探针模耦合器与圆极化合成网络之间用软电缆连接。为了减小欧姆损耗，圆极化合成网络采用矩形同轴线技术设计，由两个 180°电桥和一个 90°电桥组成。同轴喇叭内导体为 Ka 频段喇叭，在外导体内部设置轴向波纹，激励起同轴 TE_{11} 模和 TM_{11} 模，形成 E 面、H 面等化良好的初级圆极化方向图。

Artemis 卫星 Ka/S 天线采用转动反射器的方案实现波束扫描，虽然避免了旋转关节引入的馈电系统欧姆损耗，但由于天线波束扫描范围约为 40 个 Ka 频段波束宽度，约为 3 个 S 频段波束宽度，反射器转动引起的扫描损失约为 0.4 dB。表 4.3 给出了扫描损失的仿真结果。这比反射器绕过其顶点的正交轴旋转方式性能好一些，但在扫描角为 10.5°时差方向图零深只有 8 dB 左右。为克服天线在扫描平面差方向图零深随扫描角增大而劣化的缺点，不但必须对馈源中的模式进行优化调整，而且必须对差模激励进行动态相位补偿。

表 4.3　Artemis 卫星 Ka/S 天线扫描损失仿真结果（方向性系数）

频　段		法向(0°)/dBi	最大扫描(10.5°)/dBi	扫描损失/dB
Ka 频段	前向	54.9	54.5	0.4
	返向	56.1	55.7	0.4
S 频段	前向	34.3	33.9	0.4
	返向	35.0	34.6	0.4

4.4　交叉耦合分析

如图 4.30 所示，目标相对于跟踪天线的角度可用 θ,φ 两个角度表示。θ 角对应的跟踪误差信号是一个二维矢量，其水平分量为 ΔH，垂直分量为 ΔV，在 θ 很小时有如下关系：

$$\Delta H = \theta \cos\varphi$$
$$\Delta V = \theta \sin\varphi$$

(4.1)

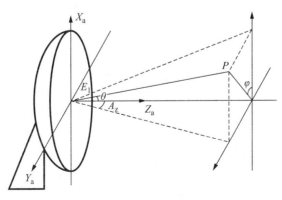

图 4.30　角度跟踪示意图

角误差电压 U_H 和 U_V 分别与相应的 ΔH 和 ΔV 成正比。如果角误差电压是跟踪误差的两个分量的函数,则在该系统中存在交叉耦合。交叉耦合用交叉耦合系数 M 来描述:

$$U_H = A(\theta\cos\varphi + M_H\theta\sin\varphi)$$
$$U_V = A(\theta\sin\varphi + M_V\theta\cos\varphi) \tag{4.2}$$

式中:M_H 和 M_V 分别为水平信道和垂直信道的交叉耦合系数。

对于中继星 Ka/S 天线来说,产生交叉耦合的因素有以下几点:

(1) 用户星天线非理想圆极化,轴比≤1.5 dB,(b, γ) 引起交叉耦合,其中,b 为极化比(即反旋分量),$b = 0$ 为理想圆极化,γ 为椭圆极化波长轴与参考轴的夹角。

(2) 中继星天线非理想圆极化,轴比≤1.5 dB (b', γ') 引起交叉耦合,其中,b', γ' 的含义与 b, γ 类同。

(3) 中继星天线 Ka 跟踪馈源和差器前 Σ, Δ 两路幅度相位不平衡,(K, α) 引起交叉耦合,其中,$K = 1, \alpha = 0$ 表示幅度相位平衡。

(4) 中继星天线 Ka 跟踪馈源和差器后,和 Σ 与差 Δ 两路相位不一致,$\Delta\beta$ 引起交叉耦合,当 $\Delta\beta = 0$ 时,即 Σ, Δ 相位一致。

下面针对上述 4 点原因进行分析。

对于用户星非理想圆极化 (b, γ) 和中继星非理想圆极化 (b', γ') 引起的交叉耦合,当 $K = 1, \alpha = 0, \Delta\beta = 0$ 时,得

$$M_H = \frac{(b + bb'^2)\sin 2\gamma + (b' + b^2b')\sin 2\gamma' + 2bb'\sin 2(\gamma - \gamma')}{(1 + b^2b'^2) + (b + bb'^2)\cos 2\gamma + (b' + b^2b')\cos 2\gamma' + 2bb'\cos 2(\gamma - \gamma')} \tag{4.3}$$

$$M_V = -\frac{(b' - b^2b')\sin 2\gamma' - (b - bb'^2)\sin 2\gamma}{(1 - b^2b'^2) + (b' - b^2b')\cos 2\gamma' - (b - bb'^2)\cos 2\gamma} \tag{4.4}$$

从式(4-3)和式(4-4)可以看出,用户星天线非理想圆极化和中继星天线非理想圆极化,对交叉耦合的影响是相同的。

中继星天线 Ka 跟踪馈源采用 TM_{01} 模高次模跟踪体制,和差器前 Σ, Δ 两路物理通道完全一致,不会产生交叉耦合。

中继星天线 Ka 跟踪馈源和差器后至单通道调制器之间,Σ 与 Δ 间的相位差 $\Delta\beta = 0$,则 K, α 不引起交叉耦合。如果 $\Delta\beta \neq 0$,则当 $b = b' = 0, K = 1, \alpha = 0$ 时:

$$M_H = -M_V = \tan\Delta\beta \tag{4.5}$$

当 $b = b' = 0, K \neq 1, \alpha \neq 0$ 时:

$$M_V = \frac{2(1 + K^2)}{4K\cos\alpha}\tan\Delta\beta \tag{4.6a}$$

$$M_H = \frac{-4K\cos\alpha}{2(1 + K^2)}\tan\Delta\beta \tag{4.6b}$$

在中继星对用户星的捕获跟踪过程中,交叉耦合主要影响中继星 Ka/S 天线的捕获牵引性能。如果交叉耦合大于 30%,则跟踪能力几乎完全丧失。因此,在工程上必须采用措施减小交叉耦合。对于中继星 Ka/S 天线来说,在 Ka 跟踪馈源与单通道调制器之间增加一个 360° 移相器,可以通过调整其相位使得 $\Delta\beta = 0$,则由 $K, \alpha, \Delta\beta$ 引起的交叉耦合就可以消除了,只剩下 b, γ 和 b', γ' 引起的交叉耦合了。因此,对于中继星系统来说,对中继星与用户星的天线轴比提出了严格的要求。当中继星 Ka/S 天线轴比为 1.5 dB 时,由其圆极化非理想性引起的交叉耦合最大为 8.67%,这是系统可以容忍的。

4.5 天线测试

中继星 Ka/S 天线的电性能测试分为端口特性测试与辐射特性测试两部分。端口特性测试包括天线各个端口的电压驻波比特性测试和各个端口之间的隔离度特性测试。辐射特性测试包括天线的方向图特性测试和增益特性测试。

4.5.1 端口特性测试

天线端口特性测试用微波矢量网络分析仪完成。测试时除需要按照要求对矢量网络分析仪进行校准外,还需考虑天线的放置环境。测试时应该将天线放置在开放环境或吸波性能良好的微波暗室内,确保天线口面前方无散射体。否则,由于天线会接收到自身辐射的反射信号,影响测试精度。这一点在高增益天线测试中尤为明显。

中继星 Ka/S 天线共有 5 个端口,其中 S 频段的 2 个端口为 TNC 接口,Ka 频段的 3 个端口为矩形波导接口。

4.5.2 辐射特性测试

从理论上讲,无论是选择近场法还是远场法,都可以很好地完成天线的辐射特性测试。然而,考虑到测试的成本、场地大小、两种测试方法也各有优势。近场测试系统一般建在吸波暗室内,具有受外界干扰小、全天候工作等优点,很适合空间飞行器天线的测试。

随着天线测试技术的发展进步,近场法和远场法各自可以进一步细分为几种子方法。近场法可以分为平面近场法、柱面近场法和球面近场法。远场法可以分为室外远场法、微波暗室内远场法和紧缩场法。这些测试方法各有优缺点,这使得近场法与远场法测试技术之间的比较与选取变得十分困难。总的来说,近场测试技术的优点是可以在室内进行,可以不受天气、电磁干扰、保密安全等因素的影响。然而这些优点同样也体现在室内远场法测试中,比如在吸波暗室内或紧缩场法。

测试设备的成本是场地选择的决定性参考因素。由于远场的设备成本较低,因而通常比近场要优先考虑。但是当考虑到室外远场的实际不动产设备价值时,情况就完全相反了。具备同等口径测试能力的室内紧缩场设备成本一般是平面近场的 3～4 倍,因为前者需要更大的测试距离和额外的紧缩场反射器组件。

表 4.4 给出了各种测试方法选取准则的折中考虑。

表 4.4 测试方法的选取准则

	近　　场			远　　场		
	平　面	柱　面	球　面	室外场	暗室场	紧缩场
高增益天线	优	好	好	适中	适中	优
低增益天线	差	好	好	适中	好	优
高频率	优	优	优	好	差	优
低频率	差	差	好	好	一般	差
增益测试	优	好	好	优	好	优

（续表）

	近 场			远 场		
	平 面	柱 面	球 面	室外场	暗室场	紧缩场
近旁瓣测试	优	优	优	好	差	优
远旁瓣测试	适中	优	优	好	差	好
低旁瓣测试	优	优	优	不确定	差	好
轴比	优	优	优	好	差	好
零重力效应	优（水平）	差	好（水平）	差	差	差
多径效应	好	好	好	适中	适中	好
天气	优	优	优	差	优	优
安全性	优	优	优	差	优	优
设备成本	低	中等	中等	高（地价）	中等	很高
操作成本	中等	中等	中等	高（遥控）	中等	中等
测试速度（完整）	优	好	一般	一般	一般	一般
测试速度（切面）	好	一般	一般	优	优	一般
复杂性	中等	中等	高	中等	低	高
机械表面测试	优	无	无	无	无	无
天线进出	优	优	优	好	好	一般
天线校准	易	中等	难	中等	中等	难

根据远场测试理论[37]可知，在测试误差可容忍的情况下，最小远场测试距离可以按照下式确定：

$$R_{\min} \geqslant \frac{2D^2}{\lambda}, (d \leqslant 0.41D) \tag{4.7}$$

式中：$R_{\min}$——最小远场测试距离；

$\quad\quad D$——被测天线口径；

$\quad\quad d$——辅助测试天线口径；

$\quad\quad \lambda$——测试频点的自由空间波长。

星间链路天线口径为 3 600 mm，最高工作频率为 27 GHz，根据上式计算的最小远场测试距离 $R_{\min}$ 应该满足下面的条件：

$$R_{\min} \geqslant 2\,332.8 (\text{m}) \tag{4.8}$$

显然这是一个十分苛刻的要求。综合考虑各种因素，中继星 Ka/S 天线的辐射特性适合在微波暗室内采用平面近场法测试。

典型的平面近场测试系统由测试室和控制室两部分组成。测试室内安装二维扫描架及其导轨，架设被测天线，配置信号源、本振、混频器等设备，铺设高频与低频电缆网，设备周围均铺设吸波材料以减少影响测试结果的反射干扰信号。测试室整体用电良导体包覆以隔绝外界的电磁干扰信号，内部墙壁铺设吸波材料以消除内部电磁信号的多次反射，使得被测天线所处的环境尽可能地接近自由空间环境。因此,测试室又称为微波暗室。控制室配置扫描架控制器、测试系统控制计算机等设备,测试人员在控制室操作即可避免自身遭受电磁辐射的伤害,也可避免对测试精度造成影响。典型平面近场测试系统组成如图 4.31 所示。

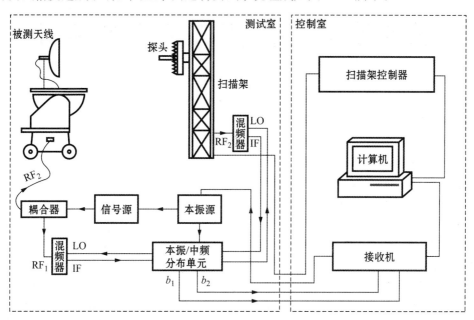

图 4.31　平面近场测试系统框图

第5章　用户星天线电气设计

5.1　引言

用户星天线属于终端天线中的一类,所谓的终端天线指的是安装在中继用户终端平台(一般为低轨平台)上的载荷天线,其工作频率是 Ka 频段与 S 频段的多种组合,为适应终端平台的需要,天线的形式众多。而用户星天线专指卫星平台上的载荷天线。同样,用户星天线也存在多种形式的组合,其中,高码速率的 Ka/S 天线在目前应用中具有代表性,因此,本章的用户星天线专指 Ka/S 用户星天线,其他类型的用户星天线在本章不涉及;同时,用户星的电气设计指的是天线射频设计。本章内容重点对用户星天线的电气进行介绍。

用户星天线的功能为:采用 Ka 频段与中继卫星星间链路天线进行高码速率数据通信,采用 S 频段进行低码速率通信。高码速率通信情况下,用户星天线对中继卫星提供的信标进行自动跟踪。用户星天线先在控制器的程控跟踪模式的驱动下,指向中继卫星,以用户星与中继卫星连线为基准,当用户天线波束指向进入到基准线一定的锥角内时,跟踪接收机接收到足够高的自动跟踪电平,跟踪系统将跟踪模式切换到自动跟踪状态,用户星在飞行过程中,实现对中继卫星的动态跟踪,同时,用户星与中继卫星完成数据通信握手以后开始通信,一方面,用户星将遥感遥测数据发给中继卫星,另一方面,中继卫星对用户星发送前向遥控与测距等数据,完成双边通信。低码速率通信情况下,用户星天线只接受控制器的程控跟踪驱动,当用户天线波束指向进入到基准线程控误差的锥角内时,用户星与中继卫星完成数据通信握手以后开始通信,用户星向中继卫星发送返向遥感遥测数据,中继卫星发送前向遥控与测距等数据。

用户星天线的构成为:天线电气上采用 S 频段与单脉冲 Ka 频段双频共用馈源,两个频段共用 1 m 口径的二维机械可动环焦双反射面天线,Ka 频段采用波导 TE_{21} 多模跟踪,机械转动处采用旋转关节连接,整个天线采用全射频方式与数传连接。用户星天线 Ka 频段射频部分由发射(右旋圆极化)、和(左旋圆极化)、差(左旋圆极化)3 个通道构成。差信号通过 TE_{21} 多模耦合器与和、发射信号分离;和、发射信号通过极化双工器实现分离。分离后的 3 个通道,分别经过 Y 轴旋转关节、X 轴旋转关节、连接波导、展开轴旋转关节,在卫星舱板处与数传以及捕获跟踪分系统接口。用户星天线 S 频段射频部分由发射、接收两个通道构成,信号辐射部分由 4 个振子构成,与 Ka 频段在结构上巧妙地构成一体,4 个振子的输出端通过馈电网络最终实现右旋圆极化与左旋圆极化,前者用于发射,后者用于接收,馈电网络由 6 根相互之间有相位关系的射频电缆以及两个功分器、一个电桥构成。S 频段在机构转动处的射频连接采用高性能的柔性电缆实现。

用户星的工作原理:卫星发射时,用户星天线采用锁紧释放装置将天线紧锁在卫星舱板上,如图 5.1 所示,满足卫星发射时的应力要求;卫星入轨后,卫星在地面指令的控制下起爆火工品,火工品切割器切断天线锁紧释放装置的锁紧螺杆,实现天线解锁,其后控制器接收地面指令,根据预定的展开程序,驱动展开电机将天线展开到位并锁定,将天线展开到工作位置状态,如图 5.2 所示。天线工作时,一方面二维跟踪机构的电机接受控制器的脉冲驱动信号,实现对目标的动态跟踪(程序跟踪或者自动跟踪),一方面接收数传系统馈送的射频信号,将数传信号发送至中继卫星,同时,天线本身产生自动跟踪所需的和、差信号以供捕获跟踪分系统选择使用,整个工作过程是一个边跟踪边数传的动态过程。

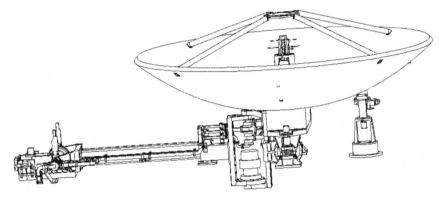

图 5.1　用户星天线紧锁状态

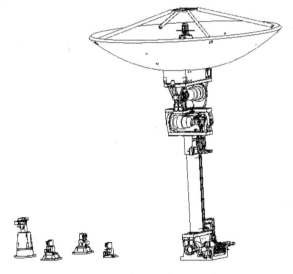

图 5.2　用户星天线展开状态

　　就用户星天线应用的相关内容,下面从 TE_{21} 多模跟踪原理、天线重要部件设计、天线测试等相关内容进行讨论。

5.2　TE_{21} 多模跟踪原理

　　采用 TE_{21} 多模跟踪的通信系统中,用于通信的和波束一般用圆波导中的主模 TE_{11} 模工作,用于跟踪的差模为 TE_{21} 模。图 5.3 为圆波导中 TE_{11} 模的场分布图,它将产生如图 5.4 所示的笔形和波束;图 5.5 为圆波导中 TE_{21} 模及其极化简并模的场分布图,它将产生如图 5.6

所示的差波束。

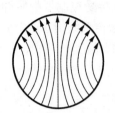

图 5.3　圆波导中的 TE_{11} 场分布

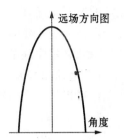

图 5.4　和波束方向图

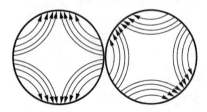

图 5.5　圆波导中 TE_{21} 及简并模场分布

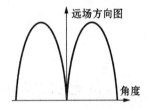

图 5.6　差波束方向图

多模跟踪时,当天线电轴准确指向来波方向时,天线只有和波束接收到信号,差波束接收不到信号;而当天线电轴偏离来波方向时,天线和波束不仅能够接收到信号,差波束也将接收到信号,而且在小角度范围内,差波束接收到的信号强度与天线电轴偏离来波的角度 θ 成正比,可表示为 $\mu\theta$,μ 是与馈源性能、天线效率以及天线口径相关的常量。下面阐述 TE_{21} 多模跟踪的原理[38]。

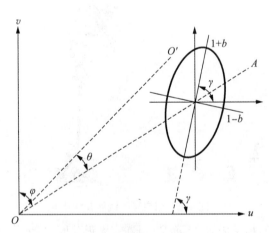

图 5.7　椭圆极化来波

如图 5.7 所示,OO' 为天线电轴方向,OA 为来波方向,两者之间的夹角为 θ,uv 为天线坐标系,也可以为 XY 转动体制天线的两个轴,假定来波为左旋椭圆极化波,反旋分量为 b,椭圆极化波长轴与 u 轴的夹角为 γ,椭圆极化波可以表示为

$$\boldsymbol{E}=\frac{1}{\sqrt{2(1+b^2)}}\{[(1+b)\cos\gamma-\mathrm{j}(1-b)\sin\gamma]\boldsymbol{u}+$$
$$[(1+b)\sin\gamma+\mathrm{j}(1-b)\cos\gamma]\boldsymbol{v}\} \tag{5.1}$$

这里有个假设,即天线电轴偏离来波的角度 θ 很小,因此,可以认为椭圆极化面与 uv 坐标系平面平行,因此可以将两个面重合起来分析,实际情况为:椭圆极化面与 OA 垂直,因此与 u 轴、v 轴有一个很小的角度,当 θ 很小时,这个角度可以忽略,因此得到椭圆极化波表达式(5.1)。

天线馈源设计时,通信模 TE_{11} 模与跟踪模 TE_{21} 模采用同一耦合结构耦合出来,这种方式对 TE_{11} 模合成圆极化是极其不利的,或者在 TE_{11} 模能够合成圆极化时,TE_{21} 模不能合成圆极化,两者之间存在矛盾。因此,采用 TE_{21} 模作差模跟踪的馈源系统中,一般将 TE_{11} 模与 TE_{21} 模分开耦合,并且两个模式都采用磁耦合分离。一种典型的驻波耦合结构如图 5.8 所示。

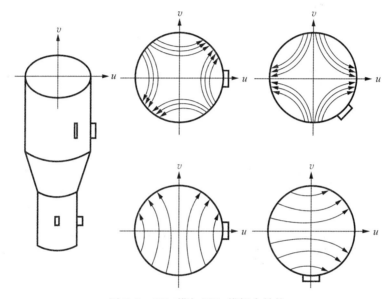

图 5.8　TE_{21} 模与 TE_{11} 模耦合结构

图 5.8 中,TE_{21} 模从互成 45°的两个耦合结构耦合出来,TE_{11} 模从互成 90°的两个耦合结构耦合出来,两个结构之间为一段锥变截止波导,对 TE_{21} 模截止,对 TE_{11} 模通过。对于驻波类 TE_{21} 模耦合器,无论多么复杂的耦合结构,或者无论何种极化的耦合结构,都可以等效为图 5.8 的简单结构。对于行波耦合器,不需要锥变截止波导,但也可以等效为图 5.8 的简单模式。对于图 5.8 所示的馈源结构,假定馈源是理想耦合,则两个耦合的主模 $e_{11,u}$(通过 v 轴耦合口耦合)、$e_{11,v}$(通过 u 轴耦合口耦合)复矢量可以写为

$$e_{11,u} = u \tag{5.2a}$$

$$e_{11,v} = v \tag{5.2b}$$

两个耦合的差模 $e_{21,1}$(通过 u 轴处耦合)、$e_{21,2}$(通过与 u 轴成 $-45°$处耦合)复矢量可以写为

$$e_{21,1} = \mu\theta(u \sin\varphi + v \cos\varphi) \tag{5.3a}$$

$$e_{21,2} = \mu\theta(u \cos\varphi - v \sin\varphi) \tag{5.3b}$$

因此,当式(5.1)表示的椭圆极化波入射时,天线接收到和、差信号分别为

$$E_{\Sigma u} = e_{11,u} \cdot E = \frac{1}{\sqrt{2(1+b^2)}}\left[(1+b)\cos\gamma - \mathrm{j}(1-b)\sin\gamma\right] \tag{5.4a}$$

$$E_{\Sigma v} = e_{11,v} \cdot E = \frac{1}{\sqrt{2(1+b^2)}}\left[(1+b)\sin\gamma + \mathrm{j}(1-b)\cos\gamma\right] \tag{5.4b}$$

$$\Delta_1 = e_{21,1} \cdot E$$

$$= \frac{\mu\theta}{\sqrt{2(1+b^2)}}\left[(1+b)\cos\gamma\sin\varphi - j(1-b)\sin\gamma\sin\varphi\right] +$$

$$\frac{\mu\theta}{\sqrt{2(1+b^2)}}\left[(1+b)\sin\gamma\cos\varphi + j(1-b)\cos\gamma\cos\varphi\right]$$

$$= \frac{\mu\theta}{\sqrt{2(1+b^2)}}\left[(1+b)\sin(\gamma+\varphi) + j(1-b)\cos(\gamma+\varphi)\right] \tag{5.4c}$$

$$\Delta_2 = e_{21,2} \cdot E$$

$$= \frac{\mu\theta}{\sqrt{2(1+b^2)}}\left[(1+b)\cos\gamma\cos\varphi - j(1-b)\sin\gamma\cos\varphi\right] +$$

$$\frac{\mu\theta}{\sqrt{2(1+b^2)}}\left[-(1+b)\sin\gamma\sin\varphi - j(1-b)\cos\gamma\sin\varphi\right]$$

$$= \frac{\mu\theta}{\sqrt{2(1+b^2)}}\left[(1+b)\cos(\gamma+\varphi) - j(1-b)\sin(\gamma+\varphi)\right] \tag{5.4d}$$

从数学的观点看,式(5.4)的 4 个式子中,总共存在 4 个未知量:b,γ,φ,θ。4 个方程可以求解出 4 个未知量,因此,多模跟踪的基本原理就是根据接收到的多个和、差信号,求解出与目标相关的参数 φ,θ。大部分多模自动跟踪求解 φ,θ 的方法是通过鉴相来实现的,即通过对 4 个量的某些组合,使得求解方程变得很容易。可以看出,4 个量的组合形式非常多,因此对应的多模跟踪的实现形式也很多。下面分析两种求解模型,一种是任意极化波形式的四通道模式,该模式可适用于所有情况的 TE_{21} 模跟踪,另一种是用户星天线所用到的跟踪模式。四通道模式框图如图 5.9 所示。

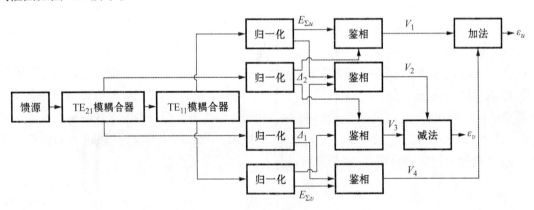

图 5.9　TE_{21} 模跟踪四通道鉴相框图

图 5.9 中,归一化的作用就是将 4 个耦合信号相对椭圆来波强度通过自动增益控制电路进行归一,归一后的 4 个量,不会随着来波强度的变化而变化,向各个鉴相器输出稳定的信号强度,式(5.4)中 4 个参量表达式已经从数学上进行了归一处理。下面分析各个鉴相器输出信号以及两个误差电压的表示式:

$$V_1 = \Delta_2 \cdot E_{\Sigma u}^*$$

$$= \frac{\mu\theta}{\sqrt{2(1+b^2)}}\left[(1+b)\cos(\gamma+\varphi) - j(1-b)\sin(\gamma+\varphi)\right] \cdot$$

$$\frac{1}{\sqrt{2(1+b^2)}}\big[(1+b)\cos\gamma+\mathrm{j}(1-b)\sin\gamma\big]$$

$$=\frac{\mu\theta}{2(1+b^2)}\big[(1+b^2)\cos\varphi+2b\cos(2\gamma+\varphi)+\mathrm{j}(b^2-1)\sin\varphi\big]$$

$$V_2=\Delta_1\cdot E_{\Sigma u}^*$$

$$=\frac{\mu\theta}{\sqrt{2(1+b^2)}}\big[(1+b)\sin(\gamma+\varphi)+\mathrm{j}(1-b)\cos(\gamma+\varphi)\big]\cdot$$

$$\frac{1}{\sqrt{2(1+b^2)}}\big[(1+b)\cos\gamma+\mathrm{j}(1-b)\sin\gamma\big]$$

$$=\frac{\mu\theta}{2(1+b^2)}\big[(1+b^2)\sin\varphi+2b\sin(2\gamma+\varphi)+\mathrm{j}(1-b^2)\cos\varphi\big]$$

$$V_3=\Delta_2\cdot E_{\Sigma v}^*$$

$$=\frac{\mu\theta}{\sqrt{2(1+b^2)}}\big[(1+b)\cos(\gamma+\varphi)-\mathrm{j}(1-b)\sin(\gamma+\varphi)\big]\cdot$$

$$\frac{1}{\sqrt{2(1+b^2)}}\big[(1+b)\sin\gamma-\mathrm{j}(1-b)\cos\gamma\big]$$

$$=\frac{\mu\theta}{2(1+b^2)}\big[-(1+b^2)\sin\varphi+2b\sin(2\gamma+\varphi)-\mathrm{j}(1-b^2)\cos\varphi\big]$$

$$V_4=\Delta_1\cdot E_{\Sigma v}^*$$

$$=\frac{\mu\theta}{\sqrt{2(1+b)^2}}\big[(1+b)\sin(\gamma+\varphi)+\mathrm{j}(1-b)\cos(\gamma+\varphi)\big]\cdot$$

$$\frac{1}{\sqrt{2(1+b^2)}}\big[(1+b)\sin\gamma-\mathrm{j}(1-b)\cos\gamma\big]$$

$$=\frac{\mu\theta}{2(1+b^2)}\big[(1+b^2)\cos\varphi-2b\cos(2\gamma+\varphi)+\mathrm{j}(b^2-1)\sin\varphi\big]$$

$$\varepsilon_u=\mathrm{Re}(V_1)+\mathrm{Re}(V_4)=\mu\theta\cos\varphi$$

$$\varepsilon_v=\mathrm{Re}(V_2)-\mathrm{Re}(V_3)=\mu\theta\sin\varphi$$

从 ε_u，ε_v 的表达式可以看出，四通道的 TE_{21} 模跟踪方式，角度误差电压与来波信息无关。

图 5.10 为用户星 TE_{21} 模跟踪的等效框图。从 TE_{21} 模耦合器耦合出来的两路差信号，通过一个 90°电桥合成一路得到 V_1，和路信号也通过圆极化器合成一路得到 V_2，这两路信号鉴相处理得到 ε_u；V_1 进行移相得到 V_3（实际是两个差路信号另一种合成方式），V_3 与 V_2 鉴相处理得到 ε_v。

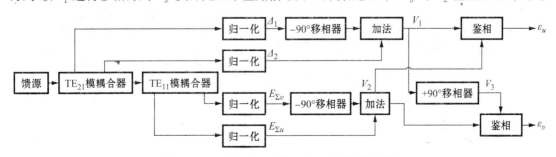

图 5.10　用户星 TE_{21} 模跟踪二通道鉴相框图

实际使用时,为了确定天线转动机构的两个轴的取向以及轴的转向极性,对信号 V_2 需要进行可调移相处理,这里假设极性与轴的取向已经完成确定。下面分析两个误差电压的表示式。

$$V_1 = \frac{\Delta_2 + (-\mathrm{j})\Delta_1}{\sqrt{2}}$$

$$= \frac{1}{\sqrt{2}} \frac{\mu\theta}{\sqrt{2(1+b^2)}} \left[2\cos(\gamma+\varphi) - \mathrm{j}2\sin(\gamma+\varphi) \right] = \frac{\mu\theta}{\sqrt{1+b^2}} \mathrm{e}^{-\mathrm{j}(\gamma+\varphi)}$$

$$V_2 = \frac{E_{\Sigma u} + (-\mathrm{j})E_{\Sigma v}}{\sqrt{2}}$$

$$= \frac{1}{\sqrt{2}} \frac{1}{\sqrt{2(1+b^2)}} (2\cos\gamma - \mathrm{j}2\sin\gamma) = \frac{1}{\sqrt{1+b^2}} \mathrm{e}^{-\mathrm{j}\gamma}$$

$$V_3 = \frac{\mathrm{j}\mu\theta}{\sqrt{1+b^2}} \mathrm{e}^{-\mathrm{j}(\gamma+\varphi)}$$

$$\varepsilon_u = \mathrm{Re}(V_1 \cdot V_2^*) = \mathrm{Re}\left[\frac{\mu\theta}{1+b^2} \mathrm{e}^{-\mathrm{j}\varphi} \right] = \frac{\mu\theta}{1+b^2} \cos\varphi$$

$$\varepsilon_v = \mathrm{Re}(V_3 \cdot V_2^*) = \mathrm{Re}\left[\frac{\mathrm{j}\mu\theta}{\sqrt{1+b^2}} \mathrm{e}^{-\mathrm{j}(\gamma+\varphi)} \cdot \frac{1}{\sqrt{1+b^2}} \mathrm{e}^{\mathrm{j}\gamma} \right] = \frac{\mu\theta}{1+b^2} \sin\varphi$$

用户星二通道 TE_{21} 模跟踪误差电压与来波特性相关,只有来波极化为理想圆极化时,得到的误差电压与四通道模式相同。当来波极化为线极化时,即 $b=1$ 时,接收到的误差电压相对理想圆极化来波损失了 6 dB。而当来波的交叉极化为 -10 dB 时,接收到的误差电压相对理想圆极化来波损失了 0.8 dB。因此,尽管二通道方式不如四通道方式理想,但是,在来波性能远非理想的情况下,接收到的误差电压受到的影响比较小,工程实现时,综合成本、可靠性与跟踪性能,二通道跟踪方式是一种较好的模式,因此,用户星跟踪系统采用此体制。

5.3 天线重要部件

用户星天线射频信号流程如图 5.11 所示,双频馈源中的 Ka 喇叭,采用扼流槽波纹喇叭,

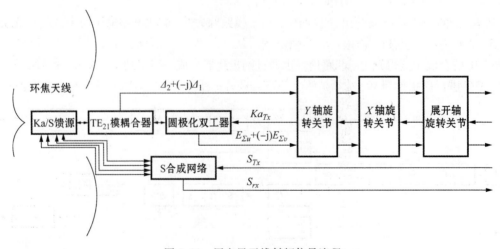

图 5.11 用户星天线射频信号流程

喇叭为和、发射、差信号的公共馈源,喇叭后面为 TE_{21} 模耦合器,TE_{21} 模耦合器将和、发射与差信号分开,TE_{21} 模耦合器后的圆极化双工器将和、发射信号分开,3 个通道分别通过 Y 轴、X 轴、展开轴旋转关节以及馈电波导,分别与跟踪接收机、数传发射机相连。S 频段由辐射部分、馈电部分构成,辐射部分为与 Ka 喇叭结构共用的振子天线,馈电部分则由 6 根电缆、两个功分器以及一个电桥构成。

5.3.1　环焦天线

环焦天线可以采用椭圆母线的副反射面实现,也可以采用双曲线母线的副反射面实现,但前者性能明显优于后者,所以得到较为广泛的应用[39]。图 5.12 所示母线为椭圆的环焦天线。图中,CD 为椭圆上的一段弧线,O 为椭圆的一个焦点,O' 为椭圆的另一个焦点,同时,O' 还为抛物线 EB 的焦点,E 为抛物线的顶点,直线 OC 平行于焦轴 EO',并且垂直 EF 交于点 F。由椭圆的特性可知,由椭圆焦点 O 发出的射线经过弧线 CD 反射后,必然经过另一个焦点 O'。结合抛物线特性可知,从 O 发出的射线经过弧线 CD 反射后,路经另一个焦点 O' 照射到抛物线上,二次反射后的射线都平行于抛物线的焦轴 EO'。同时可以看出,弧线 CD 的端点 C 与 D,抛物线 AB 的端点 A 与 B,形成了构架的边限。将抛物线 AB、椭圆弧线 CD 同时绕 OC 轴旋转一周形成旋转对称双反射面系统,可以看出,椭圆焦点 O' 的轨迹为一个圆圈,正因为如此,这类双反射面系统称为环焦天线。

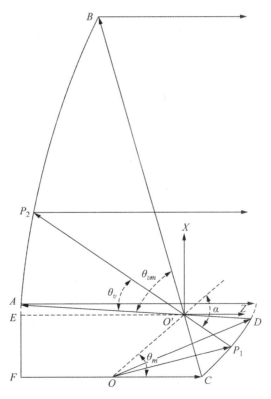

图 5.12　椭圆母线环焦天线

实际应用中的环焦天线,常常设计成 E,O',D 三点共线,以 O' 为坐标原点,抛物面焦距为 F,椭圆焦距为 f,离心率为 e,可得

$$\alpha = \theta_v + \theta_m$$

$$\rho = \frac{(1+e)f}{1+e\cos\alpha} = \frac{(1+e)f}{1+e\cos(\theta_v+\theta_m)}$$

$$x = \rho\sin\theta_v$$

$$z = \rho\cos\theta_v$$

$$e = \frac{\sin\left(\dfrac{\theta_{vm}}{2}\right)}{\sin\left(\theta_m + \dfrac{\theta_{vm}}{2}\right)}$$

由上述的原理可知,相心位于 O 点的馈源发出的球面电磁波,经过双反射面反射后,在抛物面的焦平面上形成平面波。由环焦天线的原理可以得知环焦天线的一些优良的特性:

(1)副反射面的顶点 C 距离馈源相心可以非常近,结构紧凑,能有效地缩短天线的纵向长度,特别适合电尺寸很小的天线的应用。

(2)环焦天线在改善天线遮挡方面有很好的性能:只要副反射面口径不超过主面下边缘,副反射面就不会对主面构成遮挡,可以有效地减少副反射面的平面波遮挡,改善了方向图的远副瓣特性;只要馈源口径不超过副反射面的口径,副反射面反射的球面波,不会进入到馈源系统,能减小馈源系统的驻波因副反射面的反射造成的恶化。

(3)环焦天线将馈源方向图中心较强的能量分配到靠近主反射面边缘的区域,而将馈源照射角边缘较弱的能量分配到主反射面趋于中心的区域,同时,由于副反射面顶点非常尖利,经过顶点反射到主反射面边缘的能量非常小。因此,通过控制馈源能量在主反射面上的分布,可以获得较高的口面照射效率。

用户星环焦天线主反射面口径为 $1\,\mathrm{m}$,副反射面口径为 $0.12\,\mathrm{m}$,为了提高天线增益,在标准环焦天线母线的基础上进行了赋形,对副反射面母线赋形改变主反射面上的场分布,对主反射面母线赋形进行相位校正,赋形前后的母线如图 5.13 与图 5.14 所示,经过赋形后的天线达到较高的效率。

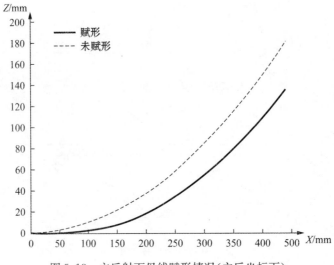

图 5.13　主反射面母线赋形情况(主反坐标下)

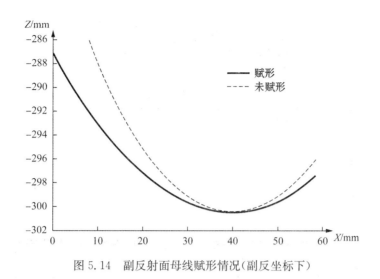

图 5.14　副反射面母线赋形情况（副反坐标下）

5.3.2　TE$_{21}$ 模耦合器

如图 5.15 所示,波导 Ⅰ 为圆波导,波导 Ⅱ 为矩形波导,两个波导的公共壁上有一系列小孔,从端口 1 输入的 TE$_{21}$ 模经过小孔区时几乎完全耦合成端口 4 的 TE$_{10}$ 模,并在端口 3 形成高的隔离;而从端口 1 输入的 TE$_{11}$ 模,几乎无损耗地从端口 2 输出,并相对于端口 3 与端口 4 形成很高的隔离。通过这种方式,TE$_{21}$ 模耦合器将通信用的 TE$_{11}$ 模与跟踪用的 TE$_{21}$ 模分离开来。下面简要阐述一下差模耦合器的设计原理[40]。

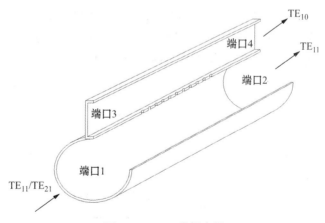

图 5.15　TE$_{21}$ 模耦合器

图 5.15 所示的单臂耦合器等效原理图如图 5.16 所示,波导 Ⅰ 为激励波导,波导 Ⅱ 为耦合波导,两个波导之间耦合区长 L,并通过 k 个小孔耦合。波导 Ⅰ、Ⅱ 中的相位常数分布为 β_1,β_2,波导 Ⅱ 中激励起前向电流 I_f 与反向电流 I_b,定义线间的耦合 C 为[41]:当 $\beta_1 \neq \beta_2$ 时的前向电流与 $\beta_1 = \beta_2$ 时的前向电流之比,定义定向性 D 为[41]:当 $\beta_1 \neq \beta_2$ 时的反向电流与 $\beta_1 = \beta_2$ 时的前向电流之比,数学表达式如下:

$$C = \left| \frac{I_{\mathrm{f}}(\beta_1 \neq \beta_2)}{I_{\mathrm{f}}(\beta_1 = \beta_2)} \right| = \frac{\displaystyle\int_{-L/2}^{L/2} \phi(x) \mathrm{e}^{-\mathrm{j}(2\pi/L)\theta_C x}\,\mathrm{d}x}{\displaystyle\int_{-L/2}^{L/2} \phi(x)\,\mathrm{d}x}$$

$$D = \left| \frac{I_{\mathrm{b}}(\beta_1 \neq \beta_2)}{I_{\mathrm{f}}(\beta_1 = \beta_2)} \right| = \frac{\displaystyle\int_{-L/2}^{L/2} \phi(x) \mathrm{e}^{-\mathrm{j}(2\pi/L)\theta_D x}\,\mathrm{d}x}{\displaystyle\int_{-L/2}^{L/2} \phi(x)\,\mathrm{d}x}$$

式中: $\theta_C = \dfrac{L}{2\pi}(\beta_1 - \beta_2)$

$\quad\quad \theta_D = \dfrac{L}{2\pi}(\beta_1 + \beta_2)$

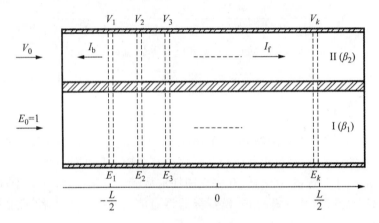

图 5.16　波导间的多孔耦合

$\phi(x)$ 为耦合函数,为传输线 Ⅱ 上 x 处的模式电压与传输线 Ⅰ 上 x 处的模式电压之比。以上为连续分布耦合,实际应用中大都采用离散分布耦合,为方便计算,采用 $2N$ 个等间距分布的小孔,孔间距为 S,并且关于耦合区间中心对称,且分布函数 $\phi(x)$ 满足:

$$\phi(x) = \begin{cases} a_i & x = \dfrac{s}{2}(2i-1),\, i = 1,2,\cdots,N,\, a_i \text{ 为耦合强度} \\ 0 & \text{其余地方} \end{cases}$$

$$s = \frac{L}{2N-1}$$

则有

$$C = \frac{\displaystyle\sum_{i=1}^{N} a_i \cos\left(\frac{2i-1}{2N-1}\pi\theta_C\right)}{\displaystyle\sum_{i=1}^{N} a_i}$$

$$D = \frac{\displaystyle\sum_{i=1}^{N} a_i \cos\left(\frac{2i-1}{2N-1}\pi\theta_D\right)}{\displaystyle\sum_{i=1}^{N} a_i}$$

从上面的数学表达式可以得出两个设计耦合器很有用的结论:

(1) 为了使 TE_{21} 模耦合最大,应满足 $\theta_C = 0$,亦即使 $\beta_1 = \beta_2$;

（2）在 $\beta_1 = \beta_2$ 情况下，为了使 TE_{11} 模耦合最小，或者说反射大，可以采用改变耦合区长 L，或者改变耦合分布 a_i 的途径实现。

根据以上设计公式，对耦合分布、耦合孔数目进行了分析，如图 5.17、图 5.18 所示。

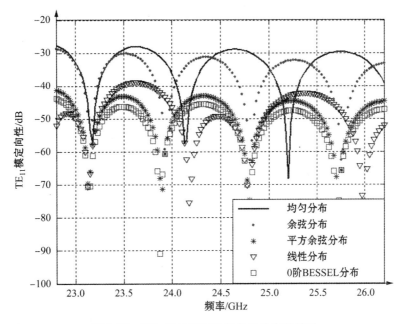

图 5.17　TE_{11} 模的定向性与各种分布的关系

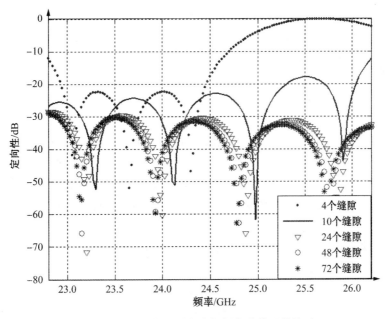

图 5.18　TE_{11} 模的隔离度与耦合孔数目的关系

从图 5.17、图 5.18 可以看出，采用 0 阶 BESSEL 函数分布能够优化耦合器的特性，同时，24 个耦合孔的耦合器就已经能够达到较好的性能了。耦合器设计涉及的另一个问题是耦合场的选择问题。这与发生耦合的两个场的分布相关。圆波导中的 TE_{21} 模、TE_{11} 模分布为

TE_{21} 模场分布[42]：

$$H_r = \mp \beta A_\pm \left(\frac{v_{21}}{a}\right) J_2'\left(\frac{v_{21}}{a}r\right)\cos(2\varphi)$$

$$H_\varphi = \pm \beta A_\pm \left(\frac{2}{r}\right) J_2\left(\frac{v_{21}}{a}r\right)\sin(2\varphi)$$

$$H_z = j A_\pm \left(\frac{v_{21}}{a}\right)^2 J_2\left(\frac{v_{21}}{a}r\right)\cos(2\varphi)$$

$$E_r = \frac{2A_\pm \omega\mu_0}{r} J_2\left(\frac{v_{21}}{a}r\right)\sin(2\varphi)$$

$$E_\varphi = A_\pm \omega\mu_0 \left(\frac{v_{21}}{a}\right) J_2'\left(\frac{v_{21}}{a}r\right)\cos(2\varphi)$$

上式中：$J_2\left(\frac{v_{21}}{a}r\right)$——贝塞尔函数；

$\qquad$ $J_2'\left(\frac{v_{21}}{a}r\right)$——贝塞尔函数的导数。

TE_{10} 模场分布：

$$E_y = E_m \sin\left(\frac{\pi}{a}x\right)$$

$$H_x = -\frac{E_m}{\eta_{TE_{10}}}\sin\left(\frac{\pi}{a}x\right)$$

$$H_z = j\frac{E_m}{\eta_{TE_{10}}}\left(\frac{\pi}{\beta a}\right)\cos\left(\frac{\pi}{a}x\right)$$

可以看出，采用矩形波导的窄边耦合，并且两个波导的轴平行，则要用圆波导中的 H_z 分量激励矩形波导中的 H_z 分量。

图 5.15 所示为单臂耦合器，单臂耦合器在多模自动跟踪中具有一些缺陷。一方面，因为采用单臂耦合，在结构上破坏了圆波导的对称性，传输其中的和信号的幅度、相位将产生变化，而且垂直于小孔面的线极化和平行于小孔面的线极化受到的影响不相同，特别是对相位的影响差异性很大，因此使得传输其中的圆极化波的交叉极化变差，影响天线最终的性能。因此，为了避免馈源和模的交叉极化变差，需要在耦合器后面进行幅度相位修正，这种方式往往因为加工装配的不一致性，使得产品个体差异性很大，实际操作中往往难以执行，特别是频率很高的情况。另外，这种方式的馈源带宽较窄，难以满足高速数传通信的需求。除此之外，单臂耦合器差模为线极化，对线极化跟踪存在盲区，即对某些线极化来波不能产生差模信号，比如来波信号与天线差模极化正交的情况。图 5.19 可以简要说明这个问题。图中，馈源由 S 处单臂耦合产生线极化 TE_{21} 跟踪模，v 极化来波偏离馈源轴线 θ 角，来波方向垂直于 v 轴，即来波仅仅在 u 轴上有角度偏离，在 v 轴上没有角度偏离，该情况下，S 处是不能产生差信号的。

对于 TE_{21} 模耦合器而言，如果差模为线极化，而且又不破坏圆波导的对称性，则需要 4 个耦合臂。如果耦合器采用圆极化，则最少需要两个互成 45° 的耦合臂，必然破坏圆波导的对称性；要做到不破坏圆波导的对称性，则至少需要 8 个耦合臂，8 个耦合臂均布在圆波导周围，相邻耦合臂间隔 45°。8 个耦合臂的圆极化 TE_{21} 模耦合器，工程上应用已经足够了，一方面，耦合结构的对称性对和模的影响基本可以忽略，另一方面，更多的耦合臂在工程上实现难度很大。用户星天线采用的即为 8 个耦合臂的圆极化 TE_{21} 模耦合器,单臂采用 24 个耦合孔,耦合强度采用 0 阶 BESSEL 分布,如图 5.20 所示,各个波导中的模式定义以及耦合臂的配置如图 5.21 所示,耦合器设计性能如表 5.1 所示。

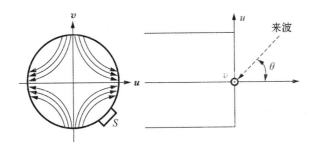

图 5.19　来波极化与线极化跟踪模正交

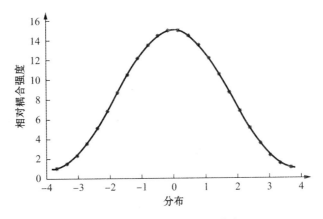

图 5.20　耦合强度的相对分布

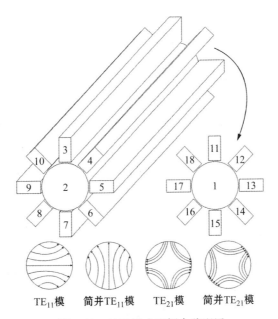

图 5.21　波导模式及耦合臂配置

表 5.1　圆极化 TE_{21} 模耦合器典型散射矩阵设计性能

S 参数 (dB)		端口 1			
		TE_{11} 模	简并 TE_{11} 模	TE_{21} 模	简并 TE_{21} 模
端口 2	TE_{11} 模	0	−49.1	−60.4	−53.5
	简并 TE_{11} 模	−49.1	0	−68.9	−61.1
	TE_{21} 模	−53.8	−51.8	−33.2	−63.8
	简并 TE_{21} 模	−55.7	−65.9	−56.8	−31.0
端口 3 TE_{10} 模		−61.7	−65.5	−59.1	−6.0
端口 4 TE_{10} 模		−53.2	−51.8	−6.1	−65.6
端口 5 TE_{10} 模		−55.4	−53.8	−54.3	−6.0
端口 6 TE_{10} 模		−56.6	−55.6	−5.9	−57.5
端口 7 TE_{10} 模		−58.7	−57.6	−66.4	−6.0
端口 8 TE_{10} 模		−53.2	−54.7	−6.1	−55.9
端口 9 TE_{10} 模		−58.1	−62.9	−64.3	−6.1
端口 10 TE_{10} 模		−58.6	−59.1	−6.0	−60.3
端口 11 TE_{10} 模		−48.8	−62.3	−70.5	−49.6
端口 12 TE_{10} 模		−57.1	−54.1	−45.5	−67.2
端口 13 TE_{10} 模		−57.8	−54.1	−62.4	−46.3
端口 14 TE_{10} 模		−50.9	−56.4	−51.5	−71.3
端口 15 TE_{10} 模		−50.2	−62.9	−66.9	−48.7
端口 16 TE_{10} 模		−52.8	−50.7	−47.3	−64.0
端口 17 TE_{10} 模		−58.7	−47.9	−86.6	−44.2
端口 18 TE_{10} 模		−53.1	−49.8	−43.9	−64.3

　　如图 5.8 所示,户星天线 TE_{21} 模耦合器的 8 个耦合臂,4 个耦合臂耦合一个 TE_{21} 模,另外 4 个臂耦合 TE_{21} 极化简并模。8 个耦合臂可以独立下传到跟踪接收机,但代价太大,也可以合成双通道下传到跟踪接收机,前面提到的四通道跟踪接收机就可以采用该方式,但是用户星天线采用的是 Ka 频段射频信号下传,差模多一个射频通道,工程上实现难度较大,所以将 8 路差模信号合成一路后下传。8 路差模信号在射频上合成一路,实现方法很多,工程上实际可操作的至少有 3 种实现方式,而用户星天线耦合器采用的方式为:先将 4 路采用魔 T(也可用 T)合成一路线极化 TE_{10} 模,再将另外 4 路采用魔 T(也可用 T)合成另外一路 TE_{10} 模,这两路之间通过 90°电桥实现圆极化 TE_{21} 模耦合器,网络合成如图 5.22 所示。实测耦合器性能优良,满足使用要求。

　　综上所述,用户星耦合器采用 8 个耦合臂,每个臂采用 24 个耦合孔,耦合强度采用台阶第一类 BESSEL 函数分布,并采用合成网络将 8 路信号合成一路,形成圆极化 TE_{21} 模耦合器。

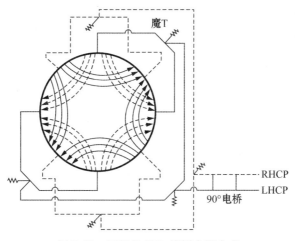

图 5.22　圆极化 TE_{21} 模耦合器合成

5.3.3　旋转关节

旋转关节的主要作用就是实现机械转动处射频信号的无缝连接。用户星天线所用到的旋转关节为宽带关节,单个关节工作频率覆盖接收、发射以及差频段。3 个通道采用相同的电气设计,但在结构上将 3 个关节并联在一起,如图 5.23 所示。

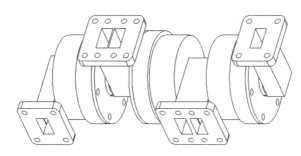

图 5.23　用户星天线旋转关节

旋转关节的输入端、输出端都为标准矩形波导,传输的主模为 TE_{10} 模,而 TE_{10} 模是非旋转对称模,不适合机械转动处的射频连接,转动处的射频连接一定要采用轴对称线极化模,比如 TEM 模、TM_{01} 模、TE_{01} 模,或者圆极化模。TM_{01} 模、TE_{01} 模为波导高次模,工作带宽较窄,不适合宽带旋转关节的应用。用户星天线旋转关节采用同轴系统中的 TEM 模。先在输入端将波导中 TE_{10} 模转化成同轴系统中的 TEM 模,在机械转动处,采用扼流槽,并考虑转动轴承的影响,实现射频信号的稳定过渡,在关节的输出端,再将 TEM 模转换成波导中的 TE_{10} 模。

旋转关节的指标包括驻波、插损以及两者在转动中的起伏。静态性能由设计、装配保证,设计中需要考虑模式转换效率,特别是扼流槽的合理性以及轴承的影响等因素,装配要保证关节在轴向连接稳定,同轴系统的内导体与外导体以及轴承同轴度满足要求。对于设计、装配都满足要求的关节,可能因为随机因素等原因,性能并不理想,可以采用调试手段进行调试。

5.3.4　S 频段馈电部分

S 频段由辐射部分、馈电网络两个部分构成。辐射部分采用与 Ka 频段喇叭结构共用的 4

个振子;馈电网络由两个相同的功分器、一个电桥以及 6 根相互之间有相差关系的电缆 W1，W2，W3，W4，W5，W6 构成，W1 与 W2 长度相等,相差为零;W3 与 W4 长度相等,相差为零,但与 W1(W2)相位差 180°;W5 与 W6 长度相等,相差为零,其相位与 W1(W2)，W3(W4)没有要求。S 频段射频连接如图 5.24 所示。馈电连接形成的幅度、相位关系如图 5.25 所示。

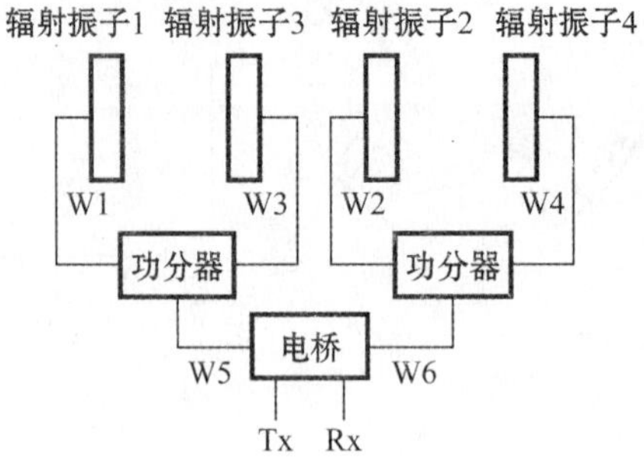

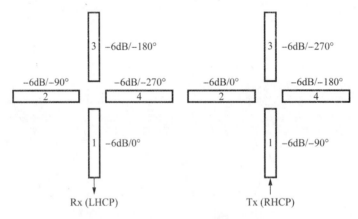

图 5.24　S 频段射频连接图

图 5.25.　馈电的幅相关系及极化

5.4　天线测试及性能

用户星天线装配完成以后,需要进行电性能的测试,检验产品是否满足使用要求。用户星的电性能测试包括阻抗特性测试与辐射性能测试。阻抗特性测试采用矢量网络分析仪进行驻波、隔离度等性能的测试,辐射特性测试采用平面近场测试方法进行方向图、交叉极化、增益等性能的测试。

阻抗特性测试连接框图如 5.26 所示,其他物体反射的电磁波被天线接收,会造成较大的测量误差,因此,测试时天线口面正前方需要架设吸波屏,对于电磁波而言,理想吸波屏相当于一个"黑洞",只有电磁波入射,没有电磁波反射。在没有吸波屏的情况下,部分矢量网络分析仪具有时域门功能,适当设置时域门也可以代替吸波屏。S 频段测试时,可以直接采用矢量网络分析仪的双端口校准测试方法进行,Ka 频段可以采用波同校准系统双端口测试,也可以采用定向耦合器测试。采用定向耦合器测试时,一般要求耦合器的方向性不低于 30 dB,驻波测试时,两个耦合器依次串联,短路校准后再进行测试;隔离度测试时,两个耦合器对接校准后测试。进行任何频段、任何端口的测试时,不测试的端口采用负载端接,特别是测试端口与非测试端口间隔离度较差的情况,更需要端接性能很好的负载。

一般而言,天线口面上,天线功率近似认为均布在天线口面上,而且这种均布一直扩展到距离天线口面在十分之一远场距离内,过天线轴线的切面方向图为波纹状,从十分之一到五分之一远场距离内,功率逐步向天线轴线集中,方向图逐步形成,当到三分之一远场距离时,方向图基本形成,与远场相比,增益略有降低,副瓣有较大的升高,但相位方向图误差还是比较大。根据场的分布规律可知,吸波屏距离天线口面的架设距离 L 与吸波屏的大小相关。吸波屏的最小尺寸不得小于天线口面的尺寸,吸波屏越小,距离天线口面越近。另一方面,天线相对吸波屏的架设高度要合适,避免吸波屏边缘的漏射经背景物体反射后,被天线接收造成测量误差。测试时,吸波屏不能完全消除背景物体的影响时,测试曲线上往往出现叠加的细小波纹,使得整个曲线不再光滑。

图 5.27 为辐射特性的平面近场测试情况。测试时,一般为被测天线发射,测试探头接收,反之亦可。辐射特性测试前,需要进行场地校准,即将天线调整,使得天线口面与探头口面平行。场地校准完成以后,天线固定不动。校准后测试探头距离天线口面的距离 L 一般取 5~10 个波长。测试探头扫描范围与方向图关心的角度范围有关,根据近场测试原理,当我们关心方向图光轴附近 $\pm\alpha$ 角度范围内的情况时,则探头的扫描区域在反射面投影边缘至少外扩 α 角,一个切面上探头的扫描距离至少为 $D+2L\tan\alpha$。根据近场测试原理,测试结果的准确性很大程度上与探头扫描的区域大小相关,在扫描区域固定的情况下,当扫描点数满足天线性能近场测试要求时,过多地增加扫描点数对提高测试结果的准确性贡献并不大。因此,近场测试探头的步进扫描间距一般为半个波长,也可以为一个波长,相同的扫描范围,采用两种方法测试得到的结果差异性很小,几乎可以忽略,但耗费的时间差异性很大。理论上,后者为前者的四分之一。

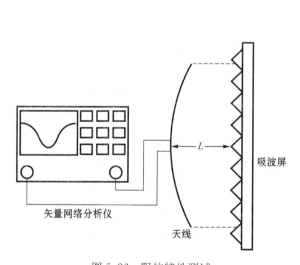

图 5.26　阻抗特性测试

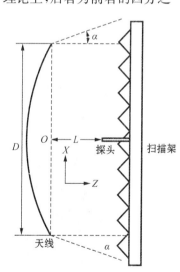

图 5.27　辐射特性测试

所有的参数设置好以后,探头开始扫描测试。在图 5.27 所示的 X 方向,探头自上向下扫描,每移动一个波长距离,就停留在该点处,获取该点的幅度与相位数据,自上向下,完成一条线的数据采集。再在扫描架的带动下,沿着 Y 方向步进一个波长的距离,继续沿着 X 方向扫描。当一个极化扫描完成以后,探头旋转 90°后完成另一个极化的扫描。一个频点测试完以后,就获得了一个平面上各点处两个极化的幅度与相位信息,通过变换,就得到远场方向图的各项性能。

　　增益测试采用比较法进行,即将用户星天线测试结果与增益已知的标准喇叭的测试结果进行比较,得到用户星天线增益。就像扫描用户星天线一样,增益测试时,标准喇叭也需要进行扫描测试。标准喇叭架设在距离用户星天线较远的地方,距离足够远,保证对用户星天线没有干扰。标准喇叭的口面也同探头平行,只要扫描范围足够大,喇叭口面与探头的距离不要求与用户星天线与探头的距离相同。由于喇叭为线极化,因此,只需要扫描一个极化即可。获取到两个天线的口面场分布以后,变化到远场进行比较,就得到用户星天线的增益值。

　　虽然平面近场测试比较耗费时间,但是其最大的优点是测试一次,所有的参数都测试完毕。对于高增益窄波束以及有差波束的天线,平面近场测试还是很方便的。

　　用户星天线测试的各项性能如下,其中,几个典型的测试图如图5.28～图5.30所示。

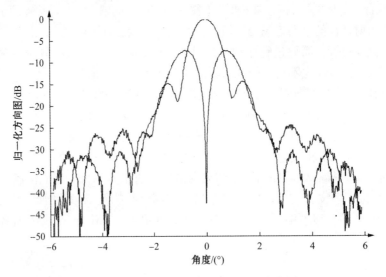

图 5.28　Ka 频段一个切面的和差方向图

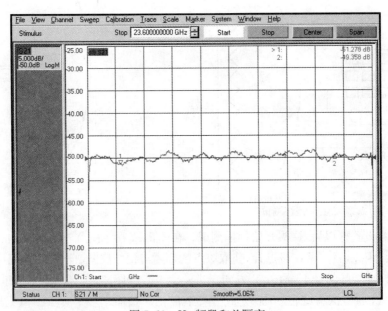

图 5.29　Ka 频段和差隔离

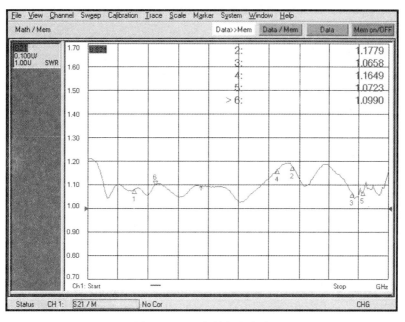

图 5.30　Ka 发射频段驻波

用户星天线 Ka 频段性能如下：

（1）工作频率。

发射通道：$F_{01}\pm1.0\,\mathrm{GHz}$；

接收通道：$F_{02}\pm0.5\,\mathrm{GHz}$；

差通道：$F_{02}\pm0.5\,\mathrm{GHz}$。

（2）天线增益（参考面在展开轴输出波导口面处）。

发射通道：$43\sim45\,\mathrm{dBi}$；

接收通道：$43\sim45\,\mathrm{dBi}$；

差通道：$35\sim37\,\mathrm{dBi}$。

（3）极化。

发射通道：右旋圆极化；

接收通道：左旋圆极化；

差通道：左旋圆极化。

（4）轴比。

发射通道：$\leqslant2\,\mathrm{dB}$（$-3\,\mathrm{dB}$ 波束范围内）；

接收通道：$\leqslant2\,\mathrm{dB}$（$-3\,\mathrm{dB}$ 波束范围内）；

差通道：$\leqslant2\,\mathrm{dB}$（$-3\,\mathrm{dB}$ 波束范围内，零深位置及附近除外）。

（5）驻波。

发射通道：<1.5；

接收通道：<1.5；

差通道：<1.5。

（6）和、发射波束峰值与差波束零深位置偏离角：$\leqslant0.03°$。

（7）差波束零深：≤－40 dB（相对于差波束峰值）。

（8）隔离。

和与发射隔离：≥20 dB；

和与差隔离：≥45 dB；

发射与差隔离：≥45 dB。

用户星天线 S 频段实测性能如下：

（1）工作频率。

发射通道：$F_{03}\pm0.1\,\mathrm{GHz}$；

接收通道：$F_{04}\pm0.1\,\mathrm{GHz}$。

（2）天线增益（包括馈电部件以及 1.5 m 左右的馈电电缆）。

发射通道：19～21 dBi；

接收通道：19～21 dBi。

（3）极化。

发射通道：右旋圆极化；

接收通道：左旋圆极化。

（4）轴比。

发射通道：≤3 dB（－3 dB 波束范围内）；

接收通道：≤3 dB（－3 dB 波束范围内）。

（5）驻波。

发射通道：＜1.5；

接收通道：＜1.5。

第6章　结构与机构设计

6.1 · 概述

6.1.1 结构及机构设计的任务

随着卫星技术的发展,要求天线的性能更好、功能更强、尺寸更大、结构更复杂,使卫星天线由原来的一个微波部件变为集高频设计、结构设计、机构设计、控制设计、结构分析、热设计、地面支持设备设计、机械校准及组装工程于一身的产品。而星间链路天线更具备自动跟踪功能,有着复杂的馈电系统、型面精度高的反射器、能实现对目标精密跟踪的指向控制机构。这使得它成为卫星天线中在结构及机构设计中面临的挑战最多的一类。结构设计的任务就是要按天线高频设计给出的机电接口数据,与卫星的机电热接口要求,设计出能保证天线的高频性能指标及能经受卫星发射段振动环境及空间环境中长期工作的天线产品。机构设计则必须设计出能完成天线指向控制、折叠锁紧、展开闭锁等功能所需要的机构、组件。

与其他天线一样,星间链路天线的结构设计是指非运动部件的机械设计,如天线的馈源、馈线、反射器、支撑结构、伸展臂等。天线机构是指与天线运动有关的部件如指向机构、展开机构、缩紧释放装置等。

6.1.2 星间链路天线结构与机构的发展情况

6.1.2.1 美国第一代数据中继卫星

1983 年美国数据中继卫星发射入轨,标志着利用星间链路传输遥感卫星数据的开始。从 1983～1995 年一共发射了 7 颗第一代数据中继卫星。天线为正馈抛物面反射器型,工作在 Ku 频段。天线反射器为伞型径向肋可展开式设计,收拢时径向肋可绕中心轮毂转动到与馈源支撑筒贴紧并锁定(图 6.1)。天线馈源组件由 Ku,S 两个馈源组成。Ku 喇叭-馈源组件通过一支撑筒装在反射器的中心支撑件上。由图 6.1 右侧可看出馈源支撑筒的下段只起支撑作用可由碳纤维材料制成,中段须让波束穿过要用透波材料制成,顶端有可将折叠状态的反射器径向肋托住的带槽托架,从而能从肋的外侧扣紧或压住。将径向肋展开的机构位于中心支撑件上,它将为 18 根径向肋的展开提供足够的动力,特别是展开到位时将反射网及辅助牵引撑开所需的动力。径向肋展开到位后的位置精度及重复度对反射面的型面精度有很大的影响,在每根肋的根部铰链设计时必须能将肋准确地保持在设计位置并加以锁定。反射器的主要机械参数是:

内圈无网区半径 330 mm;

肋尖半径	2 500 mm;
有效反射面半径	2 400 mm;
径向肋数	18;
环向辅助牵引数	18;
型面误差 rms	0. 38 mm;
收藏状态最大外径	760 mm;
收藏状态高度(不含高频箱)	2 134 mm。

图 6.1　美国第一代 TDRS 天线收拢及展开态

由镀金钼丝编织而成的金属网铺在径向肋及辅助牵引上构成了反射面。一个两轴的指向机构也装在中心支撑件上,为天线提供二维转动功能。指向机构装在天线伸展臂上,伸展臂根部装在伸展臂展开机构上。中心支撑从下至上由中心毂、馈源支撑架、馈源罩、锥形筒等组成。馈源罩的底部为 Ku 馈源喇叭提供安装接口,上部与锥形筒交接处则安装了副反射面。锥形筒内装有 S 馈源筒的顶端装有肋的锁紧-释放机构。装在轮毂上肋展开机构由一套电机驱动的螺杆-螺母升降盘及装在盘外缘的 18 套与肋跟部相连的连杆机构来完成肋的展开。两轴指向机构的输出端与高频箱的侧面相连,其底座装在天线伸展臂上,伸展臂根部装在伸展臂展开机构上。

6.1.2.2　美国第二代数据中继卫星

2000 年 6 月开始发射第二代数据中继卫星到 2002 年 11 月共发射了 3 颗。与第一代的最大差别在于工作频段由 Ku/S 变为 Ka/Ku/S。天线反射器由径向肋可收拢的金属网反射器变为可卷曲柔性自回弹网格型。其结构组成包括一个碳纤维管桁架型支撑架、高频箱、柔性反射面、指向机构、伸展臂、伸展臂展开机构、支架锁紧装置及反射面包带等。高频箱装在支架顶端。反射面中心有与馈源组件及高频箱连接的机械接口。天线在卫星上处于折叠状态时两反射器面对面交叠卷成一桶形后用包带捆在它们的高频箱上。支撑架下端靠近卫星舱板的两个结点通过锁紧器与卫星连接,距卫星舱板远的两个结点则通过两个锁紧器及两两角脚架与卫星连接。卷曲的反射器高度超过 4 m,仅靠中心的几个连接点与馈源支撑连接不足以承受发射段的动载荷,同时两端的动态响应可能拍打邻近的结构或设备。因此卷曲的反射器下边缘应有锁紧点以便对卫星发射时的动态响应加以限制。天线解锁时首先要切断反射器的包带使两反射器相互脱离,随后由伸展臂展开机构将伸展臂转动到位并锁住。支撑架将保留在高频箱上与天线一起运动(见图6.2)。

图 6.2　美国第二代数据中继卫星天线的工作状态

柔性反射器是天线的关键部件,从卷曲释放到恢复抛物面形状需要约 60 天。在设计反射器时还在靠近中心轮毂处设有调整机构,以便在需要时在轨对由于卷曲引起的反射器形变进行微调。发射的 3 颗星中除 H 星反射器外,I,J 两星都对反射器进行过在轨微调。

天线的高端增益要求 56.4 dB 但柔性自回弹反射器的口径为 4.6 m。可能是考虑到反射器的型面误差较大,在口面面积上多留一些裕量。在轨测试达到的增益如表 6.1 所示。

表 6.1　美国第二代 TDRS 天线在轨测试得到的增益(dBi)[48]

H 星				I 星				J 星			
东天线		西天线		东天线		西天线		东天线		西天线	
左旋	右旋	左旋	右旋	左旋	右旋	左旋	右旋	左旋	右旋	左旋	右旋
57.9	58.1	58	58.3	58.4	58.5	58.8	59	58.3	58.3	58.1	58.3

由表 6.1 所列数据可看出与未进行在轨机械微调的 H 星天线相比,I 星天线的增益提高了 0.4~0.8 dBi,J 星则仅在 0~0.4 dBi 之间。

6.1.2.3　欧空局偏馈固面天线

美国的第一、二代数据中继卫星都在反射器背后带有高频箱,以避免使用微波旋转关节、相当长的馈电波导及高频电缆带来的插入损耗。但高频箱的引入使得转动部分质量增大,结构及热控复杂化。欧空局的 Artemis 卫星(DRS)上的 SKDR 天线采用了偏馈方案。按这种方案馈源固定安装在卫星平台上并与有源高频部件用波导直接连接,而让反射器绕焦点转动来改变天线的波束指向。因馈源产生的初级波束较宽反射器在小角度(如±10°)范围内转动对次级波束的和波束影响不大,在非对称面上由于焦轴随反射器偏转造成差波束不对称从而使自跟踪时的指向偏离焦轴。为消除这种影响,需对差路进行相位补偿。

为实现反射器绕焦点的二维转动需有一套机构来完成,其原理如图 6.3 所示。图中机构的 XY 转轴的轴线相交于反射器焦点,反射器下缘装在指向机构伸出的一伸展臂上,机构转动时带动支臂及反射器一起绕焦点转动。这种方法的好处是机构的转角就是天线波束的转角,无须坐标转换,使控制较简单,控制精度容易保证。折叠时反射器扣在卫星舱板上并锁紧,展

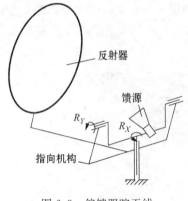

图 6.3 偏馈跟踪天线
指向机构示意

开时反射器由伸展臂尾端的展开机构将反射器展开到工作位置,然后在指向机构的带动下绕焦点转动。机构 X 转轴垂直卫星舱板并通过其底座固定在舱板上。X 转轴的上端是一叉形支架,支架内侧凹口用于容纳馈源,支架顶端外侧的短轴用于支承伸展臂及 Y 转动机构轴。伸展臂的一端与反射器展开机构连接,折叠时反射器绕与 Y 轴平行的展开轴转向伸展臂,最后扣在卫星舱板上并锁紧。这种转动方式的缺点首先是反射器偏离了转动中心一个焦距的距离,需要一个较长的支撑臂来将指向机构和反射器连接起来,使得转动惯量大幅度地增加。为达到伺服控制要求的结构谐振频率,伸展臂也需要足够的刚度,这又进一步增加了转动惯量及结构重量。

6.1.2.4 日本数据中继卫星

日本的第一颗数据中继卫星天线是直径为 3.6 m 的正馈抛物面型,高频箱在反射器背后天线工作在 Ka/S 频段。天线的跟踪精度要求为 0.055°。该卫星已在 2002 年 9 月发射。S 馈源及副反射器由一个 4 杆支架支撑,反射器背后是高频箱从高频箱的高度与反射器的口径相比其尺寸也不小。高频箱上没有铺设多层隔热屏的面板是为大功率部件散热的 OSR 片。发射状态天线装在卫星东板上,要将天线由折叠状态转入工作装态,需要转过 90°指向地球。

6.2 星间链路天线的机-电接口

一个天线的结构、机构的设计者如果不对天线的射频性能及特性有一个基本的了解,在设计中难以做到主动考虑射频特性对结构设计的要求,从而增加了设计的盲目性及与高频设计沟通上的困难,为此先对天线的几个射频参数作一简略的介绍。由前面列举的星间链路天线可看出所用天线都是抛物面反射器型天线,因此下面简要介绍抛面天线的一些主要特点及机电接口参数。

6.2.1 天线的几个基本射频参数

天线实际上是把在自由空间传输的电磁波转入波导传输的转换器。在这种转换传输过程中电磁波辐射能被集中成指向设定方向的一定形状的波束。按需要可以是很窄的点波束、扇形波束、赋形波束、扫帚形(余割平方)波束等[49]。

1) 天线波瓣宽度

天线辐射方向图(图 6.4)中主瓣顶点下移 3 dB 后在主瓣曲线上得到的两个半功率点间的夹角就是天线的波瓣宽度。圆口径反射器的波瓣宽度在任意径向截面上是相同的。矩形口面反射器不同的径向截面将有不同的宽度。波瓣宽度可按下式近似算出:

$$\theta = \frac{68.76\lambda}{d}(°) \tag{6.1}$$

式中:λ——天线工作波长;

d——反射器口面尺寸。

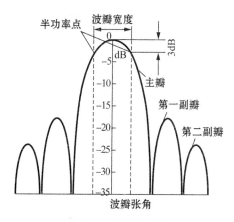

图 6.4 天线方向图

2）天线方向系数

是衡量天线将辐射能集中到特定方向的能力的参数。它是按天线的设计方向图来确定的,未考虑各种损耗。用 G_d 来表示。

$$G_d = \frac{4\pi}{\theta_B \phi_B} \qquad (6.2)$$

式中:$\theta_B \phi_B$——在两个正交平面内波束的半功率点宽度。

3）天线口面效率

天线口面效率指同一口径的反射器增益(不考虑插损)对口面被均匀照射时的增益之比。口面效率主要取决于由馈源发出的初级波束在口面上的分布。均匀分布时波束宽度最窄,增益也最高,但副瓣电平也最高,口面利用效率低。在实际应用中标准抛物面反射器的初级波束边缘照射强度比中心低 $8\sim12\,\mathrm{dB}$（$0.06\sim0.16$）时较好。考虑到各种工程因素通常标准抛物面的口面效率在 $55\%\sim65\%$。

4）天线增益

方向系数扣除因口面非均匀照射、反射面制造误差等各种因数引起的损耗后的数值。在工程应用中天线增益还与天线出口的定义有关,如定义到馈源出口则馈源部件的插入损耗也要计算在内。

5）远场近场

从反射器口面到远近场的分界面属于近场,分界面外至无穷远属于远场。在近场区波束的射线不是互相平行的,方向图也随考核点到口面的距离而有所变化。在远场区内波束的射线相互平行,方向图也与距离无关。通常远近场分界面到反射器口面的距离 R_e 与反射器的口径 D 及波长 λ 有关。按式（6.3）时,在 R_e 处的增益相当于无穷远处的 0.99。

$$R_e = \frac{2D^2}{\lambda} \qquad (6.3)$$

而按式（6.4）时,在 R_e 处的增益仅相当于无穷远处的 0.94。

$$R_e = \frac{D^2}{\lambda} \qquad (6.4)$$

6.2.2 抛物面天线的主要类型

按反射器的馈电方式分有正馈及偏馈两类。其中正馈方式如图 6.5 中所示。从左至右分别是环焦天线、格利高里天线、卡塞格伦天线、焦点馈电天线。

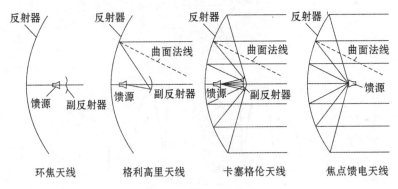

图 6.5　正馈天线类型

焦点馈电天线的馈源口相位中心置于主反射器焦点上,馈线从反射器顶点引到馈源。卡塞格伦天线的副反射器为一双曲面,它的虚焦点位于主反射器焦点上,馈源相位中心位于副反射器的共轭焦点上。格利高里天线的副反射器为一凹面朝向主反射器的椭球面,一个焦点位于主反射器焦点上,馈源相位中心在主反顶点及副反之间。环焦天线的主反射器焦点分布在一与主反轴线同心的圆上,副反射器是由一段椭圆曲线绕一通过其远焦点而偏离其近焦点的

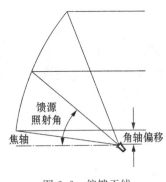

图 6.6　偏馈天线

轴线回转而成。回转后近焦点的轨迹呈一圆环,即所谓环焦。安装时副反回转轴与主反回转轴重合,主反射面的焦环与副焦环重合。偏馈天线(图 6.6)同样有焦点馈电、卡塞格伦、格利高里几种形式,但未见环焦式。与焦点馈电相比,带副反射器的天线因焦点处无馈源及其他馈电部件,轴向尺寸较焦点馈电短重量也较轻,且馈源及馈电网络在反射器顶点处,便于布局馈线长度也短。从射频性能及结构角度考虑带副反射器的天线均优于焦点馈电,故星间链路天线几乎都采用带副反射器的设计方案。当然在实际应用中往往是混合模式,例如 S/Ku 天线的 S 是焦点馈电而 Ku 则是副反射器模式。

6.2.3　结构设计所需的机电接口参数

天线设计的第一步,是按卫星总体对天线提出的技术指标进行高频设计、仿真后得到结构设计所需的机电接口数据。不同类型的抛物面需要相应的机电接口参数,详见表 6.2。

表 6.2　机电接口参数

抛物面类别	正馈抛物面天线	偏馈抛物面天线
接口参数	a. 主反射器口径 b. 焦距 c. 副反射器形式及尺寸等参数 d. 曲面误差均方根值 e. 馈源内腔尺寸 f. 馈源机械接口数据	a. 抛物面口径 b. 焦距 c. 焦轴偏离 d. 馈源照射角 e. 曲面误差均方根值 f. 馈源内腔尺寸 g. 馈源机械接口数据

对赋形抛物面,除表列数据外,还应给出描述曲面的数据文件或方程式。这些接口数据对结构设计有重要的影响。反射器的直径越大,结构尺寸及结构重量也越大。为保证型面精度及结构刚度,设计时需采取结构加强措施,从而使结构变得更复杂。抛物面的焦距与直径之比,是另一项影响结构设计的参数。大的焦/径比让馈源或副反射器离主反射器更远,使得馈源支撑件尺寸更大、重量更重。同时在焦点馈电时,大焦/径比的喇叭口径及长度,均较小焦/径比的大,从而结构更大更重。反射器曲面误差的均方根值,对反射器的结构形式及重量都有重大影响,精度要求越高,结构越复杂,重量也越重。

6.2.4　回转抛物面的几何特征

(1) 回转抛物面是由抛物线绕其焦轴旋转形成的曲面。

(2) 任一与焦轴平行的平面与抛物面相交所得的曲线,都是与原抛物线相同的曲线。

(3) 与焦轴不平行的平面与抛物面相交的交线,都不是抛物线。

(4) 从焦点发出的任意射线经抛物面反射后,到达与焦轴正交的平面的路径均相等。

(5) 轴线与焦轴平行(不同轴)的圆柱面与抛物面的交线,是一平面椭圆。

6.2.5　组装误差对天线性能的影响

天线各部件通过组装、校准使它们间的几何关系达到设计要求。但不可能达到理想状态,组装后的残余误差将对天线的性能带来影响。下面针对两类天线分别描述[50]。

6.2.5.1　焦点馈电天线

这种天线的组装误差主要有馈源轴向偏移、馈源相位中心横向偏移、反射器偏转等,它们各自对天线波束的影响如下:

(1) 馈源沿焦轴轴向移动,使馈源相位中心偏离焦点,将造成散焦、增益下降。

(2) 馈源沿垂直于焦轴的方向横移 δ_v 将引起波束偏转(图 6.7),并使增益下降,偏转角将是:

$$\varphi_b = K \arctan\left(\frac{\delta_v}{f}\right) \tag{6.5}$$

在偏转角允许的范围内, 一般情况下对增益的影响可以忽略不计。

(3) 抛物面绕其顶点转动 φ_p 时,天线波束指向对设计指向的偏转角(见图 6.8)将是:

$$\varphi_b = (1+K)\varphi_p \tag{6.6}$$

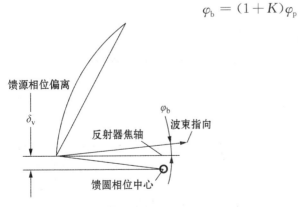

图 6.7　馈源相心横移

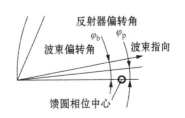

图 6.8　反射器偏转

在式(6.5)～式(6.10)中,f 为抛物面焦距,计量单位与位移 δ_v 相同,角度单位为弧度,K 为抛物面波束偏离系数,其数值按抛物面焦距口径比从图 6.9 所示曲线选取。图中 D 为抛物面口径,偏置抛物面应按其母体口径计算。

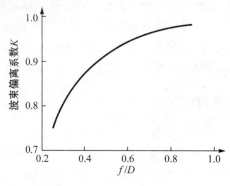

图 6.9　波束偏离系数

6.2.5.2　带双曲面副反射器的天线

带副反射器的天线的示意图如图 6.10 所示。由于馈源及副反射器的位置误差引起的指向偏转将是:

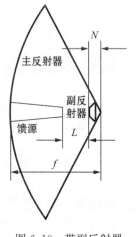

图 6.10　带副反射器的天线参数

(1) 馈源横移 δ_k 引起的指向偏转角

$$\varphi_b = \frac{\delta_k K}{Mf} \tag{6.7}$$

(2) 副反射器横移 δ_f 引起的指向偏转角

$$\varphi_b = \frac{\delta_f}{Mf} \tag{6.8}$$

(3) 副反射器偏转 α 角引起的指向偏转角

$$\varphi_b = K\alpha\left(1+\frac{1}{M}\right)\frac{N}{f} \tag{6.9}$$

式(6.7)～式(6.9)中位移向上为正,向上的转动为正,副反射器的转动也是向上为正。其中:

$$M = \frac{L}{N} \tag{6.10}$$

式中:N——副反射器焦距;

L——馈源相位中心至副反射器顶点的距离。

6.2.6　抛物面反射器制造误差

6.2.6.1　最佳拟合抛物面的概念

抛物面曲面的制造误差将使天线实际增益小于理想抛物面的增益。用最佳拟合抛物面的概念及方法来处理抛物面的曲面误差,并按处理结果对天线进行适当的调整,将能在一定条件下减小它对天线增益等因素的影响。最佳拟合抛物面将由 7 个参数来确定,它们是:

D_x——最佳拟合抛物面顶点对理想抛物面顶点沿 X 坐标轴的偏离;

D_y——最佳拟合抛物面顶点对理想抛物面顶点沿 Y 坐标轴的偏离;

D_z——最佳拟合抛物面顶点对理想抛物面顶点沿 Z 坐标轴的偏离;

R_x, R_y, R_z——反映最佳拟合抛物面坐标轴与理想抛物面坐标轴间几何关系的 3 个转角；

F_n——最佳拟合抛物面的焦距。

一些测量软件中包含的抛物面模块可以对标准抛物面的型面测量数据进行最佳拟合分析,分析结果将给出上述 7 个参数及拟合后的型面误差均方根值。该软件的分析结果对轴对称抛物面的可用性较好,可以按给出的数据调整馈源或副反射器。偏馈反射器因不是轴对称,拟合结果往往出现沿对称轴的过大的位移及绕非对称轴的较大转角,焦距变化也较大,难以按得到的参数来调整馈源或副反射器。

6.2.6.2 最佳拟合抛物面的获得

要获得最佳拟合抛物面,必须解决抛物面坐标系的建立、曲面上被测点的坐标测量、测量数据的处理等问题,为此:

(1) 曲面上应设置 4 个以上的基准孔或基准球,它们在抛物面坐标系中的坐标值必须是已知的。

(2) 曲面测量时设定的基准必须与其余测点的测量在同一坐标系内完成。

(3) 将测得的基准点坐标值对其在抛物面坐标系中的值,进行拟合运算以确定测量仪器坐标系至抛物面坐标系间的几何关系。并由这些几何关系将测得的各测点坐标值转移至抛物面坐标系中。

(4) 按抛物面公式(6.11)确定各测点在理想抛物面上的 Z 坐标值。

$$Z = \frac{X^2 + Y^2}{4f} \qquad (6.11)$$

(5) 非标准的修正抛物面及赋型抛物面,则通过描述其 Z 坐标值与 XY 坐标值间关系的公式,或数据文件来计算出理想曲面的 Z 坐标值。

(6) 将已转移至抛物面坐标系中的各测点坐标测量值,对其相应的理想坐标值按 7 个参数进行最佳拟合计算,以确定 7 个参数及基准点在最佳拟合坐标系中的坐标值。

6.2.6.3 最佳拟合抛物面的利用条件

在测出了反射器的曲面误差数据后通常应进行最佳拟合处理,特别是偏馈反射器,由于结构不对称容易产生扭曲或翘曲,最佳拟合能显著地降低曲面误差。在确定了最佳拟合曲面之后,需要把馈源放在最佳拟合抛物面的焦点上,并相应地调整馈源取向及位置,就可得到最佳拟合曲面的效果。但能否成功地利用最佳拟合抛物面,尚需考虑以下因素:

(1) 拟合焦距是否对天线电性能构成不能允许的影响。

(2) 由于最佳拟合只能在反射器加工好并进行曲面测试后进行,必须具备准确可靠的测试手段并对所得结果进行仔细的分析判断。

(3) 天线的结构设计是否允许按最佳拟合参数来调整馈源。

(4) 最佳拟合后的馈源位置调整及焦轴指向偏转修正是否可行。

6.2.6.4 曲面误差的计算

抛物面反射器的形状沿径向的微小改变并不对其性能构成严重影响,重要的是其 Z 向坐标值与 X,Y 坐标值间的关系应满足抛物面方程。抛物面反射器曲面误差,不能按一般的机械零件曲面误差的计算方式来计算。为了便于对抛物面的曲面精度进行评估,对常用的 3 种误差及其计算方法作简要的描述。

1) 轴向误差

本项误差的计算是在抛物面坐标系内进行的,其中 Z 坐标轴为抛物面焦轴,坐标原点在抛物面顶点。轴向误差是沿 Z 坐标轴来度量的,曲面上第 i 点的偏离值将由测得的该点坐标值 X_i, Y_i, Z_i 按式(6.12)算出。

$$\Delta Z_i = Z_i - \frac{X_i^2 + Y_i^2}{4f} \tag{6.12}$$

式中:f——抛物面焦距,其计量单位应与坐标值的相同。由上式得到的轴向误差,可算出实际反射面对理想抛物面间的均方根偏差。

2)加工误差

偏馈抛物面反射器仅是回转抛物面的一部分,在反射器设计及模具加工中常用 $X_1 Y_1 Z_1$ 坐标系以减小模具的高度。该坐标系的原点位于反射器上下边缘连线的中点。加工误差指沿 Z_1 坐标轴的偏差,它可以由轴向误差算出(图 6.11)。

$$\Delta Z_{1y} = \Delta Z_i \cos \alpha \tag{6.13}$$

$$\alpha = \arctan \left(\frac{X_A + X_B}{4f} \right) \tag{6.14}$$

整个抛物面加工误差的均方根值为

$$\Delta \sigma_1 = \Delta \sigma \cos \alpha \tag{6.15}$$

3)半光程差

抛物面的半光程差,指从抛物面焦点到曲面上的某一点的实际距离与其理想值之差,它与该点轴向偏差间的关系如图 6.12 所示。第 i 点的半光程差为

$$\Delta S_i = \Delta Z_i \cos^2 \beta_i \tag{6.16}$$

整个抛物面的半光程差均方根值为

$$\sigma = \sqrt{\frac{\sum_{i=1}^{n} \Delta Z_i^2 \cos^4 \beta_i}{n}} \tag{6.17}$$

式中:n——测量点数;

β_i 为
$$\beta_i = \arctan \left[\frac{\sqrt{X_i^2 + Y_i^2}}{2f} \right] \tag{6.18}$$

得到半光程差 σ 后,它引起的天线增益下降可用下式算出。

$$\Delta \boldsymbol{G} = 10 \lg \left(1 - \left(\frac{4\pi\sigma}{\lambda} \right)^2 \right) \mathrm{db} \tag{6.19}$$

式中:λ 为抛物面工作波长,计量单位与 σ 相同。

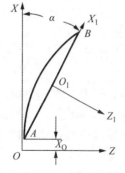

图 6.11 加工坐标系定义

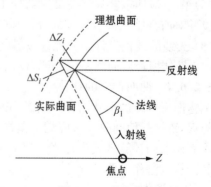

图 6.12 半光程差

6.3　复合材料结构的一些基本知识

6.3.1　复合材料结构件的特点

天线结构中用得最多的复合材料结构件主要有蜂窝板(壳)及层压板(壳)。它们的主要优点是：易成型及高的比强度、比刚度(强度、刚度与密度之比)以及强度和弹性性能的可设计性，在结构出现破损时容易修复。下面简要描述它们的特点[51]。

1) 强度及弹性性能的可设计性

复合材料是由树脂类基体材料及增强纤维如碳纤维、芳纶纤维、玻璃纤维等组成。增强纤维的强度及弹性模量要比树脂大数十倍到上百倍。增强纤维在宏观范围内是单向强度的材料，所以复合材料的强度及弹性模量在相当大的程度上取决于所含的纤维量及其分布方向。利用这两点可以在一定程度上设计出不同类型的材料，如准各向同性材料、两个正交方向有较高强度或弹性模量的正交各向异性材料、一个方向有很高强度或弹性模量的单向材料等。经适当设计的构件可以在满足强度、刚度要求的情况下达到最轻的重量。

2) 各向异性性能

由于增强纤维仅仅在顺纤维方向有很高的强度，而在垂直于纤维方向基本上只有相当于树脂的强度，在进行构件设计时就需要特别仔细地分析构件承受的载荷，合理进行纤维铺层，在载荷最大的方向及部位加强，以期达到材料性能的充分利用。

3) 层间剪切强度及层间拉伸强度低

一般金属材料的剪切强度约为拉伸强度的 50%。复合材料叠层板的层间无增强纤维，其层间剪切强度及拉伸强度仅是树脂的剪切或拉伸强度。这使得构件设计中必须对连接强度问题给与充分的注意，务使连接部位有足够的剪切强度。

4) 线弹性性能

复合材料的应力应变曲线直到破坏都是线性的，不像金属有一个塑性阶段。在金属结构中，高应力区的塑性变形能引起应力重新分配，从而使应力集中得以缓和。而在复合材料结构中，由于无塑性状态，高应力会使得部分纤维断裂，断裂纤维上的载荷将会传递到未断的纤维上，如此逐步地断裂将造成结构破坏。一般说来，复合材料结构承受冲击载荷的能力不如金属材料。

5) 强度分散性

与金属材料相比，复合材料的机械强度有较大的分散性，它与纤维、树脂、制造工艺都有关系。在设计复合材料构件时，常常要求提供与制件材料相同、材料批次相同、同样铺层的随炉试件，以获取更确切的强度刚度数据。在进行强度核算时也应考虑到这种分散性。

6) 易成型及易修复

在制成构件前的原料是流动的树脂及柔软的纤维，可以紧紧地贴在模胎上制成复杂的三维曲面零件。如直升机机身外壳可由复合材料制成，形状复杂的容器可用带树脂的纤维在芯模外缠绕而成。卫星天线的反射器曲面也大多是在模胎上成形的复合材料蜂窝结构。复合材料结构件在局部出现破损时还可以在现场进行修补，经 24 h 常温固化后即可使用不会带来形状的改变。

7) 徐变性

复材构件在承受一个恒定的外力时,除产生初始的瞬时变形外,随着时间的推移变形也随着增加,这种现象称为徐变。以在1:1的双向环氧玻璃钢试板上,沿0°方向加上其静强度10%的拉力进行2592小时的试验后,取得表6.3的变形数据可作为评估徐变的参考。

表6.3　双向环氧玻璃钢试板徐变时间及变形

时间/h	下列时间变形与初始变形之比				
	1	10	100	1 000	2 592
比值	1.007	1.05	1.133	1.25	1.461

碳纤维复合材料的徐变数据未找到,但因其基体材料仍是树脂类,徐变将是不可避免的。

6.3.2　卫星天线常用复合材料的主要机械性能数据

到目前为止卫星天线用得最多的复合材料结构是蜂窝夹层型,其次是层压板型。在蜂窝型中用得最普遍的是碳纤维蜂窝板(壳),其次是芳纶蜂窝板(壳)。碳纤维蜂窝板(壳)用六边形铝芯,芳纶蜂窝板(壳)则用六边形的 NOMEX 芯。因卫星天线在工作时处于失重状态,卫星姿态调整在天线上引起的惯性力也很微小。对天线结构的主要要求是重量轻,结构刚度好,因此所用的碳纤维均为高模量纤维,每束的纤维数为3 000。目前常用的高模量纤维有 M40 系列,M55J,M60J,芳纶等其基本性能数据如表6.4～表6.7所示。每束碳纤维的纤维数一般为3 K。

表6.4　纤维及树脂的性能数据

	E /(N/mm^2)	G /(N/mm^2)	$\nu_{//\perp}$	$\alpha_{t//}$ /10^{-6}[1/K]	$\alpha_{t\perp}$ /10^{-6}[1/K]	密度 ρ /(g/cm^3)
树脂	3 500	1 300	0.35	55	55	1.2
碳纤维(M40A)		28 600	0.2	−0.29	59	1.81
X 向	389 334					
Y 向	15 200					
碳纤维 Thonnel/75S		7 300	0.36	−1.44	30	1.82
X 向	495 000					
Y 向	3 800					
芳纶纤维碳纤维 49		12 000	0.43	−2.97	57.5	1.44
X 向	137 000					
Y 向	7 000					

表6.5　纤维材料单向带性能数据

材料牌号	E_x/E_y /(N/mm^2)	G /(N/mm^2)	ν_{xy}	热涨系数 α_{ty} /10^{-6}[1/K]	热涨系数 α_{ty} 10^{-6}[1/K]	纤维体积含量 ϕ/(%)
碳纤维 (M40A)	235 000 7 488	4 332	0.26	0.04	61.9	60
碳纤维 (Thornel/75S)	298 400 3 676	3 068	0.36	−1.18	40	60
(Kevlar 49)	83 600 5 190	3 600	0.4	−1.9	59.3	60

表 6.6 蜂窝芯材料性能数据

	E_z /(N/mm²)	G_{yz}, G_{ZX} /(N/mm²)	热涨系数 α_{tx} /$10^{-6}[1/K]$	密度 ρ /(g/cm³)
铝蜂窝芯	55	36	23.8	0.016
Nomex	41	15	8.83	0.024

表 6.7 国内几种星用天线蜂窝夹层板/的力学性能(测试值)

面板材料	M40B 预浸带	P9051F-7	P9051F-7	M55J 预浸带	单 位
芯子材料	LF2Y-0.04-5	LF2Y-0.04-5	LF2Y-0.04-5	LF2Y-0.04-5	
面板弯曲模量	97.5	118	99.1	218.3	GPa
芯子剪切模量	0.1285	0.115	0.0996	0.0736	GPa
面板弯曲强度	268.2	374	260.8	332.4	MPa
芯子剪切强度		0.498	0.53	0.48	MPa

6.3.3 常用的基本计算

1) 按体积含量估算密度

复合材料的纤维及树脂一般按体积含量来控制,但在计算结构重量时又需要它的密度。以 V_G 表示增强纤维的体积含量(%);V_R 表示树脂的体积含量(%);ρ_F 表示纤维的密度;ρ_R 表示树脂的密度(一般为 1.27~1.29 g/cm)。则树脂的重量含量为

$$A = \frac{V_R D_R}{V_R D_R + V_G D_G} \tag{6.20}$$

复合材料层压板的密度为

$$\rho_{GR} = \frac{\rho_G \rho_R}{\rho_G A + \rho_R (1-A)} \tag{6.21}$$

2) 单向层压板的力学性能估算

单向层压板的弹性模量及拉伸应力泊松比,可由纤维及树脂的相应参数确定。

$$E_L = E_G V_G + E_R (1 - V_G) \tag{6.22}$$

$$E_T = \left[1 + \frac{V_G (1 - E_R/E_G)}{1 - \sqrt{V_G}(1 - E_R/E_G)} \right] \tag{6.23}$$

$$\mu_{LT} = \mu_G V_G + \mu_R (1 - V_G) \tag{6.24}$$

$$G_{LT} = \frac{1 - \sqrt{V_G}(1 - G_G/G_R)}{1 - \sqrt{V_G}(1 - \sqrt{V_G})(1 - G_G/G_R)} G_R \tag{6.25}$$

式中:E_L, E_T——单向层压板的纵向及横向弹性模量;

$\quad E_G, E_R$——纤维及树脂的弹性模量;

$\quad \mu_G, \mu_R$——纤维及树脂的泊松比;

$\quad G_G, G_R$——纤维及树脂的剪切模量。

3) 多层准各向同性板的弹性性能估算

在卫星天线中用得最多的是,由多层单向板叠合而成的各向同性板。如蜂窝夹层结构的

面板多由纤维取向按 $0°/\pm45°/90°$ 叠成的。在初步设计中对其力学性能进行估算,常常是有必要的,但这种计算较繁琐,而且计算所需的纤维工程参数常常无法从供货商那里得到,使得计算难以进行。一般用随炉试件来测定主要的机械性能数据。在已知单向板的四个弹性系数 E_L, E_T, G_{LT}, μ_{LT} 且层压板的每层均用同样的材料时,可用下面的公式计算出组合板的弹性系数。

$$
\left.
\begin{aligned}
\bar{C}_{11i} &= \frac{1}{1-\mu_{LT}\mu_{TL}}\left\{E_L\cos^4\alpha_i + E_T\sin^4\alpha_i + \right. \\
&\qquad \left[\frac{E_L\mu_{TL}}{2} + (1-\mu_{LT}\mu_{TL})G_{LT}\right]\sin 2\alpha_i\Big\} \\
\bar{C}_{12i} &= \frac{1}{1-\mu_{LT}\mu_{TL}}\{[E_L + E_T - 4(1-\mu_{LT}\mu_{TL})G_{LT}]\sin^2\alpha_i\cos^2\alpha_i + \\
&\qquad E_L\mu_{TL}(\sin^4\alpha_i + \cos^4\alpha_i)\} \\
\bar{C}_{22i} &= \frac{1}{1-\mu_{LT}\mu_{TL}}\left\{E_L\cos^4\alpha_i + E_T\sin^4\alpha_i + \right. \\
&\qquad \left[\frac{E_L\mu_{TL}}{2} + (1-\mu_{LT}\mu_{TL})G_{LT}\right]\sin^2 2\alpha_i\Big\} \\
\bar{C}_{14i} &= \frac{\sin\alpha_i\cos\alpha_i}{1-\mu_{LT}\mu_{TL}}\{E_L\cos^2\alpha_i - E_T\sin^2\alpha_i - \\
&\qquad [E_L\mu_{TL} + 2(1-\mu_{LT}\mu_{TL})G_{LT}]\cos 2\alpha_i\} \\
\bar{C}_{24i} &= \frac{\sin\alpha_i\cos\alpha_i}{1-\mu_{LT}\mu_{TL}}\{E_L\sin^2\alpha_i - E_T\cos^2\alpha_i - \\
&\qquad [E_L\mu_{TL} + 2(1-\mu_{LT}\mu_{TL})G_{LT}]\cos 2\alpha_i\} \\
\bar{C}_{44i} &= \frac{1}{1-\mu_{LT}\mu_{TL}}\{(E_L + E_T - 2E_L\mu_{TL})\sin^2\alpha_i\cos^2\alpha_i + \\
&\qquad (1-\mu_{LT}\mu_{TL})G_{LT}\cos^2 2\alpha_i\} \\
\bar{C}_{21i} &= \bar{C}_{12i}, \bar{C}_{41i} = \bar{C}_{14i}, \bar{C}_{42i} = \bar{C}_{24i}
\end{aligned}
\right\} \tag{6.26}
$$

式(6.26)中的 μ_{TL} 可由 μ_{LT} 按 $\mu_{TL}=\mu_{LT}E_T/E_L$ 算出。上式中的下标 L 指纤维纵向,T 指纤维横向。如果每层的厚度不同,各层厚度之和为 t,则组合层板刚度阵的元素为

$$
\left.
\begin{aligned}
m_{11} &= \frac{1}{t}\sum_{i=1}^{n}\bar{C}_{11i}t_i \\
m_{12} &= \frac{1}{t}\sum_{i=1}^{n}\bar{C}_{12i}t_i \\
m_{14} &= \frac{1}{t}\sum_{i=1}^{n}\bar{C}_{14i}t_i \\
m_{44} &= \frac{1}{t}\sum_{i=1}^{n}\bar{C}_{44i}t_i
\end{aligned}
\right\} \tag{6.27}
$$

再由刚度阵单元求出柔度阵单元(对各向同性板)

$$
\left.
\begin{aligned}
n_{11} &= 1/(m_{11} - m_{12}^2/m_{22}) \\
n_{12} &= 1/(m_{12} - m_{11}m_{22}/m_{12}) \\
n_{44} &= 1/m_{44}
\end{aligned}
\right\} \tag{6.28}
$$

则组合层板刚度系数为

$$\left.\begin{array}{l} E_1 = \dfrac{1}{n_{11}} \\[3mm] \nu_{12} = \dfrac{n_{12}}{n_{11}} \\[3mm] G_{12} = \dfrac{1}{n_{44}} \end{array}\right\} \tag{6.29}$$

以一各向同性组合层板$(0°/\pm45°/90°)$为例,其单向板的弹性系数经测试为

$$E_x = 235(\mathrm{GPa}), \quad E_y = 7.488(\mathrm{GPa}), \quad G_{\mathrm{LT}} = 4.332(\mathrm{GPa}), \quad \mu_{lt} = 0.26$$

用以上的算法得到组合层板在$0°,6°,11.25°,22.5°$方向的弹性系数如表 6.8 所示。

表 6.8　各向同性组合层板弹性数据

考核方向	E/GPa	ν	G/GPa
0°	84.126 5	0.325 6	32.054 7
6°	84.125 3	0.325 7	32.056
11.25°	84.124	0.325 7	32.057
22.5°	84.123 3	0.325 7	32.057 9

由表列数据可看出这样的叠层板,在板面内的弹性各向同性是相当好的。

4) 蜂窝板等代刚度的估算

在方案设计中常常需要用最简便的算法对蜂窝板的机械性能进行估计,一些简便的估算是有用的。蜂窝板的等代弯曲刚度在两面的面板材料、厚度及铺层均相同时可由下式算出。

$$E_j = \frac{1}{2} E_f t_f (h - h_f) \tag{6.30}$$

式中:h, h_f——蜂窝板厚度及面板厚度;

E_f——面板弹性模量。

平拉(沿厚度方向)弹性模量主要取决于芯子的弹性模量。对正六边形蜂格等代模量:

$$E_{c0} = 1.54 E_c \frac{t_c}{S} \tag{6.31}$$

式中:E_c——芯材弹性模量。考虑了蜂窝芯的剪切模量后,如蜂窝板两面板的厚度及弹性模量均相同,则蜂窝板的剪切模量可按下式估算。

$$G_{xy} = 2 G_{fxy} \frac{t_f}{h} \left(1 + \frac{0.216\,5 E_c t_c h_c}{3 G_{fxy} t_c + 0.433 E_c t_c h_c} \right) \tag{6.32}$$

5) 夹芯板等代截面的确定

尽管现在的结构分析软件可以按复合材料的参数对夹芯板进行结构分析,但结构设计师在初步设计阶段常常需要对设想的结构方案进行快速而不很精确的评估。这时就需要将夹层结构简化为一均质材料结构,以便利用各向同性均质材料的一些计算方法。为确定在弯曲拉压时等代板的厚度 t_d 及弹性模量 E_d,按在拉压及弯曲时等代板与夹芯板的刚度相等的条件

$$\left.\begin{array}{l} E_d t_d = 2 E_f t_f \\[3mm] \dfrac{E_d t_d^3}{12} = \dfrac{1}{2} E_f t_f (h - h_f)^2 \end{array}\right\} \tag{6.33}$$

解上式可得到

$$\left.\begin{array}{l} t_d = \sqrt{3}(h - h_f) \\[2mm] E_d = \dfrac{2\sqrt{3}}{3}\dfrac{t_f}{h - h_f} \end{array}\right\} \tag{6.34}$$

由上式可看出等代板的厚度比夹芯板大,弹性模量却小得多。为验证这种等代的可信性分别用结构分析软件及用均质壳体理论的算法,对一蜂窝结构复合材料反射器进行了集中力作用下的弹性位移计算,其结果见图 6.13 中的曲线。图中横坐标为考核点到着力点的距离,纵坐标是考核点的 Z 向位移。

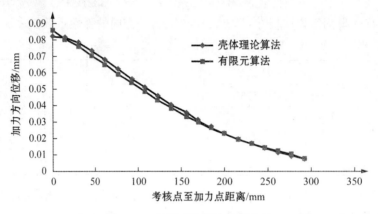

图 6.13 两种壳体算法结果比较

由两条曲线的靠近程度可看出它们吻合得相当好,用于桡曲型的刚度估算是可信的。

6) 蜂窝板容重估算

在天线结构设计中常常需要估计天线的重量,为此需要估算蜂窝板的容重(单位容积重量)。蜂窝板的重量由面板重量、蜂窝重量及胶膜重量组成。容重 γ 可按下式算出:

$$\gamma = \rho_f \frac{2t_f}{h} + 1.54 C \rho_c \frac{h_c t_c}{hS} + \frac{q}{h} \tag{6.35}$$

式中:ρ_f , ρ_c——分别为面板及芯材的密度,$\mathrm{g/cm^3}$;

$\quad\ t_f , t_c$——分别为面板及芯材的壁厚,cm;

$\quad\ h_f , h_c$——分别为蜂窝板厚及芯子高,cm;

$\quad\ q$——胶膜面密度,$\mathrm{g/cm^2}$;

$\quad\ C$——蜂窝板中实际蜂窝不呈正六边形的修正系数取 $1.4\sim1.6$;

$\quad\ S$——六边形边长。

6.4 结构设计

6.4.1 可展开伞形反射器的结构设计

可展开伞型反射器类似于雨伞,由若干装在一展开机构上的径向肋及张在肋间的柔软金属丝网组成。径向肋为抛物线形状,撑开后张在相邻两肋间的金属网在环向力及径向张力的作用下,出现反枕效应而变成法线与径向肋的方向相反的曲面(见图 6.14)。通过在两相邻径向肋间沿圆周方向加辅助牵引点,将曲面下拉使其靠近抛物面来减小曲面误差是一种常用的方法。这种反射器的设计牵涉到一系列的问题,下面通过一直径 4.2 m 反射器设计中必须考虑的几个主要问题进行描述。

6.4.1.1　辅助牵引设计

最简单的设计是像雨伞一样用很多呈抛物线形的径向肋将反射网铺在径向肋上。这种设计在需要较高反射面精度时需要很多的肋,这将使结构重量增加,收拢状态尺寸加大。在径向肋数量受限的情况下为了提高反射面的曲面精度,目前用得较多的是沿周向加辅助牵引。采取这些措施的目的就是要减小张在两径向肋间反射网的反枕效应,达到提高反射面精度的目的。径向肋与反射网连接的一侧呈抛物线形,网在两条肋间张紧后为消除网在径向的褶皱,在两肋尖处要加上一弧形线来产生径向力将网拉伸成平滑曲面。在径向力及肋的抛物线边界的约束下网面在 X 向(径向)将呈下凹状,Y(环向)向将上凸。如在网上取下一微小元(见图 6.14)其径向两对边上的内力 N 是斜向上的,为保持微元的力平衡,环向两对边的内力 N_y 必然是斜向下的,这就使得曲面在 Y 方向上凸 X 向下凹。Y 向上凸量的大小取决于 N_x 的大小。N_x 越大,凸起越大,因此径向力只要能保持曲面不出现波纹就可以了。辅助牵引由上下两条绳及若干调整拉线组成(见图 6.15),上下弦绳装在径向肋上。上弦线为内接于反射面曲线的折线,下弦线可以是与上弦线对称的折线也可以是比上弦线浅的折线。浅的下弦线能减小调整线的长度但会使其弦线张力增大。调整上下弦绳及拉线的张力使上弦达到要求的形状。辅助牵引在径向肋上装好并调整到位后再将金属网铺上并与辅助牵引的上弦连接。如图 6.15 中的辅助张力网片数据及几何参数,在忽略绳的弯曲刚度时可得到它们间的关系。

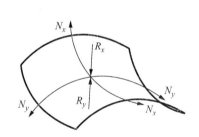

图 6.14　曲面的反枕效应

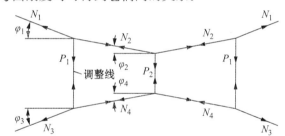

图 6.15　网面辅助牵引网片

$$N_1 = \frac{2P_1 + P_2}{2 \sin \varphi_1} \tag{6.36}$$

$$N_2 = \frac{2P_1 + P_2}{2 \tan \varphi_1 \cos \varphi_2} \tag{6.37}$$

下弦绳张力

$$N_3 = \frac{2P_1 + P_2}{2 \sin \varphi_3} \tag{6.38}$$

$$N_2 = \frac{2P_1 + P_2}{2 \tan \varphi_3 \cos \varphi_4} \tag{6.39}$$

如有更多调整线按此类推算出弦绳中的张力。调整线的张力有两个作用:一是将金属网张开,二是使辅助牵引适度张紧具备一定的刚度以保持反射面的稳定。调整线的张力与金属网的刚度、网面初始卷曲、相邻网片的径向距离,调整线间的间距、上下弦绳的直径有关。绳的直径越粗保持它的伸直状态所需的张力也越大,这两个参数要按反射面的型面精度要求而定。在这两个参数确定后用试验装置张网并调整网面后,用测量方法测出调整线的张力及弦绳张力。在设计辅助牵引时应使拉线间距相等,这样便于调整也使构型误差更均匀。上面的算式是基于无弯曲刚度的理想绳索得出的,实际的绳索都有弯曲刚度,而且随张力的增加而增大。在建立有限元模型时应按测定的弯曲刚度及其与张力间的非线性来进行。

6.4.1.2 边缘牵引线型设计

为能将金属网平整地张在两径向肋间,除在两肋上固定外,还必须在径向外边缘均匀地施加一分布径向力与两肋间的环向力平衡。为此边缘须是一曲线。如图6.16中的一段曲线因曲线斜率的变化张力N将在金属网中产生一分布法向力N_r。假定曲线中的张力相等在其各点上的法向力为

$$N_r = N/R \tag{6.40}$$

式中:R是曲线在该点的曲率半径。由式可看出曲线的曲率半径越大产生的法向力越小。以$X = f(Y)$表述的曲线的曲率为

$$R = \left[1 + \left(\frac{\mathrm{d}Y}{\mathrm{d}X}\right)^2\right]^{3/2} \Big/ \frac{\mathrm{d}^2 Y}{\mathrm{d}X^2} \tag{6.41}$$

如曲线为抛物线,它的表示式为

$$X = \frac{Y^2}{4f} \tag{6.42}$$

其曲率半径为

$$R = 2f\left[1 + \left(\frac{Y}{2f}\right)^2\right]^{3/2} \tag{6.43}$$

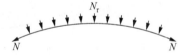

图6.16 边缘牵引绳的径向力

由式(6.43)可看出抛物线型边缘拉线在中点能产生最大的法向力,离开中点后逐渐减小。产生同样的法向力所需的张力N与边缘的曲线的形状及凹深有关,凹深越深N越小。但太大的凹深会减小反射器的有效面积,太小的凹深使N过大,会过多地增加肋展开负荷,同时使允许的边缘弹性位移量过小,不利于金属网撑开,因取决于多种因素,应通过试验确定。由此金属网的边缘应裁成抛物线形并用绳加强后张在相邻两径向肋的肋尖上,从两端调整拉线的张力至扇形金属网片变平滑。

6.4.1.3 抛物面的倾斜截面曲线

如前所述辅助牵引上下弦应位于该处的法平面内,上弦也应是内接于法平面与扇形曲面的交线。为了设计有必要确定该交线的形状。由抛物面方程

$$Z = \frac{X^2 + Y^2}{4f} \tag{6.44}$$

在抛物面上建立一法线坐标系$X_1 Y_1 Z_1$,Z_1与法线重合,X_1沿径向(图6.17)。两坐标系间的关系

$$\begin{Bmatrix} X \\ Y \\ Z \end{Bmatrix} = \begin{vmatrix} \cos\beta & 0 & -\sin\beta \\ 0 & 1 & 0 \\ \sin\beta & 0 & \cos\beta \end{vmatrix} \begin{Bmatrix} X_1 \\ Y_1 \\ Z_1 \end{Bmatrix} + \begin{Bmatrix} X_0 \\ 0 \\ Z_0 \end{Bmatrix} \tag{6.45}$$

代入抛物面方程后得到一二次方程

$$AZ_1^2 + BZ_1 + C = 0$$
$$Z_1 = \frac{-B - \sqrt{B^2 - 4AC}}{2A}$$

(6.46)

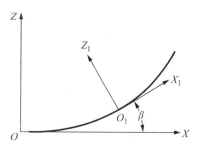

图 6.17　抛物面的法向坐标系

式中：$A = \sin^2\beta$

$B = -(X_1\sin 2\beta + 2X_0\sin\beta + 4f\cos\beta)$

$C = X_1(X_1\cos^2\beta - 2X_0\cos\beta - Af\sin\beta) + Y^2$

在这里仅需要 X_1Z 平面与曲面的交线，因此令 $X_1 = 0$，得到更简单的 B, C 表示。在工程实践中因两肋间的夹角不大，也可以用更简单的近似算法：

$$Z_1 = \frac{Y^2}{4F}\cos\left(\arctan\left(\frac{X_0}{2f}\right)\right)$$

(6.47)

6.4.1.4　构型误差分析

构型误差分析是确定辅助牵引网的布置及拉线数量的基础。两相邻肋间的辅助牵引及调整点的布置如图 6.18 所示。从图中可看出，为使调整点在辅助牵引上等距分布，两相邻辅助

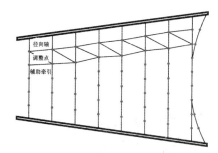

图 6.18　扇面上调整点的分布

牵引的调整点不可能构成一矩形、等边三角形、等腰三角形等，只能按任意三角形来考虑。为此选方框内的 4 个调整点来分析，这 4 个点都位于抛物面上，但不一定在一个平面上。首先假定调好的反射网位于 3 个调整点构成的平面上，然后在所选的四边形内选取若干点算出这些点上平面对曲面的误差值。从内到外每两相邻辅助牵引间取一个四边形元(图 6.18)进行分析，所得误差数据进行面积加权后算出构型误差。由解析法，在抛物面坐标系中可以由已知三角形的 3 个顶点坐标值来建立平面方程。如已知三角形 3 个顶点在抛物面坐标系中的坐标值$(x_1, y_1, z_1), (x_2, y_2, z_2), (x_3, y_3, z_3)$，平面上任意一点$(x, y, z)$的矢量为 $\boldsymbol{r}$，三角形 3 顶点的矢量为 $\boldsymbol{r}_1, \boldsymbol{r}_2, \boldsymbol{r}_3$，则平面的矢量方程为

$$(\boldsymbol{r} - \boldsymbol{r}_1)(\boldsymbol{r}_2 - \boldsymbol{r}_1)(\boldsymbol{r}_3 - \boldsymbol{r}_1) = 0$$

(6.48)

式中的 $\boldsymbol{r}_2 - \boldsymbol{r}_1, \boldsymbol{r}_3 - \boldsymbol{r}_1$ 就分别代表三角形的边长 12, 13，它们的矢性积就是三角平面的法线矢量。在平面上的任意点与顶点 1 构成的矢量 $\boldsymbol{r} - \boldsymbol{r}_1$ 必然与平面的法线正交，而两正交矢量的数性积必然等于零。

矢量方程可写成行列式

$$\begin{vmatrix} x - x_1 & y - y_1 & z - z_1 \\ x_2 - x_1 & y_2 - y_1 & z_2 - z_1 \\ x_3 - x_1 & y_3 - y_1 & z_3 - z_1 \end{vmatrix} = 0$$

(6.49)

将上式展开并令 $x_{21} = x_2 - x_1, x_{31} = x_3 - x_1, y_{21} = y_2 - y_1, y_{31} = y_3 - y_1, z_{21} = z_2 - z_1, z_{31} = z_3 - z_1$。则在已知平面上一点的 x, y 坐标值时，它的 z 坐标值为

$$z = z_1 - \frac{(x - x_1)(y_{21}z_{31} - y_{31}z_{21}) + (y - y_1)(x_{31}z_{21} - x_{21}z_{31})}{x_{21}y_{31} - x_{31}y_{21}}$$

(6.50)

该点的 Z 向误差是上面得出的 z 值与抛物面的 z 坐标值之差。

$$\Delta z = z - \frac{x^2 + y^2}{4f} \qquad (6.51)$$

式中：f 是抛物面焦距。

因 4 个点不在一平面上，四边形上的考核点须在两个三角形内算出。如选取的考核点都放在位于三角形平面上的两坐标已知点连线的中点上，则该点的 x,y,z 三个坐标值都可由它的两相关点算出，再由式(6.51)算出 Z 向误差，无需用式(6.50)求解。

为计算一扇面上的构形误差，按图 6.19 中表示的那样从内向外每两个辅助牵引间取一个四边形，其两底边在相邻的两个辅助牵引网片上。四边形的参数有外底边的半径 R、底边长 L、高 h、里外底边的横向偏离 C 几个参数来定义四边形的形状及位置(图 6.20)。如图 6.21 所示的四边形内考核点的选取应分布均匀以免局部加权。从内向外算出每一四边形内考核点的 Z 向误差 Δz_0、该点的半径 R_i 后首先算出误差的平均值。

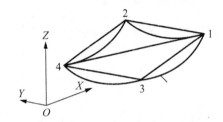

图 6.19　网面构型误差分析

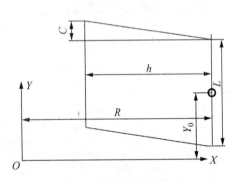

图 6.20　调整点构型参数

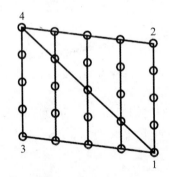

图 6.21　四边形单元考核点分布

$$\Delta z_0 = \sum_1^N \frac{\Delta z_i}{N} \qquad (6.52)$$

构型 Z 向误差均方根值

$$\Delta z_z = \sqrt{\sum_1^N \frac{((\Delta z_i - \Delta z_0)R_m/R_i)^2}{N}} \qquad (6.53)$$

半光程差均方根值

$$\Delta z_b = \sqrt{\sum_1^N \frac{((\Delta z_i - \Delta z_0)\cos^2\alpha_i R_m/R_i)^2}{N}} \qquad (6.54)$$

式中：$\alpha_i = \arctan(R_i/2f)$；

　　　f——抛物面焦距；

R_m——抛物面最大半径;

R_i——第 i 点的半径。

为便于评估反射面的型面误差,将它分为构形误差及调整误差两个独立的部分。其中构型误差为曲面对 3 个相邻调整点构成的平面的 Z 向误差均方根值(不去掉平均值),另一项则是调整点对理想曲面的误差扣除平均值后的均方根值。如果实际反射面是由调整点围成的三角形平面组成而调整点又在曲面上,则平面对曲面之差就代表了反射面误差。严格说来由于反枕效应,实际曲面偏离了三角平面,而偏离的大小与网面张力有关,难以预计,作为估算将构型误差作为反枕效应引起的误差,实际曲面误差是两者的概率相加。表 6.9 是在一扇形试验件上得到的数据。

表 6.9　型面误差数据比较

调整次序	1	2	3	4
调整点误差 rms/mm	0.438	0.32	0.238	0.114
构型误差 rms/mm	0.24	0.24	0.24	0.24
型面误查实测 irms/mm	0.478	0.42	0.351	0.263
型面误差计算值 rms/mm	0.495	0.394	0.331	0.252

6.4.1.5　径向肋上的载荷计算分析

径向肋承受的外力由两部分组成:一是由各辅助牵引网片施加的集中径向力 P_j(图 6.22),二是由反射网沿肋长度方向施加的分布周向力。为进行分析对有关参数作如下定义:N 为径向肋数;R_j 为第 j 片辅助牵引的径向位置;n_j 为第 j 片辅助牵引拉线数;DY_j 为拉线间距;DY_0 为肋间过渡片半宽;n 为辅助牵引片数;y_j 为第 j 片辅助牵引网片 Y 向弦长的一半;P_0 为拉线张力。网片平面内弦绳张力

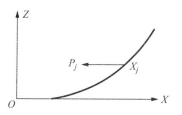

图 6.22　径向肋受受径向力

$$N_{jm} = \frac{n_j P_0}{2\tan\beta_{jm}}$$ (6.55)

式中:

$$\tan\beta_{jm} = \left[\frac{DY_j(2y_j - 2DY_0 - DY_j)}{4f}\cos\left(\arctan\left(\frac{R_i}{2f}\right)\right)\right]$$

弦绳的张力在 XY 平面上的投影

$$N_j = \frac{N_{JN}}{\cos\beta_{jm}}$$ (6.56)

通常让网片的上下弦绳呈对称则一对相邻网片在肋上产生的径向力

$$P_j = 4N_j \sin\frac{\pi}{N}$$ (6.57)

各网片在肋上的径向力对肋上第 j 个系留点处的弯矩

$$M_p(X_j) = \sum_j^n \frac{P_j R_j^2}{4f}$$ (6.58)

金属网的张力应由测试确定,如已知在 1 cm 宽度上的分布张力 q,则它在肋的微弧段 $\mathrm{d}s$ 上产生的径向力为

$$q_{\mathrm{r}} = 2q \sin \frac{\pi}{N} \tag{6.59}$$

由此引起的肋上 x_j 处截面的弯矩为

$$M_q(x_j) = \int_{X_j}^{R} \frac{q_{\mathrm{r}}(x^2 - x_j^2)}{4f \cos \alpha} \mathrm{d}x \tag{6.60}$$

$$\cos \alpha = 2f / \sqrt{4f^2 + x^2} \tag{6.61}$$

以式(6.61)代入并积分得到 $M_q(x_j)$ 的表达式,因较冗长不写出。

肋上 x_j 处截面的弯矩将是两者之和

$$M(x_j) = M_p(x_j) + M_q(x_j) \tag{6.62}$$

下面需要确定的是辅助牵引网片上、下弦张力的数据,它又随弦线间的拉力 P 而定。P 的大小取决于弦线及拉线的粗细、弦线的长度、为保持反射网面的稳定需要的最小张力等因素,很难由计算确定。在研制一试验反射器时制作了扇形工装,在工装上装上辅助牵引绳及反射网并进行调整至型面精度满足要求,随后测出每组辅助牵引弦绳的张力。在金属网的张拉测试试验中当 $q = 0.015 \sim 0.02\,\mathrm{kgf/cm}$ 时,网面可保持平整无波纹,竖直拉线张力达 $0.05\,\mathrm{kgf}$[①] 时能维持辅助牵引网片的稳定。现以 $q = 0.02\,\mathrm{kgf/cm}$,拉线张力 $P = 0.05\,\mathrm{kgf}$ 及各网片的竖向拉线数量进行计算分析得到肋上各辅助牵引绳的张力。两组张力数据对辅助牵引网片在肋上的径向位置曲线如图 6.23 所示。图中下面的曲线是实际测出的,上面的是计算出的。由曲线可看出,计算结果与实测数据基本吻合,两条曲线的变化规律基本相同,而且计算曲线能包容测试曲线。按此对肋的刚度及根部力矩进行分析,其结果偏于安全。试验反射器径向肋上固定辅助牵引处的弯矩计算值如表 6.10 所示,其中由牵引绳及反射网引起的弯矩被分别列出以供比较。由表中数据可看出金属网张力对肋产生的弯矩相当小。图中横坐标为从中心到边缘的辅助牵引序。

表 6.10　牵引绳及金属网引起的径向肋弯矩(kgf·cm)

R/mm	200	300.97	419	528	636.3	743.8	850.5	956.1	1060.7
绳	521.3	507.07	486.62	460.28	429.89	395.91	358.71	319.95	280.09
网	27.143	26.08	24.66	22.96	21.04	18.96	16.783	14.57	12.38
合计	548.43	533.07	511.28	483.22	450.93	414.87	375.49	334.53	292.47
R/mm	1164.2	1266.47	1367.5	1467.2	1565.7	1662.8	1758.5	1852.9	1946
绳	239.52	199.8	161.35	125.64	93.06	63.96	39.71	20.62	6.947
网	10.25	8.23	6.36	4.68	3.22	2.01	1.06	0.41	0.06
合计	249.77	208.04	167.71	130.32	96.28	65.96	40.77	21.02	7

---

① 力的单位 kgf 是非 SI 单位;1 kgf = 9.806 65 N;弯矩单位 kgf·cm 也是非 SI 单位,1 kgf·cm = 9.806 65 × 10^{-2} N·m。

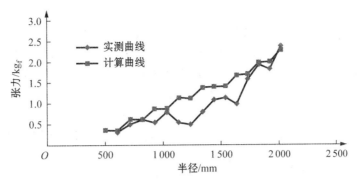

图 6.23 弦绳张力曲线

6.4.1.6 肋的刚度

径向肋的刚度在收拢状态主要影响肋的结构响应频率及幅度。在展开状态下将对反射面的型面调整有较大影响。展开后的径向肋在辅助牵引索张力的作用下,肋将产生轴向及径向位移,轴向位移会增加型面误差,径向位移则会使辅助牵引网系留点的距离变小,从而造成弦线松弛,也会使型面精度变差。刚度差的肋在进行网面调整时,因肋变形使相互间的位移耦合较大,从而增加调整工作量。到底多大的刚度合适要从肋的重量、辅助牵引系留点设计、调整工作量等几方面综合考虑确定。为便于分析仍对试验反射器进行计算。

为计算肋上第 j 点的 Z 向位移及径向位移分别沿 Z 向及 $-X$ 向作用单位力,这些力对肋的弯矩分别为

$$\overline{M}_j^Z(x) = x_j - x \tag{6.63}$$

$$\overline{M}_j^X(x) = \frac{x_j^2 - x^2}{4f} \tag{6.64}$$

肋上第 j 点的 Z 向及径向位移分别为

$$\Delta_j^Z = \frac{1}{2fE_j}\int_{x_j}^R M(x_j)\overline{M}_j^Z(x)\sqrt{4f^2 + x^2}\,\mathrm{d}x \tag{6.65}$$

$$\Delta_j^X = \frac{1}{2fE_j}\int_{x_j}^R M(x_j)\overline{M}_j^X(x)\sqrt{4f^2 + x^2}\,\mathrm{d}x \tag{6.66}$$

因 $M(x)$ 不是连续函数,不能直接积分,但从计算结果绘制的曲线(图 6.24)来看,其弯矩(纵坐标)与肋半径(横坐标)间基本呈线性关系,用图乘法来计算位移不会带来大的误差。如径向肋为同一材质及等截面图乘的结果为

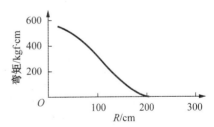

图 6.24 径向肋弯矩图

$$\Delta_j^Z = \frac{s_j x_j}{6E_j}(M(x_j) + 2M(O)) \tag{6.67}$$

$$\Delta_j^X = \frac{S_j x_j^2}{24fE_j}(M(x_j) + 2M(O)) \tag{6.68}$$

两式中:$M(O)$——肋根部的弯矩;

S_j——径向肋从肋根到 j 点的弧长,其计算式是

$$S_j = \frac{1}{4f}\left(x_j\sqrt{x_j + 4f^2} - 2f + 4f^2\ln\frac{x_j + \sqrt{x_j + 4f^2}}{2f}\right) \tag{6.69}$$

6.4.1.7 伞展开动力

伞在轨道上展开时要克服的阻力主要来自撑开辅助牵引网片及金属网时的阻力及克服机构轴承中的摩擦阻力。在地面进行展开试验时通常有两种状态：一是口面法线与地面垂直；二是口面法线与地面平行。在前一种状态下最大阻力矩出现在伞完全撑开前,肋的重量产生的力矩不是阻力而是动力。后一种试验状态在开始展开时肋及反射网、辅助牵引网片的重量将是主要的阻力,完全展开前,重力影响变得很小而撑开反射面的阻力成为主要因素,这时下半部的重量对展开有利,上半部分重量会产生阻力但数值都不大可视为相互抵消。

6.4.2 自回弹反射器天线结构设计

对反射器的设计要求:

(1) 反射面开孔尺寸不应造成过高的射频增益损失。

(2) 反射器卷至收拢状态时不出现破损。

(3) 反射器释放后应能恢复正确的曲面形状。

(4) 反射器释放后的最低结构谐振频率应不低于规定值。

(5) 在轨热变形应满足要求。

反射器由背部骨架(图 6.25)及开孔反射面组成。骨架由若干根径向辐射肋及同等数量的涡形肋组成。旋向相反的两条涡形肋与径向肋在同一点相交,这使得整个背架形成由若干三角形组成的网架结构,每根径向肋两边的涡形肋都对称布置。背架是反射器保持形状、承受收拢状态大变形引起的应力及从收拢状态恢复到工作状态提供恢复势能的部件。背架的设计制造对反射器的成功具有关键性的影响。由于径向肋夹角为 10° 涡形肋不可能与径向肋构成正三角形,但应尽可能减小节点处肋间 6 个角的差别。在肋的截面尺寸上外边缘肋取较大的值,径向肋及涡形肋均取相同的尺寸以使背架等效于一从中心向边缘厚度渐变的壳体。除边缘节点外每个节点处均有 3 条肋相交,如果让它们互相重叠则节点处的厚度将是肋厚度的 3 倍,这将使节点附近的机械特性产生突变不利于背架型面误差的减小。节点处的连接应使 3 条肋的力能在其切平面上相交,在设计时使径向肋,两条涡形肋连接起来后的厚度等于一条肋的厚度。肋各层纤维的铺陈设计及实施工艺对反射器的型面精度有影响须经试验确定。反射器的反射面是由碳纤维按 0°/±120° 编织而成(图 6.26)。这样的浸胶织物在成模具上固化后得到要求的曲面形状。由于编织时只有两束纤维重叠仅两层纤维的厚度,且经编织具备面内各向同性的特点。

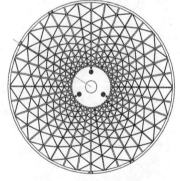

图 6.25　反射器背部骨架

图 6.26　三束编织反射面

由于反射器要能卷曲收拢不可能拥有固面反射器那样的刚性背部加强肋结构,来抵抗固化中产生的残余应力以保持要求的型面精度。获得较高型面精度的途径为:

(1) 在设计上使背架轴对称,涡形肋在径向肋两侧对称分布,连接处平滑连续避免突变。

(2) 在制造中特别是背架结构铺设过程中保持各肋段截面均匀,无大的起伏。

(3) 固化中的加温及降温过程尽力降低热残余应力。

(4) 在模具上加压情况下释放残余应力以期在零重力环境下维持较准确的型面。

以上措施仅能减小反射器上的局部翘曲,由于口面边缘没有足够刚度的加强肋来抵抗残余应力使边缘保持圆形,因而出现口面边缘变成一翘曲的椭圆从而带来大的型面误差。从制作固面反射器的经验来看,只要能让反射器口面外缘保持正确的形状,型面误差就能大幅度下降。制造过程中的残余应力平衡的结果造成口面边缘变成翘曲的空间曲线是引起较大型面误差的主要原因。为改变反射器中的残余应力平衡,国外曾用了在反射器中心轮毂附近加调整装置的办法来使口面外缘变圆,从而减小型面误差。这种方法的好处是调整装置布置在轮毂附近容易实现在轨微调,缺点是调整力从轮毂附近传至边缘易引起局部变形,使型面精度的改善受限。另一种办法是直接在反射器外缘布设稀疏的调整点,在调整点处的圆周向法平面内施加一弯矩来改变残余应力的平衡,达到使边缘变圆从而改善型面精度。因调整点数量有限且稀疏布置对反射器的收拢无影响。对一口径 4.2 m 的试验反射器进行的调整试验表明,用这样的方法能将反射器的型面法向误差的均方根值由 2 mm 降至 0.6 mm。反射器在运输及发射时都要卷曲成适当尺寸然后再放开,放开后反射器的型面恢复情况对其以后的工作很关键。为此将一口径 3.5 m 的试验反射器卷成 3 m 宽的 U 形(图 6.27)保持 20 d(天)后放开,并定期测量型面精度所得数据(表 6.11)。

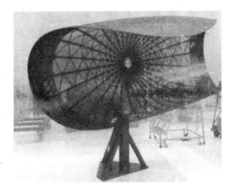

图 6.27　卷曲中的反射器

表 6.11　卷曲放开后的型面误差测试数据

考核项目	卷曲前	刚放开	10 d 后	20 d 后	30 d 后	40 d 后
型面法向误差 rms/mm	1.12	4.15	2.93	1.57	1.32	1.21
增加量/mm		3.03	1.81	0.45	0.2	0.09
残留误差百分比/%			59.7	14.85	6.6	2.97

由表列数据绘制的曲线如图 6.28 所示,由图可看出,20 d 以内为快速恢复期,恢复量占误差增加量的 85%。20 d 后恢复速度变慢到 40 d 时已恢复了 97%。研制中另一个问题是如何为相对柔软的反射器创造一微重力环境,以便能在可忽略重力变形的条件下进行型面精度测量。将反射器浸在密度与反射器质量密度相同的液体中能达到较好的微重力效果。但因光线入水的折射效应,无法用现有的电子经纬仪测量系统及摄影测量系统完成型面精度测量。现在也有用于水下地形和水下建筑的摄影测量的设备及方法,但能达到的精度恐难以满足反射器的要求,需进行试验研究。另一种方法是采用多点悬挂来将重力变形降至可允许的程度。为此需设计一卸载装置来降低重力的影响。设计时在反射器的有限元模型上加若干与重力方

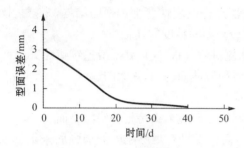

图6.28 型面误差恢复曲线

向相反的力,用改变加力点的布局及力的大小同时计算反射器的型面误差均方根值,直至精度达到要求。随后按计算分析的加力点布局及张力设计卸载装置,然后在卸载状态下进行型面精度测量,基于以下原因,测出的型面误差将大于分析值。

(1) 实际结构与有限元模型间的差异。

(2) 复合材料机械性能的离散性。

(3) 固化中残余应力引起的变形。

(4) 实际结构的不对称、不连续。

得到实际型面误差后,从对型面崎变图的分析寻找减小误差的途径,改进设计及工艺。确定背架肋条尺寸时需要在以下几种因数间进行权衡。

(1) 反射器工作状态的最低结构谐振频率不低于要求值。

(2) 卷曲收拢所需的力是否便于收拢及包扎。

(3) 卷曲并锁紧状态的结构一阶谐振能否满足要求。

(4) 卷曲收拢时肋条的最大应力是否超出允许值。

设计中对反射器的收拢状态进行大形变分析以初步判断上述几项能否满足要求,加工完成后再进行测试验证。

6.4.3 工作在同步轨道的固面反射器天线结构

6.4.3.1 结构概述

工作在地球同步轨道的对地天线其工作扫描角都不大(±10°左右),除正馈外还可用偏馈,按模块式设计的口径在3米左右的这两种类型的天线结构如图6.29及图6.30所示。

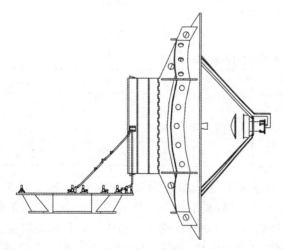

图6.29 正馈天线

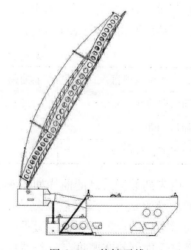

图6.30 偏馈天线

正馈天线通常K频段采用卡塞格伦式,S频段为焦点馈电。S馈源位于副反射器背后,因此副反射器须为对K频段反射而让S频段穿透的频率选择面设计。副反射器通过一个4杆支架装在主反射器上,主反射器背后是高频箱。高频箱通过可拆卸连接与反射器连在一起。高频箱后端通过指向机构与可折叠展开的支架装在支撑结构上,或直接装在卫星墙板上。采用支撑结构的好处是通过它可以把力直接传递到卫星的中心承力件上,无须对卫星墙板进行额外的加强,同时天线与卫星的机电接口也更简单。图 6.29 所示为工作状态反射器组件(射器加高频箱)通过指向机构装在三角形支架的顶端。收藏时通过展开机构转过 90°后可将折叠支架收入高频箱内,通过若干个锁紧器与支撑结构连成一体。支撑结构底部通过螺钉与卫星中心承力件连接。

偏馈方案为焦点馈电无副反射器。反射器下端通过一展开及闭锁装置装在一回转臂的左端,回转臂的右端通过一叉形铰链装置装在支撑结构上。铰链的垂直转轴及水平转轴轴线位的交点位于反射器的焦点上,馈源口面相位中心也位于焦点上,因此叉形铰链的两臂间须留出容纳馈源的空间。铰链的两转轴上装有角度传感器来给出反射器的转角数据。可以在铰链的两个转轴上装上转动单元来驱动反射器,这要求转动单元有相当高的扭转刚度。另一种方式是在回转臂的左端靠近展开机构处用一叉杆机构来实现回转臂绕焦点的回转。该机构的原理如图 6.31 所示,交于点 3 的两根杆下端的点 1,2 可沿水平运动,两点等速相对运动或相向运动时点 3 作上下运动,两点等速同向运动时点 3 作平动,因此可用改变点 1,2 的运动速度及方向使回转臂完成二维扫描运动。用图 6.32 所示的非正交轴指向机构也可以实现反射器绕焦点的转动。图 6.31 表示的是叉杆机构的方案,图中支撑结构左下方是叉杆的两个线性运动机构的支撑臂,它通过叉杆为回转臂提供了第二个过支点,从而使扭转刚度问题不如铰链轴驱动突出。采用非正交轴指向机构时,对最低结构扭振频率起主要作用的是转动单元的扭转刚度。收藏时反射器转向支撑结构用锁紧器锁紧。支撑结构内腔容纳馈源部件及高频部件,底部与卫星中心承力件连接。两者的比较如表 6.12 所示。

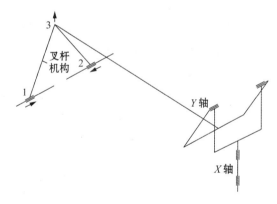

图 6.31　叉杆机构原理

图 6.32　非正交轴指向机构

表 6.12　两类天线的比较

	正　馈	偏　馈
反射器结构	复杂	简单
高频箱与反射器的机电接口	大量的波导连接	无高频部件
总重	1	0.56
转动部重	1	0.3
转动惯量	1	2.07

（续表）

	正　馈	偏　馈
质心高度	高	低
研制流程	高频箱与反射器热试验分开进行，须多次拆装	整体进行
指向机构成熟度	有在轨成功经历	非正交轴机构有在轨成功经历。叉杆机构需要新研制

6.4.3.2　反射器

对于口径 3 米左右的偏馈反射器在通信系列的卫星上已用得很多。其基本结构形式是反射面壳加上背部加强肋。背部加强肋的作用主要有两个：一是提高反射器的整体刚度，二是对反射面壳在制作中产生的扭、翘变形进行矫正。这类反射器的设计及制造都较成熟，要用于星间链路天线的主要问题是要将其型面精度提高到能满足链路天线的 Ka 频段要求。偏馈反射器由于其形状的非轴对称，在制造过程中形成的残余应力平衡的结果产生扭、翘变形的倾向较轴对称形状的要大，加上反射面壳的型深浅壳型刚度小，对残余应力引起的扭、翘变形的抵抗能力也较弱，背部加强肋对型面精度的提高就更关键了。好在这类反射器的外部机械接口仅一展开臂、几个锁紧点，受到的约束少便于设计优化。

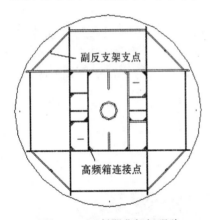

图 6.33　反射器背部加强肋

正馈反射器形状轴对称，曲面的型深约为前者的 2.4 倍，从制造的角度较前者容易得到较好的壳面和型面精度。但它的外部接口较前者复杂，中心要安装馈源支撑筒，正面有副反射器支架，背后要与高频箱连接。加强肋的布局要考虑到高频箱的尺寸及形状，与副反射器支架的连接点等。首先要确定高频箱的尺寸。高频箱的容积要能容纳装入的高频部件及相应的有源部件、指向机构及折叠状态的三角形支架、波导及高频电缆的排布及操作空间。因反射器要通过高频箱来锁紧，其外缘尺寸大小应使反射器锁紧后有足够的刚度。为做到轴对称，高频箱外缘须为正方形，它也就是反射器背后井字肋的宽度。八边形 4 个长边边长与高频箱相同，4 个短边由副反射器支架根部的安装位置而定。从抑制反射面变形来看环向肋尽可能靠边为好，副反射器支架根部位于反射器边缘，对天线次级波束的遮挡也最小。但副反射器支架的张角对支架的刚度影响较大，应经分析权衡后确定支架两轴对称杆的夹角及根部连接点的半径，使支架的轴向刚、侧向刚度及反射器的整体刚度都能满足要求。按这个半径来定八边形肋短边及长边的径向位置。支架连接点紧靠八边形短肋中点的内侧以使连接点的力能通过肋分散到反射器壳体上，从而达到较高的连接刚度强度。从力学的观点，肋板板面平行于其中点处的壳面法线能达到最好的加强效果，但考虑到加工工艺上的可行性，一般都采用平行于抛物面焦轴方向。加强肋与高频箱连接的点应位于两肋板交叉处，以使得连接托架的侧壁可以紧靠肋的壁板，便于黏结及螺接，同时提高连接刚度。反射面壳及加强肋板均为碳纤蜂窝夹层板，面板由四层按 0°、±45°、90°排布的单向带形成各向同性的层合板，前后面板间的夹层是六边形铝蜂窝芯。对反射器的最关键要求是型面精度、重量、刚度。因工作在 Ka 频段,其高端频率达 26 GHz,反射面的型面精度直接与反射损耗相关。表 6.13 列出了不同半光程差的损耗值及等效的口面面积减小量。

表 6.13　Ka 反射器型面误差与插损数据

半光程差/mm	0.15	0.2	0.25	0.275	0.3	0.35	0.4	0.45
插损/dB	0.117 6	0.208 5	0.328	0.4	0.476	0.615	0.866	1.11
有效面积减小/%	2.65	4.7	7.27	8.8	10.4	14	18	22.6

由表列数据可看出,型面误差使反射器的实际使用面积下降,因此将半光程差控制在 0.3 以下是反射器的最关键指标。在设计上为达到高的型面精度前面已讨论过,更重要的是在制造工艺上。工艺上影响型面精度的主要因素有蜂窝面板的单向带取向的对称性、蜂窝芯拼接的轴对称、升降温速度的控制等。对若干反射器的型面测量数据来看,正馈比偏馈更容易达到较高的型面精度。

由加强肋组成的背架与反射面壳的黏结方式也会影响最终的型面精度。常用的黏结方式如图 6.34 所示,因肋的两侧面板只有一侧能按曲线样板切割,另一侧有缝隙,为保证黏结强度须用胶填充两侧再用连续的角片加强。虽然背架的拼接及与反射器壳的黏结都在工装上进行,但填充胶及角片固化中产生的应力特别在沿长度方向的应力必然会传递到壳体中产生残余应力,这些应力将使反射器变形。另一种方式则用具备一定刚度的长度很短的角形件进行间断黏结,一侧的缝隙仅在角件处填胶,其余部分肋板与面壳处于分离状态,因此在胶固化中的引力只在各黏结点出现,不会沿肋的长度积累使胶接产生的残余应力大幅下降。另一方面间断的角件将肋与面连接后和黏结后反射器的整体刚度与连续黏结相比,只要间隔选择得当,将不会有明显的差别。这种黏结方式在国外用得很多。这种连接方式与连续角片连接相比也有另外的问题,因肋板与面壳间的夹角随肋的位置及沿其长度都在变化,这需要制作多种角度的角件来现场选配或修切。因此如型面精度能满足要求,连续角片黏结仍不失为一种简便易行的方法。

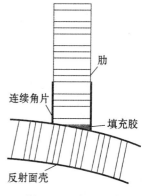

图 6.34　角盒连接

6.4.3.3　高频箱

高频箱在结构上是天线的一部分,只有通过它才能将反射器与支撑结构连接起来。在发射状态,它既要承受装在其中的部件产生的载荷,也要承受反射器产生的载荷。因高频箱需安装高频部件及其他有源单机,需进行较多的性能测试及调试,环模试验条件也与反射器不完全相同,在结构上与反射器制成一体有诸多不便。所以高频箱被设计成一独立部件与反射器用可拆卸方式连接。对高频箱的要求主要有:

(1) 足够的空间来容纳装入其中的单机、部件。

(2) 可操作性好,能方便地对装入的单机、部件进行装卸,对电缆作布设连接,对微波部件进行装卸、调试等操作。

(3) 与反射器为可拆卸连接,连接的刚度及相互位置可重复性好。

（4）为指向机构提供刚度好、稳定的安装界面。

（5）为三角形支撑的收藏、展开提供足够的空间。

（6）能承受锁紧装置连接处的应力。

（7）大功率部件需用热管导热。

下面简要描述一种高频箱的结构设计方案。在这一设计中底板为一正方形盖板并是 Ⅱ 字形，Ⅱ 的 3 边中有若干隔板用于连接内外侧板，除盖板及左右侧板外都黏结成一个整体碳纤维蜂窝板结构件。盖板及左右侧板装上后形成 7 个闭合区域的空间，用于安装有源单机及无源部件。中空区的前面及底部是开放的，用于容纳可折叠的三角形支撑及指向机构。要求散热好的功率较大的部件都装在两侧埋有热管的铝蜂窝板上。箱体下端外围有总共 8 个锁紧托架，通过它们及锁紧器与支撑结构连接。箱体的顶板上有 14 个用来与反射器连接的孔，其中 12 个均分布在靠近外围墙板与内格板的交接处，两个位于 3 条长的内隔板交接处。这样可使连接螺钉上的力能通过埋件、墙板及隔板分散开来减小应力集中的影响。有 4 个锁紧托架装在可拆卸的铝蜂窝板上，另外 4 个装在高频箱主结构上。指向机构的机械接口托架固定在一正方形碳纤维管上，后者再通过金属埋件固定在高频箱主结构的两纵向肋上。每块铝蜂窝板用螺钉与高频箱主结构的隔板连接以便于卸下进行热管理置等操作。去掉了可拆卸的"门"形盖板及两侧的铝蜂窝板后的主体结构件是黏在一起不再拆卸的，以保证必要的强度及刚度。经振动试验考核表明这种连接方式能承受试验中的动载荷。箱体的结构设计能满足箱内单机、部件的安装，电缆的敷设及波导的连接操作等要求。经多次与反射器对接-分离表明连接的重复度能得到保证。可拆卸的铝蜂窝板能方便地埋设热管及采取需要的温控措施。

6.4.3.4　支撑结构

当反射器组件不能直接装在卫星上时，需要一支撑结构来将它们连接起来。支撑结构的设计主要决定于它和卫星的机械接口及刚度、机械强度等要求。图 6.35 是一种能与某卫星的中心承力件圆法兰连接的设计方案示意。其上平面能安装与高频箱连接的锁紧装置及反射器展开机构。中间段的上、下两端为短柱过渡，中间为圆锥段，下面为连接法兰，这样，反射器组件上产生的任意方向的力都可以传至卫星承力件上，同时这种构型的轴向及横向刚度及强度都容易达到要求。沿高度方向的 4 个切口是卫星方要求的，而且要求前后两个凸出部（副支撑）除顶板外须可拆卸。为此，副支撑一方面通过 4 个切口处的铝角件用螺钉与支撑主体的侧板连接，另一方面通过顶板上的若干螺钉将圆柱弧段的上端面与顶板连接，弧段的下法兰则通过卫星承力件与支撑主体的下法兰连成一体。副支撑与支撑主体及顶板的连接方式必须能连

图 6.35　一种支撑结构示意图

得紧、卸得下,这需要精心的设计。

6.4.4　用户终端天线

6.4.4.1　天线在机械设计上的主要特点

数据中继星的工作频段进入 Ka 后,目前用户终端天线反射器的尺寸大都不超过 1 m,其反射器的结构就相对简单一些。但由于天线在卫星上的安装位置及工作状态的特点,对天线的设计提出了新的要求,它们是:

(1) 天线的指向调整范围不小于半空间。

(2) 天线锁紧状态的高度受天线-卫星安装面与运载整流罩间间隙的限制。

(3) 为实现半空间范围内对中继星的跟踪,天线在其最低工作仰角时波束不被其他设备遮挡,运动不受阻碍。

(4) 中继星的用户星一般都在中低轨道上,运行天线指向机构的转轴取向对机构的运动特性有影响。

6.4.4.2　指向机构轴结构类型

通过数据中继卫星将用户星的数据传回地面,或接收中继卫星的数据是用户星数据终端的基本任务。为充分利用中继星的服务区,用户终端天线应能在服务区内完成对中继星连续不间断地跟踪。由于用户星对中继星的位置及取向均不断变化,在服务区内的某些位置将需要天线以较大的角速度转动才能跟上中继星。天线的转动速度低于要求的数值时就会丢失目标从而出现跟踪盲区。最大跟踪速度出现的位置及大小与指向机构转轴取向及用户星轨道有关。最常用的指向机构有 XY,及 XZ(方位-俯仰)型两种。指向机构有两个正交轴,其中一个的指向相对于卫星是不动的,另一个则绕前者转动。半空间的服务区是一半球(或大于半空间的球缺),当机构的不动轴平行于半球回转轴时属 XZ 型,当其不动轴与半球回转轴正交时机构属 XY 型。与其他卫星天线相比,中继星的用户星天线的安装受到更多的约束。因天线要对准的是用户星轨道上方的中继星,一般情况下它只能装在卫星的背地面。由于在发射段卫星侧面与运载整流罩间的间隙有限,装在卫星侧面的天线在收藏状态的高度不能大于该间隙。对 XZ 型机构而言如反射器的直径小于卫星与整流罩间的间隙,则可以直接装在背地面上,发射时让反射器于负仰角锁紧。如反射器的直径大于卫星与整流罩间的间隙,则需用一展开机构将天线 Z 轴倒下并让 Y 轴转过 90° 使反射器口面朝天并锁紧,卫星入轨后再展开进入工作状态。反射器直径在 800～1 000 mm 的 X-Y 型天线,在目前可以预见的用户星上安装都需要转过 90° 才能与整流罩相容。锁紧时机构 X 转轴垂直于安装面,反射器绕 Y 轴向上转过 90° 使反射器口面与安装面平行,以达到最小的高度。在反射器口径相同的情况下使用 XZ 机构的天线折叠状态的高度小于 XY 型的。但在用户终端天线上采用 XZ 型机构的最大障碍来自于微波旋转关节的设计。在天线的尺寸、重量、电性能指标的严格限制下,要研制出装在机构上可连续旋转的多路微波旋转关节是很困难的,因此现在的中继星用户终端天线大都采用了 XY 型指向机构。

6.4.4.3　天线的总体构型

使用中继星进行数据传输的卫星一般都是中低轨道,与地球赤道有较大的夹角或太阳同步轨道。为实现一天中在多根轨道上对中继星的跟踪,天线需要具备覆盖半空间的转动范围,加之反射器的口径在一米左右,在转动中需要较大的不受遮挡的空间。因此要求天线在工作时须高于卫星墙板或相邻设备。天线在卫星上的安装面一般都位于卫星侧板上,为了在卫星侧板与运载整流罩间的空间内装进天线,在锁紧状态的天线的高度通常限制在 600 mm 左右。为适应这种高度变化,通常用一伸展臂及伸展机构将天线举高进入工作状态。

典型的用户星天线包括用四杆支架支撑的副反射器、主反射器、馈源喇叭及馈电部件,它们都装在反射器上成为一个组件。反射器下面是双轴指向机构、伸展臂、展开机构及天线安装板。为实现馈源与高频分机间的转动交连,在 X 轴、Y 轴、展开轴上都有一路和两路差(单脉冲跟踪型)的并行三通道旋转关节,或收发两路双通道旋转关节(程序跟踪或程控)。旋转关节的旋转轴应与各自对应的机构转轴同轴,但因旋转关节中有多个串联的球轴承加上与进、出的波导连接,要严格地与机构转轴同轴既不可能也无必要。关节安装不同轴的主要后果是使机构转轴上的摩擦阻力矩增大,为判断安装质量,装好后对转轴的摩擦阻力矩进行测量,只要未超过允许值即可。另一影响可能使驻波比变差,这只要进行驻波测试就可作出判断。为使天线工作时即使在最低仰角时也不受星上其他设备遮挡,常常需要一伸展臂将天线举起进入工作状态,而在发射段倒下并锁紧。为此需要一伸展臂及展开机构来完成举起的动作。为达到最低的锁紧态,展开机构的展开轴应与指向机构 Y 轴平行,伸展臂与指向机构 X 轴正交并在机构的 X,Y 转角置零时与反射器焦轴平行。伸展臂通过展开机构装在天线展开支座上,支座底板上有与卫星连接的螺钉孔及定位销孔,天线低频电缆插座及展开轴旋转关节也装在它上面。在天线锁紧状态,指向机构 Y 轴及展开机构转轴均转了 90°使展开臂贴近安装面,而指向机构 X 轴与安装面垂直,从而达到天线的最小高度。共用了 4 个锁紧器来对天线进行锁紧,其中 3 个用于锁紧反射器及指向机构 Y 轴上的部件,一个用于锁紧 X 轴上的部件。锁紧状态的高度可按下面的方式估算:

锁紧状态高度=反射器焦距+转动单元长度+旋转关节组件轴向长度+X 轴支架厚度+安全间隙。

为了能达到最小安装高度,在天线高频设计时应采用尽可能小的焦距,转动单元及微波旋转关节的轴向尺寸尽可能小。馈源喇叭后的馈电部件长度也是影响安装高度的另一重要因素。因 Y 轴旋转关节的转动轴线须与指向机构的 Y 转轴同轴,而馈源喇叭后的馈电部件尾部要与旋转关节相连。如馈电部件太长则必须加大反射器至指向机构 Y 转轴间的距离以便能与旋转关节连接,这将使锁紧状态的天线高度增加。为保证天线在工作状态能覆盖半空间,设计时应使反射器在焦轴指向俯仰角为零时,让方位角转 360°反射器不受阻挡。因天线指向机构是 X-Y 型的,须将要达到的方位、俯仰角变换成 X,Y 角。在天线的三维模型上让指向机构的 X,Y 转轴进入相当于俯仰角为零方位转 360°时,算出的一系列 X,Y 角看是否与其他部件干涉。为此天线的连接波导排布及电缆走线都要尽可能靠近伸展臂。

具备自跟踪能力的天线对其工作状态的刚度有相应的要求。通常天线的最低结构谐振频率应高于跟踪系统位置环带宽的 3 倍以上,以保证伺服系统的稳定裕度。计算刚度时要将从展开机构安装板到与反射器的接口面间的主要传力件都包括进去。在用有限元分析时应将机构传动链的弹性纳入分析模型,算出锁定电机转子的谐振频率。工作状态电机转子在转动,所以处于工作状态的谐振频率应是自由转子谐振频率。但转子在自由状态时天线不是一个结构,不能用结构分析软件来进行分析。作为工程上的近似处理,可用推聚值量法建立模型,用拉格朗日方程建立系统的运动方程后,再求解其最低谐振频率。锁定转子谐振频率较自由转子谐振频率低,用它来代替自由转子谐振频率对伺服系统是安全的。目前用到的中继终端天线角速度较低,只要结构分析得到的展开状态最低结构谐振频率不低于 4 Hz,就满足要求了。

天线在卫星上安装时,其 X 轴的取向取决于卫星能提供的足以容纳展开支座、锁紧座的安装面的情况。因工作状态天线要对准中继星,故安装面最好朝向中继星。在侧面安装时卫星墙板与运载整流罩的间隙要足够大。XY 型机构在工作状态 X 转轴的取向对天线的跟踪有直接关系,一方面关系到卫星坐标系到机构坐标系的转换,另一方面与跟踪中的最大角速度及角加速度有关。一般情况下机构的 X 转轴都平行于轨道平面,少数情况下垂直于轨道平面。X 转轴平行于轨道平面时,X 轴的最大跟踪角速度在降交点靠近中继星星下点的轨道上出现,垂直于轨道平面时,X 轴上的最大跟踪角速度出现在降交点远离中继星星下点的轨道上。两者的最大跟踪角加速度数值也有差别,这些将在运动学分析中予以阐述。

6.4.4.4　天线运动学分析

为充分利用中继星的服务区,用户终端天线应能在服务区内完成对中继星的连续跟踪。由于用户星对中继星的位置及取向均不断变化,在服务区内的某些位置将需要天线以较大的角速度转动才能跟上中继星,如天线的转动速度低于要求的数值将会丢失目标从而出现跟踪盲区。最大跟踪速度出现的位置及大小与天线机构的类型、转轴取向及用户星轨道有关。通过分析得到 XZ 和 XY 两种类型的指向机构的运动特性数据,如最大跟踪角、角加速度等为机构设计及控制设计提供输入数据。

1) 天线指向矢量的确定

在研究中继星天线与用户星天线的相互跟踪运动时,主要关心的是它们之间的相对运动,并不需要很准确的卫星轨道及坐标数据。为简化计算,作如下假设:

(1) 卫星轨道为绕地心旋转的圆轨道,忽略微小的偏心及轨道椭圆度的影响。

(2) 轨道高度取其平均值。

(3) 每圈轨道对中继星的相对位置由其降交点赤经及中继星定点位置来确定。

在图 6.36 所示的分析模型中,$X_z Y_z Z_z$ 坐标系的 Z_z 坐标轴从地心指向中继星星下点,Y_z 轴为地球自转轴 X_z 轴按右手定则确定。用户星坐标系的 X 坐标轴与卫星飞行速度矢量重合,Z 坐标轴平行于地心与中继星连线,Y 平行于轨道法线。用户星、中继星在 $X_z Y_z Z_z$ 坐标系中的指向分别用矢量 $R_1 R_2$ 来表示,用户星对准中继星则用矢量 R 表示。

$$R = R_1 - R_2 \qquad (6.70)$$

式中:R_1 在 $X_z Y_z Z_z$ 坐标系中的分量是

$$R_1 = \{0, 0, R_1\}$$

R_2 在 XYZ 坐标系中的分量是

$$R_2 = \{0, 0, R_2\}$$

为确定用户星跟踪中继星时天线指向矢量 R 在用户星动坐标系中的运动参数,首先要得到它在中继星地心坐标系 $X_z Y_z Z_z$ 中的矢量 R_d。

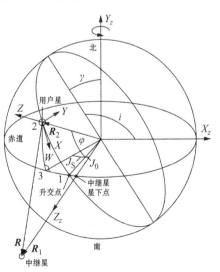

图 6.36　用户星轨道位置参数

$$\boldsymbol{R}_{\mathrm{d}} = \boldsymbol{R}_1 - \boldsymbol{MR}_2 \tag{6.71}$$

为得到在用户星动坐标系中的矢量 $\boldsymbol{R}$，用矩阵 $\boldsymbol{M}$ 的转置矩阵 $\boldsymbol{M}^{\mathrm{T}}$ 左乘式(6.71)的两端：

$$\boldsymbol{R} = \boldsymbol{M}^{\mathrm{T}}\boldsymbol{R}_1 - \boldsymbol{M}^{\mathrm{T}}\boldsymbol{MR}_2$$

正交坐标系间的转移矩阵属正交矩阵，所以 $\boldsymbol{M}^{\mathrm{T}}\boldsymbol{M}$ 是单位矩阵，因此在用户星坐标系中天线对准中继星时的指向矢量为

$$\boldsymbol{R} = \boldsymbol{M}^{\mathrm{T}}\boldsymbol{R}_1 - \boldsymbol{R}_2 \tag{6.72}$$

首先得出用户星坐标系至中继星坐标系 XYZ 再至中继星的地心坐标系 $X_zY_zZ_z$ 的角度转移。这一转移通过 3 次转动来实现。首先绕坐标轴 OY 转过 φ 角，然后绕进入新状态的 OZ 坐标轴转过角 $-\gamma$，最后绕 OX 轴转过 J 角。角 φ 及 $\gamma = i - 90°$ 均已知，现在需要确定 J 角。卫星绕自身轨道运动时地球也绕自转轴转动，为确定卫星星下点的位置，需知道它的纬度及相对于降交点的经度差。如图 6.37 所示，图中 i 为轨道倾角，当卫星位于点 1 时其星下点刚好位于降交点上，而当它沿轨道退回点 2 时，地球上的降交点也回转 φ/n 到达点 4。这时卫星对降交点的经度差为

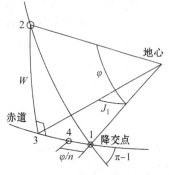

图 6.37　卫星经纬度确定

$$J_s = J_1 - \varphi/n$$

式中：n 为卫星每天转动的圈数。J_1 为卫星到达点 2 时对于其初始点 1 的精度差，可由图 6.37 所示的球面三角来确定。图中顶角 3 是直角，顶角 1 为 $180° - i$，由球面三角可得到：

$$W = \arcsin(\sin\varphi\sin i)$$

$$J_1 = \arccos\left(\frac{\cos\varphi}{\cos W}\right)$$

$$J_s = \arccos\left(\frac{\cos\varphi}{\cos W}\right) - \varphi/n \tag{6.73}$$

式(6.73)中的 J_s 是卫星在轨道上相对降交点运动 $\pm\varphi$ 角时其星下点经度对降交点经度之差。要得到在中继星地心坐标系 $X_zY_zZ_z$ 中的经度，假如中继星星下点的经度是 J_z，降交点经度是 J_j 则卫星在该坐标系中的经度为

$$J = J_j - j_z + \arccos\left(\frac{\cos\varphi}{\cos W}\right) - \varphi/n \tag{6.74}$$

按上面的顺序可得到转移矩阵 $\boldsymbol{M}$。

$$\boldsymbol{M} = \begin{bmatrix} \cos\varphi\cos\gamma & \sin\gamma & -\sin\varphi\cos\gamma \\ \sin J\sin\varphi - \cos J\cos\varphi\sin\gamma & \cos J\cos\gamma & \sin J\cos\varphi + \cos J\sin\varphi\sin\gamma \\ \cos J\sin\beta + \sin J\cos\varphi\sin\gamma & -\sin J\cos\gamma & \cos J\cos\varphi - \sin J\sin\varphi\sin\gamma \end{bmatrix}$$

首先分析中继星天线跟踪用户星时的指向矢量 $\boldsymbol{R}_j$。要将用户星在中继星地心坐标系中来描述，

$$\boldsymbol{R}_j = \boldsymbol{MR}_2 - \boldsymbol{R}_1 \tag{6.75}$$

$$\begin{Bmatrix} R_{jx} \\ R_{jy} \\ R_{jz} \end{Bmatrix} = \begin{Bmatrix} -R_2\sin\varphi\cos\gamma \\ R_2(\sin J\cos\varphi + \cos J\sin\varphi\sin\gamma) \\ R_2(\cos J\cos\varphi - \sin J\sin\varphi\sin\gamma) - R_1 \end{Bmatrix} \tag{6.76}$$

$\boldsymbol{R}_j$ 的坐标原点已在中继星上，为了在坐标轴指向上与 $X_tY_tZ_t$ 一致须先绕 OZ_z 转 90° 然后再绕进入新状态的 OX_z 轴转过 180°。完成这一转移的矩阵是

$$\boldsymbol{M}_1 = \begin{bmatrix} 0 & 1 & 0 \\ 1 & 0 & 0 \\ 0 & 0 & -1 \end{bmatrix}$$

在中继星天线坐标系中天指向用户星的矢量 $\boldsymbol{R}_\mathrm{t} = \boldsymbol{M}_1 \boldsymbol{R}_\mathrm{j}$，其分量表示为

$$\begin{Bmatrix} R_{jx} \\ R_{jy} \\ R_{jz} \end{Bmatrix} = \begin{Bmatrix} R_2(\sin J \cos \varphi + \cos J \sin \varphi \sin \gamma) \\ R_2 \sin \varphi \cos \gamma \\ R_1 - R_2(\cos J \cos \varphi - \sin J \sin \varphi \sin \gamma) \end{Bmatrix} \tag{6.77}$$

将前面各式代入式(6.71)就得到 $\boldsymbol{R}$ 的 3 个分量表达式。

$$\begin{Bmatrix} R_X \\ R_Y \\ R_Z \end{Bmatrix} = \begin{Bmatrix} R_2(\sin J \cos \varphi \sin \gamma + \cos J \sin \varphi) \\ -R_2 \sin J \cos \gamma \\ R_2(\cos J \cos \varphi - \sin J \sin \varphi \sin \gamma) - R_1 \end{Bmatrix} \tag{6.78}$$

2）天线机构轴转角的确定

得出矢量 $\boldsymbol{R}$ 在用户星坐标系中的 3 个分量后，就可根据天线机构 X 转轴的取向确定机构的转角。中继星的星间链路天线跟踪机构的 X 转轴指向平行于其天线坐标系的 X_t 坐标轴。用户星中继终端天线一般装在用户星朝天的一面，天线 X 转轴相对于卫星坐标系的取向与天线在卫星上的安装状态有关。大致有两种状态：一种是 X 轴位于与轨道平行的平面内且平行于卫星坐标系的 X 坐标轴(图 6.38)，一种是平行于轨道平面的法线(图 6.39)。图中 XZ 表示卫星运行轨道平面。在对天线进行布局时应尽可能使天线 XY 转轴置零时，其指向平行于卫星 Z 坐标轴，以使天线能达到其最大跟踪范围。

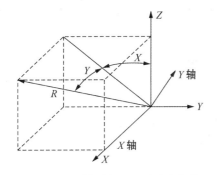

图 6.38　X 轴平行于卫星速度矢量

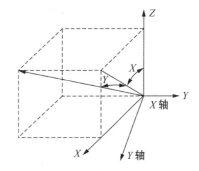

图 6.39　X 轴垂直于轨道面

在已知天线指向矢量 $\boldsymbol{R}$ 在卫星坐标系中的分量 $R_X R_Y R_Z$ 时，可以确定天线指向机构的轴角坐标值 X, Y 角。中继星天线跟踪机构的 XY 轴转角为

$$X = \arctan \frac{-R_{jy}}{R_{jz}} \tag{6.79}$$

$$Y = \arctan \frac{R_{jx}}{\sqrt{R_{jy}^2 + R_{jz}^2}} \tag{6.80}$$

用户星中继终端天线在 X 转轴平行于卫星坐标系的 X 坐标轴时：

$$X = \arctan \frac{-R_y}{R_z} \tag{6.81}$$

$$Y = \arctan \frac{R_x}{\sqrt{R_y^2 + R_z^2}} \tag{6.82}$$

天线 X 轴垂直于轨道面时：

$$X = \arctan \frac{R_{gx}}{R_{gz}} \tag{6.83}$$

$$Y = \arctan \frac{-R_{gy}}{\sqrt{R_{gx}^2 + R_{gz}^2}} \tag{6.84}$$

方位-俯仰型机构的 Z 转轴指向与图 6.40 中的 Z 相同，以 Y 坐标轴指向为方位角零位，方位角范围为 $\pm 180°$ 顺时针为正，其计算公式分别为

$$AZ = \arctan \frac{R_y}{R_x} \tag{6.85}$$

$$EL = \arctan \frac{R_z}{\sqrt{R_x^2 + R_y^2}} \tag{6.86}$$

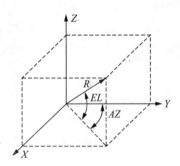

图 6.40　方位-俯仰坐标系

将 A, E, X, Y 分别对时间 t 求导就能得到相应的角速度 $\omega_A, \omega_E, \omega_X, \omega_Y$。为进行上述的分析仅需要中继星的定点赤经角、用户星的每天运行圈数、轨道倾角、轨道平均高度等数据。

3）转轴角速度

天线在跟踪中继星过程中的最大角速度、角加速度是伺服控制系统的重要输入数据。而由于角加速度对星体产生的扰动也是卫星姿控系统关注的事项。为得到角速度的表达式分别将式(6.79)～式(6.86)对时间求导，并令 $\omega_x = \dfrac{\mathrm{d}x}{\mathrm{d}t}; \omega_y = \dfrac{\mathrm{d}Y}{\mathrm{d}t}; \omega_A = \dfrac{\mathrm{d}AZ}{\mathrm{d}t}; \omega_E = \dfrac{\mathrm{d}EL}{\mathrm{d}t}$ 可得到各自的速度表达式。中继星天线的机构转速为

$$\omega_x = \frac{R_{jz}\dfrac{\mathrm{d}R_{jy}}{\mathrm{d}t} - R_{jy}\dfrac{\mathrm{d}R_{jz}}{\mathrm{d}t}}{(R_{jy}^2 + R_{jz}^2)} \tag{6.87}$$

$$\omega_y = \frac{(R_{jy}^2 + R_{jz}^2)\dfrac{\mathrm{d}R_{jx}}{\mathrm{d}t} + R_{jx}\left(R_{jy}\dfrac{\mathrm{d}R_{jy}}{\mathrm{d}t} + R_z\dfrac{\mathrm{d}R_{jz}}{\mathrm{d}t}\right)}{R^2 \sqrt{R_{jy}^2 + R_{jz}^2}} \tag{6.88}$$

上两式中 R_j 对时间的导数为

$$\left\{ \begin{array}{c} \dfrac{\mathrm{d}R_{jx}}{\mathrm{d}t} \\[2mm] \dfrac{\mathrm{d}R_{jy}}{\mathrm{d}t} \\[2mm] \dfrac{\mathrm{d}R_{jz}}{\mathrm{d}t} \end{array} \right\} = \left\{ \begin{array}{c} R_1\left[(\cos J \sin\varphi - \sin\gamma \sin J \cos\varphi)\dfrac{\mathrm{d}\varphi}{\mathrm{d}t} + (\sin\gamma \cos J \cos\varphi - \sin J \sin\varphi)\dfrac{\mathrm{d}J}{\mathrm{d}t}\right] \\[2mm] R_1\cos\varphi \cos\gamma \dfrac{\mathrm{d}\varphi}{\mathrm{d}t} \\[2mm] R_1\left[(\cos J \sin\varphi \sin\gamma + \sin J \cos\varphi)\dfrac{\mathrm{d}J}{\mathrm{d}t} + (\sin\gamma \sin J \cos\varphi - \cos J \sin\varphi)\dfrac{\mathrm{d}\varphi}{\mathrm{d}t}\right] \end{array} \right\}$$

当用户星中继终端天线 X 轴平行于轨道平面时：

$$\omega_x = \frac{R_z\dfrac{\mathrm{d}R_y}{\mathrm{d}t} - R_y\dfrac{\mathrm{d}R_z}{\mathrm{d}t}}{R_y^2 + R_z^2} \tag{6.89}$$

$$\omega_y = \frac{(R_y^2 + R_z^2)\dfrac{\mathrm{d}R_x}{\mathrm{d}t} + R_x\left(R_y\dfrac{\mathrm{d}R_y}{\mathrm{d}t} + R_z\dfrac{\mathrm{d}R_z}{\mathrm{d}t}\right)}{R_g^2\sqrt{R_y^2 + R_z^2}} \tag{6.90}$$

当天线 X 轴垂直于轨道平面时：

$$\omega_x = \frac{R_z\dfrac{\mathrm{d}R_x}{\mathrm{d}t} - R_x\dfrac{\mathrm{d}R_z}{\mathrm{d}t}}{R_x^2 + R_z^2} \tag{6.91}$$

$$\omega_y = \frac{(R_x^2 + R_z^2)\dfrac{\mathrm{d}R_y}{\mathrm{d}t} + R_y\left(R_x\dfrac{\mathrm{d}R_x}{\mathrm{d}t} + R_z\dfrac{\mathrm{d}R_z}{\mathrm{d}t}\right)}{R^2\sqrt{R_x^2 + R_z^2}} \tag{6.92}$$

方位俯仰角速度

$$\omega_A = \frac{R_z\dfrac{\mathrm{d}R_y}{\mathrm{d}t} - R_y\dfrac{\mathrm{d}R_z}{\mathrm{d}t}}{R_y^2 + R_z^2} \tag{6.93}$$

$$\omega_E = \frac{(R_{gy}^2 + R_{gz}^2)\dfrac{\mathrm{d}R_{gx}}{\mathrm{d}t} + R_{gx}\left(R_{gy}\dfrac{\mathrm{d}R_{gy}}{\mathrm{d}t} + R_{gz}\dfrac{\mathrm{d}R_{gz}}{\mathrm{d}t}\right)}{R_g^2\sqrt{R_{gy}^2 + R_{gz}^2}} \tag{6.94}$$

矢量 $\boldsymbol{R}$ 对时间的导数为

$$\left\{\begin{array}{c}\dfrac{\mathrm{d}R_x}{\mathrm{d}t}\\[2mm]\dfrac{\mathrm{d}R_y}{\mathrm{d}t}\\[2mm]\dfrac{\mathrm{d}R_z}{\mathrm{d}t}\end{array}\right\} = \left\{\begin{array}{c}R_2\left[(\sin\gamma\cos J\cos\varphi - \sin J\sin\varphi)\dfrac{\mathrm{d}J}{\mathrm{d}t} + (\cos J\cos\varphi - \sin\gamma\sin J\sin\varphi)\dfrac{\mathrm{d}\varphi}{\mathrm{d}t}\right]\\[2mm]-R_2\cos J\cos\gamma\dfrac{\mathrm{d}J}{\mathrm{d}t}\\[2mm]-R_2\left[(\sin\gamma\cos J\sin\varphi + \sin J\cos\varphi)\dfrac{\mathrm{d}J}{\mathrm{d}t} + (\cos J\sin\varphi + \sin\gamma\sin J\cos\varphi)\dfrac{\mathrm{d}\varphi}{\mathrm{d}t}\right]\end{array}\right\}$$

$\dfrac{\mathrm{d}\beta}{\mathrm{d}t}$ 是卫星在轨道上运行的角速度，知道了卫星一天绕地球的圈数 N，就可得到卫星在轨道上运行的平均角速度：

$$\frac{\mathrm{d}\varphi}{\mathrm{d}t} = \frac{N}{240}(°/\mathrm{s})$$

$$\frac{\mathrm{d}J}{\mathrm{d}t} = -\left\{\frac{\left(\tan W\dfrac{\sin i\cos^2\varphi}{\sqrt{1-(\sin\varphi\sin i)^2}} - \sin\varphi\right)}{\sqrt{\cos^2 W - \cos^2\varphi}} + \frac{1}{n}\right\}\frac{\mathrm{d}\varphi}{\mathrm{d}t} \tag{6.95}$$

角加速度可用对角速度求导来得出，但因式子太冗长不再进行，下面计算时用数值法得出。

4) 数值计算分析

与地面可跟踪天线相似，天线指向机构设计中需要知道跟踪中的最大角速度及角加速度、在速度受限制时的跟踪盲区大小、跟踪起始角及角速度等参数。下面将根据目前预见到的用户星轨道参数进行一些初步分析。首先对装在一轨道高度约 630 km、与地球赤道面倾角 97.8°、每天运行 14＋23/29 圈的假定轨道上的天线进行分析。因用户星中继终端天线在对准中继星时仰角低于 5° 的数据易受地面干扰，有用的数据传输仅在天线仰角 5° 以上进行。为便于描述，将式(6.73)中的轨道降交点与中继星星下点之差 $J_\mathrm{j} - j_z$ 定为轨道偏离角。

(1) 中继星天线对准用户星。

分析时按天线指向机构 X 轴指向东，Y 轴指南。分析结果如图 6.41～图 6.46 所示。

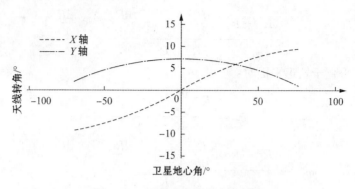

图 6.41　45°偏离角轨道天线转角

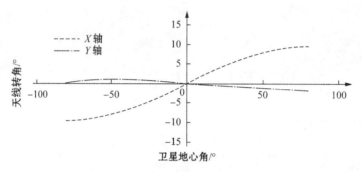

图 6.42　零偏离轨道的天线转角

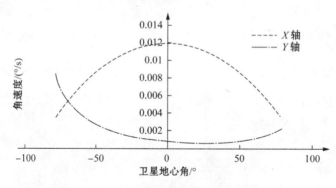

图 6.43　5°偏离角轨道天线角速度

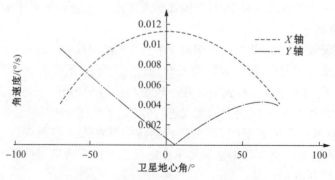

图 6.44　45°偏离角轨道的天线跟踪角速度

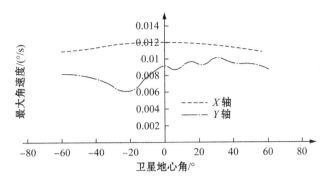

图 6.45　不同偏离角轨道的最大跟踪角速度

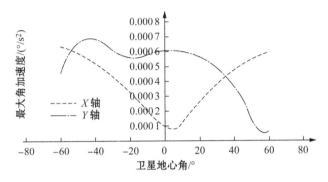

图 6.46　不同偏离角轨道的最大跟踪角加速度

由上面的曲线可看出：

a. 中继星天线跟踪中低轨道卫星时，其两个转动轴的转动范围都不超过 $\pm 10°$；

b. X 轴的最大跟踪角速度出现在穿越赤道时其数值不超过 $0.012°/s$，Y 轴的最大角速度出现在偏离角 $25°\sim 45°$ 的轨道上远离赤道处，其最大值不超过 $0.0007°/s$；

c. X 轴的最大角加速度不超过 $0.00065°/s$，Y 轴的最大不超过 $0.0014°/s$。

（2）X 轴平行于用户星飞行速度矢量时的 XY 型及方位-俯仰型天线跟踪中继星。

首先考察轨道降交点赤经对中继星定点经度的偏离角（以下简称偏离角）与跟踪角速度、角加速度间的关系。对两种类型天线在偏离角 $\pm 60°$ 内的轨道进行分析的结果如图 6.47～图 6.50 所示。

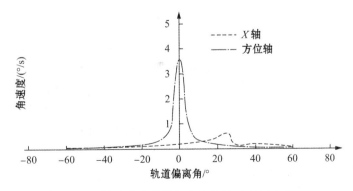

图 6.47　不同偏离角轨道的方位轴及 X 轴最大角速度

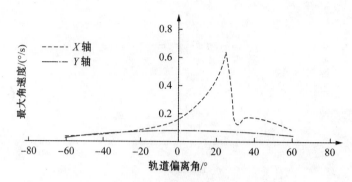

图 6.48　不同偏离角轨道的 XY 轴最大角速度

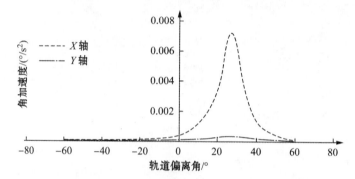

图 6.49　不同偏离角轨道的 X 轴与 Y 轴最大角加速度

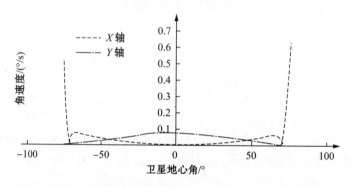

图 6.50　偏离角 25°时半圈内的 X 轴及 Y 轴跟踪角速度

图 6.49 中方位-俯仰型机构在另偏离角时出现极大的数值,图中列出了偏离角为 ±1°
时方位角速度须达到 3.5°/s 的数值。XY 型机构的 X 轴在 25°偏离的轨道上的最南端出现了
0.635°/s 的最大角速度。由图 6.51 可看出 X 轴最大角速度出现可跟踪弧段的最南端。这是
按在用户星上观测中继星的仰角不小于 5°算出的,如果把最低仰角提高到 10°,则 X 轴的最大
角速度在任意偏离角的轨道上都将不超过 0.12°/s。Y 轴受偏离角的影响很小,其最大角速度
仅在 0.073°～0.089°间变化。为了解一天中可正常接收数据的轨道跟踪角数据及可跟踪时
间,选取了当天有偏离角为 5°的一组轨道。跟踪的起止条件是天线波束指向的仰角不低于
5°。各圈的最大角速度、角加速度如表 6.14 所示。

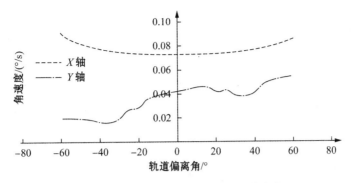

图 6.51 XY 轴最大跟踪角速度对偏离角

表 6.14 一天内可跟踪轨道的最大角速度、角加速度及跟踪持续时间

偏离角 /(°)	最大角速度/(°/s)				最大角加速度/(°/s²)				跟踪时间 /min
	R_{AZ}	R_{EL}	R_X	R_Y	A_{AZ}	A_{EL}	A_X	A_Y	
−43.66	0.064	0.034	0.04	0.05	$2.38×10^{-4}$	$5.25×10^{-5}$	$1.36×10^{-4}$	$5.2×10^{-5}$	34.27
−19.33	0.174	0.056	0.083	0.068	$6×10^{-4}$	$4.36×10^{-4}$	$5.62×10^{-4}$	$7.96×10^{-5}$	37.72
5	0.717	0.072	0.2	0.073	0.02	$2.27×10^{-5}$	$1.8×10^{-3}$	$1.453×10^{-4}$	39.45
29.33	0.112	0.066	0.11	0.075	$2.83×10^{-2}$	$3.4×10^{-5}$	$9.93×10^{-3}$	$3.75×10^{-4}$	39.7
53.66	0.05	0.0588	0.112	0.082	$1.04×10^{-4}$	$5.53×10^{-5}$	$2.15×10^{-3}$	$2.06×10^{-4}$	38.46

（3）X 轴垂直于轨道平面时 XY 型天线对中继星的跟踪。

这种布局对方位-俯仰型机构无影响,仅分析 XY 型机构。首先仍对不同偏离角下的最大角速度及角加速度进行分析,分析结果如图 6.51 及图 6.52 所示。由图可看出到偏离角 −60° 时,X 轴的最大跟踪角速度达 0.091°/s,小于前一状态的 0.631°/s。Y 轴在偏离角 60° 时达到 0.0547°/s。

这种安装状态的跟踪加速度也小于前一种。图 6.53 列出了偏离角 ±60° 之间的 XY 轴的角加速度。两轴的角加速度很小,Y 轴在 0.0000081～0.000073°/s² 之间,X 轴在 0.000075～0.00088°/s² 之间。

与前面一样,为了解一天中可正常接收数据的轨道跟踪角数据及可跟踪时间,选取了偏离角为 5° 的一根轨道,跟踪的起止条件是天线波束指向的仰角不低于 5°。分析得出的 X,Y 轴速度随地心角的变化如图 6.53 所示。从图中可看出,Y 轴的角速度变化小于 X 轴,X 轴的最大值出现在北纬 20° 附近。

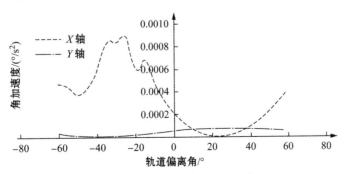

图 6.52 不同偏离角轨道的最大跟踪角加速度

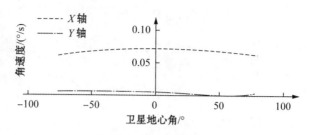

图 6.53　偏离角为 5°轨道的跟踪角速度

为了解一天内几根可跟踪轨道的有关数据,选取了一天内包含了 5°偏离角的一组可跟踪轨道进行计算。跟踪的起止条件是天线对准中级星时仰角不低于 5°。各圈的最大角速度、角加速度及跟踪持续时间如表 6.15 所示。

表 6.15　一天中各圈的最大角速度、角加速度及跟踪持续时间

偏离角/(°)	最大角速度/(°/s)		最大角加速度/(°/s²)		持续时间/min
	R_x/(°/s)	R_y/(°/s)	R_x/(°/s²)	R_y/(°/s²)	
−43.66	0.078 7	0.018	0.000 5	0.000 011	30.65
−19.33	0.074	0.03	0.000 63	0.000 033	35
5	0.073	0.046	0.000 166	0.000 062	36.88
29.33	0.075	0.04	0.000 025 7	0.000 074	37.15
53.66	0.082	0.05	0.000 3	0.000 055	35.26

5) 通过上述分析后对用户星中继终端天线可得到以下几点结论

(1) 方位-俯仰型机构能实现连续跟踪的轨道与其最大跟踪角速度及轨道偏离角有关。为防止天线转动对卫星产生过大的扰动,通常最大跟踪速度限制在不大于 1°/s。在这种条件下可实现轨道偏离角在 ±3.5° 之外的连续跟踪。对轨道偏离角更小的卫星跟踪时须在过顶前停止跟踪,以最快速度转至另一侧重新捕获继续跟踪必然造成跟踪丢失。丢失的时间长短与偏离角有关,在最大跟踪角速度限于 1°/s 时在 ±3° 的偏离角范围内于穿越赤道时丢失的最少跟踪时间如表 6.16 所示。

表 6.16　跟踪时间丢失

偏离角/(°)	0	±0.5	±1	±1.5	±2	±2.5	±3
丢失时间/s	180	179	162	147	130	114	98

提前中断跟踪快速转到另一侧再捕获增加了丢失的风险,同时由于方位轴转动范围须达 360° 带来的多路微波旋转关节设计困难,使它很少在星间链路天线中应用。

(2) XY 型机构的最大角速度无论 X 轴平行于卫星速度矢量或与轨道平面正交均出现在 X 轴上。

(3) X 轴平行于卫星飞行矢量的 XY 型机构,其 X 轴的跟踪角速度及角加速度均出现在中继星服务区边缘。偏离角为负时出现在北边即开始跟踪段,偏离角为正时出现在南边即结束跟踪段。X 轴的最大角速度在偏离角 25° 的轨道跟踪弧段南北两端,以南端最大。

(4) X 轴与轨道平面正交的 XY 型机构,其 X 轴及 Y 轴的最大跟踪角速度在不同偏离角

时变化不大,X 角加速度轴的角加速度虽有起伏但数值很小。从图 6.53 可看出跟踪中 XY 的角速度变化都很小。在卫星布局允许的情况下,天线采用这种安装方式较好。

6.4.4.5　跟踪指向机构设计

1) 机构的两种主要类型及特点

前面提及的叉杆机构及非正交轴机构的转动范围很小仅能用于同步轨道卫星天线。其中叉杆机构的机构坐标系到天线坐标系的转换关系很复杂,结构也较复杂,至今未见应用。非正交轴机构因转动机构远离焦点,对尺寸大的阵列馈源是实现反射器绕焦点转动的最可行的途径,已在同步轨道卫星天线上得到应用。但这种机构的指向检测、标定均需要专门的技术。除非非它不可,尽量少用。目前用得最多的指向机构仍是对转轴直接驱动型。这类机构通常具有两个正交的转动轴,一个轴的取向不变,另一个随着它转动。按转轴对服务区的取向可分为 XZ 型及 XY 型两种。当取向不变的转轴指向服务区中心时为 XZ 型,而当它垂直于卫星和服务区中心的连线时为 XY 型。当指向变化范围为半空间时,对 XY 型机构要求两个转轴都能转动 $\pm 90°$,XZ 型则要求 Z 轴转动 $\pm 180°$ X 轴转动 $0°\sim 90°$。两种机构的特点见表 6.17。

表 6.17　两种指向机构轴系特点

比较项目	XZ(俯仰-方位)型	XY 型
能覆盖的空域	$\geqslant 2\pi$ 空间	$\geqslant 2\pi$ 空间
转动范围	X 轴 $0°\sim 90°$ Z 轴 $\pm 180°$	X 轴 $\pm 90°$ Y 轴 $\pm 90°$
最大跟踪角速度的位置	X 轴转角接近 $90°$ 时(靠近中继星星下点)	Y 轴转角接近 $90°$ 时(X 轴平行轨道面) X 轴垂直于轨道面时角速度变化小
跟踪盲区形状	绕 Z 轴形成的圆锥体	绕 X 轴形成的半圆锥体
决定盲区大小的因数	Z 轴最大角速度	X 轴最大角速度
跟踪连续性	天顶将丢失目标,需再捕获	表现为跟踪起始稍晚或结束早一点,跟踪连续
微波转动交连	Z 轴上的多路旋转关节无法实现 $\pm 180°$ 转动	可以用并联旋转关节实现微波多路交连
低频导线交连	Z 轴上无汇流环时,在低温下导线束的扭绕会降低导线的可靠性	导线只在 $\pm 90°$ 范围内弯曲,可靠性高
与卫星的机械接口	适应性较好	X 轴取向受到一定的限制
结构复杂程度	较简单	较复杂

在通信卫星上指向机构多用于波束很窄的点波束天线,进行指向调整以便应对短时出现的通信业务繁忙区。在利用数据中继卫星来回传数据的遥感卫星上,则用于数传天线对中继星的跟踪。有时这类机构可用于对天线反射器进行在轨微调,以对入轨后的一些因素引起的增益下降进行校正。

2) 机构的组成

机构主要由驱动电机、减速器、角度传感器、微波旋转关节、连接波导、电缆、热控件、机架等组成。设计时为了机构的适应性好,将电机、谐波减速器、旋转变压器集成为一个转动单元,微波旋转关节为一独立部件,将它们通过适当的机架组合在一起就构成了一套指向机构。机架的设计要考虑天线的实际转动角度范围、反射器尺寸、微波旋转关节、与反射器的机械接口、锁紧方式、与卫星或展开臂的接口等多种因素。通过设计适当的机架将转动单元及微波旋转关节组合到一起可满足不同天线的指向控制要求。为适应不同口径天线的需要,可用不同节圆直径的谐波组件及电机、旋转变压器来组成不同输出转矩的转动单元。

3) 电机及角度传感器

电机是转动单元中提供动力的关键部件,其性能、寿命、可靠性将直接影响到机构的效能及可靠性。在空间用过的电机主要有:有刷直流电机,步进电机,无刷力矩电机三种,它们各自的特点如表 6.18 所示。

表 6.18　几类常用电机的特点

	有刷直流电机	步进电机	无刷力矩电机
供电电源	直流电源	专用驱动器	专用驱动器
换向器	电刷	不需要	霍尔器件或角度传感器
速度平稳性	好	一般	好
寿命限制因素	电刷磨损	轴承润滑失效	轴承润滑失效
堵转特性	不能连续堵转	能连续堵转	能连续堵转
调速技术	较复杂	简单	较复杂
空间工作持续性	短时	长期	长期

由表 6.18 可看出,有刷直流电机因电刷在真空中易磨损,不适合长期工作,被排除。无刷力矩电机的调速需伺服控制,使控制器复杂化从而降低了可靠性,加之链路天线的转速低,对速度平稳性要求不高,用步进电机足够了。而且步进电机在角度传感器失效的情况下仍可进行开环控制,而无刷力矩电机在无角度信息时就转动不了,因此步进电机已成为卫星天线指向机构及其他部件的角位置调整机构的首选。在同样长度及直径的条件下,混合式步进电机较其他类型能产生最大的转矩,故在空间用电机中大都为这种类型。与一般的直流电机相比步进电机有两个独特的特性,一是在定子绕组中加入一个脉冲电压时它就转动一步,加入一连串脉冲时它就连续一步一步地转动,转动的速度就取决于输入脉冲的重复频率。电机转子的步距角是由电机的设计决定的,它与电机定子磁极对数及转子齿数间的关系是:

$$步距角 = 360 \div (转子齿数 \times 相数 \times 2)$$

通常不细分的步距角是 1.8°,实际应用中可按需要对步距角进行细分。细分由驱动控制来实现,通过细分可使转动变得更平稳。目前用户终端天线跟踪指向机构中大多用八细分。另一个特性是它在电机不加电的情况下有保持力矩,这意味着当出现在电机转子上的扰动力矩不超过保持力矩时,转子会保持当前的角位置不变,保持力矩大约是额定输出力矩的 10%左右。也可以通过电机设计使保持力矩达到额定输出力矩的 30%或更高,但这样一来将使电机加在负载上的有效输出转矩下降。第三个需要注意的是步进电机运动是周期性运动,当电机转子的转动惯量与天线的转动惯量加上传动链的刚度组成的扭振系统频率与电机步进频率耦合时将出现共振。为避免共振出现应使电机的步进频率高于扭振系统的共振频率,通常应使前者不小于后者的 3 倍,这可以通过适当的细分来实现。与其他电机一样步进电机的发热、散热也是一个必须注意的问题。步进电机的热主要来自相电流通过绕组电阻而生的热、与转速的平方呈正比的阻尼损耗和涡流损耗发热、与转速呈正比的磁滞和摩擦损失发热、相电流纹波产生的阻抗热等。这些热将使电机温度上升,如不控制将使绝缘层破坏引起绕组线圈短路。电机的温升取决于电机的散热条件,特别是外壳的传热及散热。曾对在真空罐中运转的两台仅外壳材料不同、其他完全相同的电机进行过外壳温度监测,发现不锈钢外壳的最高温度要比铝外壳的高 12℃。高速运转的步进电机的发热问题要比低速运转的更严重。

角度传感器一般装在转动单元的输出轴上,用于提供天线转轴的转角信息。角度信息可用于角度指示、对转轴施行位置闭环控制以达到更高的控制精度。通过对角度时间信息进行处理后可向控制环路的速度环提供角速度信息。受转动单元结构尺寸限制,常用的角度传感器主要有光学编码器和旋转变压器两种。光学编码器输出的是数字信号可直接进行处理、无需模数转换电路,有助于简化控制器的设计及减轻重量。另外一个好处是转动的码盘上没有电线,故可连续转动。它的问题在于需要光源来照射码盘以及光电转换器件,结构较复杂而且在卫星舱外的空间环境下须能长期可靠地工作。与光学编码器相比旋转变压器仅有由铁芯和绕组组成的转子和定子两件,无有源器件,故有更高的可靠性。无刷旋变转子上无引线可以连续旋转,但轴向尺寸要长一些。

4) 指向机构设计的特点

卫星天线机构的设计需要考虑的几个主要问题包括设计负载的不确定性、长期无故障工作、润滑方式的选取、不可维修等。

(1) 设计负载及电机转矩的确定。

进入轨道后因处于失重状态,在地面上由于重力引起的负载如不平衡力矩、重力引起的摩擦力矩都将消失,但由惯性引起的阻力矩及摩擦力矩依然存在。惯性引起的力矩大小取决于转动惯量及角加速度,下面首先确定天线转轴的转动惯量。为了计算的方便,一般都将转动惯量折算到天线转轴上,计算时应将从电机到天线间传动链的主要转动件都计入。对采用谐波减速器的机构,天线转轴的折算惯量为

$$I_T = I_1 + i^2 I_2 \tag{6.96}$$

式中:I_1——所有绕天线轴转动的部件对该轴的转动惯量;

I_2——电机转子加谐波组件波发生器对电机轴的转动惯量;

i——减速比。

加速度的确定需要考虑较多的因素,包括跟踪角加速度、启动角加速度、扫描及换向时的角加速度等。卫星本身姿态变化的角速度及角加速度都很小,可以不考虑,目标跟踪角加速度由目标的运动特性决定。程控或指令控制的最大运动角速度及角加速度,则要考虑到天线加速产生的扰动力矩能否为卫星姿控系统所接受。从这些因素中选取一最大值作为计算惯性力矩的角加速度。

阻力矩是负载的最主要来源。产生阻力矩的因素主要有轴承摩擦力矩、谐波减速器摩擦力矩、微波旋转关节轴承摩擦力矩、电机轴承摩擦力矩、导线线束产生的阻力矩以及电机的保持力矩。轴承中的摩擦力矩是由作用在轴承上的径向及轴向力引起的。而这些力来自轴承外圈与轴承座孔的公差配合、装配因素及温度变化、同轴联结的不同轴等因素。由于机构的机架多是由铝合金制成,其热胀系数与轴承相差一倍,在低温时会使轴承摩擦力矩增大,同时由于温度的不均匀也会使机架产生形变影响转轴传动链中各轴段间的同轴度,这也会增加轴承中的摩擦力矩。由数十余根导线及若干根高频电缆组成的线把也会产生阻力矩,特别在低温下

更不可忽视。机构阻力矩的准确计算在目前几乎是不可能的。按目前链路天线的转动惯量及最大角加速度计算,惯性阻力矩与摩擦力矩相比仍然是相当小的。因此对不带反射器的机构,按预计的在轨工作温度范围内进行阻力矩测试是唯一可行的办法。

在已知最大角加速度 A,阻力矩 M,保持力矩 M_B,惯量 I 的情况下电机的输出转矩 T 应为

$$T = C\left(\frac{M + I \cdot A}{\eta i} + M_B\right) \tag{6.97}$$

式中:η——谐波减速器传动效率;

  C——转矩裕度系数,通常取 $2\sim3$;

  i——减速比($\geqslant 1$)。

(2) 机构的空间润滑。

空间机构的润滑有油润滑、固体润滑两种。两者的优缺点比较见表 6.19 所示。

表 6.19　用于空间的流体及固体润滑之比较

固体润滑		液体润滑	
优　点	缺　点	优　点	缺　点
◇ 挥发性可忽略 ◇ 工作温度范围宽 ◇ 可进行加速寿命试验 ◇ 具导电性	◇ 寿命受限于润滑剂磨损 ◇ 摩擦对磨损残片敏感 ◇ 寿命及摩擦对空气、湿度敏感 ◇ 导热差	◇ 润滑剂可补充,寿命长 ◇ 转矩起伏小 ◇ 对空气潮湿不敏感 ◇ 热传导性好	◇ 有限的蒸汽压 ◇ 物理性能对温度敏感 ◇ 很难进行加速寿命试验 ◇ 导电性差

除表列比较项目以外,液体润滑要形成流体润滑膜需要一定的相对速度,这对转动速度很低的天线机构是不利的。另一方面要控制润滑剂的汽化使得在寿命期内不缺失也是一个困难问题,特别是在地面难以对在空间 10 年以上的蒸发情况进行加速模拟试验,以对密封设计进行验证。目前在天线指向机构上基本上使用固体润滑。几种固体润滑的特点见表 6.20 所示。

表 6.20　几种固体润滑的特性[53]

润滑膜的形成	动摩擦系数	膜厚/μm	膜厚变化/(%)	最低工作温度/℃	最高工作温度/℃	相对寿命	高湿度中储存
离散的 MoS_2	0.02~0.1	0.1~10	±80	−260	900	很短	良好
离散的 PTFE	0.02~0.2	1	±80	−35	15~250	短	很好
热固化黏结树脂	0.03~0.1	10	±50	−220~−70	20~400	长	很好
室温固化黏结树脂	0.03~0.1	10	±50	−220~−70	15~400	中等	好
热固化黏结陶瓷	0.1~0.2	10	±50	−240~20	6~1 100	中等	较好
溅射镀的 MoS_2	0.003~0.05	1	±10	−260	400	长	较好/好
离子镀铅	0.1~0.3	0.1~10	±10	−260	300	中等	较好

由表 6.20 的数据可看出,离子溅射镀的 MoS_2 的综合性能比其他的都强,如采用复合膜(MoS_2 加金属)在高湿度环境下储存的表现更好。在天线机构中,广泛地应用了 MoS_2 润滑膜,特别在谐波减速器中还用了 MoS_2 和金属的复合膜。

MoS_2 膜在常压下的摩损比真空环境下要大得多,按国内测试的数据在同样的载荷下要

大 20～30 倍,因此对地面试验中的运转历程要加以控制,正样件要作转动转数的详细记录,以免超出预定的转数影响星上的使用寿命。此外 MoS_2 膜对潮湿环境、特别是湿热环境下容易氧化,在长期储存时应置于干燥环境中。

5）机构可靠性

（1）展开机构可靠性。

与其他卫星天线一样,星间链路天线也需要由锁紧状态进入工作状态,为此需要相应的展开机构来完成使命。与指向机构不同,展开机构都是一次短期工作,不存在因寿命等因素引起的失效。但天线展开能否成功不仅仅涉及天线本身,还会导致与之相关的其他分系统甚至整个卫星失败,因此对展开的可靠性要求一般都不低于 0.999 9。展开的第一个环节是成功释放,然后是驱动电机加电成功、电机转动并带动被展开件转动。由于展开持续时间很短,在此期间机构运动部件不可能因过度磨损而失效,电机也不会因温度超过容许温升而断路失效。从经验来看只要能给电机加上电,机构就能连续转动不会中间停止。最主要的问题是要在机构装配、功能试验、环模试验中将暴露出来的影响机构正常运转的问题一一解决。新设计的机构在初样上进行上千次的启动试验是考验机构可靠性的一种有效方式。

目前的星间链路天线使用了有刷直流电机驱动和步进电机驱动两种方式,前者用于中继星星间链路天线,后者用于用户星天线。有刷直流电机不需要专用电源可由卫星电源母线直接供电,无复杂的电源线路引起的可靠性问题。高速电机通过大速比齿轮减速器（1/75 000）可提供 20 N·m 的转矩。工作时间短,不存在由于电刷磨损引起的可靠性问题。其缺点是不能连续堵转。由步进电机驱动的展开机构可以连续堵转,不必担心因过载而烧毁电机,缺点是需要专用的驱动器给电机供电,可靠性稍差。带机械式速度控制的弹簧动力展开机构,具有很高的可靠性,只要能解锁就能展开。即使由于温度等因素使展开停顿,但机构的动力仍保持,一旦造成阻力增大的环境因素消失仍能成功展开。

（2）指向机构的累计工作时间及转数计算。

在对卫星载设备进行可靠性分析时常常需要知道累计工作时间。但对天线指向机构来讲用工作时间来描述并不确切。天线指向机构大多使用固体润滑剂,其工作寿命是由润滑层的磨损来决定的,转动的转数越多磨损也越多。一些转动部件如轴承都是用能转多少转来定义其寿命的,因此机构的工作寿命也应该用工作转数来描述。多数天线指向机构都是间歇工作状态,需要把天线在轨的累计工作转数算出然后折算到电机轴上,就可以与谐波减速器润滑层的设计工作转数及电机所用轴承的工作转数比对。天线指向机构的润滑方式多是固体二硫化钼润滑膜,机构的寿命取决于润滑膜的寿命。润滑膜的磨损取决于负载转矩及转动的总圈数,所以对轴承及谐波减速器的寿命应该用它们转动的总圈数来衡量。目前的轴承润滑寿命已达到 10^9 转的量级,影响机构寿命的最主要因素是谐波减速器。谐波减速器的容许转数与施加的载荷有关,其最大可容许转数都要通过加速寿命试验来确定。

前面提到目前固体润滑是指向机构的主要润滑方式。在对机构中的谐波减速组件进行润滑时,事先都根据天线的技术要求对镀了润滑膜的组件进行摸底性寿命试验。试验结果得到了机构在保持正常润滑性能下的最大工作转数,只要机构的累计工作转数不超过就能正常工作,因此确切地计算工作转数是非常必要的。星间链路天线的工作模式是重复-短期式的,为得到在卫星寿命期内机构的实际转数,应按天线每天的实际跟踪轨轨道算出天线机构转轴的实际转角,再乘以在轨工作天数就得到累计转数。一般的中低轨道卫星上的中继星用户终端天线每天最多能在六条轨道上对中继星实施跟踪,每圈跟踪结束后,天线进入下一圈跟踪起始角等待。从天线的跟踪运动学分析可得出每圈跟踪中,天线 XY 两轴转过的角度,包括跟踪转角及回扫转角、跟踪持续时间结果如表 6.21 及表 6.22 所示。计算中未计入因最大跟踪角速度限制而少转的角度,因此偏向于保守。目前用户星的跟踪时间要求都小于表列的时间,因此下面的计算数据将更加偏于保守。表中 X 轴的跟踪角中的转向角指 X 轴转到转向角后要反方向转回去。实际上在一般情况下仰角低于 5°时不进行数据传输,有的接收数据的时间更短,因此表列的数据已带有不少的裕量。某些卫星对每圈接收数据的时间有具体规定,因轨道高度及轨道平面与赤道的夹角确定后天线对中继星的跟踪速度基本一样,实际转数可按跟踪时间对表列时间的折减比例而折减。

表 6.21　X 轴平行于卫星飞行速度矢量

轨道编号	偏离角/(°)	X 轴跟踪角/(°)			Y 轴跟踪角/(°)		X 跟踪加回扫	Y 跟踪加回扫	跟踪时间/(min)
		起跟角	换向角	终跟角	起跟角	终跟角			
1	40	63.2	44.3	72.6	76.9	−71.4	181.34	156.1	36.5
2	16	−61.6	18.9	−70.65	79.2	−74.4	212.5	289.24	37.23
3	−8	−28.2	−10	−81.3	61.24	−50.05	91	204	36
4	−32	−82.8	−37.5	−83.5	42.6	−30.2	92.6	127	33.3
5	−56	−84	−64.3	−84.5	23.93	−13.6	204.4	106	26.13
14	64	80	68.65	83.7	55	−35.43	47	202.8	32.8
天线轴每天累计转动路程/r							2.29	3.014	

表 6.22　X 轴垂直于轨道面

轨道编号	偏离角/(°)	Y 轴跟踪角/(°)			X 轴跟踪角/(°)		X 跟踪加回扫	Y 跟踪加回扫	跟踪时间/(min)
		起跟角	换向角	终跟角	起跟角	终跟角			
1	40	−12.24	−46.3	−18.07	83.63	−84	335	89.16	36.5
2	16	8.8	−18.85	13	84.17	−83.95	335.8	89.86	37.23
3	−8	28.18	9.5	39.8	83.73	−83	331	55.83	36
4	−32	46.65	37.4	59	81.37	−78.86	316.86	37.25	33.3
5	−56	65.4	63.45	75.37	77.77	−68.25	297	124	26.13
14	64	−34.78	−70.87	−54	82.8	−80.75	327.9	119.2	32.8
天线轴每天累计转动路程/r							5.452	1.4035	

由每天的转数及卫星在轨工作时间就可以确定天线转轴在轨最大工作转数。再计入地面调试、试验及在轨测试等额外的转动转数得出进行可靠性分析的总转数。

机构在地面要在常压下进行调试,在空气中 MoS_2 膜的磨损速度要比在真空中快,大致是它的 20～30 倍。因此须严格限制并准确统计在常压下机构的转动圈数并折算成空间的圈数计入总的工作圈数。

(3)基于固体润滑膜磨损的机构部件可靠性估算。

在航天可靠性设计手册[52]中针对由于摩擦付的磨损而限制了机械部件工作寿命的情况

下,对摩擦付的可靠性定义为:在给定的工作时间内,摩擦对偶件之一易磨损表面的磨损量 W_Σ 小于其最大允许磨损量 $W_{\Sigma max}$ 的概率。计算按下式进行。

$$\left[\frac{W_{\Sigma max} - (\mu_{W_1} + \mu_u t)}{\sqrt{\sigma_{W_1}^2 + \sigma_u^2 t^2}}\right] \tag{6.98}$$

式中:μ_{W_1},σ_{W_1}——跑合期初始磨损量 W_1 的均值及标准偏差;

μ_u,σ_u——稳定磨损期磨损速度的均值及标准偏差。

在跟踪指向机构中谐波减速器固体润滑膜的磨损限制了机构的工作寿命,因此可以参照上面的方法来计算谐波减速器的工作可靠性。

谐波减速器中的 MoS_2 润滑膜厚度仅有微米量级,直接测量磨损速度非常困难。而这种膜的摩擦特性受速度的影响很小,在载荷不变时膜的磨损仅与摩擦付的运动路程长度即机构的累积转数有关。为此用在真空环境下进行加速试验的方法来测定谐波减速器能维持正常润滑的最多转数作为它的寿命转数。只要机构的实际工作转数不超过其寿命转数就能可靠地工作。这样一来就可以将原来由工作时间来考核的可靠性计算变为以工作转数来计算了。对摩擦付的可靠性定义变为:在给定的工作转数 n 内摩擦付的磨损量小于或等于其最大允许磨损量 $W_{\Sigma max}$ 的概率。

$$R = P(W_\Sigma(n) \leqslant W_{\Sigma max}) \tag{6.99}$$

谐波减速器的 MoS_2 润滑膜的磨损特性取决于膜的承载能力、膜与基体的附着力以及其在大气、真空中的摩擦学性能。这些性能均须按国军标 GJB3032—97 规定的测试方法测试合格,表明膜的制作工艺稳定后方可用于谐波减速器。但即使用同样的设备、同样的工艺对谐波减速器镀成的润滑膜,每一台的寿命转数也不可能一样。对同一类型的谐波减速器需要用多个样本进行寿命试验测出其寿命转数后算出平均值 $N_{\Sigma max}$ 及标准偏差 σ_m。在进行寿命试验时先对样本作磨合运转,待进入稳定期后再记转数,因此得到的都是稳定磨损期的数据。试验时施加的转矩是减速器最大工作载荷的 2～3 倍,因此得到的数据更偏向安全。工作转数应包括在常压下调试、测试中转动的转数 N_c,热真空试验中的转数 N_r,在轨工作转数 N_g。

$$N_{\Sigma g} = 30N_c + N_r + N_g \tag{6.100}$$

各件产品在磨损性能上的不同用寿命转数的离散来衡量,离散对其平均值的标准偏差为 σ_m,可靠度将是

$$R = \phi\left(\frac{N_{\Sigma max} - N_{\Sigma g}}{\sigma_m}\right) \tag{6.101}$$

令 $N_{\Sigma g} = C_1 N_{\Sigma max}$,$\sigma_m = C_2 N_{\Sigma max}$ 则上式变为

$$R = \phi\left(\frac{1 - C_1}{C_2}\right) \tag{6.102}$$

令 $u = \dfrac{1 - C_1}{C_2}$ 为正态分布函数(航天可靠性设计手册):

$$\phi(u) = \frac{1}{\sqrt{2\pi}}\int_{-\infty}^{u} e^{-\frac{u^2}{2}} du \tag{6.103}$$

以 XB3-40-102 型谐波 MoS_2 固体润滑谐波减速器为例,对 6 个批次产品抽样的寿命试验数据见表 6.23。

表 6.23　某型谐波减速器的寿命试验数据

序号	要求寿命转数/r	实测值/r	对平均值偏离值/r	标准偏差/r
1		1.38×10^6	0.03×10^6	
2		1.32×10^6	-0.03×10^6	
3	1.1×10^6	1.35×10^6	0	$0.081\,6 \times 10^6$
4	1.35×10^6（实测平均值）	1.26×10^6	-0.09×10^6	$C_2 = \dfrac{0.081\,6}{1.35} = 0.060\,4$
5		1.50×10^6	0.15×10^6	
6		1.32×10^6	-0.03×10^6	

令 $C_1 = 0.8$，由表 6.21 数据代入得 $R = \phi(3.311\,3) = 0.999\,512$。

由表 6.23 的数据可看出 6 个样本的实测数据离散很小。只要适当地减小工作转数使其对寿命转数有一定的降额 C_1，可靠性完全能保证。如以实测的平均值作为寿命转数，式 (6.102) 中 C_2 是标准偏差对它之比为机构本身的统计参数。C_1 就是常说的降额使用系数，由使用者选取。按表 6.21 列出的 C_2 数据，对不同的 C_1 取值对应的可靠度如表 6.24 所示。

表 6.24　不同的 C_1 取值对应的可靠度

C_1	0.9	0.85	0.818 8	0.8	0.75	0.7
R	0.951	0.993 5	0.996 5	0.995	0.999 896	0.999 896

$C_1 = 0.818\,8$ 时意味着使用转数较寿命转数减少了 3 倍标准偏差的转数。就这样的可靠度已远高于大部分长期使用的卫星有源部件的可靠度了。

（4）按失效率的机构部件可靠性估算。

由失效率计算可靠度的基本公式是

$$R = e^{-\lambda t} \tag{6.104}$$

式中：λ——失效率（在 10^9 小时内的失效次数）；

t——工作时间，h。

对 1∶1 冷备份系统的可靠度：

$$R = e^{-\lambda_a t}[1 + (1 - e^{-\lambda_a tQ})/Q] \tag{6.105}$$

式中：λ_a 为工作单元的失效率；λ_s 为冷备份单元的失效率，$Q = \lambda_s/\lambda_a$。

1∶1 冷备份系统间歇循环工作装置的等效失效率：

$$\lambda_{eq} = d\lambda_a + (1 - d)\lambda_s \tag{6.106}$$

式中：d 为工作小时 $\times 10^{-9}$，NASA 的规范对电子及电气部件，$\lambda_s = 0.1\lambda_a$，因此 $\lambda_{eq} = (0.9d + 0.1)\lambda_a$。对机械零件，$\lambda_s = 0.01\lambda_a$，则有 $\lambda_{eq} = (0.99d + 0.01)\lambda_a$。

为进行可靠性分析，所用部件的失效率是最基本的数据，这些数据需依靠大量试验才能得到，有关部件的失效率数据见表 6.25。

表 6.25　常用部件失效率

零部件名称	失效率/10^{-9}	数据来源
闭锁插销弹簧	10	ESA
加热元件	0.22	ESA
插头接触	0.37	ESA

(续表)

零部件名称	失效率/10^{-9}	数据来源
释放弹簧	10	ESA
直流有刷电机	100,10(热备份时)	ESA
行星齿轮系(三级串联)	100,10(并联备份)	RDS
蜗轮付	40	RDS
差动齿轮	90,9(行星轮备份)	RDS
球轴承	10	ESA
展开支臂锁紧	10	ESA
电机绕组	0.98	EMS
步进电机	9.3	ESA
旋变	9.3	ESA
谐波减速	50	中技克美

6.4.4.6 用户星天线热分析结果数据

用户星中继终端天线热分析的工况与同步轨道不同。绕地球一圈的周期在 90 min 左右,与赤道面的夹角在 97°左右。由于天线的微波旋转关节及馈电波导都位于卫星舱外,对它们的工作温度有较严格的要求。天线处于循环间隙工作状态,每个循环的工作持续时间不超过 30 min,工作时有热耗。下面的数据是对某用户星中继终端天线的热分析结果。该天线反射器口径 1 m,能自动跟踪,有二维指向机构及展开机构还有 3 个三通道的微波旋转关节。在轨道上天线与机构除受到太阳的热辐射外还有电机热耗、微波部件热耗。高温工况指太阳直接照射反射器时,低温工况则是反射器处于阴影中时。对于上午 10:30 的太阳同步轨道,最小太阳强度发生在 7 月 6 日,最大太阳强度发生在 1 月 3 日,由此可以得出:

低温工况:7 月 6 日外热流(寿命初期);

高温工况:1 月 3 日外热流(寿命末期)。

分析得出了天线结构件及指向机构部件的温度变化范围如表 6.26～表 6.29 所示。

表 6.26 高温工况

部件名称	热控措施	热耗/W	计算温度/℃
主反射器	正面喷涂 S781 白漆 背面包覆多层隔热组件	无	−124～56
副反射器	表面阳极氧化	无	23.0～56.9
馈源组件	表面阳极氧化	6.6	14.6～67.2
Y 轴旋转电机	电机端面喷涂 S781 白漆 侧面包覆多层隔热组件	2	3～8
X 轴旋转电机	电机端面喷涂 S781 白漆 侧面包覆多层隔热组件	2	0.1～10.2
展开电机	表面包覆多层隔热组件	无	5.4～6

（续表）

部件名称	热控措施	热耗/W	计算温度/℃
Y 轴旋转关节	在有热耗关节处表面喷涂 S781 白漆,无热耗关节处表面阳极氧化	3.2	−5.6～65.4
X 轴旋转关节		3.3	−15～61.7
展开旋转关节		3.8	0.1～52.9
发射波导	表面阳极氧化	5.3	−47.2～63.9
和差波导	2 根波导作为一整体包覆多层,表面喷涂黑漆	无	−10.1～51.6

表 6.27 低温工况

部件名称	热控措施	热耗/W	计算温度/℃
主反射器	正面喷涂 S781 白漆 背面包覆多层隔热组件	无	−118～−35.1
副反射器	表面阳极氧化	无	−70.6～−68.2
馈源组件	表面阳极氧化	6.6	−12～4
Y 轴旋转电机	电机端面喷涂 S781 白漆 侧面包覆多层隔热组件	2	5.5～10
X 轴旋转电机	电机端面喷涂 S781 白漆 侧面包覆多层隔热组件	2	8.4～10.9
展开电机	表面包覆多层隔热组件	无	4.4～8.0
Y 轴旋转关节	在有热耗关节处表面喷涂 S781 白漆,无热耗关节处表面阳极氧化	3.2	−9.3～52.7
X 轴旋转关节		3.3	−27.9～55.7
展开旋转关节		3.8	−7.2～29.6
发射波导	表面阳极氧化	5.3	−47.2～55.3
和差波导	2 根波导作为一整体包覆多层,表面喷涂黑漆	无	−10.5～45.9

表 6.28 低温工况下中继天线不同工作模式下主要部件温度统计

	工作 0 min 温度/℃	工作 15 min 温度/℃	工作 25 min 温度/℃	工作 35 min 温度/℃
馈源	−43.1～−34.2	−22～−11	−15.5～−0.9	−12～4
X 电机	0～10	2～5	6.0～9.0	5.5～10
Y 电机	0～10	0～2	2.7～6.2	8.4～10.9
展开轴旋转关节	−25.2～2.7	−10.4～13.9	−7.2～19.8	−7.2～29.6
X 旋转关节	−33～11	−17.5～28.5	−14～48	−13.2～53.8
Y 旋转关节	−33～5	−17.8～14.2	−11.7～28.6	−7.1～55.2
发射波导	−56～27	−46～35	−44～49	−44～57

表 6.29　高温工况下中继天线不同工作模式下主要部件温度统计

	工作 0 min 温度/℃	工作 15 min 温度/℃	工作 25 min 温度/℃	工作 35 min 温度/℃
馈源	5.4～37.1	9.4～43.7	14.6～53.8	14.6～67.2
X 电机	0～10	0～10	0.1～10.2	0.1～10.2
Y 电机	0～10	0～10	0.1～10.2	3～8
展开轴旋转关节	−12.9～20.6	−9.6～25.8	−5.1～43	0.1～52.9
X 旋转关节	−27.6～15.0	−24.8～22.7	−20.7～45.7	−15～61.7
Y 旋转关节	−19.7～23.4	−16.3～28.6	−11.2～50.1	−5.6～65.4
发射波导	−50.6～31.9	−48.9～35.0	−47.2～53	−47.2～63.9

第7章 角跟踪接收机

7.1 引言

跟踪与数据中继卫星和低轨道用户星都装有高增益天线,天线工作在 Ka 频段,天线波束宽度很窄,要求天线指向更精确。例如,中继卫星要求天线指向精度优于 $0.05°$,只靠程控跟踪无法满足该要求,需要对目标进行自动跟踪。

按跟踪原理,自动跟踪可分为三种体制:步进跟踪、圆锥扫描跟踪和单脉冲跟踪。

步进跟踪又称极值跟踪,它是一步一步地控制天线在方位面(或俯仰面)内转动,接收系统对接收到的信号功率进行增减判别,如果接收到的信号功率增加,则天线沿原方向继续转动一个角度;否则,天线向反方向转动。天线在方位面和俯仰面依次重复交替进行,直至接收到的信号功率达到最大。该体制跟踪系统实现简单,但跟踪精度、速度都比较低,不适用于快速运动目标间的自动跟踪,多用于地面站对静止轨道卫星跟踪。

圆锥扫描跟踪是天线波束偏离天线轴一固定角度,由扫描机构控制波束绕天线轴旋转,其波束最大辐射方向在空间画一个以天线轴为中心的圆锥面。当目标处在天线轴上时,波束旋转一周,接收信号幅度不变;当目标偏离天线轴时,波束旋转一周,接收信号幅度周期性变化,近似为受到极低频率调制的调幅信号。调制频率与波束的旋转频率相同,调制深度正比于目标偏离天线轴角度的大小,调制波的起始相位则表示目标偏离等信号轴的方向。所以,由调制信号的幅度和相位就能检测出天线波束的指向误差。该体制实现简单,但对回波起伏敏感,其最远跟踪距离受到限制,一般用于精度要求不高的跟踪系统中。

单脉冲体制是通过比较两个或多个同时天线波束的接收信号来获得精确的目标角位置信息,送至伺服系统驱动天线对准卫星,具有跟踪实时性好、动态滞后小等优点。在单脉冲跟踪系统中,角跟踪接收机输出的角偏离误差信号送入天线的伺服系统,以驱动天线向角误差减小的方向运动,从而使天线波束精确指向目标并连续追随目标前进。单脉冲技术分为"比幅(幅度比较)"和"比相(相位比较)"两种基本类型。比相单脉冲系统的缺点是,定向精度很大程度上依赖于接收通道间相位响应的一致性和稳定性。而比幅单脉冲对通道响应之间的匹配要求相对较低,目前星载角跟踪系统都采用比幅单脉冲[103]。

如 2.3 节所述,角跟踪系统(即天线指向系统)主要由天线、指向机构、角跟踪接收机、捕获跟踪控制器和驱动电路组成。角跟踪接收机的主要功能是接收星间链路天线馈源输出的和、差信号,将星间链路天线在跟踪过程中偏离天线电轴的角位置误差转换成能够控制天线运动的角误差信号,送至伺服控制单元,控制星间链路天线运动,最终实现用户航天器与中继星之间的自动捕获跟踪,建立用户星与中继星之间的轨道间链路。根据对单脉冲跟踪体制的比较电路或跟踪模耦合器输出和信号、方位误差和俯仰误差 3 路信号或者和信号、差信号两路信号的处理方法,可把单脉冲接收机分为 3 类:三通道单脉冲接收机、双通道单脉冲接收机和单通道单脉冲接收机。单通道单脉冲接收机相对于三通道、双通道角跟踪接收机,结构简单,对差与和通道间的幅度一致性、相位一致性要求容易得到保证,在实际应用过程中考虑到通道的备份,单通道方案优越性更为明显。因此,目前星载角跟踪接收机都是采用单通道单脉冲角跟踪接收机。

在中继卫星系统中,角跟踪接收机分为中继星角跟踪接收机和用户星角跟踪接收机,两者因为工作平台不同,实现方案也大不相同,主要区别在于:

(1) 跟踪信号不同带来的误差信号解调方法不同。用户星角跟踪接收机跟踪中继星发出的信标信号,但受星上体积、功耗、重量限制,接收机接收到信标信号信噪比较低,需要通过同步解调的方法进行角误差信号解调;中继星角跟踪接收机直接跟踪用户星发送的数传信号,这种信号随用户星的不同,具有不同的数据速率、调制方式、信号功率及频带宽度,因数据解调需要的 E_b/N_0 较高,因此数传信号的载噪比较高,可以通过包络检波直接得到角误差信号,通过切换中频带宽适应不同数据速率的数传信号。

(2) 多普勒补偿方法不同。用户星角跟踪接收机采用锁相环的方式对多普勒进行自主补偿;中继星角跟踪接收机通过上行注入多普勒补偿指令进行补偿,当工作于中频带宽较宽时,可以不进行补偿。

7.2 单脉冲单通道角跟踪接收机工作原理

在分析时假定从天线馈源来的信号为单一频率信号,天线和、差信道在接收频带内辐射特性保持不变,而且和、差信道及天线的来波均为理想圆极化波。

设天线口径位于 XOY 平面上,OZ 为天线电轴线,用户星 C 位于以 O 为原点的球面上,目标轴 OC 和 OZ 轴的夹角为 θ。用户星 C 在天线口径位 XOY 平面上的投影为点 B,矢量 $\overrightarrow{OB}$ 与 OX 轴的夹角记为 φ。单通道单脉冲合成矢量如图 7.1 所示。

在天线馈源端口输出和信号的瞬时值为

$$e_s = A_m \cos \omega t \tag{7.1}$$

差信号由方位和俯仰误差相位正交合成得

$$e_d = A_m \mu A \cos \omega t + A_m \mu E \sin \omega t \tag{7.2}$$

式中:μ——差斜率;

A——目标在方位上偏离电轴的角度;

E——目标在俯仰上偏离电轴的角度。

$$A = \theta \cos \varphi \tag{7.3}$$

$$E = \theta \sin \varphi \tag{7.4}$$

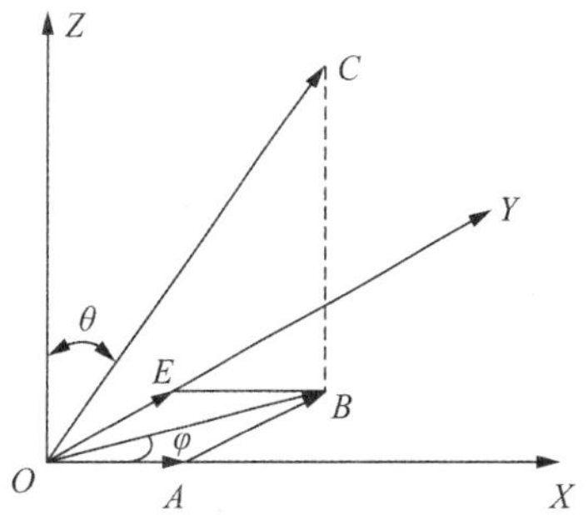

图 7.1 单通道单脉冲合成矢量图

可将 e_d 变换为

$$e_d = A_m \mu \sqrt{A^2 + E^2} \cos(\omega t - \varphi) = A_m \mu \theta \cos(\omega t - \varphi) \tag{7.5}$$

式中:$A_m \mu \theta$——方位误差信号、俯仰误差信号的合成矢量的幅度,其中 $\theta = \sqrt{A^2 + E^2}$;

$\varphi = \arctan(E/A)$——差信号合成载波的相位。

φ 与 A,E 的比例大小有关,可见误差信号信息包含在差信号的幅度 $A_m \mu \theta$ 和相位 φ 之中[104]。

从上述表达式中也可看到,在目标偏离天线电轴 θ 角时,差模输出信号 e_d 中已经含有方位角位置信号 A 与俯仰角位置信号 E,角跟踪接收机的任务就是要从输入和信号 $e_s(t)$ 与差信号 $e_d(t)$ 中,检测出表征方位角位置信号的方位差信号 ΔA 与表征俯仰角位置信号的俯仰差信号 ΔE,即将天线在跟踪目标过程中偏离天线电轴的角位置误差转换成能够控制天线运动的角误差电信号。

7.2.1 和、差信号单通道合成

单通道角跟踪接收机实现和、差信号的单通道合成,要求合成后的信号能在终端解调出角误差信号。通常在和、差信号合成前,先对差信号进行四相调制,再与和信号合成。和、差信号单通道合成可以在天线馈源输出端,例如美国中继星就是在天线馈源输出口直接进行两路信号的单通道合成,这样可以减小和、差支路通道不一致,但会影响系统 G/T 值,设计时必须保证跟踪调制器的插损尽可能小;因为跟踪调制器在 Ka 频段实现难度较大,和、差信号单通道合成可以考虑在第一混频后实现,例如日本中继卫星 DRTS 采用该方案,跟踪调制器在 C 频段实现相对容易,但这种方案中、差两路分别混频,和、差两路相对相移一致性难以保证,并且增加了系统的复杂度,相应体积、重量、功耗增大。采用在和、差信号分别低噪声放大后进行两路信号的单通道合成,可以确保系统的 G/T 值,并简化系统的复杂度,下面以此为基础进行分析。

式(7.1)~式(7.5)所示和、差信号分别经过低噪声放大 K_Σ,K_Δ 后变为

$$e_s = K_\Sigma A_m \cos\omega t \tag{7.6}$$

$$e_d = (\mu\theta)K_\Delta A_m \cos(\omega t - \varphi + \alpha) \tag{7.7}$$

式中:α 为和、差信号从天线馈源输出后经过不同信道带来的相对相位差。

在低频信号 $f_1(t)$ 和 $f_2(t)$ 的作用下,对差信号进行四相调制,调制后的差信号为

$$e_d = (\mu\theta)K_\Delta A_m \cos(\omega t - \varphi + \beta(t) + \alpha) \tag{7.8}$$

$f_1(t)$ 和 $f_2(t)$ 为同源同相方波信号,由角跟踪接收机产生,分为两路:一路作为低频调制信号用于上述对差信号的四相调制,信号特性和幅度根据四相调制器的实现方式不同而略有不同,可能为 TTL,CMOS 电平或双电平量;另一路作为角误差信号解调的基准参考,实现角误差信号的提取与分离,$f_1(t)$ 和 $f_2(t)$ 的频率根据系统应用不同,选择几百 Hz 到几 kHz,$f_1(t)$ 的频率为 $f_2(t)$ 的两倍。

$\beta(t)$ 为调相角,受 $f_1(t)$ 和 $f_2(t)$ 信号调制。如图 7.2 所示,在四相调制时,有

$$\beta(t) = \begin{cases} 0, & t = t_0 \sim t_1 \\ \pi, & t = t_1 \sim t_2 \\ \pi/2, & t = t_2 \sim t_3 \\ 3\pi/2, & t = t_3 \sim t_4 \end{cases} \tag{7.9}$$

调制后的差信号经一定向耦合器与和信号合成,其合成信号为

$$u_c(t) = K_\Sigma A_m \cos\omega t + \sqrt{M}(\mu\theta)K_\Delta A_m \cos(\omega t - \varphi + \beta(t) + \alpha) \tag{7.10}$$

式中:M 为定向耦合器的系数,一般取 8~12 dB。

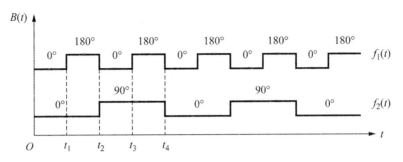

图 7.2 低频调制信号与四相调制相位对应关系图

7.2.2 角误差信号解调

合成信号经过下变频至中频,中频信号经过放大、AGC 调整后,频率仍记作 ω,将合成信号变换后得

$$
\begin{aligned}
u_c(t) &= K_\Sigma A_m \cos\omega t + \sqrt{M}(\mu\theta) K_\Delta A_m \cos(\omega t - \varphi + \beta(t) + \alpha) \\
&= \{K_\Sigma A_m + K_\Delta A_m \sqrt{M}(\mu\theta)\cos[\beta(t) - \varphi + \alpha]\}\cos\omega t - \\
&\quad [K_\Delta A_m \sqrt{M}(\mu\theta)\sin[\beta(t) - \varphi + \alpha]]\sin\omega t \\
&= c(t)\cos[\omega t - \psi(t)]
\end{aligned} \tag{7.11}
$$

式中:

$$
\begin{aligned}
c(t) &= \{[K_\Sigma A_m + K_\Delta A_m \sqrt{M}(\mu\theta)\cos(\beta(t) - \varphi + \alpha)]^2 + \\
&\quad [K_\Delta A_m \sqrt{M}(\mu\theta)\sin(\beta(t) - \varphi + \alpha)]^2\}^{1/2}
\end{aligned} \tag{7.12}
$$

$$
\begin{aligned}
\psi(t) &= \arctan\{[K_\Delta A_m \sqrt{M}(\mu\theta)\sin(\beta(t) - \varphi + \alpha)] + \\
&\quad [K_\Sigma A_m + K_\Delta A_m \sqrt{M}(\mu\theta)\cos(\beta(t) - \varphi + \alpha)]^{-1}\}
\end{aligned} \tag{7.13}
$$

角误差信号的提取只与 $u_c(t)$ 的振幅 $c(t)$ 有关,对 $u_c(t)$ 进行包络检波取出 $c(t)$:

$$
c(t) = K_\Sigma A_m \left\{1 + 2\left(\frac{K_\Delta}{K_\Sigma}\right)\sqrt{M}(\mu\theta)\cos[\beta(t) - \varphi + \alpha] + \left[\frac{K_\Delta}{K_\Sigma}\sqrt{M}(\mu\theta)\right]^2\right\}^{1/2} \tag{7.14}
$$

在设计时,一般 $K_\Sigma \approx K_\Delta$,并且在 M,θ 很小时有

$$
2\left(\frac{K_\Delta}{K_\Sigma}\right)\sqrt{M}(\mu\theta)\cos[\beta(t) - \varphi + \alpha] + \left[\frac{K_\Delta}{K_\Sigma}\sqrt{M}(\mu\theta)\right]^2 \ll 1 \tag{7.15}
$$

当 $X \ll 1$ 时: $(1+X)^n \approx 1 + nX$,故

$$
c(t) = K_\Sigma A_m \left\{1 + \left(\frac{K_\Delta}{K_\Sigma}\right)\sqrt{M}(\mu\theta)\cos[\beta(t) - \varphi + \alpha] + \frac{1}{2}\left[\frac{K_\Delta}{K_\Sigma}\sqrt{M}(\mu\theta)\right]^2\right\} \tag{7.16}
$$

在 θ 很小时,这个调幅波的调幅度为

$$
m = \left(\frac{K_\Delta}{K_\Sigma}\right)\sqrt{M}(\mu\theta) \tag{7.17}
$$

经过检波滤除直流分量可得

$$
c(t) = K_\Delta A_m \sqrt{M}(\mu\theta)\cos[\beta(t) - \varphi + \alpha] \tag{7.18}
$$

在四相调制的一个周期内,根据 $\beta(t)$ 的不同取值 $c(t)$ 有

$$U_{A1} = + K_\Delta A_m \sqrt{M}(\mu\theta)\cos(\varphi - \alpha), t = 0 \sim t_1$$

$$U_{A2} = - K_\Delta A_m \sqrt{M}(\mu\theta)\cos(\varphi - \alpha), t = t_1 \sim t_2$$

$$U_{E1} = + K_\Delta A_m \sqrt{M}(\mu\theta)\sin(\varphi - \alpha), t = t_2 \sim t_3 \qquad (7.19)$$

$$U_{E2} = - K_\Delta A_m \sqrt{M}(\mu\theta)\sin(\varphi - \alpha), t = t_3 \sim t_4$$

所以,在时间 $t = 0 \sim t_2$ 范围内,可得

$$\Delta V_A = \Delta U_{A1} - \Delta U_{A2} = 2K_\Delta A_m \sqrt{M}(\mu\theta)\cos(\varphi - \alpha) \qquad (7.20)$$

在时间 $t = t_2 \sim t_4$ 范围内,可得

$$\Delta V_E = \Delta U_{E1} - \Delta U_{E2} = 2K_\Delta A_m \sqrt{M}(\mu\theta)\sin(\varphi - \alpha) \qquad (7.21)$$

在系统工作时,应调整和、差信号合成前和、差信道的相对相位差接近为零,即 $\alpha = 0$,又因为 $A = \theta\cos\varphi, E = \theta\sin\varphi$,则式(7.20)、式(7.21)可变为

$$\Delta V_A = 2K_\Delta A_m \sqrt{M}(\mu\theta)\cos(\varphi - \alpha) = 2K_\Delta A_m \sqrt{M}\mu A \qquad (7.22)$$

$$\Delta V_E = 2K_\Delta A_m \sqrt{M}(\mu\theta)\sin(\varphi - \alpha) = 2K_\Delta A_m \sqrt{M}\mu E \qquad (7.23)$$

该值就是系统完成闭环所需的方位误差和俯仰误差的电压值。ΔV_A 的大小表示目标偏离天线电轴方位角度大小,ΔV_A 的正负表示目标方位偏离电轴的方向;ΔV_E 的大小正比于目标偏离电轴俯仰角大小,ΔV_E 的正负表示目标偏电轴俯仰的方向[95]。

7.2.3 相位调整

跟踪调制器前和、差信道包括天线馈源、波导组件、低噪声放大器等,和、差信号通过不同的信道,必然带来相位差。下面对和、差通道存在相对相位差,即 $\alpha \neq 0$ 对误差信号带来的影响进行分析。

(1) 当目标只有方位偏时,即 $\varphi = 0(A \neq 0, E = 0)$,$\alpha \neq 0$,则

$$\Delta V_{A1} = 2K_\Delta A_m \sqrt{M}\mu A \cos\alpha = \Delta V_A \cos\alpha \qquad (7.24)$$

$$\Delta V_{E1} = 2K_\Delta A_m \sqrt{M}\mu A \sin\alpha = \Delta V_A \sin\alpha \qquad (7.25)$$

(2) 当目标只有俯仰偏时,即 $\varphi = 90°(A = 0, E \neq 0)$,$\alpha \neq 0$,则

$$\Delta V_{A2} = 2K_\Delta A_m \sqrt{M}\mu E \sin\alpha = \Delta V_E \sin\alpha \qquad (7.26)$$

$$\Delta V_{E2} = 2K_\Delta A_m \sqrt{M}\mu E \cos\alpha = \Delta V_E \cos\alpha \qquad (7.27)$$

从式(7.24)、式(7.25)可见:由于 $\alpha \neq 0$,ΔV_{A1} 乘了 $\cos\alpha$,差斜率减小;由于 $\alpha \neq 0$,ΔV_{E1} 不等于零,这个 ΔV_{E1} 就是方位到俯仰的交叉耦合。

从式(7.26)、式(7.27)可见:由于 $\alpha \neq 0$,ΔV_{E2} 乘了 $\cos\alpha$,差斜率减小;由于 $\alpha \neq 0$,ΔV_{A2} 不等于零,这个 ΔV_{A2} 就是俯仰到方位的交叉耦合。

由此可见,和差通道相位差与跟踪所需要的目标偏离天线轴而正常引起的差信号与和信号的相位差混叠在一起,会引起交叉耦合和角误差灵敏度的降低,严重时,系统将无法实现自动跟踪。交叉耦合约等于 $\sin\alpha$,例如 $\alpha = 10°$ 时,交叉耦合等于 17.4%。工程上把交叉耦合达到 1/3,即 $\alpha = 19.5°$ 定为极限。

由于各角跟踪系统的应用环境不同,对交叉耦合的要求也不尽相同,在系统设计时,一般都要保证和、差通道相位差小于 20°。但系统中和、差通道间的相对相移随环境温度(尤其是天

线馈源置于卫星舱体外,温度变化剧烈,模耦合器输出的和、差信号相位会有较大变化)及器件老化等因素会有较大变化,所以角跟踪接收机必须具备和、差信道相位调整功能。角跟踪接收机相位调整就是在接收机内部信号链路上的某个环节加一个移相器,"去掉"和、差通道的相位差 α。

传统的相位调整是在射频部分进行调整。即在跟踪调制器单通道合成前设置和支路移相器,该移相器能够在 $0°\sim360°$ 范围内步进移相,用于补偿和、差通道相位差,确保和、差合成信号的相位特性。跟踪调制器的实现方案以及后续相位调整方案改进将分别在 7.4.3 节和 7.5 节中详细介绍。具体相位校准方法在第 12 章星间链路角跟踪系统校相技术中进行介绍。

7.2.4 单通道合成对信噪比影响分析

单通道合成可以简化系统设计,但也会带来通道信噪比的损失。为了便于分析,假设和、差通道噪声系数相同(即等效到低噪声放大器输入端的噪声功率相同)、增益相同,该假设不失一般性。则单通道合成后的和信号信噪比:

$$\frac{S'_\Sigma}{N'_{\Sigma+\Delta}} = \frac{G_\Sigma S_\Sigma}{G_\Sigma N_\Sigma + G_\Delta N_\Delta} \tag{7.28}$$

式中:G_Σ,G_Δ——分别表示单通道合成前和、差支路通道增益;

S_Σ,S_Δ——分别表示角跟踪接收机和、差信号输入电平;

N_Σ,N_Δ——分别表示和、差支路等效到低噪声放大器输入端的噪声功率。根据假设,$G_\Sigma=G_\Delta,N_\Sigma=N_\Delta$,则

$$\frac{S'_\Sigma}{N'_{\Sigma+\Delta}} = \frac{S_\Sigma}{N_\Sigma + N_\Delta} = \frac{1}{2}\cdot\frac{S_\Sigma}{N_\Sigma} \tag{7.29}$$

即如果和、差信号直接单通道合成,对和信号信噪比恶化 3 dB。

在实际应用中,为减小差信道对和信号信噪比的恶化,在保证差斜率的情况下,通常采用在差通道单通道合成前串接一个衰减器,使单通道合成前,和信号比差信号大 $8\sim12$ dB。考虑对于自跟踪多模馈源天线,天线偏半波束宽度,馈源输出和信号比差信号电平高 $7\sim9$ dB,选定在差支路单通道合成前串接衰减器的衰减量 $L=3$ dB,则

$$\frac{S'_\Sigma}{N'_{\Sigma+\Delta}} = \frac{G_\Sigma S_\Sigma}{G_\Sigma N_\Sigma + G_\Delta N_\Delta/L} = \frac{L}{1+L}\cdot\frac{S_\Sigma}{N_\Sigma} = 0.67\frac{S_\Sigma}{N_\Sigma} \tag{7.30}$$

即单通道合成对和信号信噪比恶化 1.76 dB。差支路串接衰减器的衰减量越大,则单通道合成对和信号信噪比的影响越小。因此差支路里减量不会影响差斜率和跟踪精度。

7.3 单脉冲单通道角跟踪接收机主要功能及组成

角跟踪接收机的工作频段由系统工作频段决定目前从 L 波段到 V 波段都有应用。不同频段的角跟踪工作原理和主要功能相同,下面以工作于 Ka 频段的角跟踪接收机为例进行阐述。

7.3.1 单脉冲单通道角跟踪接收机主要功能

单脉冲单通道角跟踪接收机接收天线馈源输出和、差两路信号,分别经过低噪声放大后,

差信号进行四相调制后与经过相移调整的和信号单通道合成,单通道合成信号下变频到中频,进行误差信号解调,产生方位误差信号 ΔV_A 和俯仰误差信号 ΔV_E,并作为控制信号送至捕获跟踪控制器。具体功能如下:

(1)接收天线馈源输出的和信号、差信号。差信号由差模耦合器(如 TM_{01} 模、TE_{21} 模)产生,为方位差和俯仰差的矢量和。和信号为通信信号,不同角跟踪接收机输入的目标信号的形式不同,如用户星角跟踪接收机输入信号为单载波信号;中继星角跟踪接收机输入信号为不同调制方式、不同码速率的宽带数传信号。

(2)将和、差信号分别经过低噪声放大器后实现单通道合成。

(3)调整和支路相移,实现和差信号相位一致性调整。

(4)将单通道合成信号线性放大,下变频至中频,并设置合适的中频滤波器,以提高 S/N。

(5)提取并分离方位差信号、俯仰差信号以及表征接收信号电平的 AGC 电压,送至天线指向控制器。

7.3.2 单脉冲单通道角跟踪接收机组成

单脉冲单通道角跟踪接收机整机设计需要合理分配各部分增益,以减小后置电路对接收机灵敏度的影响,同时保证分机性能稳定。合理规划分机内部频率,避免交调信号落入接收机带内。分机工作在 Ka 频段,一般采用二次变频的方案,保证一次变频的镜像频率落在信号频率带宽之外。

图 7.3 给出了日本用户星 ADEOS 角跟踪接收机原理组成框图[8],图 7.4 给出了日本中继卫星 DRTS 角跟踪接收机的原理组成框图[6]。由图 7.3~图 7.4 可以看出,ADEOS 角跟踪接收机采用一次变频方案,在 Ka 频段实现和、差信号单通道合成;DRTS 角跟踪接收机采用二次变频方案,在 C 波段实现和、差信号单通道合成。虽然分机设计方案不同,但构成单脉冲单通道角跟踪接收机的功能模块基本相同,主要有低噪声放大器(和支路、差支路)、混频器、跟踪调制器、中频滤波、中频放大、晶振、本振、角误差信号解调以及 DC/DC 变换等。

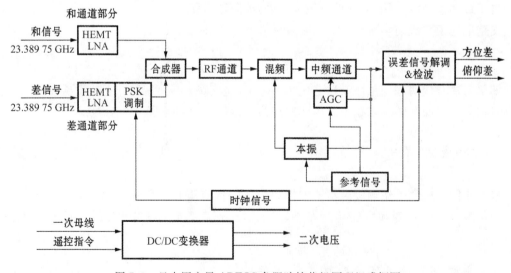

图 7.3 日本用户星 ADEOS 角跟踪接收机原理组成框图

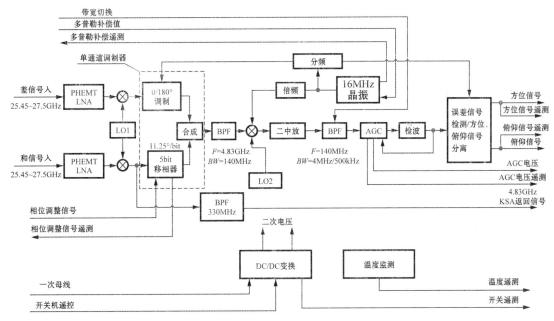

图 7.4　日本中继卫星 DRTS 角跟踪接收机原理框图

7.3.3　单脉冲单通道角跟踪接收机的主要技术参数

1) 噪声系数

噪声系数(Noise Figure,NF)表征接收系统内部噪声的大小,是衡量接收系统噪声特性的参量,其定义为接收机输入信噪比和输出信噪比的比值,其表达式为

$$NF = \frac{S_{in}/N_{in}}{S_o/N_o} \tag{7.31}$$

式中:S_{in},N_{in}——分别为输入端的信号功率和噪声功率;

S_o,N_o——分别为输出端的信号功率和噪声功率。

对于由多个模块级联而组成的分机,若假设每个模块噪声系数为 NF_n,其增益为 G_n。则整个分机的噪声系数为

$$NF = NF_1 + \frac{NF_2-1}{G_1} + \frac{NF_3-1}{G_1 G_2} + \cdots + \frac{NF_n-1}{G_1 G_2 \cdots G_{n-1}} \tag{7.32}$$

由上式可以看出,第一级模块的噪声性能对整个接收机的噪声性能有着极大的影响。因此,分机设计时要求第一级模块具有尽量低的噪声系数,尽量高的增益。

2) 接收灵敏度

接收灵敏度表征的是接收机接收微弱信号的能力,是指当接收机正常工作时从接收天线上所感应到的最小信号,能够接收的信号越弱,则接收灵敏度越高。接收机正常工作包含两个方面:功率达到一定的要求;信噪比达到一定的要求。如果没有噪声,无论信号多么微弱,只要通道增益足够高,后端处理都可以实现,实际工作中,跟踪接收机接收天线馈源输出的信号,包含了传播链路噪声、天线噪声,信号进入接收机后,接收机内部的热噪声也将与信号一起经过射频通道,影响接收机后端处理。接收灵敏度的计算公式如下:

$$P_{smin} = k \cdot T_0 \cdot B \cdot NF \cdot D \tag{7.33}$$

式中:k——玻耳兹曼常数,为$-228.6\,\mathrm{dBW/HzK}$;

    $T_0 = 290\,\mathrm{K}$,为室温的热力学温度;

    B——系统噪声带宽;

    D——基带信号处理所要求的最小信噪比。

用 dB 表示上式:

$$P_{smin}(\mathrm{dB}) = -174(\mathrm{dBmW}) + 10\lg B(\mathrm{Hz}) + 10\lg NF + 10\lg D \tag{7.34}$$

由此可见,角跟踪接收机中影响接收灵敏度的主要因素是接收机的内部噪声和接收机等效带宽以及终端解调所需的信噪比要求。在接收天线特性、基带信号处理所要求的最小信噪比一定的情况下,提高跟踪接收机接收灵敏度的方法主要有:减小接收机的噪声系数;保证跟踪信号在接收机频带范围内的同时,尽可能地减小噪声带宽[105]。

3) 动态范围和增益

动态范围表示接收机正常工作时,允许输入信号的最小功率和最大功率范围。动态范围的下限是接收灵敏度,上限则根据正常工作的要求而定。受器件非线性指标和自动增益放大器的控制范围限制,当输入信号过大的时候,由于系统的非线性而产生了信号的失真,输入信噪比反而会下降,甚至对器件造成损伤。因此,动态范围的上限取决于各个器件的 1 dB 增益压缩点。

增益表示接收机对输入信号的放大能力,由接收灵敏度、动态范围以及基带信号处理所需信号功率决定。在接收机增益确定后,关键的是对增益进行分配。增益分配时需要综合考虑分机的噪声系数、动态范围和通道的稳定性。一般来说,处于第一级的低噪声放大器增益比较高,以减小其后混频器、中频放大器的噪声对系统噪声系数的影响,但低噪声放大器的增益也不能太高,否则会影响放大器的工作稳定性和接收机的动态范围。

4) 多普勒频移范围及多普勒频移速率

在中继卫星系统中,用户星相对于中继卫星高速运动,用户星和中继星角跟踪接收机接收到的跟踪信号都有很大的多普勒频移。为保证角跟踪接收机的捕获跟踪正常可靠地工作,必须对多普勒频率进行补偿和消除,或者信号处理带宽足够宽。

5) 和、差相位不一致性

和、差相位不一致性是指角跟踪接收机中,单通道合成前和、差通道相位的不一致性,由7.2.3节分析可知,该项指标影响跟踪系统的交叉耦合。在实际应用过程中,一般有对相位进行校准和调整的措施,以保证相位特性满足系统要求。

6) 角误差信号输出特性

角跟踪接收机最终输出表征天线偏离目标位置信息的方位误差信号、俯仰误差信号和表征接收信号电平的和信号。

方位误差信号、俯仰误差信号的主要特性有误差信号斜率、误差信号抖动。误差信号斜率与天线差波束特性、误差信号输出放大倍数相关,误差信号抖动将影响跟踪精度,该参数与跟踪接收机信噪比、误差信号解调方式密切相关,在低信噪比的情况下,在保证跟踪系统响应时间的情况下,可以通过加长积分时间,提高相干累积增益,减小输出误差信号抖动。

表 7.1 给出了日本中继卫星(DRTS)跟踪接收机的主要技术指标[6]。

表 7.1　日本中继卫星(DRTS)跟踪接收机的主要技术指标

序号	参　　数	性　　能
1	输入频率/GHz	25.45~27.5
2	输入信号动态范围/dBmW	−106.6~−55.8
3	LNA 噪声系数/dB	≤1.90
4	射频输入驻波比	≤1.3∶1
5	输出方位、俯仰误差电压斜率/(V/(°))	20.0
6	和、差信号相位不一致性/(°)	≤±15.0
7	多普勒频率补偿范围	≥±800 kHz
8	角误差信号抖动/mV	≤±120
9	功耗/W	≤20.45

7.4　单脉冲单通道角跟踪接收机设计

单脉冲单通道角跟踪接收机与一般接收机主要区别在于,一般接收机主要实现信号的放大、变频、滤波、自动增益控制等功能,而单脉冲单通道角跟踪接收机在实现上述基本功能的基础上,需要实现角误差信号解调。

对于一般接收机的设计很多技术文献及书籍中有详细的讲解,本书中只进行简单的实现方案的概述,主要针对单脉冲单通道角跟踪接收机特有的功能实现和电路设计进行阐述。

7.4.1　低噪声放大器

低噪声放大器是射频与微波电路中最基本的有源电路模块。除工作频率外,其主要技术指标有:

1) 噪声系数

噪声系数是指信号通过放大器后,由于放大器产生噪声使信噪比变化,信噪比下降的倍数。低噪声放大器分别位于和、差支路信号通道的最前端,其噪声系数直接影响分机的噪声系数,因此,噪声系数是低噪声放大器最关键的技术指标。

2) 功率增益

对于实际的低噪声放大器,功率增益通常是指信号源和负载都是 $50\ \Omega$ 标准阻抗情况下实测的增益。低噪声放大器都是按照噪声最佳匹配进行设计的。噪声最佳匹配点并非最大增益点,因此增益 G 要下降。噪声最佳匹配情况下的增益称为相关增益。通常,相关增益比最大增益大概低 2~4 dB。

3) 增益平坦度

增益平坦度是指工作频带内功率增益的起伏,常用最高增益与最小增益之差,即 $\Delta G(\text{dB})$ 表示。

4) 动态范围

与接收机动态范围相同,低噪声放大器动态范围下限取决于接收灵敏度,上限取决于器件的 1 dB 增益压缩点。由于低噪声放大器工作于接收机前端,接收的信号比较微弱,因此,一般情况下,所选用的器件 1 dB 增益压缩点不需要太高。但由于低噪声放大器为宽带放大器件,在预算器件的 1 dB 增益压缩点时,需要同时考虑通带内噪声功率,避免通道内噪声功率过大导致器件工作于非线性状态。

5)端口驻波比

如前所述低噪声放大器主要指标是噪声系数,所以输入匹配电路是按照噪声最佳来设计的,其结果会偏离驻波比最佳的共轭匹配状态,驻波不会很好。在整机设计时通常考虑在低噪声放大器输入输出端口加隔离器。

目前 Ka 波段低噪声放大器实现方式主要有两种:一种是采用微波单片集成电路(MMIC),其内部已包括了匹配电路、隔直电容、旁路电容等,体积小、成本低、实现较为容易、但噪声系数较大;另一种是采用高电子迁移率场效应管(HMET)设计匹配电路形式,该方法组装工艺复杂,金丝压焊的长短对电路性能有很大影响,对组装、压焊技术提出较高的要求,但管芯具有优良的噪声性能。因此,低噪声放大器设计一般前级采用低噪声管芯及其最低噪声匹配电路来保证整个电路的低噪声系数,后级采用 MMIC 芯片提高增益。

在目前国内外器件水平下,低噪声放大器在 Ka 频段可以达到增益大于 14 dB,噪声系数小于 2.0 dB。

7.4.2 滤波器

接收机在接收有用信号的同时,不可避免地会接收到噪声和干扰,在接收机内部还会产生各种变频频率分量。为抑制各种干扰和噪声以及各种不需要的频率分量,需要采用滤波来进行频率选择,滤波器是完成这一任务的重要部件,它通过对通带内频率信号呈现匹配传输,对阻带频率信号失配而进行反射衰减从而实现信号频谱过滤功能。按照性能指标分类,滤波器分为低通滤波器、高通滤波器、带通滤波器、带阻滤波器。其主要技术指标有:

1)通带带宽

通带带宽通常有 1 dB 带宽和 3 dB 带宽,是指以中心频率处插入损耗为基准,下降 1 dB 或 3 dB 处对应的左、右变频之间的频带宽度,是由需要通过滤波器的频谱宽度决定的。

通常,也会采用分数带宽(相对带宽)即 3 dB 带宽与中心频率的比值,来表征滤波器通带带宽。如:滤波器工作频率 50 MHz,3 dB 带宽 2 MHz,则相对带宽为 4%。

2)插入损耗(IL)

插入损耗是指由于滤波器的引入对电路中原有信号带来的损耗,一般情况下,以中心频率(带通滤波器)或截止频率(低通及高通滤波器)处的损耗表征。用 S 参数定义如下:

$$IL = 10 \lg \frac{P_{in}}{P_{L}} = 10 \lg \frac{1}{|S_{21}|^2} = -10 \lg |S_{21}|^2 \tag{7.35}$$

式中:P_{in}——滤波器输入端的入射功率;

P_{L}——滤波器输出端接匹配负载时负载吸收功率。

3)纹波

纹波指通带内插损随频率在损耗均值曲线基础上波动的峰-峰值,一般用 dB 表示。

4)回波损耗(RL)

回波损耗用来表征滤波器反射特性,是指端口信号输入功率与反射功率之比,通常用 dB

来表示。与电压反射系数 Γ 及带内驻波 $VSWR$ 的关系为

$$RL = -20\lg\frac{VSWR-1}{VSWR+1} = -20\lg\Gamma \tag{7.36}$$

5）带外抑制

带外抑制是衡量滤波器选择性能好坏的重要指标。由于理想滤波器带外衰减无穷大不可能实现，可以规定在某一带外频率 f 下，最小衰减不能小于要求值 L_A；也可以用矩形系数（K_{xdB}）来描述，它表征了滤波器实际的幅频响应与理想矩形接近程度。滤波器节数越多，矩形度越高——即 K 越接近理想值 1，制作难度也越大。

$$K_{xdB} = \frac{BW_{xdB}}{BW_{3dB}}（x\ 可为\ 40,30,20\ 等） \tag{7.37}$$

6）寄生通带

在微波滤波器中，由于元件分布参数的影响，其频响可能是周期的，因而可能在设计好的通带之外又产生了额外通带，称为寄生通带，设计中应尽量避免其落入截止频率范围。

7）插入相移和时延频率特性

滤波器插入相移 Φ_{21} 随频率的变化特征称为相移的频率特性，而插入相移与频率的比值，称为滤波器的时延（t_p），插入相移对频率的导数称为群时延（t_d）。

$$t_p = \frac{\Phi_{21}}{\omega}, \quad t_d = \frac{\mathrm{d}\Phi_{21}}{\mathrm{d}\omega} \tag{7.38}$$

8）带内相位线性度

带内相位线性度表征滤波器对通带内传输信号引入的相位失真大小。按线性相位响应函数设计的滤波器具有良好的相位线性度，但频率选择性很差，限于脉冲或调相信号传输系统应用。

按照滤波器谐振器实现方式，滤波器分为集总元件和分布参数滤波器两种。分布参数又分为印制板电路（微带、悬置微带线）、机械腔体、介质谐振子等形式，新兴的 LTCC，MEMS 滤波器等。在应用过程中，针对滤波器的应用环境不同，关注的指标不相同，选取的滤波器实现方式也不同。

7.4.2.1　输入滤波器

又称预选滤波器或预选器，一般置于接收机的输入端，抑制外部干扰和噪声。尤其是当收发天线共用且发射信号功率较高时，仅靠天线收发隔离难以保证发射端泄漏的信号不会对接收前端低噪声放大器性能产生影响或造成损伤，必须合理选择滤波器，保证带外抑制满足要求。另外，由于输入滤波器置于接收前端，其插入损耗会导致接收机噪声系数恶化，影响接收灵敏度，因此需要综合考虑对接收机外部干扰的抑制特性和自身插损影响。

由于工作频率高，相对带宽窄，且对插入损耗要求很高，输入滤波器一般选用腔体滤波器。

7.4.2.2　镜像抑制滤波器

镜像抑制滤波器置于混频器前端，用于抑制镜像频率。如果没有镜像抑制滤波器，即使没有外界干扰，噪声也会从射频和镜频两个通道同时进入混频器的中频，而且混频器后的滤波器无法滤除该部分的噪声。因此，没有镜像抑制的接收机在相同噪声系数的情况下，接收机的灵敏度将损失约 3 dB。

目前接收机多选用二次变频的方案，以提高一中频频率，使镜像频率远离信号频率，便于

滤除镜频干扰。若中频频率太低,信号频率可能与镜像频率发生混叠,此时只有采用相位相抵消的镜像抑制混频器才能达到抑制镜像的目的。

镜像抑制滤波器选取时,考虑的主要因素是对镜像频率的抑制度,根据工作频率的不同,镜像抑制滤波器可以选用腔体滤波器、微带电路滤波器以及声表滤波器和 LC 滤波器。

7.4.2.3 中频滤波器

中频滤波器的作用是抑制混频产生的各次交调产物及本振的各次谐波。降低噪声带宽,提高信噪比。

对于中继卫星角跟踪接收机跟踪不同码速率的宽带数传信号,如果中频滤波采用带宽一定的滤波器,必然造成低码速率数传信号信噪比降低或高码速率数传信号带内功率过低。因此,在中频需要设置滤波器组,根据跟踪码速率的不同切换到不同带宽滤波器。中频滤波器组的设计有两种:

第一种是传统的方法,角跟踪接收机中频带通滤波器由多个滤波器构成滤波器组,每个滤波器带宽分别包括需跟踪的数传信号频谱主瓣宽度,根据不同码速率进行切换。例如,数传信号码速率为 100 Kbps～240 Mbps,用 12 个滤波器构成滤波器组,每个滤波器带宽是前一个相邻滤波带宽的 2 倍,带宽分别为 0.25,0.5,1,2,4,8,16,32,64,128,256,512 MHz,进行切换适应对 100 Kbps～240 Mbps 的数传信号的角跟踪。采用这种方案接收机中频频率难以选择,而且滤波器切换档数太多,应用复杂,可靠性低,不适用于星载设备。

第二种是取数传信号频谱主瓣的小部分带宽内信号提取角误差信号实现角跟踪,称之为"小部分带宽法"(具体理论推导详见第 9 章"对宽带数据传输信号的角跟踪理论")。这样角跟踪接收机中频采用少数几种带宽滤波器切换就能实现从不同码速率数传信号中提取并分离角误差信号。例如:日本中继卫星 DRTS 星间返向链路数传信号码速率为 100 Kbps～240 Mbps,角跟踪接收机中频滤波器带宽选择 500 kHz 和 4 MHz。显然,本方案优于 12 个滤波器组方案很多。

角跟踪接收机中频带宽选取时,主要考虑以下因素:

(1) 中频带宽的选择在保证获取高的信噪比的同时,需要兼顾落入中频带宽内信号功率。若带宽选取太窄,等效接收信号电平低,为了保证振幅检波电平,接收机增益要提高。

(2) 角跟踪接收机中频不能太高,否则会增加工程研制难度。

(3) 考虑到在轨应用,角跟踪接收机中频滤波器组切换档数不宜过多。

综上所述,用于跟踪不同码速率宽带数传信号的中继卫星角跟踪接收机中频滤波采用滤波器组,根据跟踪信号速率不同进行切换。根据相对带宽的宽窄选用声表面波滤波器或 LC 滤波器。

用户星角跟踪接收机,跟踪中继星发来的信标信号,跟踪信号频率不确定度为 ±800 kHz,为提高待处理信号的信噪比,保证跟踪信号在接收机频带范围内的同时,尽可能地减小噪声带宽,可以选取接收机中频信号带宽固定为 2 MHz。

7.4.3 跟踪调制器

跟踪调制器又称自动跟踪调制器(Autotrack modulator),是单通道角跟踪接收机中的一个重要部件,其主要功能是:对差信号(跟踪信号)进行四相调制,在不同的时间序列上对方位差信号和俯仰差信号分别采样,然后把调制后的差信号按规定幅度叠加在和信号(通信信号)上,形成调幅的单脉冲单通道信号,合成后信号送至跟踪信道。具体如下:

(1) 对差信号用低频调制信号 $f_1(t)$, $f_2(t)$(两信号相位相干, $f_1 = 2f_2$,且与角误差信号提取所用的基准信号同源)进行四相调制(见图 7.5)。

　　(2) 调制后的差信号对和信号进行调幅,实现和、差信号单通道合成。

　　(3) 调整和支路移相器,消除单通道合成前和、差通道相位的不一致。

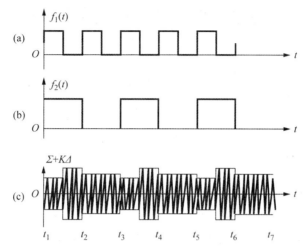

图 7.5　基准信号 $f_1(t)$,$f_2(t)$ 及调制后的信号 $\Sigma + K\Delta$ 波形图

　　角跟踪接收机方案的不同会带来跟踪调制器工作频段的不同,有 Ka 频段跟踪调制器、C 频段跟踪调制器等。工作于不同频段的跟踪调制器实现的方案基本相同,图 7.6 为跟踪调制器实现方案基本的原理框图,主要由和支路 0°～360°移相器、差支路 0/π 调制器、90°移相器、合成器等组成。

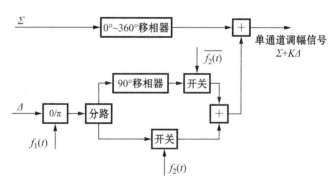

图 7.6　跟踪调制器原理框图

　　不管跟踪调制器整机方案如何实现,移相器都是其中一个重要的部件。跟踪调制器应用于接收端,对移相器的要求是:有足够的移相精度、性能稳定、插入损耗小(用于接收通道)、激励功率小、体积小、重量轻、寿命长,同时考虑到星载应用,需要高可靠性和一定的抗辐照能力。

　　移相器的实现有多种方案。根据移相器相位控制方式不同可以把移相器分为机械的和电调的两类,显然机械式移相器无法应用于星载。对于电调式移相器,根据其采用的电控媒介或机制的不同,又可以分为铁氧体移相器、半导体器件移相器(包括 PIN 二极管移相器、变容二极管移相器等)、有源 FET 移相器、体效应半导体移相器、静磁波(MSW)移相器、行波移相器等。其中行波管移相器为代表的行波移相器因使用上的一些限制(行波管高噪声指数及相位和增益的相互依赖,移相器体积大、质量大),已慢慢被其他移相器取代。有源 FET 移相器、体效应半导体移相器、静磁波(MSW)移相器出现较晚,在技术方面需要进一步发展。而铁氧体移相器和 PIN 管移相器自 1970 年以来就一直受到极大的关注,技术比较成熟。铁氧体移相器和 PIN 管移相器在 Ka 频段应用的优缺点比较见表 7.2[106]。

表 7.2　Ka 频段铁氧体和 PIN 管移相器性能比较

序号	项　　目	铁氧体	PIN 管
1	所需激励功率	大	较小
2	插入损耗	很小	较大
3	带宽	宽	较窄
4	转换时间	几微秒～几十微秒	$<1\,\mu s$
5	温度稳定度	$0.5\sim3°/℃$	可忽略
6	抗辐照能力	优良	一般
7	体积	大	较小

在 Ka 频段,用微波二极管构成的移相器,其插损较大(10 dB 左右)、移相精度较低、带宽较窄;铁氧体移相器所需激励功率比较大,体积重量较 PIN 二极管移相器大,开关时间比 PIN 二极管大,但是铁氧体移相器插入损耗可做得很小,移相精度高,因此星载 Ka 频段跟踪调制器移相器大多采用铁氧体移相器。在 C 频段,微波二极管构成的移相器移相精度可以做到与铁氧体移相器基本相当,而且实现简单,体积、重量、功耗都要小,因此,星载 C 频段跟踪调制器移相器大多采用微波二极管移相器。随着和、差支路相移调整方案的改进(详见 7.5 节),对和支路移相器的相移精度要求降低,PIN 管移相器也开始应用于星载跟踪调制器。

7.4.4　混频器

混频器是接收机中必不可少的部件,用于将输入的射频信号变频至中频,便于后端信号处理。混频器的主要技术指标如下:

1) 变频损耗和噪声系数

变频损耗和噪声系数是混频器的两个重要参数,两者是密切相关的。混频器的变频损耗等于单边带中频输出功率与射频输入功率之比。当本振电平与规定电平有出入时,变频损耗将会有变化。习惯上将混频器的变频损耗加 0.5 dB 即表示混频器的噪声系数。

2) 动态范围

动态范围是指混频器正常工作时的输入信号功率范围。动态范围的下限通常指信号与噪声电平相比拟时的功率。动态范围的上限受输出中频功率饱和所限,通常是指 1 dB 压缩点的微波输入信号功率。混频器工作时输入电平比 1 dB 压缩点相应的输入电平越小,混频器的失真产物越少。因此,一般情况下,应使混频器的输入电平小于 1 dB 压缩点相应的输入电平,常规是 5 dB 以上。

3) 隔离度

隔离度是衡量混频器电路平衡度的一项指标,是本振或信号泄漏到其他端口的功率与原有功率之比。当电路很平衡时,各端口间的隔离很好,信号相互泄漏是很少的。混频器的隔离度包括:信号与本振之间的隔离度、信号与中频之间的隔离度、本振与中频之间的隔离度。在实际应用中,因为射频信号功率远低于本振功率,通常只规定本振到其他端口的隔离度。

4)三阶交调与线性度

三阶交调是指当混频器输入两个相近的信号时,输出除了所需的中频信号及其各次谐波外,还会产生频率之间的交调成分。由于偶数阶交调产物离所需中频信号比较远,可以方便地通过滤波器滤除,而奇数阶产物尤其是三阶产物,功率相对较大,而且频率离中频信号近,通常在滤波器通带内,很难滤除,因此分机设计时需重点考虑三阶交调的影响。

混频器的三阶交调是反映混频器线性度的一项指标,与1 dB压缩点有一定联系。因为三阶交调的测试比较复杂,与工作频率、输入电平、终端阻抗等因素相关,不在给定条件下测试就没有意义,因此一般在器件性能指标中不会列出。相对而言,1 dB压缩点测试比较容易,通常利用1 dB压缩点粗略估算交调电平。具体方法如下:

通过1 dB压缩点估算三阶交截点 P_{IP3}。三阶交截点约比1 dB压缩点高10～15 dB,在频率低端约高15 dB,在频率中端和高端高约10 dB;三阶交调电平 $P_{IIP3} = P_{IP3} - (P_{IP3} - P_{RF}) \times 3$。

例如:混频器1 dB压缩点电平为+1 dBm,射频输入电平为-10 dBm,工作于混频器的频率低端,则三阶交截点 $P_{IP3} = +1+15 = 16$ dBmW,三阶交调电平 $P_{IIP3} = 16 - [16 - (-10)] \times 3 = -62$ dBmW。

5)本振功率

不同混频器最佳工作状态时所需本振功率不同。原则上本振功率愈大,则混频器动态范围增大,线性度改善,1 dB压缩点上升,三阶交调系数改善。本振功率过大时,混频管电流加大,噪声性能要变坏。此外混频管性能不同时所需本振功率也不一样。

混频器的种类很多,常见的有单端混频器、平衡混频器、镜像抑制混频器和双平衡混频器等。几种混频器性能比较见表7.3。双平衡混频器本振和信号的隔离度高;混频器输出频谱比较纯净,工作带宽可达数个倍频程,因此是当前使用最广泛的一种混频器。按照本振信号频率的不同,分为基波混频和谐波混频。谐波混频需要的本振频率低,可以减少本振链路复杂度,但是变频损耗较大。基波混频变频损耗小,噪声系数低,且在采用双平衡形式时,具有频带宽、混频组合分量少、隔离度好、动态范围大等优点,目前MMIC混频芯片几乎都是双平衡基波混频芯片。

表7.3 几种混频器比较表[6]

性能参数	混频器类型				
	单 端	平 衡	双平衡	镜像抑制	镜频回收
变频损耗/dB	较好 8～10	较好 8～10	很好 6～7	较好 8～10	极好 5
电压驻波比	较好	较好	较差	好	好
隔离度/dB	12～18	>23	>25	18～23	>23
本振功率/dBmW	+13	+5	+10	+7	+7
寄生抑制	差	较好	好	较好	较好

7.4.5 带AGC的中频放大器

为了使天线在整个动态范围内能够稳定跟踪目标,接收机必须要有自动增益控制(即

AGC)电路,来实现归一化测角,使接收机输出的角误差信号只与目标偏离 IOL 天线轴的夹角 θ 有关,而与目标的远近、发射功率的大小等因素无关。AGC 回路承担着保证接收机的动态范围以及用和信号对角误差信号进行归一化的双重任务。

带 AGC 的中频放大器的主要技术参数除噪声系数、增益、增益带内平坦度外,还有:

1) 动态范围

理想的 AGC 电路是输入信号功率变化,输出信号功率保持定值不变,但在实际工作中,因为检波特性与电控衰减器电控特性的差异,输出信号功率随输入信号功率会有一定的变化范围。从对 AGC 电路实际要求考虑,一方面希望输出信号功率变化越小越好;另一方面希望允许的输入信号功率范围越大越好。AGC 的动态范围是指在给定输出信号功率变化范围内,允许输入信号功率的变化范围。在实际应用中,AGC 的动态范围由输入信号动态范围决定。

2) 响应时间

AGC 电路是通过对增益可控器件增益的控制来实现对输出信号功率变化的限制,而增益变化取决于输入信号功率的变化。要求 AGC 电路的响应时间能跟得上输入信号功率的变化速度,同时不会出现反调制现象。AGC 电路的响应时间选取取决于输入信号的类型和特点,响应时间的调节由环路带宽决定,主要是低通滤波器的带宽,低通滤波器越宽,则响应时间越短,但输入为调幅信号时容易出现反调制现象。

AGC 放大电路中主要部分为放大器、增益可控器件和检波器,原理组成如图 7.7 所示。

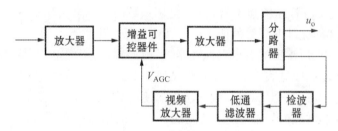

图 7.7　简单 AGC 放大电路组成框图

增益可控器件的实现一般有三种方法:控制晶体管的 β 值;控制晶体管的负载阻抗;控制插入在两级放大器之间电控衰减器的衰减量。电控衰减器是利用变电阻特性器件(如晶体二、三极管)构成的衰减电路,用 AGC 电压改变其动态电阻,使衰减系数改变,从而构成可变衰减式的增益控制电路。用电控衰减器方式控制增益的主要优点是它对中频放大器的频率特性影响小,因此,目前得到广泛应用。

AGC 检波器的作用是检测其输入端的射频功率,以得到一个表征输入端信号功率的直流电压,该电压经放大后与参考电压比较,从而得到控制电压去控制 AGC 中的可控级。AGC 检波器直接影响 AGC 环路的响应时间、动态范围等重要指标,其性能好坏直接影响到 AGC 电路性能的好坏。同时,AGC 电压输出至天线捕获跟踪控制器,用于跟踪模式的切换。AGC 检波的方式包括峰值包络检波、并联检波、推挽检波、倍压检波等。

检波效率是 AGC 检波的一项主要指标,检波效率可以在两种意义上使用。

(1) 功率效率:

$$\eta_1 = \frac{\text{直流输出功率}}{\text{交流输入功率}} = \frac{V_o^2/R}{V_s^2/R_{in}} \tag{7.39}$$

式中:V_s——交流输入电压(有效值);

V_o——输出电压；

R_{in}——交流输入电阻。

（2）检波器的电压传输比：

$$\eta_2 = \frac{V_o}{V_s} \tag{7.40}$$

倍压检波效率高，应用比较广泛。倍压检波电路原理如图 7.8 所示。

工作过程如下：输入射频信号负半周时，通过 D1 使 C_1 充电到交流的最大值；正半周时，C_1 的充电电压与射频信号电压之和通过 D2 使 C_2 充电，充电电压约成为射频信号幅值的两倍。在下一个负半周时，在 C_1 被充电的期间内，C_2 的充电电压通过 R 放电；到正半周时，C_1 的充电电压与射频信号电压之和通过 D2 使 C_2 充电。这样的过程周而复始，输出电压接近射频信号峰值的两倍。在实际电路应用中，取 $C_1 < C_2$。从检波过程可以看出，RC 的数值对检波器输出的性能有很大影响：如果 RC 值小，则放电快，输出电压波形与输入信号包络形状相同，但高频纹波大，平均电压下降；RC 数值大则作用相反。AGC 检波电路时间的常数需要较大，减小高频纹波，避免 AGC 电压上的纹波进入射频通道产生寄生调幅。

AGC 检波需要提供与载波电压大小成正比的直流电压，用低通滤波器 $R_\varphi C_\varphi$ 取出直流分量，电路如图 7.9 所示。

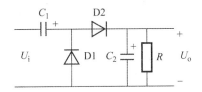

图 7.8　倍压检波器原理图

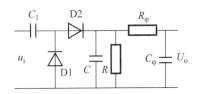

图 7.9　检波器输出电路

检波用的二极管特性如图 7.10(a) 所示，对于大振幅输入来说，可以用像图 7.10(b) 的折线来近似，小振幅输入需要将图 7.10(a) 原点附近放大来考虑，即图 7.10(c) 所示的缓慢的非线性曲线。因此，上述 η_1、η_2 两者对于大振幅输入来说都大致一定；而对于小振幅输入来说却不一定，而是随着输入信号的降低而减小。因此，一般接收机检波前，将信号放大到足够大，使检波器工作在高检波效率的状态[112]。

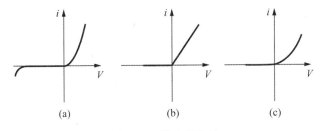

图 7.10　检波器特性

在确定增益配置方案后，还要确定增益控制受控级的位置，主要考虑 3 个因素：①保证中频放大器的各级都不过载；②保持接收机具有最大的信噪比，输出端的噪声幅度要随信号增强而下降；③保持受控级增益特性的线性，不由于增益控制而产生非线性失真。

根据①的要求，希望受控级尽量靠前，而根据②的要求，则希望受控级尽量靠后，两者是有矛盾的，因此需要折中考虑。

采用包络检波的 AGC 电路的归一化处理是对"杂波＋信号"进行的。若杂波强度大于信号强度,则主要是对杂波进行了归一化。所以,在接收信号信噪比较低时,还必须在数字处理部分,采取同步检波的方法,用相干 AGC 对误差信号进行第二次归一化处理。

7.4.6 角误差信号解调

7.4.6.1 角误差信号解调方法选取

由 7.2.2 节的分析得知,角误差信息包含在单通道合成信号的包络之中,所以对单通道单脉冲角跟踪接收机角误差信号解调的本质就是对调幅信号解调,然后进行方位差、俯仰差信号时分。

调幅信号解调方法主要有两种:包络检波和同步检波。

包络检波是直接从调幅波变化的包络中提取调制信号。同步解调是利用一个与载波同频同相的本地载波与调幅波混频去除载波影响,再提取调制信号。

包络检波实现简单,同步检波需要接收端恢复载波,而且恢复载波性能的好坏直接关系到检波性能,实现比较复杂。在输入信号信噪比高的情况下,包络检波与同步检波性能基本相同,但随着信噪比降低,包络检波在一个特定的输入信噪比值上会出现门限效应,从而使检波性能急剧变坏。因此,在输入信号信噪比较高的情况下(一般考虑 $C/N > 5$ dB),多采用包络检波。

7.4.6.2 包络检波

角跟踪接收机中频放大输出的信号是含有误差信号调幅的载波信号,在中频输出后分为两路,一路用于 AGC 检波,另一路用于角误差信号解调,即去除载波,提取出误差信号包络,将中频调幅信号变换为视频信号,经放大后送至角误差分离电路,进行方位差、俯仰差信号分离。

角误差信号检波与 AGC 检波原理相同,因提取电压不同,因此检波器的输出电路不尽相

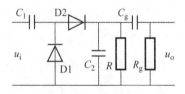

图 7.11　检波器输出电路

同。角误差检波需要输出与输入信号包络形状相同的电压波形,因此需要合理选取检波电路时间常数,同时在检波电路输出增加隔直电容 C_g 和负载电阻 R_g,如图 7.11 所示。

误差检波电路存在着两种特有的失真——惰性失真和底部切削失真,下面对两种失真的形成原因和不产生失真的条件进行简单说明。

1) 惰性失真

在二极管截止期间,电容 C_2 两端电压的下降速度取决于 RC_2 的时间常数。如 RC_2 数值很大,则下降速度很慢,将会使电容器两端电压下降速度小于输入 AM 信号包络下降速度,造成输出波形不随包络形状变化,而按 RC_2 放电规律变化,产生失真。由于这种失真是由电容放电的惰性引起的,故称惰性失真或失随失真。

惰性失真总是起始于输入电压的负斜率的包络上,调幅度越大,调制频率越高,包络斜率的绝对值越大,则惰性失真越容易出现。为了避免产生惰性失真,必须在任何一个高频周期内,电容 C_2 通过 R 放电的速度大于或等于包络的下降速度。RC_2 需满足:

$$RC_2 \leqslant \frac{\sqrt{1 - m_{max}^2}}{\Omega_{max} m_{max}} \tag{7.41}$$

由于 m,Ω 越大,包络下降速度就越快,要求的 RC_2 就越小,因此,设计时应用最大调制度及最高调制频率检验有无惰性失真。

2）底部切削失真

底部切削失真又称为负峰切削失真,是因检波器的交直流负载不同引起的。产生这种失真后,输出电压的波形如图7.12(c)所示。

为了取出低频调制信号,角误差检波电路如图 7.12(a)所示,电容 C_g 应对低频短路,电容值一般为几 μF;R_g 是所接负载。检波器直流负载 $R_=$ 仍等于 R,而低频交流负载 $R_\approx$ 等于 R 而低频交流负载 $R_\approx$ 等于 R 与 R_g 的并联,即 $R_\approx = RR_g/(R+R_g)$,$R_= \neq R_\approx$,引起底部切削失真。为防止底部切削失真,必须限制交、直流负载的差别,保证检波器交流负载与直流负载之比应大于调幅波的调制度 m,即 $\dfrac{R_\approx}{R_=} = \dfrac{R_g}{R+R_g} \geqslant m$。

为减小底部切削失真常用措施:一是在检波器与低放级之间插入高输入阻抗的射级跟随器,如图 7.13(a)所示;二是将 R 分成 R_1 和 R_2,$R=R_1+R_2$,如图7.13(b)所示[112]。

因此,误差检波电路时间根据调幅信号频率合理选择,时间常数太大会造成检波输出信号失真,时间常数太小则会使解调电压变小,带内噪声增大,时间常数的最佳值大致是解调的低频信号中最高频率周期的 $1/5 \sim 1/3$。

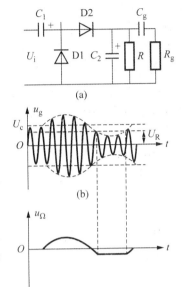

图 7.12　角误差检波电路及波形图

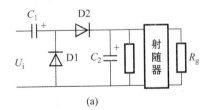 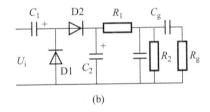

(a)　　　　　　　　　　　　(b)

图 7.13　减小底部切削失真的电路

7.4.6.3　同步检波

同步检波是将本地恢复载波与接收信号相乘,实现载波剥离并将信号下变频到基带,然后用低通滤波器将低频信号提取出来。同步检波要求本地恢复载波与接收信号载波同频同相,如果其频率或相位有一定的偏差,将会使解调出来的调制信号产生失真。

由于卫星之间的相对运动以及不同卫星参考信号源的频率漂移等原因,接收到信号的载波频率、相位会随时间的推移而变化,并且这些变化通常是不可预测的。因此,在同步解调前需要首先实现载波的捕获、跟踪,为了减小噪声引起的解调信号的抖动,通常会对解调出的信号进行相干累积等处理。随着软件无线电技术和大规模集成电路的发展,同步检波多采用数字方式实现,涉及信号采样、载波捕获及跟踪等数字信号处理方法。

1）中频信号采样

采用数字方式实现角误差信号解调首要完成对中频信号的 A/D 变换,即中频采样。

奈奎斯特(Nyquist)采样定理告诉我们,为了避免频谱混叠,采样频率 f_s 必须不小于信号最高频率的两倍,即 $f_s \geqslant 2f_H$。在工程应用中,为了保证足够的处理精度和信号处理余量,采样频率通常选取信号最高频率的 4 倍以上。例如,对于中心频率 $f_c = 40\,\mathrm{MHz}$,带宽 $2\,\mathrm{MHz}$ 的中频信号,则中频采样频率需要不小于 $160\,\mathrm{MHz}$。但采样频率太高,对于工程实现,尤其是星载应用中存在一系列问题,如 A/D 转换器件难以选取,工作频率太高导致热耗增大需要增加散热措施等。同时,后续数字处理算法中会用到很多复杂运算,在目前的数字处理芯片中要在这么高的频率下处理复杂运算是很困难的。

对于单载波信号,考虑信号频率不确定度后,中频信号带宽仍远小于信号的最高频率,因此可以选用适合中频窄带信号采样的带通采样方案。带通采样定理可以这样描述:对一个中心频率位于 f_c、带宽为 B 的通带信号进行采样时,为了避免出现频谱混叠,该信号的采样频率 f_s 必须满足以下两个条件:

条件一:

$$\frac{2f_c + B}{n+1} \leqslant f_s \leqslant \frac{2f_c - B}{n} \tag{7.42}$$

其中,n 为正整数。

条件二:

$$f_s \geqslant 2B \tag{7.43}$$

针对上述中心频率 $f_c = 40\,\mathrm{MHz}$,带宽 $2\,\mathrm{MHz}$ 的中频信号,选取 $n=1$,则采样频率 $f_s = 48\,\mathrm{MHz}$,采样前后信号的频谱如图 7.14 所示。

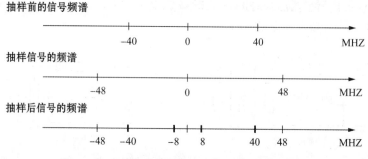

图 7.14　40 MHz 中频信号带通采样频谱示意图

由图 7.14 可以看出,采用采样频率 $f_s = 48\,\mathrm{MHz}$ 对中心频率 $f_c = 40\,\mathrm{MHz}$,信号带宽 $B = 2\,\mathrm{MHz}$ 的中频信号进行采样,信号频谱不会混叠。

确定中频采样速率后,需要根据中频信号动态范围确定 A/D 的转换位数,A/D 器件的转换位数越多,其动态范围则越大;根据环境条件选择 A/D 芯片的环境参数,如功耗、工作范围等;根据接口特性选择合适的 A/D 输出状态。衡量 A/D 转换性能的指标有:A/D 转换位数、转换灵敏度、信噪比、转换速率、无杂散动态范围、孔径抖动、微分非线性和积分非线性等。

中频信号采样完成了时间上连续的模拟信号向时间上离散的采样值的变化,后续信号处理则可以采用数字化完成。

2) 载波捕获算法

载波捕获的目的就是在本地复制与接收信号频率完全相同的载波信号。

载波捕获的方法分开环结构和闭环结构。开环结构的算法就是对输入信号进行采样,然后用数学方法来估计载波频率。例如基于 FFT 的频率估计、基于 AR 模型的频率估计、最大似然估计、扩展卡尔曼算法等。闭环结构的算法有人工电调法、扫频、变带宽锁相环路和自动频率控制(AFC)等几种方案。目前正在使用的频率捕获方法主要有:基于 FFT 的频率估计、自动扫描法、变带宽锁相法、AFC 法。

(1) 变带宽法。

变带宽法是直接利用环路的频率牵引能力,采用两种不同带宽来加宽捕捉带,即在捕捉时使环路具有较大的带宽,锁定之后使环路带宽变窄。增大环路带宽,势必会造成低信噪比条件下环路输出相位噪声的方差过大,导致环路入锁困难,也就是说变带宽环路法适用于高信噪比下。

(2) 自动扫描法。

自动扫描辅助频率捕获方法的基本原理是:当环路尚未锁定时,给压控振荡器加一个周期性扫描电压,使它的频率在足够宽的范围内摆动,当环路进入频率锁定时,扫描发生器停止工作,然后通过环路本身的控制作用,使环路快捕锁定。文献[111]研究了扫频法在二阶环载波快速捕获中的应用。通过数值仿真给出了工作在扫频状态下的二阶环路性能。从理论上讲,扫频法的搜索范围可以无限大,因此它适合于低码速大频偏信号频偏的矫正。但由于频率扫描法的扫描方向是盲目的,而频率扫描的步长又要受后接的 PLL 的频率捕获范围的限制,因此其缺点是扫描速度很慢,锁定需要花费较长的时间。

(3) 自动频率控制法。

自动频率控制法是采用锁频环把本地载波频率调整到外来信号频率附近,然后切换到跟踪环工作状态,让跟踪环从自动频率控制环所存储的本地载波频率处开始工作。这种方法不仅能增加频率矫正的带宽,而且能大大提高频偏矫正的速度,可以达到载波快速捕获的目的。这种方法实质上是利用了 AFC 环的频率牵引能力,但其无模糊提取频差的范围有限,不能适应大频偏信号的捕获。

(4) 基于 FFT 变换的频率估计法。

基于 FFT 的频率估计法就是通过对下变频的信号进行采样、FFT 变化来估计信号的频偏。这种方法虽然实现复杂、占用资源多,但捕获时间短,能实现低码速大频偏信号的矫正,并且在低信噪比时的鲁棒性较强。因此在工程实现中得到了广泛应用。下面针对该方法进行介绍。

傅里叶变换和 Z 变换是数字信号处理中常用的重要数学变换。对于有限长序列,还有一种更为重要的数学变换,即离散傅里叶变换(DFT)。DFT 的实质是有限长序列傅里叶变换的有限点离散采样,使数字信号处理可以在频域采用数字运算的方法进行,这样就大大增加了数字信号处理的灵活性。更重要的是 DFT 有多种快速算法,统称为快速傅里叶变换(FFT)。

a. FFT 的数学定义。

信号的离散傅里叶变换 FFT 序列称为信号的 FFT 谱。设信号 $X(t)$ 的离散采样时间序列为 $\{x(n), n=0,1,\cdots,N-1\}$,则信号 $x(t)$ 的 FFT 谱 $\{X(k), k=0,1,\cdots,N-1\}$ 可由下式计算得到

$$X(k) = \sum_{n=0}^{N-1} X(n) \mathrm{e}^{\frac{\mathrm{j}2\pi k n}{N}} \quad (k = 0,1,\cdots,N-1) \tag{7.44}$$

b. 信号谱分析。

所谓信号的谱分析,就是计算信号的傅里叶变换。连续信号与系统的傅里叶分析显然不

便直接用计算机进行计算,使其应用受到限制,而 FFT 是一种时域和频域均离散化的变换,适合计算机快速运算,成为分析离散信号和系统的有力工具。

对于频谱很宽的信号,为防止时域采样后产生频谱混叠失真,可以用预滤波法滤除幅度较小的高频成分,使连续信号的带宽小于折叠频率[109]。对于持续时间很长的信号,采样点数太多以致无法存贮和计算,只好截取有限点进行 FFT。所以,用 FFT 对连续信号进行谱分析必然是近似的,其近似程度与信号带宽、采样频率和截取长度有关。在对连续信号进行谱分析时,主要关心两个问题:频谱分析范围和频率分辨率。频谱分析范围受采样频率 f_s 的限制。频率分辨率用频率采样间隔 F 描述,表示谱分析中能够分辨的两个谱分量的最小间隔。如果保持采样点数 N 不变,要提高谱的分辨率(F 减小),必须降低采样频率,采样频率的降低会引起谱分析范围减少。如维持 f_s 不变,为提高频率分辨率可以增加采样点数 N。

图 7.15 给出了在信噪比 $-20\,\mathrm{dB}$、频偏 $650\,\mathrm{kHz}$ 的信号通过 8192 点 FFT 的处理结果仿真图。由图可见,该方法可以清晰地找到频偏位置。

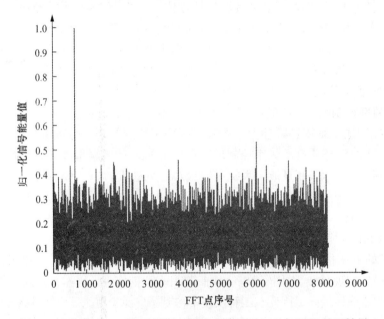

图 7.15　信噪比 $-20\,\mathrm{dB}$、频偏 $650\,\mathrm{kHz}$ 的信号 8192 点 FFT 处理结果

在实际应用过程中,通过多次 FFT 运算及降频的方式,可以进一步降低 FFT 方法对频偏估计时所引入的误差。

3) 载波跟踪算法

由于用户星与中继卫星之间的相对运动以及卫星参考源频率漂移等原因,用户星角跟踪接收机接收到的中继卫星信标信号载波频率和相位是不断变化的,而且这些变化不可准确预测,因而角跟踪接收机在完成载波频率捕获后需要借助载波跟踪环路实现对信号的持续锁定。

载波跟踪环通常有锁相环(PLL)和锁频环(FLL)两种形式[28],两者根本区别在于相位鉴别器不同。锁频环的相位鉴别器用来鉴别输入载波与本地载波之间的频率差异,最终实现两者的频率达到动态一致;而锁相环的相位鉴别器用来鉴别输入载波与本地载波之间的相位差异,最终不仅可以实现频率动态一致,还可以精密跟踪输入载波的相位。由于同步解调要求本地载波与输入载波同频同相,否则解调出的调制信号会产生失真,选择锁相环为接收机的载波跟踪环路。

如图 7.16 所示,一个典型的锁相环主要由相位鉴别器(简称鉴相器)、环路滤波器和压控振荡器(VCO)三部分构成[110]。鉴相器用来鉴别输入信号 $u_i(t)$ 与输出信号 $u_o(t)$ 之间的相位差异。环路滤波器通常是一个低通滤波器,其目的在于降低环路中的噪声,使滤波结果既能真实地反映滤波器输入的相位变化情况,又能防止由于噪声缘故而过激地调节压控振荡器。

图 7.16　锁相环基本构成

当锁相环输入、输出信号的相位基本保持一致时,我们称锁相环进入锁定状态,并且此时的锁相环表现为它的稳态特性;当输入、输出信号的相位尚未达到一致但正趋于一致时,称锁相环运行在牵入状态,此时的锁相环表现为它的暂态特性。锁相环稳态特性与环路阶数以及环路参数密切相关,而其暂态特性主要取决于环路参数。

锁相环的稳态特性决定了锁相环达到锁定状态后跟踪误差究竟是什么状态,是最受关注的特性之一。上面曾经提到,锁相环的稳态特性与其环路阶数、环路参数以及其激励的动态应力密切相关。下面选取接收机实际工作状态下的激励模式——频率斜升激励来分析锁相环的稳态响应。

发生在零时刻的频率斜升激励信号为

$$\theta_i(n) = \frac{1}{2}\Delta\dot{\omega} n^2 u(n) \tag{7.45}$$

式中:$u(n)$——单位阶跃序列;

$\Delta\dot{\omega}$——频率斜升的斜率。

其 Z 变换为

$$\theta_i(z) = \frac{\Delta\dot{\omega} z(z+1)}{2(z-1)^3} \tag{7.46}$$

在该激励下,根据终值定理,锁相环误差信号 $\theta_e(n)$ 的稳态终值为

$$\lim_{n\to\infty}\theta_e(n) = \lim_{n\to\infty}[(z-1)H_e(z)\theta_i(z)] \tag{7.47}$$

因此,

$H_e(z)$ 为 N 阶锁相环的误差信号 $\theta_e(z)$ 与输入信号 $\theta_i(z)$ 之间的传递函数

$$H_e(z) = \frac{(1-z^{-1})^N}{(1-z^{-1})^N + T_s\sum_{n=0}^{N-1} b_n z^{-n-1}}$$

式中:T_s, b_n——环路滤波器的特征参数。

$$\lim_{n\to\infty}\theta_e(n) = \begin{cases} \infty, & N=1 \\ \dfrac{\Delta\dot{\omega}}{T_s(b_0+b_1)}, & N=2 \\ 0, & N=3 \end{cases} \tag{7.48}$$

式(7.48)表明,在频率斜升激励下,一阶环会最终失锁;二阶环仍可以跟踪,但其输入、输

出信号之间存在着一个恒定的相位跟踪误差；对于三阶环，具有零误差跟踪频率斜升信号的优点，稳态跟踪后输入、输出信号相位差为 0，适用于存在大多普勒频移范围和多普勒频移变化率的应用条件，同时它的环路参数较多，所以在噪声性能的优化上拥有更广的自由度。

7.4.6.4 角误差信号分离

角误差信号（方位与俯仰误差信号）分离是角跟踪接收机的一个十分重要的功能模块，它将由振幅检波出的含有方位差（ΔA）和俯仰差（ΔE）的视频信号分离出方位差信号与俯仰差电压送天线伺服控制器。该部分功能由 FPGA 实现。

和、差信号单通道合成时，差信号四相调制的时序不同会带来角误差信号分离时的时序不同。针对 7.2.1 节所述的差信号调制时序，角误差信号分离时用 $f_2(t)$ 作为判断误差信号中的方位和俯仰误差的依据，$f_2(t)$ 高电平对应 A/D 采样输入的误差信号为俯仰差，$f_2(t)$ 低电平对应 A/D 采样输入的误差信号为方位差；用 $f_1(t)$ 作为判断误差信号极性的依据：当 A/D 采样输入的误差信号与 $f_1(t)$ 同相，则输出误差信号为正；A/D 采样输入误差信号与 $f_1(t)$ 反相，则输出误差信号为负。

7.5 相位调整方法改进设计

Ka 频段跟踪调制器已实现星载应用，性能满足系统要求。由于和、差支路相位一致性调整在单通道调制器中实现，和支路移相器需要完成以一定移相步长的 $0°\sim360°$ 移相功能，因此必须采用铁氧体移相方案，价格昂贵，对工作环境要求较高。

下面对在角误差信号提取后进行和差信号相位补偿的可行性进行分析。

对式（7.20）、式（7.21）进行如下旋转变换：

$$\begin{bmatrix} \Delta V'_A(t) \\ \Delta V'_E(t) \end{bmatrix} = \begin{pmatrix} \cos\beta & \sin\beta \\ -\sin\beta & \cos\beta \end{pmatrix} \begin{bmatrix} \Delta V_A(t) \\ \Delta V_E(t) \end{bmatrix} \tag{7.49}$$

得

$$\Delta V_A(t)' = \Delta V_A(t)\cos\beta + \Delta V_E(t)\sin\beta = K\mu\theta f(t)\cos(\varphi+\alpha-\beta) \tag{7.50}$$

$$\Delta V_E(t)' = -\Delta V_A(t)\sin\beta + \Delta V_E(t)\cos\beta = K\mu\theta f(t)\sin(\varphi+\alpha-\beta) \tag{7.51}$$

在旋转矩阵中，式（7.49）～式（7.51）化简为

$$\Delta V'_A(t) = K\mu\theta f(t)\cos\varphi \tag{7.52}$$

$$\Delta V'_E(t) = K\mu\theta f(t)\sin\varphi \tag{7.53}$$

由式（7.49）～式（7.53）的推导过程可以看出，在数字处理中通过式（7.49）的旋转变换，可以把跟踪系统中和、差通道的相位差 α 调整为零，与在射频前端进行移相效果相同。

将和、差通道相位调整在角误差信号提取后实现，可以降低系统对 Ka 频段单通道调制器的要求，使 Ka 频段采用 PIN 管构成单通道调制器成为可能，同时，角误差信号解调电路不会增加硬件复杂度，成本低，实现简单，移相精度高，而且可以实现线性移相。对于 β 值的选取，即相位校准，针对不同应用环境的角跟踪系统具有不同的方法及过程，受篇幅所限，不再赘述。

第8章 天线控制器设计

8.1 引言

8.1.1 星载天线控制器的发展

天线控制器是天线控制系统的主要组成部分,是对机械可动天线进行精确定位和跟踪的控制核心。天线控制系统主要由天线控制器、执行元件(步进电机、直流电机或其他)、角度传感器(旋转变压器、光电编码器或其他)三部分组成。天线控制器用于实现整个系统的控制功能,本章介绍天线控制器的设计。星载天线控制器因为要适应空间复杂环境的要求,从设计、生产、试验等各环节与地面产品有明显区别。

国外很早就利用天线指向控制器对天线波束进行微调以获得更好的天线性能,到20世纪末,国外天线指向控制器已发展为具备星上自主调整指向的能力,其指向精度可达0.012°。从20世纪60年代起,美国就开始了中继卫星的研究工作,这就意味着需要实现星间跟踪与捕获以提供数据链路,从此开始了跟踪天线控制系统的研究与开发工作。之后,俄罗斯、欧空局、日本等国家也先后开展了数据中继卫星的研究工作,并获得了一系列的研究成果。其研制的天线控制系统普遍具有精度高、重量小等特点。随着高科技的应用,航天器的研制朝着高度集成化的方向发展。在2000年左右,Thales Alenia提出了综合电子(Standard Distribution and Interface Unit)的概念,利用综合电子来完成卫星平台及有效载荷的供配电、热控、天线指向、推进及姿态控制、太阳翼的展开和控制、电池阵管理等功能,将过去多个分系统的功能集成到了一起。

8.1.2 星载天线控制器分类

随着卫星(航天器)对天线的需求量越来越大、功能越来越多样化,使得对天线控制终端——天线控制器的需求也不断增长。空间用天线控制器从开始只是短期使用、功能简单的展开控制器发展到目前具备星上轨道外推及高精度跟踪能力的跟踪控制器,从单轴单向转动发展到多轴双向联动,天线控制器的性能得到了全面提升。

天线控制器可分为展开控制器、扫描控制器、定位指向控制器、跟踪控制器4大类。

(1) 展开控制器:用于天线从锁紧位置释放到工作位置的展开过程中,其特点是可靠性要求高、工作时间短。我国自行研制展开控制器已在多颗卫星上得到成功应用,积累了多次在轨飞行经验,在轨工作正常、稳定,测试数据与地面测试吻合,性能良好。

(2) 扫描控制器:主要用于对扫描天线的转动控制,其特点是长期连续高速工作、速度稳定度要求高。

(3) 定位指向控制器:主要用于可动天线的波束指向控制,具备闭环控制和开环控制两种模式,其特点是长寿命间歇式工作、指向精度高。

(4) 跟踪控制器:主要用于机械可跟踪天线对目标进行精确的程控跟踪或自跟踪,其特点是工作模式复杂、运算量大、跟踪精度高。

各类天线控制器中,以跟踪控制器最具代表性,因为它的功能最复杂、组成最完整。由跟踪控制器、天线(含电机、角度传感器等)、跟踪接收机等设备组成了典型的天线伺服控制系统。随着中继卫星系统、导航卫星系统以及卫星星座系统的建立,卫星对跟踪控制器的需求不断扩大,因此跟踪控制器也成为星(船)载天线控制器未来几十年的发展重点。本章将以跟踪控制器为例进行讨论。

8.2 天线控制系统的组成

8.2.1 自动控制系统的分类

天线控制系统属于自动控制系统,自动控制系统是指能够对被控对象的工作状态进行自动控制的系统。按照输入信号分类,自动控制系统可以分为定值控制系统、伺服系统、程序控制系统。

定值控制系统的输入信号是恒值,要求被控变量保持相对应的数值不变。室温控制系统、直流电机转速控制系统等就是典型的定值控制系统。

伺服系统又称随动系统,其输入信号的变化规律未知,系统的任务是控制被控对象的某种状态,使其能够连续精确地跟踪输入信号。导弹发射架控制系统就是典型的伺服系统。

程序控制系统中的输入信号按已知的规律变化,要求被控对象也按相应的规律随输入信号变化,误差不超过规定值。数控加工系统就是典型的程序控制系统。

天线控制系统根据工作模式的不同可分属不同的控制系统。当天线波束较宽时,系统可按照卫星轨道的运行规律,程序控制天线跟踪捕获目标,此时系统属于程序控制系统;当天线波束较窄时,仅用程序控制的方法不能捕获目标,因此必须利用跟踪接收机的信号进行自动跟踪从而捕获目标,此时系统属于伺服系统。

8.2.2 天线控制系统的基本组成

天线控制系统一般由 5 部分组成,典型的天线控制系统功能框图如图 8.1 所示。

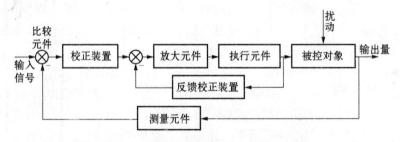

图 8.1　天线控制系统的典型功能框图

(1) 执行元件:执行元件的功能是直接带动被控对象、对被控对象执行控制任务,有时也被纳入控制对象中。例如各类电机、液压马达等。

(2) 放大元件:放大元件的功能是将微弱的偏差信号进行放大和变换,使信号具有足够大的幅值或功率,可直接带动执行元件运转和动作。例如电机驱动器等。

(3) 测量元件:测量元件的功能是对系统输出量进行测量,并且转换成易于处理和使用的另一种物理量输出。测量元件一般称为传感器,如各类角度传感器、位移传感器等。

(4) 校正装置(或补偿元件):由上述 3 类元件与被控对象组成的系统往往不能满足系统的技术要求。为了保证系统能正常稳定地工作并提高系统性能,控制系统中还需要增加校正装置(又称补偿元件)。校正装置一般是参数或结构便于调整的元件,用于改善系统性能。校正装置的选择与设计将在后面详细介绍。

(5) 被控对象:控制系统的控制对象,在天线控制系统中,被控对象为天线及转动机构。

信号从输入端沿箭头方向到达输出端的传输通路称为前向通路;系统输出量经由测量元件反馈到输入端的传输通路称为主反馈通路;前向通路与主反馈通路一起,构成主回路。控制系统一般会受到两种外作用,即有用信号和扰动信号,它们都是系统的输入信号。其中扰动信号是系统不希望的外作用,它会破坏有用信号对系统输出量的控制。在实际系统中,扰动信号是不可避免的,它可以作用于系统的任何部位。因此,在实际应用中,要根据具体情况调整校正装置,从而消除或削减扰动的影响。

8.2.3 对控制系统的基本要求

对天线控制系统的基本要求包括稳定性、准确性及快速性三方面。

稳定是控制系统的重要性能,也是系统能够正常工作的首要条件。对于线性系统,稳定性定义为:若控制系统在初始扰动的影响下,其过渡过程随着时间的推移逐渐衰减并趋于零,则称该控制系统为渐进稳定;反之,若过渡过程随时间的推移发散,则称系统为不稳定。

准确性是指控制系统被控对象与设定值之间的误差达到所要求的精度范围。控制系统的准确性常用稳态精度来度量,即系统达到稳定状态时的精度。

系统被控对象由一个值改变到另一个值总是有一个变化过程,该过程就称为过渡过程,此时系统表现出的特性称为动态性能。快速性与平稳性就是衡量控制系统在过渡过程中动态性能好坏的指标,一个好的系统其过渡过程应该是既快速又平稳的。

图 8.2 是系统的几种典型的阶跃响应曲线。图中,曲线 1 和 2 表示稳定系统的响应,曲线 3 和 4 则是不稳定系统的响应。

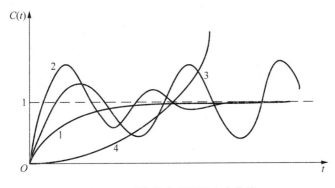

图 8.2 系统的典型阶跃响应曲线

8.2.4　天线座的结构形式

天线控制系统的控制对象为天线及转动机构,而一个机械可动天线应采取什么样的天线座形式,应根据具体的应用情况来决定。在各种天线座中,应用最广的是两轴天线座,可分为:方位-俯仰型、X-Y型、极轴型等多种形式,其中又以方位-俯仰型、X-Y型天线座最为常见。

1) 方位-俯仰型天线

方位-俯仰型坐标系定义为:以地平面(或安装平面)为基准,下轴与地面(或安装面)垂直,称为方位轴,上轴与方位轴垂直,称为俯仰轴。方位轴转动时,俯仰轴随之一起转动。方位-俯仰型天线座的定义如图8.3所示。图中 OP 为天线指向,方位角定义为: OP 到 OXY 平面的投影与 OX 轴的夹角,一般以 A 表示,以右手法则为正。俯仰角定义为: OP 到 OXY 平面的投影与 OP 轴的夹角,一般以 E 表示。

图8.4是方位-俯仰型天线示意图。

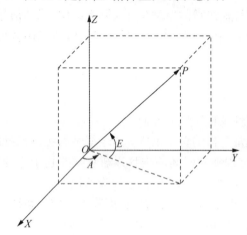

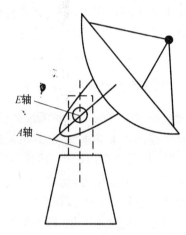

图 8.3　方位-俯仰型天线座定义示意图　　　　图 8.4　方位-俯仰型天线示意图[108]

方位-俯仰型天线座在跟踪过顶目标时会出现跟踪盲区。如图8.5所示,这种形式的天线座在跟踪目标时,其方位角速度为

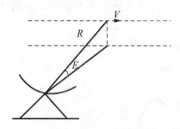

图 8.5　方位-俯仰型
天线座目标航迹示意图

$$\dot{A} = \frac{V}{R \cos E} \qquad (8.1)$$

式中: V ——目标的水平速度;

　　　 R ——目标与天线的径向距离。

由此可见,随着 $E \to 90°$, $\cos E \to 0$,天线跟踪的方位角速度趋于无穷大。但实际上,天线控制系统的跟踪能力是有限的,尤其是星(船)载天线控制系统,为了减小天线运动对卫星姿态带来扰动,往往将天线转速限制在较小的范围内。因此,天线控制系统只能跟踪某一俯仰角以下的目标。这样,在天顶附近就出现一个锥形的盲区,即跟踪盲区。

2) X-Y型天线

为了跟踪过顶目标,可以采用X-Y型天线座。X-Y型天线座的 X 轴、 Y 轴均为水平配置,且相互垂直, Y 轴随 X 轴转动。X-Y型天线座的定义如图8.6所示,图中 OP 为天线指向,天

线 X 轴角度定义为: OP 到 YOZ 平面的投影与 Z 轴的夹角 x , 天线 Y 轴角度定义为: OP 到 YOZ 平面的投影与 OP 轴的夹角 y 。图 8.7 为 X-Y 型天线图。

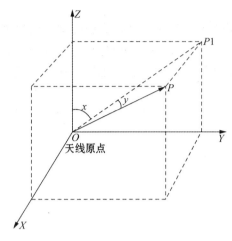

图 8.6　X-Y 型天线座定义示意图

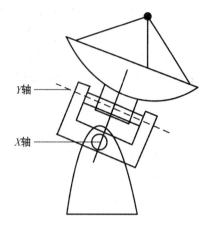

图 8.7　X-Y 型天线图[108]

X-Y 型天线座相当于把方位-俯仰型天线座的方位轴转到水平位置, 因此当卫星过顶时, 天线到卫星的连线既垂直于 X 轴, 又垂直于 Y 轴。

8.2.5　天线控制系统常用执行元件

伺服系统中可供选择的执行元件类型很多, 有电动机、液压元件、压电陶瓷等多种, 星(船)载微波天线控制系统中一般采用电机作为执行元件, 目前最为常用的有直流电机、步进电机、同步电机等多种, 下面分别对其工作原理及控制方法进行介绍[55]。

8.2.5.1　直流电机

直流电机是人类最早发明和使用的一种电机。由于直流电机具有良好的启动和调速特性, 所以被广泛地应用于各种自动控制系统中。

直流电机根据励磁方式的不同, 可分为他励、并励、串励和复励四种。

1) 基本工作原理

图 8.8 是最简单的直流电机模型, 在一对空间固定的永久磁体中间, 有一铁制圆柱体, 称为电枢铁芯。它与磁极之间的间隙称为气隙。在铁芯表面安装一对导体 ab 和 cd 组成电枢绕组, 它的首尾两端分别连接到两个互相绝缘的铜片上(换向器), 铜片随电枢铁芯一起旋转。为了把电枢绕组和外部电路接通, 安装了两个电刷 A 和 B, 电刷是固定不动的。

在电刷 A,B 间外接直流电源, 极性为 A＋,B－, 则导体 ab 中的电流方向为流进纸面; 导体 cd 中的电流方向为流出纸面。由左手定则可知, 此时电磁力矩为逆时针方向, 即电枢绕组逆时针旋转。转过 180° 之后, 导体 cd 转到了 N 极下, 但由于换向片的作用, 此时电刷 A 与 d 相连, 电刷 B 与 a 相连, 所以导体 cd 中的电流方向

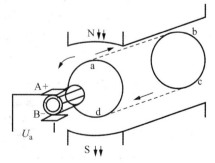

图 8.8　最简单的直流电机模型

为流进纸面,导体 ab 中的电流方向为流出纸面,电磁转矩仍为逆时针方向,因而电机在直流电源的作用下能够产生恒向转矩,拖动负载工作。

2) 电枢电动势和电磁转矩

直流电机主要由定子和转子两大部分组成,定子用来产生磁场并作为旋转部分的机械支撑,它包括主磁极、机壳、电刷组件等。转子由电枢铁芯、电枢绕组、换向器、转轴等组成。其中,电枢绕组在产生感应电动势、电磁转矩、实现能量转换的过程中起着枢纽作用。直流电机在运行时,电枢绕组会产生感应电动势:

$$E_a = C_e \varphi n \tag{8.2}$$

$$C_e = \frac{Np}{60a} \tag{8.3}$$

式中:E_a——电枢绕组感应电动势;

$\quad C_e$——电势常数;

$\quad \varphi$——角极磁通;

$\quad n$——电机转速,单位:r/min;

$\quad N$——电枢导体总数;

$\quad p$——电机极对数;

$\quad a$——支路对数。

由此可以看出,电枢绕组产生的感应电动势与电机转速成正比。

载流导体在磁场中会产生电磁力,电机的电磁转矩为电枢绕组中所有导体产生的转矩之和。

$$T = \frac{pN}{2\pi a} \varphi I_a = C_m \varphi I_a \tag{8.4}$$

式中:T——电机电磁转矩,N·m;

$\quad C_m$——转矩常数;

$\quad I_a$——电枢绕组电流,A。

电势常数和转矩常数存在以下关系:

$$C_m = \frac{60}{2\pi} C_e = 9.55 C_e \tag{8.5}$$

3) 直流电机的基本特性

(1) 电压平衡方程。

他励和并励电机原理如图 8.9 所示。设加在直流电机电枢两端的电压为 U_a,此时电机电枢在电磁力矩的作用下以转速 n 旋转。电机电枢的感应电动势为 E_a,由于它与电枢电流 I_a 的方向相反,故称为反电势。图中 R_a 为电枢电阻,L_a 为电枢电感。

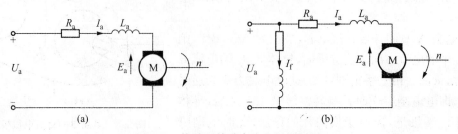

图 8.9 他励和并励直流电机原理图

以他励直流电机为例,由于 $U_a > E_a$,所以电枢回路的稳态电压平衡方程为

$$U_a = E_a + I_a R_a \tag{8.6}$$

它表明加在电机电枢两端的电压 U_a 一部分用来克服反电动势 E_a,另一部分为电枢电阻压降。

当电机转速瞬变时,电枢电流、反电动势都在变化,电枢电压 U_a 还需要用一部分来克服电枢自感电势,因此电压平衡方程为

$$U_a = E_a + I_a R_a + L_a \frac{\mathrm{d}i_a}{\mathrm{d}t} \tag{8.7}$$

该式称为动态电压平衡方程。将式(8.2)代入式(8.6),得

$$n = \frac{U_a - I_a R_a}{C_e \varphi} \tag{8.8}$$

这就是直流电机最重要的调速公式。从该式可以看出,电机转速与电枢电压 U_a 成正比,与磁通 Φ 成反比。因此,可以通过改变电压进行调速(但只能在额定转速以下),也可以通过减小主磁通进行减速(但只能在额定转速以上)。

并励直流电机也可用上述方程来描述,只是电枢电源的总流量应为 $I_a + I_f$,但一般 I_f 很小。

(2)转矩平衡方程。

电机稳定运行时,驱动转矩(电磁转矩)T_e 与加在电机轴上的负载转矩 T_L 和空载阻转矩 T_0 相平衡,即

$$T_e = T_L + T_0 \tag{8.9}$$

式中,T_0 包括机械摩擦力矩(如:轴承摩擦力矩、空气阻力摩擦、电刷换向片之间的摩擦等)和电磁阻转矩(如:电枢铁芯中的磁滞、涡流损失所引起的阻转矩等)。当电机处于瞬态状态时,电磁转矩还需克服电机及负载的转动惯量所产生的惯性力矩,此时电机的动态转矩平衡方程如下

$$T_e = T_L + T_0 + J \frac{\mathrm{d}\Omega}{\mathrm{d}t} \tag{8.10}$$

式中:Ω 为电机转轴的角速度,J 为电机的转动惯量 J_m 和负载转动惯量 J_L 在电机轴上的折算值之和,即

$$J = J_m \frac{J_L}{N^2} \tag{8.11}$$

式中:N 为减速器的减速比。

(3)功率平衡方程。

将式(8.6)两端乘以 I_a,得

$$U_a I_a = E_a I_a + I_a^2 R_a \tag{8.12}$$

即

$$P_1 = P_e + P_{cu} \tag{8.13}$$

式中:P_1——电源提供的功率;

P_e——电磁功率;

P_{cu}——电枢绕组铜耗。

其中电磁功率还不能全部转换为机械输出功率 P_L，一部分要用来克服各种机械损耗和铁耗等。因此电机总的功率平衡方程为

$$P_1 = P_L + P_0 + P_{cu} \tag{8.14}$$

电机的效率定义为机械输出功率与输入电功率之比，即

$$\eta = \frac{P_L}{P_1} \times 100\% \tag{8.15}$$

（4）直流电机的启动。

由式（8.6）可知，由于电机启动时的瞬间转速为 0，则电枢绕组上的瞬间启动电流为

$$I_a = \frac{U_a}{R_a} \tag{8.16}$$

由于一般电机电枢电阻较小，因此此时的启动电流很大，远远超过了电机的额定电流。如果不采取措施，很可能损坏电机。为了限制启动电流，一般采用电枢回路串电阻启动或减压启动。

a. 电枢回路串电阻启动。

在电枢回路中串入一个多级切换的可变电阻，启动开始瞬间，串入全部电阻，使启动电流不超过允许值。随着转速的上升，逐级切除启动电阻，最后使电机速度上升到稳定值，启动结束。

b. 减压启动。

利用可调电源为电枢回路供电，启动时，电压较小，启动后，随着转速的上升，把电源电压由低向高调节，直至电机速度上升到稳定值。

8.2.5.2 步进电机

步进电机是一种将电脉冲信号转换成机械运动的电磁元件，输入正确的脉冲时序，步进电机即可按照步进增量进行运动。当采用适当的控制时，电机轴的转速与输入脉冲的频率保持严格的对应关系，而电机的转动步数也总是和输入脉冲个数相等。步进电机具有定位精度高、可重复性好、无积累误差、控制简单、可用于开环控制等优点，由于步进电机的运动特性受电压波动和负载变化的影响小，并且步进电动机能直接接受数字量的控制，所以非常适合采用微机进行控制，被广泛应用于机器人动作控制、天线扫描、电子瞄准、飞行器姿态控制、导航控制等方面[56,57]。

根据转子结构特点，步进电机可分为：反应式（Variable Reluctance, VR）、永磁式（Permanent Magnet, PM）和混合式（Hybrid, HB）三大类。其中，反应式步进电机的响应速度快，但断电后无保持力矩；永磁式电机有永久磁场，断电后具有一定的保持力矩，力矩性能相对较好；混合式步进电机综合了 VR 和 PM 的优势，但成本较高。

1）步进电机的工作原理

反应式步进电机由一个多齿软铁芯的转子和线绕定子组成，当定子绕组有 DC 电流通过时会产生磁场，转子齿受定子极性吸引就发生转动。反应式步进电机的工作原理如图 8.10 所示（以一个三相电机为例说明）。三相反应式步进电机有 6 个极，不带小齿，每两个对应极上有一相控制绕组，转子只有 4 个齿。

当仅给 A 相绕组通电，由于磁通具有力图沿着磁阻最小的路径闭合的特性，将使转子齿1,3 的轴线与定子 A 极轴线对齐，如图 8.10(a)所示。如果换成仅给 B 相绕组通电，同样的原

因使转子齿 2,4 的轴线与定子 B 极轴线对齐,转子逆时针转过 30°,如图 8.10(b)所示。再换成 C 相绕组通电,又使转子齿 1,3 的轴线与定子 C 极轴线对齐,如图 8.10(c)所示。如此往复循环,按 A—B—C—A 的顺序通电,电机转子就会一步一步地逆时针转动。改变定子相绕组的通电顺序,则电机的转向也改变。

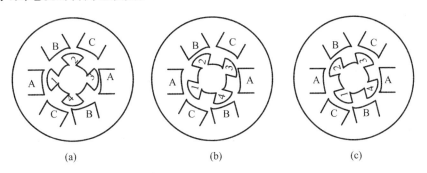

图 8.10　三相反应式步进电机

步进电机还可采用双拍控制方式,即任何时刻都同时有两相绕组通电。步进电机的步距角 θ_b 由转子齿数、定子相数和通电方式所决定,即

$$\theta_b = \frac{360°}{mCZ} \tag{8.17}$$

式中:m——相数;

　Z——转子齿数;

　C——状态系数,采用单拍或双拍通电方式时 $C=1$,采用单、双拍供电时 $C=2$。

若步进电机所加的通电频率为 f,则其转速 n(单位:r/min)为

$$n = \frac{f\theta_b}{360} \times 60 = \frac{60f}{mCZ} \tag{8.18}$$

2) 步进电机的工作特性

普通电动机的名词术语不能用来描述步进电机,因此步进电机有其专门的术语。通常用来描述步进电机工作特性的术语包括分辨率(或每转步数、步距角)、单步响应、静态保持转矩、动态转矩、矩频特性等。

(1) 分辨率。

步进电机的分辨率是用每转步数或步距角来表示的,一般是一种不可改变的、固有的特性。常用的步进电机步距角有 1.8°,3.6°,7.2°等。

步进电机的分辨率可以通过电子控制的方法加以改变,一种是改变运行拍数,另一种是改变相电流的相对值。

(2) 单步响应。

步进电机由一相通电转入下一相通电时,电机就会向前运动一步。此时转子对时间的响应定义为单步响应。单步响应是步进电机的一个重要特性,以此表明所作步进运动的快慢、响应的振荡及步距角精度。大多数情况下,步进电机的单步响应会呈现出轻微的振荡现象。图 8.11 为一个步进电机的单步响应仿真曲线。

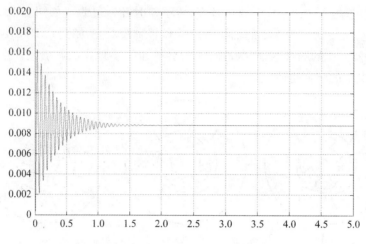

图 8.11　步进电机单步响应曲线

（3）动态转矩。

又称牵出转矩，一般用步进电机的动态矩频特性曲线表示，如图 8.12 所示。步进电机的矩频特性曲线同普通电机的机械特性曲线不同，它未规定出额定运行点，这些曲线只规定出转矩和频率的组合区域。步进电机的矩频特性主要取决于电机、激励方式及驱动器类型等，是正确选择电机和驱动方式的关键。

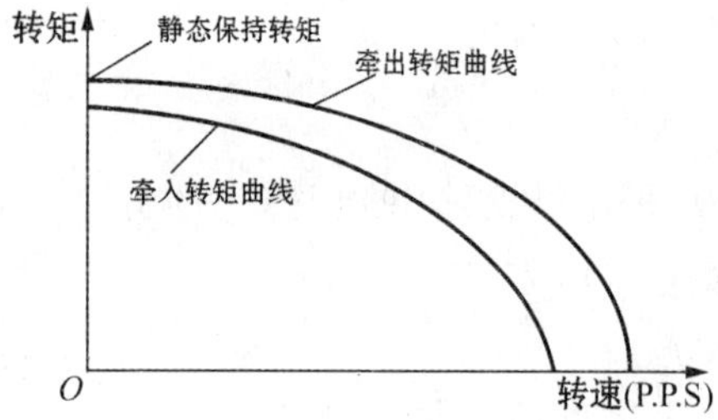

由图 8.12 可知，步进电机在静态时产生的输出转矩最大（此时的转矩为静态保持转矩），当输入脉冲频率（即电机转速）增加时，电机各相电感在电路接通和断开时阻止相电流达到稳态值，因而电机转矩下降。步进电机的牵入转矩曲线是指电机在不同负载下，能够直接驱动而不致失步的最大起动频率，而牵出转矩曲线则是指电机在不同负载下，能够正常工作而不致失步的最大工作频率。也就是说，在特定负载情况下，步进电机有一个最大起动转速和最大负载转速，如果以超出最大起动转速的速度直接驱动电机，将会造成电机失步，严重时电机不能起动；如果电机以超出最大负载转速的速度运行，则不能驱动负载。

图 8.12　步进电机的典型矩频特性曲线

3）步进电机的驱动及控制

步进电机需要采用按序排列的脉冲或正余弦电压信号进行控制，直接涉及步进电机控制的环节主要包括环形分配器和脉冲功率放大器，如图 8.13 所示。

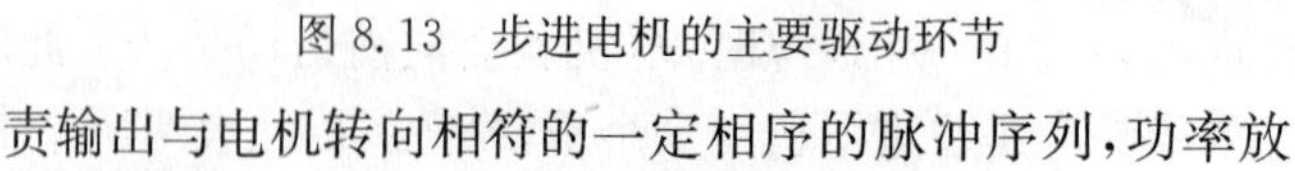

图 8.13　步进电机的主要驱动环节

环形分配器负责输出与电机转向相符的一定相序的脉冲序列，功率放大器则主要将环形分配器输出的信号进行功率放大，使其能够直接驱动电机工作。

（1）步进电机的驱动方式。

步进电机常见的驱动方式主要有电压驱动、恒流斩波驱动及调频调压驱动等。其中电压驱动和调频调压驱动都是调整电机绕组的供电电压，电压驱动通常采取在电机导通相的脉冲前沿施加高电压,用以提高电机相电流的上升速度,之后电压迅速下降,用以维持绕组中的电流。调频调压驱动则是根据电机运行时的脉冲频率变化自动调节绕组电压,高频时采用高压供电,提高系统的响应速度;低频时采用低压供电,减少转子的振荡幅度,防止过冲。

恒流斩波驱动与上述两种驱动方式不同,它增加了带电流反馈的恒流斩波装置,该装置通过控制斩波信号的占空比使导通相在各种工作方式下保持额定电流。其办法是把相电流用一个电流敏感电阻转换成电压信号送入比较器,如果该信号高于参考电压(此电压由额定相电流确定)则将输出三极管关断一段时间,使电流下降到额定相电流之下,之后重新打开输出三极管。恒流斩波驱动是解决电机电流控制和电流快速上升及转换的优选方法。

(2) 步进电机的速度控制。

由步进电机的矩频特性可知,步进电机要想工作在超出其启停频率之外的转速上,则需要某种形式的加-减速控制技术以保证不发生失步现象。这就意味着电机以不高于最大起动转速的脉冲频率启动,并逐步增加脉冲频率,直到达到所要求的变速速度。同样,当电机就要进入静止时,应减速到最大起动转速内,从而使电机可以根据指令停止而无位置误差。

使用加-减速技术控制步进电机的速度,由于必须供给电机合适的起动—加速—减速—停止信号而增加了总体控制的复杂性。常用的加-减速控制技术有线性加-减速控制和指数律斜率加-减速控制两种。

a. 线性加-减速控制。

线性加-减速控制是指加速度保持一恒定值不变,速度以线性规律上升如图 8.14 所示。

线性加-减速控制快速性较好,且算法较为简单,容易实现,一般来讲,缺点是加速时间较长,电机通过其谐振点加速可能会有困难。

b. 指数律斜率上升、下降控制。

优于线性斜率的控制方式是指数律加速-减速控制。这种控制方法在电动机转速较低时加速较快,而在转速较高时,加速较慢。指数律斜率上升和下降的加-减速分布情况如图 8.15 所示。

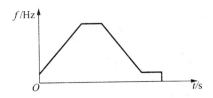 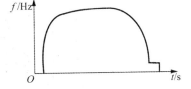

图 8.14　线性加-减速斜率分布图　　图 8.15　指数律上升和逆指数律下降的分布图

线性加-减速控制法的快速性好,且较易获得解析解,并可将其进一步离散化,从而便于计算机实现;而其他两种方法难以进行直接离散化,计算机实现较为困难。因此该伺服系统选择常采用线性加-减速控制技术来达到电机的高速转动。电机的转速为

$$V = V_0 + at \tag{8.19}$$

式中:V——电机转速;

　　　V_0——电机起动转速;

　　　a——电机加速度;

　　　t——电机加速时间。

若 T_i 为相邻两个进给脉冲之间的时间间隔(单位:s),V_i 为进给一步后的末速度(单位:步/s),a 为进给一步的加速度(单位:步/s²),则有

$$\begin{cases} V_i = \dfrac{1}{T_i} \\[2mm] V_{i+1} = \dfrac{1}{T_{i+1}} \\[2mm] V_{i+1} - V_i = \dfrac{1}{T_{i+1}} - \dfrac{1}{T_i} = a \cdot T_{i+1} \end{cases} \tag{8.20}$$

由此,可计算出相邻两个进给脉冲间的时间间隔为

$$T_{i+1} = \frac{-1 + \sqrt{1 + 4aT_i^2}}{2aT_i} \tag{8.21}$$

式中:T_0 可取电机的起动频率,一般在 200 Hz 左右。减速过程为其逆过程。

(3) 步进电机的细分控制。

由于步进电机可以实现数字信号转换,且控制简单,因此成为自动控制系统中广泛采用的执行元件。但是由于步进电机运行的特殊机理,使其振荡和噪声比其他类型的微型电机都高。随着步进电机在一些精密控制系统中的应用越来越多,对小步距、低振动和低噪声的要求越来越迫切。然而由于转子齿数和定子相数是有限的,因此步进电机的步距角不可能非常小。

为了解决这个矛盾,改善步进电机的运行品质,抑制振荡和噪声,可以采用微步细分(micro-step)的控制方法。它是通过控制各相绕组中的电流分配,使一相绕组中的电流按一定的规律上升,同时另一项绕组中的电流下降,从而获得从 0 到最大相电流之间的多个稳定的中间电流状态,使转子运动更为平滑。与整步运行或半步运行相比,步进电机的微步细分运行方式使定子磁力变化更为平稳,减小力矩扰动,特别是在低速运行时。同时由于微步细分一般都具有较高的脉冲频率及较小的步进,因此可以提高定位精度、减小过冲、降低噪声、避免谐振。

要实现步进电机的细分控制,简单的办法是把步进电机各相的最大额定电流值进行 N 等分。这种方法算法简单,易于实现,但是很粗糙,并不能实现精确的等步距细分。如果要实现等步距角细分,可以采用正弦波的细分控制方法。其原理图如图 8.16 所示。图中,A 和 B 表

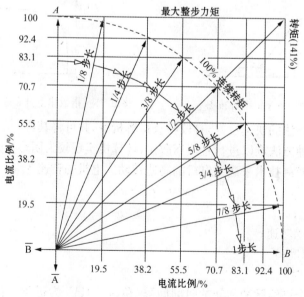

图 8.16　步进电机细分原理图

示电机绕组正向通电;$\overline{A}$ 和 $\overline{B}$ 表示电机绕组反向通电。

各相电流的分配如下:

$$\begin{cases} I_A = I_{\text{peak}}\sin\left(\dfrac{i}{4\times n}\times 360°\right) \\ I_B = I_{\text{peak}}\cos\left(\dfrac{i}{4\times n}\times 360°\right) \end{cases} \tag{8.22}$$

式中:n——细分数;

$\quad\ i$——细分后的第 i 步($i=1,2,\cdots,4n$)。

8.2.6　角度传感器

天线控制系统中的测量元件多为角度采集元件,常见的有光电编码器、旋转变压器、线性位移传感器等[58]。

光电码盘的优点是可直接输出数字量,便于与计算机接口。但是光电码盘及电路都要安装在转动轴上,相对体积较大,适应恶劣环镜的能力差,对高精度的光电码盘仍需要有细分电路来实现。

旋转变压器的优点可很方便地安装在转动轴上,编码电路可放在室内。旋转变压器可适应恶劣环镜,如振动、冲击、灰尘、温度变化等。但是旋转变压器需要交流激磁信号,它的模拟输出信号需要进行数字变换。

8.2.6.1　旋转变压器

旋转变压器(resolver)属于交流电机,是一种输出电压随转子转角变化的信号元件,实际上也是一种副边可以旋转的变压器,简称旋变。按输出电压与转子转角间的函数关系,旋转变压器可分为正余弦旋转变压器、线性旋转变压器、比例式旋转变压器等多种。

1) 工作原理

上述旋转变压器在电磁结构上无本质差别,只是在接线方法、绕组设计和机械结构上有所不同。下面以正余弦旋转变压器为例说明其工作原理。

旋转变压器的定子和转子分别有两个在空间互相垂直的绕组(见图 8.17),D1D2 为定子激磁绕组,D3D4 为定子交轴绕组;Z1Z2 和 Z3Z4 分别为转子的正弦和余弦绕组。使用时,D1D2 接单相交流电源,D3D4 短接用于原边补偿,Z1Z2 和 Z3Z4 通过滑环引出。正、余弦绕组的输出电压与激磁绕组的输入电压有如下关系:

$$\begin{cases} U_s = KU_f\sin\alpha \\ U_c = KU_f\cos\alpha \end{cases} \tag{8.23}$$

式中:K 为旋转变压器的变比。

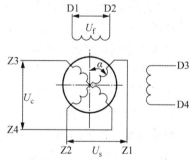

图 8.17　旋转变压器原理图

为了提高旋转变压器的测角精度,通常采用双速系统,由粗、精通道组成。这种旋转变压器就是多极旋转变压器(multipole resolver),粗通道与转动轴的速比 1:1,精通道与转动轴的速比 n:1,粗、精通道的速比(极对数)为 1:n。即粗通道转动 1 圈(360°),而精通道转动 n 圈($360\times n°$)。多极旋转变压器的原理如图 8.18 所示。

由于多极旋转变压器的转子安装在转轴上,而且转子上有激磁信号的引出线,转子转动时引出线也要跟随转动,会出现断线的现象。为了提高多极旋转变压器的可靠性,采用无刷多极旋转变压器,其引出线均在定子绕组上。

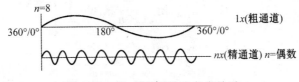

图 8.18　粗、精通道输出角度关系

2) 多极旋转变压器的主要参数

(1) 输入电压和频率。

多极旋转变压器的输入电压在 0.5~115 V 之间,频率从 60 Hz 到 100 kHz。

(2) 精度(电气误差)。

多极旋转变压器的电气误差定义为输出电压值相对于转子角度的误差,电气误差通常用角分或角秒来表示。例如旋转变压器输出正、余弦电压值分别为 V_s 和 V_c,$\theta = \arctan(V_s/V_c)$。转子角度为 Φ,其电气误差为 $\theta - \Phi$。

(3) 变比和相移。

多极旋转变压器的变比是输出电压最大值时与输入电压之比,变比一般选取 0.1~1.0。

多极旋转变压器的相移是原边绕组输入电压的时间-相位与副边绕组输出电压的时间-相位差。多极旋转变压器的相移为超前相移,极对数越大,精通道相移越大。

(4) 零位电压。

当旋转变压器的原边绕组和副边绕组精确相互垂直时,在副边绕组上应没有感应电压。然而由于机械加工的不完善,绕组误差和漏磁等引起在副边绕组上有感应电压输出,称此感应电压为零位电压。

零位电压包括与激磁信号同相分量,与激磁信号正交分量,激磁信号谐波分量等。

(5) 绝缘介电强度和绝缘电阻。

绝缘介电强度规定绕组对机壳和绕组之间的绝缘介电强度,一般应＞200 V。

绝缘电阻规定绕组对机壳和绕组之间的绝缘电阻,一般应＞50 MΩ。

(6) 极对数及引出线的规定。

多极旋转变压器的极对数一般选取为 1:8,1:16,1:32,1:64 等,也有选取 1:20,1:36。

3) 多极旋转变压器和数字转换技术

将旋转变压器输出的含有轴角量的模拟信号,通过一定的电子电路进行处理变换,形成与计算机接口需要的数字角度值。旋转变压器到数字转换有 RC 相移法、三角函数发生器法、A/D 采集法、跟踪型转换法等多种。

跟踪型旋转变压器到数字转换(RDC)由正,余弦乘法器、误差放大器、相敏解调器、积分器、压控振荡器和可逆计数器等组成,具有抗干扰能力强、实时性强等特点,因此大多数 RDC 都采用此方案。

多极旋转变压器分成粗、精双通道,分别对粗、精双通道进行编码,把编好的双通道数字码进行组合。例如 1:8 极对数的多极旋转变压器粗、精双通道编码器,每个编码器 16 位,它们的组合码 19 位,粗码取前 3 位,精码取全部 16 位,和精码权值相等的 13 位粗码舍去。

由于多极旋转变压器粗、精通道零位误差,粗通道电气误差以及多极旋转变压器安装误差造成与精码权值相等的粗码并不同步变化,这样在将粗、经码字组合起来时,可能出现误码现象(见图 8.19)。为了很好地解决这种误码问题,一般要采用某种纠错方法。如果将粗码的第4,5 位用 CD 表示,精码的第 1,2 位用 AB 表示,那么根据 CD 和 AB 组合,就可以对粗码的前三位进行纠错。具体原理如图 8.20 所示。

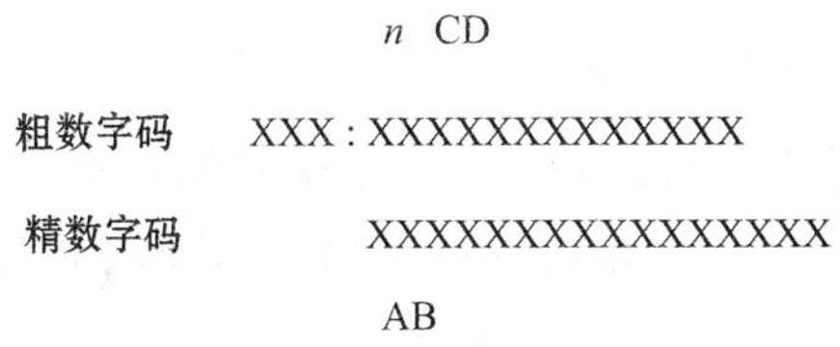

<table>
<tr><td></td><td>n CD</td></tr>
<tr><td>粗数字码</td><td>XXX：XXXXXXXXXXXXX</td></tr>
<tr><td>精数字码</td><td>XXXXXXXXXXXXXXX</td></tr>
<tr><td></td><td>AB</td></tr>
</table>

图 8.19 多极旋变编码组合图

AB→	00	01	10	11
CD				
00	0	0	0	−1
01	0	0	0	0
10	0	0	0	0
11	+1	0	0	0

图 8.20 多极旋变纠错编码图

由图 8.20 可知,在两种情况下应进行纠错。一是当 C,D,A,B 分别为 1,1,0,0 时,纠错方法是粗机的高三位 +1;二是当 C,D,A,B 分别为 0,0,1,1 时,纠错方法是粗机的高三位 −1。

8.2.6.2 光电编码器

光电编码器是用光电方法把被测角位移转换成以数字代码形式表示的电信号的转换部件。可分为绝对式编码器和相对式编码器两大类。

1) 绝对式编码器

绝对式编码器的工作原理:由光源发出的光线,经柱面镜变成一束平行光或聚光,照射到码盘上。码盘上刻有许多同心码道,每位码道上都有按一定规律排列着的若干透光和不透光部分(即亮区和暗区)。通过亮区的光线经狭缝形成一束很窄的光束照射到光电元件上,产生按一定规律编码的数字量,代表了码盘轴的转角大小。输出码制可分为二进制码、十进制码、循环码等。为了提高精度,可以采用双盘形式。

2) 相对式编码器又称增量式编码器

该类编码器输出 A,B,Z 三相脉冲信号,如图 8.21 所示。当轴角编码器正向旋转时,A 相脉冲超前 B 相脉冲 90°;当轴角编码器反向旋转时,A 相脉冲滞后 B 相脉冲 90°。Z 相为零位信号。

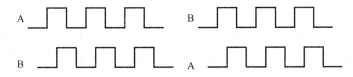

图 8.21 增量式光电编码器输出信号示意图

光电编码器把角位移信号转变成脉冲数字信号,每转动一圈输出固定数目的脉冲。解算时,利用 A,B 两项信号的相位关系来判断被测信号是正转还是反转,同时记录脉冲个数的增减,从而精确测得被测对象的角位移。

常见的解算方法只采用单项 A 相信号的上升沿或下降沿,如图 8.22 所示,再经适当的逻辑处理,使得正转时只输出正转脉冲信号,反转时只输出反转脉冲信号,然后分别送入正、反向计数器计数,正转计数与反转计数相减,得到编码器旋转的绝对位置。

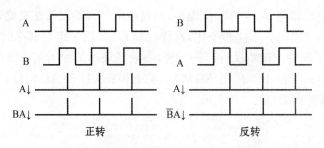

图 8.22　增量式光电编码器的信号采集示意图

为了提高角度检测精度,可采用四倍频检测原理,通过检测光电编码器 A,B 相输出脉冲的上升沿和下降沿,得到四倍的脉冲数目,即对一定的旋转角度,所得到的检测脉冲数更多,从而提高角度检测精度。如图 8.23 所示。从图中可得出如下逻辑关系:

$$CP_Z = \overline{B}A\uparrow + BA\downarrow + AB\uparrow + \overline{A}B\downarrow \tag{8.24}$$

$$CP_F = BA\uparrow + \overline{B}A\downarrow + \overline{A}B\uparrow + AB\downarrow \tag{8.25}$$

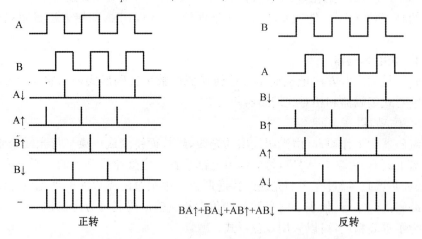

图 8.23　增量式光电编码器四倍频信号采集示意图

8.3　天线控制器设计

如前所述,各类天线控制器中,以跟踪控制器最具代表性,因为它的功能最复杂、组成最完整。本节将以中继用户终端跟踪天线控制器为例对天线控制器的功能、各部分的设计进行介绍。

8.3.1　天线控制器的主要功能及组成

8.3.1.1　天线控制的主要功能

跟踪天线控制器是跟踪天线的转动控制终端,它通过总线接收外部指令,并进行数据、信息交换,对跟踪目标的天线指向角度进行预报,并控制驱动跟踪天线准确指向目标,从而为建立星间链路、实现中继星和用户星之间的数据交换打下基础。

由此可见,跟踪天线精确跟踪目标是建立星间链路的首要条件,而天线控制器则是保证跟踪天线精确跟踪目标的关键。在星载天线控制器的设计中,除了要考虑其功能、性能的实现,还需要重点关注天线控制器的可靠性与稳定性。跟踪控制器的主要功能如下:

(1) 通过总线接收卫星轨道基本参数、GPS 数据及姿态数据,计算天线坐标系下天线指向目标的角度,控制驱动天线程控跟踪目标。

(2) 具有与跟踪接收机的接口,能够根据跟踪接收机输出的和、差信号对目标进行自动跟踪。

(3) 具有扫描搜索功能,可根据需求实现某一搜索策略。

(4) 利用旋转变压器对天线实际角度进行采集,并转换为遥测信号输出。

(5) 设置软限位功能对天线进行保护。

天线控制器的主要性能指标包括:跟踪角速度、跟踪范围、程控精度、自跟踪精度、电机驱动功率、整机功耗、浪涌等。

8.3.1.2　天线控制器的组成

天线控制器的结构组成一般可分为以下几个模块:电源模块、控制模块、驱动模块、角度/位置采集模块,如图 8.24 所示。如无特殊要求,天线控制器均采用一体化设计。同时考虑可靠性的要求,采用主备份设计冗余。

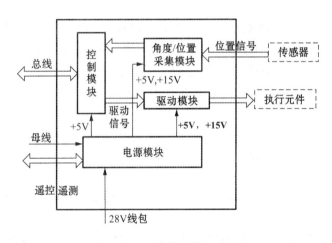

图 8.24　天线控制器组成图

各模块的主要功能如下:

1) 电源模块

电源模块的主要功能是实现一次电源到二次电源的隔离变换,输出设备内部模块所需的二次电源。

2) 控制模块

控制模块是天线控制器的关键部分,主要由微处理器、译码电路、接口电路、总线电路和脉冲发生电路等构成。

3) 驱动模块

驱动模块的功能是接收控制模块的控制信号,将其进行分配、放大后驱动电机转动。

4) 角度/位置采集模块

角度/位置采集模块的功能是采集天线的实际角度及限位位置。

8.3.2 控制模块设计

天线控制模块是天线控制器的核心,主要完成系统的指令接收、信号的采集交换、实现控制算法、发送电机驱动信号等功能。其中,利用地面上注的卫星轨道参数或星上广播的 GPS 数据外推卫星轨道,由此计算出天线跟踪目标的指向角度,选择适合的控制律。对天线实施准确的跟踪控制,是天线控制模块的核心任务。考虑到天线指向控制器的工作模式复杂,浮点运算、三角函数较多,过去常用的星载计算机如单片机难以实现。因此,目前星载天线控制器中多采用 DSP 作为处理器,用它来完成高精度的计算。

8.3.3 驱动模块设计

目前我国星载天线控制器的执行机构多采用两相混合式步进电机,而步进电机在系统中性能如何除了取决于电机本身的指标外,还与电机驱动模块的性能密切相关。驱动模块的功能是将由天线控制模块发送的符合要求的脉冲串按时序要求进行分配、放大后输出到步进电机,用以驱动步进电机转动。

8.3.4 角编码模块设计

角度检测电路采用双速 RDC 转换电路方案。双通道(粗精)旋转变压器感应天线转动的角度,产生相应的电信号,双速 RDC 转换电路包含有粗、精两路数字转换器和一个双速系统所必需的纠错逻辑电路。RDC 转换电路将角度传感器(旋转变压器)产生的正、余弦电压信号转换成数字化的角度信号。根据系统的精度要求可选择粗、精组合的比速(与旋变相同),使其达到角度检测精度的要求。

8.4 经典控制系统概述

天线控制器作为一种典型的控制系统,对它的深入研究离不开经典的控制理论,下面简要介绍经典控制理论[54,107]。

经典控制理论是控制理论中的经典,经典控制论是以传递函数为基础,主要研究单输入单输出、线性定常系统的分析和设计。基于经典控制理论可以设计出令人满意的系统,虽然不是最佳系统,但有设计周期短等优点,所以经典控制理论仍然有较大的存在和使用价值。本章主要介绍经典控制中连续系统的时域、S 域、频域分析及其校正,最后介绍离散系统的分析与设计。

8.4.1 控制系统的数学模型

在控制系统的分析和设计中,首先要建立系统的数学模型。控制系统的数学模型是描述系统内部各物理量(或变量)之间关系的数学表达式。在静态条件下(即变量的各阶导数为零),描述各变量之间关系的数学方程,称为静态模型,在动态过程中,各变量之间的关系用微分方程描述,称为动态模型。由于微分方程中各变量的导数表示了它们随时间变化的特性,如一阶导数表示速度,二阶导数表示加速度等,因此,微分方程完全可以描绘系统的动态特性。

建立系统数学模型的方法一般有分析法和实验法。分析法是依据对系统各部分运动机理的分析,利用系统本身的物理或化学规律列写响应的运动方程。实验法是人为地给系统施加测试信号,通过记录和观察输出信号,并用适当的数学模型逼近实际系统,这种方法也称为系统辨识。

在自动控制系统的分析设计中,建立合理的系统动态模型是一项极为重要的工作,它直接关系到控制系统能否去实现给定的任务。如果所建的被控对象的动态模型不合理,控制系统就失去了它应有的作用。但这并不意味着数学模型越复杂越合理。合理的数学模型是指它应以最简化的形式正确地代表被控对象或系统的动态特性。

控制系统的微分方程是在时间域描述系统动态性能的数学模型。为了能够便于对系统进行分析和设计,还需要应用拉氏变换求解系统的线性常微分方程,从而得到系统在复数域的数学模型,称其为传递函数。传递函数不仅可以表征系统的动态特性,而且可以借以研究系统的结构或参数变化对系统性能的影响。在经典控制理论中广泛应用的频率法和根轨迹法,就是在传递函数的基础上建立起来的。因此,传递函数是经典控制理论中最基本也是最重要的概念。

例如,电位器的传递函数为

$$G(s) = \frac{U(s)}{\theta(s)} = K \tag{8.26}$$

式中:U——电位器输出电压;

$\quad\theta$——电位器点刷转角;

$\quad K$——电位器传递系数。

伺服电动机的传递函数为

$$G(s) = \frac{\theta(s)}{U(s)} = \frac{K_m}{s(T_m s + 1)} \tag{8.27}$$

式中:U——电机控制电压;

$\quad\theta$——电机轴转角;

$\quad K_m$——电机传递系数;

$\quad T_m$——电机时间常数。

在建立了控制系统各部件的传递函数后,还需要用结构图来描述系统各组成部分之间信号的传递关系,这就是控制系统的结构图。它表明了系统输入变量与输出变量之间的因果关系以及对系统中各变量所进行的运算,是控制工程中描述复杂系统的一种简单方法。一个简单的负反馈结构如图 8.25 所示。

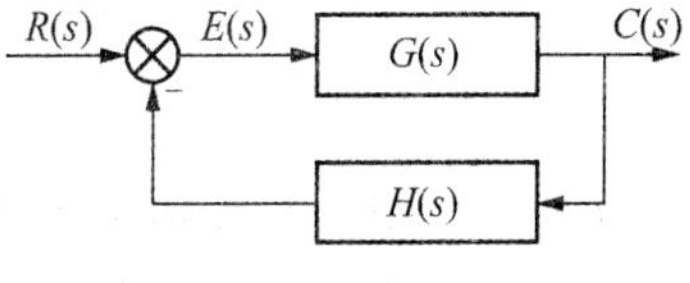

由图可得

$$\frac{C(s)}{R(s)} = \frac{G(s)}{1 + G(s)H(s)} = \varphi(s) \tag{8.28}$$

式中:$\varphi(s) = \dfrac{G(s)}{1 + G(s)H(s)}$称为闭环传递函数。

图 8.25　结构图示

8.4.2　控制系统的分析方法

一旦建立了合理的系统数学模型,就可以对控制系统的动态性能及稳定性能进行分析。在经典控制理论中,对线性系统常用时域分析法、根轨迹法或频率响应法来分析控制系统的性能。

8.4.2.1 时域分析法

时域分析法是一种直接分析法,易为人们所接受,同时它还是一种比较准确的方法,可以提供系统时间响应的全部信息。为了求解控制系统的时间响应,必须根据系统的常见工作状态给系统施加一定的输入信号。在这个信号的作用下,系统都需要经历过渡过程(又称动态过程)和稳态过程。而控制系统在此输入信号作用下的性能指标,通常就由动态性能和稳态性能两部分组成。

1) 动态性能

任何一个反馈控制系统的工作必须是稳定的,这是对控制系统提出的最基本要求,因此只有当动态过程收敛时,研究动态性能才有意义。一般认为,阶跃输入对系统来说是最严峻的工作状态,因此通常在阶跃函数作用下计算系统的动态性能。

图 8.26 是系统在单位阶跃函数作用下的时间响应,称为单位阶跃响应,描述系统动态性能的指标通常有:

(1) 延迟时间 t_d:单位阶跃响应达到其稳态值 50% 所需的时间。

(2) 上升时间 t_r:响应从其稳态值的 10% 上升到 90% 所需的时间。上升时间是系统响应速度的一种度量。上升时间越小,系统响应越快。

(3) 峰值时间 t_p:响应超过稳态值,达到第一个峰值所需的时间。

(4) 调节时间 t_s:响应到达并停留在稳态值的 ±5%(有时也用 ±2%)误差范围内所需的最小时间。调节时间又称为过渡过程时间。

(5) 超调量 $\sigma\%$:在系统响应过渡过程中,输出量的最大值为 $c(t_p)$,如果 $c(t_p)$ 小于稳态值 $c(\infty)$,则响应无超调,如果 $c(t_p)$ 大于 $c(\infty)$,则定义超调量为

$$\sigma\% = \frac{c(t_p) - c(\infty)}{c(\infty)} \times 100\% \tag{8.29}$$

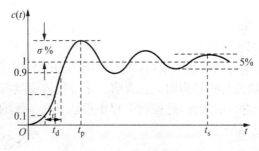

图 8.26　单位阶跃响应图

上述 5 个动态性能指标基本上可以体现系统过渡过程的特征。实际应用中,常用的动态性能指标为上升时间、调节时间和超调量。通常,上升时间和峰值时间评价系统的响应速度、超调量评价系统的阻尼程度、调节时间是同时反映响应速度和阻尼程度的综合性指标。

对于一阶、二阶等低阶的系统,直接分析系统的阶跃响应即可得到系统的动态性能指标,其中二阶系统又可以分为欠阻尼、零界阻尼和过阻尼的阶跃响应 3 种情况用以分析,三阶或三阶以上的系统可以简化为二阶系统分析,另外在已知系统模型的前提下,可以使用 Matlab 软件方便地求出高阶系统的阶跃响应。

2) 稳态性能

稳定是控制系统的重要性能,也是系统能够正常工作的首要条件。实际系统运行的过程

中总是受到外界和系统本身的一些因素的扰动,如负载和能源的波动、系统参数的变化、环境条件的改变等。不稳定的系统在任何微小的扰动下都可能偏离平衡位置逐渐发散,所以分析系统的稳定性并提出保证系统稳定的措施是自动控制理论的基本任务。

线性系统的稳定性只取决于系统本身的固有特性,而与输入信号无关。线性系统稳定的充分必要条件是:闭环系统特征方程的所有特征根均具有负实部,或者说,闭环传递函数的极点均位于左半 s 开平面(不包括虚轴)。

间接判断系统稳定的方法是使用劳斯稳定判据和赫尔维茨稳定判据。劳斯判据采用表格形式,又称劳斯表。

假定系统特征方程为

$$D(s) = a_0 s^n + a_1 s^{n-1} + \cdots + a_{n-1} s + a_0 = 0 \tag{8.30}$$

列出劳斯斯表

s^n	a_0	a_2	a_4	a_6	$\cdots$
s^{n-1}	a_1	a_3	a_5	a_7	$\cdots$
s^{n-2}	$c_{1.3}$	$c_{2.3}$	$c_{3.3}$	$c_{4.3}$	$\cdots$
s^{n-3}	$c_{1.4}$	$c_{2.4}$	$c_{3.4}$	$c_{4.4}$	$\cdots$
$\vdots$	$\vdots$	$\vdots$	$\vdots$		
s^2	$c_{1.n-1}$	$c_{2.n-1}$			
s^1	$c_{1.n}$				
s^0	$c_{1.n+1} = a_n$				

表中:$c_{1.3} = \dfrac{a_1 a_2 - a_0 a_3}{a_1}$,$c_{2.3} = \dfrac{a_1 a_4 - a_0 a_5}{a_1}$,$c_{3.3} = \dfrac{a_1 a_6 - a_0 a_7}{a_1}$,$\cdots$

$c_{1.4} = \dfrac{c_{1.3} a_3 - a_1 c_{2.3}}{c_{1.3}}$,$c_{2.4} = \dfrac{c_{1.3} a_5 - a_1 c_{3.3}}{c_{1.3}}$,$c_{3.4} = \dfrac{c_{1.3} a_7 - a_1 c_{4.3}}{c_{1.3}}$,$\cdots$

$c_{1.5} = \dfrac{c_{1.4} c_{2.3} - c_{1.3} c_{2.4}}{c_{1.4}}$,$c_{2.5} = \dfrac{c_{1.4} c_{3.3} - c_{1.3} c_{3.4}}{c_{1.4}}$,$c_{3.5} = \dfrac{c_{1.4} c_{4.3} - c_{1.3} c_{4.4}}{c_{1.4}}$,$\cdots$

$\cdots$

劳斯判据表征系统稳定的充要条件:

(1) 系统稳定的充要条件是劳斯表的第一列元素全大于零。

(2) 劳斯表第一列元素改变符号的次数代表特征方程正实部根的数目。

控制系统的稳态性能通常用稳态误差来表示。稳态误差是系统准确度(控制精度)的一种度量,是控制系统设计中一项重要的性能指标。对于一个实际的控制系统,稳态误差总是不可避免的。控制系统设计的课题之一就是如何使稳态误差最小,或是使稳态误差小于某一容许值。

一般控制系统的结构图如图 8.25 所示。则误差信号为

$$E(s) = \frac{R(s)}{1 + G(s)H(s)} \tag{8.31}$$

如果所研究的系统是稳定的,则当时间 t 趋于无穷时,控制系统的稳态误差可以定义为误差信号的稳态分量,以 e_{ss} 表示。如果 $sE(s)$ 的极点均位于 s 左半平面(包括坐标原点),那么可

利用拉式变换的终值定理方便地求出系统的稳态误差:

$$e_{ss} = \lim_{s \to 0} sE(s) = \lim_{s \to 0} \frac{sR(s)}{1 + G(s)H(s)} \tag{8.32}$$

一般情况下,开环系统的传递函数可写为

$$G(s)H(s) = \frac{K(1 + \tau_1 s)(1 + \tau_2 s)\cdots(1 + \tau_m s)}{s^\nu(1 + T_1 s)(1 + T_2 s)\cdots(1 + T_{n-\nu} s)} \tag{8.33}$$

式中:K——开环增益;

γ——开环系统在 s 平面坐标原点上的极点的重数。

若 $\gamma = 0$,称为零型系统,$\gamma = 1$,称为一型系统,$\gamma = 2$,称为二型系统。当 $\gamma > 2$ 时,使系统稳定相当困难,因此三型及三型以上的系统极少。

系统的稳态误差计算公式可进一步表示为

$$e_{ss} = \lim_{s \to 0} \frac{sR(s)}{1 + \dfrac{K}{s^\nu} G_0(s)H_0(s)} = \frac{\lim_{s \to 0}[s^{\nu+1}R(s)]}{\lim_{s \to 0} s^\nu + K} \tag{8.34}$$

由上式可见,影响稳态误差的因素有系统的型别、开环增益及输入信号的形式和幅值。对于幅值为 R 的阶跃函数输入,其拉氏变换式为 R/s 则由式(8.34)得到的各型系统稳态误差为

零型系统:$e_{ss} = R/(1+K)$

一型或高于一型的系统:$e_{ss} = 0$

零型单位反馈系统在单位阶跃输入作用下的稳态误差反映的是系统输出与输入之间的位置误差,习惯上常用位置误差系数 K_p 表示。则位置误差为

$$e_{ss} = \frac{R}{1 + K_p} \tag{8.35}$$

若输入信号为斜坡函数 $R \cdot t$,则其拉氏变换为 R/s^2,则各型系统的稳态误差为

零型系统:$e_{ss} = \infty$

一型系统:$e_{ss} = R/K$

二型或高于二型的系统:$e_{ss} = 0$

一型单位反馈系统在斜坡输入作用下的稳态误差反映的是系统速度跟踪误差。如果用静态速度误差系数 K_V 表示斜坡作用下的稳态误差,则可得速度误差为

$$e_{ss} = \frac{R}{K_V} \tag{8.36}$$

若输入信号为加速度函数 $Rt^2/2$,则其拉氏变换为 R/s^3,则各型系统的稳态误差为

零型及一型系统:$e_{ss} = \infty$

二型系统:$e_{ss} = R/K$

三型或高于三型的系统:$e_{ss} = 0$

二型单位反馈系统在加速度输入作用下的稳态误差反映的是系统加速度跟踪误差。如果用静态加速度误差系数 K_a 表示斜坡作用下的稳态误差,则可得加速度误差为

$$e_{ss} = \frac{R}{K_a} \tag{8.37}$$

分析得知,如果要求系统对于阶跃输入作用不存在稳态误差,则必须选用Ⅰ型及Ⅰ型以上的系统;如果要求系统对于斜坡输入作用不存在稳态误差,则须选用Ⅱ型及Ⅱ型以上的系统;

如果要求系统对于加速度输入作用不存在稳态误差,则须选用Ⅲ型及Ⅲ型以上的系统。

8.4.2.2 根轨迹法

闭环系统瞬态响应的基本特性和闭环极点的位置紧密相关,而系统闭环极点的位置可取决于系统的环路增益,所以可以通过调整环路增益使系统的闭环极点移动到需要的位置,这样系统的设计问题就转化为选择合适的增益值问题。利用根轨迹法就可以用图解的方法分析系统特征根与系统某一参数(含环路增益)的全部数值关系。

根据开环系统与闭环系统零极点位置的关系:闭环系统的根轨迹增益,等于开环系统前向通道根轨迹增益;闭环零点由开环前向通路的零点和反馈通路传递函数的极点组成;闭环极点与开环零点、开环极点以及根轨迹增益均有关;可以得到根轨迹方程:

$$1 + G(s)H(s) = 0, \quad G(s)H(s) = -1 \tag{8.38}$$

根轨迹方程:

$$G(s)H(s) = \frac{K(s-z_1)(s-z_2)\cdots(s-z_m)}{(s-p_1)(s-p_2)\cdots(s-p_n)} = -1 \tag{8.39}$$

相角条件:

$$\sum_{i=1}^{m} \angle(s-z_i) - \sum_{i=1}^{n} \angle(s-p_i) = (2k+1)\pi, \quad k = 0, \pm 1, \pm 2 \tag{8.40}$$

幅值条件:

$$|G(s)H(s)| = 1 \tag{8.41}$$

根轨迹法则:

法则1:根轨迹起于开环极点,终于开环零点。

法则2:根轨迹的分支数与开环有限零点和有限极点数中的大者相等,根轨迹连续且对称实轴。

法则3:开环有限极点数 n 大于有限零点数 m 时,有 $n-m$ 条根轨迹分支沿着与实轴交角为 φ_a、交点为 σ_a 的一组渐近线趋向无穷远处,且有

$$\varphi_a = \frac{(2k+1)\pi}{n-m}, \quad k = 0,1,2,\cdots,n-m-1 \quad \text{和} \quad \sigma_a = \frac{\sum\limits_{i=1}^{n} p_i - \sum\limits_{j=1}^{m} z_j}{n-m}$$

法则4:实轴上的某一区域,若其右边开环实数零极点个数之和为奇数,则该区域必是根轨迹。

法则5:l 根轨迹分支在 s 平面上相遇又立即分开的点,称为根轨迹的分离点,分离点的坐标 d 和分离角分别为

$$\sum_{i=1}^{m} \frac{1}{d-z_i} = \sum_{i=1}^{n} \frac{1}{d-p_i}, \quad \frac{2(k+1)\pi}{l}, \quad k = 0,1,\cdots,l-1$$

法则6:根轨迹的起始角 θ_{p_i} 和终止角 φ_{z_i} 分别为

$$\theta_{p_i} = (2k+1)\pi + \left(\sum_{j=1}^{m}\varphi_{z_j p_i} - \sum_{\substack{j=1 \\ (j\neq i)}}^{n}\theta_{p_j p_i}\right); \quad k = 0, \pm 1, \pm 2,\cdots$$

$$\theta_{z_i} = (2k+1)\pi + \left(\sum_{\substack{j=1 \\ (j\neq i)}}^{m}\varphi_{z_j z_i} - \sum_{j=1}^{n}\theta_{p_j z_i}\right); \quad k = 0, \pm 1, \pm 2,\cdots$$

法则7:跟轨迹与虚轴交点的 k^* 值和 ω 值可用劳斯判据确定,也可令闭环特征方程中的 $s = j\omega$,然后分别令其实部和虚部为零而求得。

法则 8：当 $n-m\geqslant 2$ 时，开环极点之和总是等于闭环特征方程 n 个根之和。

常规的以根轨迹增益 k^* 为变化参数的根轨迹图可以依据绘制法则或 Matlab 软件绘制，其他情形下的参数根轨迹可先得到等效开环传递函数，再利用上述法则绘制根轨迹图。零度根轨迹模值条件同常规根轨迹，相角条件为

$$\sum_{i=1}^{m} \angle(s-z_i) - \sum_{i=1}^{n} \angle(s-p_i) = 2k\pi, \quad k = 0, \pm 1, \pm 2, \cdots \tag{8.42}$$

所以常规根轨迹的绘图法则经过适当修改即可用于零度根轨迹图的绘制。

系统的动态特性可以由闭环主导极点分析确定，主导极点是在全部的闭环极点中靠近虚轴而又不十分靠近闭环零点的一个或几个闭环极点。如果闭环零极点相距很近，它们称为偶极子；如果偶极子不十分接近坐标原点，则它们对系统的动态性能影响甚微，可以忽略，但如果它们接近坐标原点，则必须考虑它们对系统动态性能的影响。主导极点法则可以简化绝大多数有实际意义的高阶系统的性能估算。闭环实数主导极点的作用相当于增大系统的阻尼，是峰值时间迟后，超调量下降，这种作用随着极点接近坐标原点而加强。

下面利用 Matlab 分析开环传递函数为 $\dfrac{16s+1}{s^2+8\zeta s+50}$，其中 $\zeta=0.707$ 系统的根轨迹，Matlab 程序如下：

clear all；clc；zata＝0.707；num＝[16 1]；den＝[1 8 * zata 50]；sys＝tf(num,den)；
figure(1)；rlocus(sys)；grid on；

利用 Matlab 可以容易地得到系统的根轨迹增益图(见图 8.27)及其对应各点的根轨迹增益值。

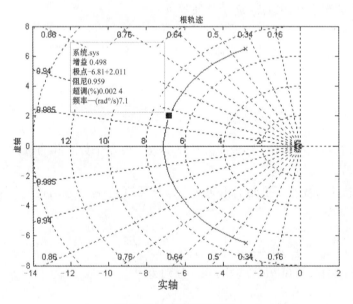

图 8.27　根轨迹增益图

8.4.2.3　频域响应法

频率响应法是应用频率特性研究自动控制系统的一种经典方法，频率响应分析的优点是可以通过对实际的物理系统测量来得到相关数据，而且通过奈奎斯特稳定判据可以利用系统的开环频率特性信息分析闭环系统的稳定性和稳定裕度。频域分析还可以兼顾动态响应和噪声抑制两方面的要求，而且还可以向非线性控制中推广，所以频域分析方法称为根轨迹法的补

充方法,在实际控制系统的设计中得到了广泛的应用。

1) 频率特性图

实际工程中,频率分析法常用图形直观地表示出传递函数的幅值和相位随频率变化的情况。最常用的频率特性图是极坐标图与对数坐标图,其中对数坐标图又称 Bode(伯德)图或对数频率特性图。Bode 图容易绘制,从图形上容易看出某些参数变化和某些环节对系统性能的影响,所以它在频率特性分析中应用最广。

对于稳定的线性定常系统,其频率特性和传递函数存在以下紧密关系:

$$G(\mathrm{j}\omega) = G(s)_{s=\mathrm{j}\omega} \tag{8.43}$$

式中:$|G(\mathrm{j}w)|$——$G(\mathrm{j}w)$的模或幅值;

$\angle G(\mathrm{j}w)$——输出信号对于输入信号的相位移。

Bode 图包括幅频特性图和相频特性图,分别表示频率特性的幅值和相位与频率之间的关系。幅频特性图的横坐标为角频率 $\omega(\mathrm{rad/s})$,采用对数分度,即长度为 $\lg(\omega)$;纵坐标为分贝数(dB)线性分度,$L(\omega)=20\lg|G(\mathrm{j}\omega)|=20\lg|A(\omega)|$。

对数相频曲线的横坐标也以 $\lg(\omega)$ 分度,纵坐标按照 $\varphi(\omega)$ 分度,单位为度。

由上述构成的坐标系称为半对数坐标系。对数频率特性采用了对横坐标——频率的非线性压缩,这样可以在很大程度上反映频率特性的变化情况。

精确的频率特性曲线可以依据 matlab 函数进行绘制。在控制工程中,为了简化作图,常常用低频和高频渐近线近似表示对数幅频曲线,称为对数幅频渐近特性曲线。

2) 开环对数频率特性的绘制

系统的开环传体函数 $G(s)$ 一般可以分解为若干典型环节串联的形式

$$G(s) = G_1(s)G_2(s)\cdots G_n(s) \tag{8.44}$$

其开环对数幅频特性函数和相频特性函数分别为

$$20\lg|G(\mathrm{j}\omega)| = 20\lg|G_1(\mathrm{j}\omega)| + 20\lg|G_2(\mathrm{j}\omega)| + \cdots + 20\lg|G_n(\mathrm{j}\omega)| \tag{8.45}$$

$$\angle G(\mathrm{j}\omega) = \angle G_1(\mathrm{j}\omega) + \angle G_2(\mathrm{j}\omega) + \cdots + \angle G_n(\mathrm{j}\omega) \tag{8.46}$$

可见开环对数频率特性等于各典型环节对数频率特性之和。实际绘制开环对数幅频特性曲线时,可按如下步骤进行。

(1) 将开环传递函数写成典型环节相乘的形式。

(2) 确定一阶,二阶环节的转折频率,并标在横轴上。同时表明各转折频率对应的渐近线的斜率。

(3) 设最低的转折频率为 ω_1,先绘 $\omega<\omega_1$ 的低频区,在此频段,只有积分(或纯微分)环节和放大环节起作用。

(4) 以后每遇到一个转折频率(含第一个转折频率),就改变一次渐近线斜率。该斜率应等于原直线的斜率加上对应的典型环节的斜率。

(5) 如有必要,对绘出的渐近线进行修正,一般在转折频率处进行修正。

3) 奈奎斯特判据

频率稳定判据包括奈奎斯特稳定判据和对数频率稳定判据,它们都是依据开环系统的频率特性曲线判断闭环系统稳定性的方法,这两种判据具有相同的本质。

奈奎斯特稳定判据:反馈控制系统稳定的充要条件是半闭合曲线 Γ_{GH} 不穿过$(-1,\mathrm{j}0)$点,且逆时针包围临界点$(-1,\mathrm{j}0)$的圈数 R 等于开环传递函数的正实部极点数 P。

由于频率特性的极坐标图较难画，所以人们希望利用 Bode 图来判定闭环稳定性。对数频率稳定判据可叙述如下：反馈控制系统稳定的充要条件是，在开环幅频特性大于 0 dB 的所有频段内，相频特性曲线对−180°线的正、负穿越次数之差等于 $P/2$，其中 P 为开环正实部极点个数。需要注意的是，当开环系统含有积分环节时，相频特性应增补 $\omega \to 0^+$ 的部分。

为了表征稳定系统稳定的程度，引入稳定裕度的概念来比较系统在频域的相对稳定性，系统的稳定裕度可以从相角裕度和幅值裕度两个方面分析。

相角裕度：设 ω_c 为系统的截止频率，显然 $A(\omega_c) = |G(j\omega_c)H(\omega_c)| = 1$，定义相角裕度 γ 的含义为

$$\gamma = 180° + \angle G(j\omega_c)H(j\omega_c) \tag{8.47}$$

对闭环稳定系统，如果系统开环相频特性再滞后 γ，则系统将处于临界稳定状态。

幅值裕度：在幅相曲线上，相角为−180°这一频率所对应幅值的倒数，即：

$$h = \frac{1}{|G(j\omega_x)H(j\omega_x)|} \tag{8.48}$$

幅值裕度的含义是对于闭环稳定系统，如果系统的开环幅频特性再增大 h 倍，则系统将处于临界稳定状态。

对于最小相角系统，当相角裕度 γ 总大于零而幅值裕度 h 总大于 1（即 h 的分贝值为正）时，则表明系统稳定，且 γ 和 h 越大，系统的稳定程度越好；当 γ 小于零而幅值裕度 h 小于 1 时，则表明系统不稳定。

除稳定裕度指标外，控制系统的带宽也是一项重要的指标。当闭环幅值特性的分贝值下降到频率为零时的闭环幅频特性分贝值以下 3 dB 时，对应的频率 ω_b 称为带宽频率。而对应的频率范围 $0 \leqslant \omega \leqslant \omega_b$ 称为系统带宽。带宽大，表明系统能通过较高频的输入；带宽小，系统只能通过较低频的输入。为了使系统准确跟踪任意输入，带宽大好；而从抑制噪声考虑，带宽又不能太大。因此，对带宽要求是有矛盾的，设计中应视具体情况折中考虑。

〔例〕 试分析单位反馈系统的开环系统函数为 $\dfrac{5}{0.1s^3 + 1.1s^2 + s}$ 时，系统的频率特性。

系统分析所用的 Matlab 程序为：

```
clear all;clc;
num=[5];den=[0.1 1.1 1 0];
sys=tf(num,den);figure(1);
margin(sys);grid on;
figure(2);
nichols(sys);
figure(3);
nyquist(sys);
axis equal;
```

以上 Matlab 程序可以得到系统的伯德图、尼科尔斯图及奈奎斯特图，可以准确分析该系统的稳定性，系统的幅值裕度 $h = 6.85$ dB，相角裕度 $\gamma = 13.6°$。

8.4.3 控制系统的校正方法

系统的设计和校正就是在被控对象给定后，根据被控对象的工作条件，首先确定执行元件

和测量反馈元件,在此基础上设计增益可调的前置放大器与功率放大器,这些元件构成系统的不可变部分。设计系统的目的是将控制装置和被控对象适当组合起来,使之满足控制精度,阻尼程度和响应速度的要求。如果仅调整增益不能满足设计要求,就需要在系统中增加参数可变的校正装置,使系统性能全面满足设计要求。目前工程实践中常用的 3 种校正方法为频率法校正、根轨迹法校正和复合控制校正。

控制系统的设计一般是依据给定的性能指标的形式而定,如性能指标是以时域特征量给出则采用时域法校正,如性能指标以频域特征量给出则采用频域法校正。工程界常采用的方法是频域法校正,所以常用近似公式将时域性能指标转化成频域性能指标进行计算。

8.4.3.1　频率响应校正

采用频率响应法设计系统最常用的方法就是使用待校正伯德图和系统将要到达的性能指标来设计校正装置,采用伯德图可以很方便地将频域指标与系统的频率响应综合。

应用伯德图进行设计的通常方法是首先调整开环增益,以满足对稳态精度的要求。然后画出未校正开环系统的幅值曲线和相角曲线,根据相角裕度和幅值裕度的性能指标,确定校正装置的类型及参数。

频率校正中,超前校正能使瞬态响应得到显著改善,稳态精度改变很小,但增强了高频噪声响应,它主要是通过其相位超前的特性获得需要的结果;滞后校正可使稳态精度显著提高,可抑制高频噪声,但增加了瞬态响应的时间,它主要是通过高频衰减的特性获得需要的结果;滞后-超前校正综合了两者的特点,但系统的阶次增加两阶,这意味这系统更加复杂,并且其瞬态特性的控制将更加困难。

利用超前、滞后或超前-滞后校正装置可以完成大量的时间校正任务,但是对于复杂的系统,采用这些校正装置组成的简单校正,可能得不到满意的结果。因此,有时必须采用具有不同零-极点配置的校正装置。

8.4.3.2　根轨迹法校正

应用根轨迹法设计系统,实质上是通过采用校正装置改变系统的根轨迹,从而将一对主导极点配置到需要的位置上,通常这对主导闭环极点的阻尼比和无阻尼自然振荡频率是指定的。下面简单介绍增加开环极点和开环零点对闭环系统性能的影响。

增加开环极点,可以使根轨迹向右移动,从而降低了系统的相对稳定性,增加了系统的调节时间。增加开环零点,可以使根轨迹向左移动,从而增加了系统的相对稳定性,减小了系统的调节时间。

在校正中可以有串联校正和反馈校正,在实际中,依据系统的复杂程度、元件数目和校正装置的位置等确定使用哪一种校正方式。

跟轨迹法设计校正装置的步骤如下:

(1) 根据性能指标,确定闭环主导极点的希望位置。

(2) 画出待校正系统的根轨迹图,确定只调整增益时能否产生闭环希望的闭环极点,确定采用哪一种校正装置。

(3) 假设校正装置的形式。

(4) 依据静态误差系数等,确定校正装置的待定参数。

(5) 依据幅值条件,确定校正装置的增益。

8.4.3.3　复合控制校正

如果控制系统中存在低频干扰，或者系统的稳态精度和响应速度要求很高，则仅依靠串联或反馈校正有时很难满足系统设计要求，这时可以利用复合控制来满足设计要求。目前在工程实践中，复合控制广泛应用于高速、高精度控制中。

复合控制一般分为按扰动补偿的复合控制和按输入补偿的复合控制两种。

按扰动补偿的复合控制如图 8.28 所示。

在按扰动补偿的复合控制中，$N(s)$ 为可测量扰动，$G_n(s)$ 为扰动补偿装置的传递函数，复合校正的目的是通过设置适当的补偿装置，可以抵消或尽可能地减弱扰动对输出的影响。

扰动作用下系统的输出为

$$C_n(s) = \frac{G_2(s)\left[1 + G_1(s)G_n(s)\right]}{1 + G_1(s)G_2(s)}N(s) \tag{8.49}$$

如果令补偿装置的传递函数为

$$G_n = -\frac{1}{G_1(s)} \tag{8.50}$$

则可测扰动对系统的影响可以完全忽略，此时上式称为对扰动的误差全补偿条件。而在实际的补偿装置设计中，必须要考虑的是补偿装置易于物理实现。因此，实际工程中设计的补偿装置为在对系统性能起主要影响的频段内采用近似全补偿，或者采用稳态全补偿，目的就是让补偿装置易于物理实现。

另外，在实际的控制系统中，系统的几个环节可能同时产生扰动，这时补偿装置应首先对主要的扰动给予补偿，而次要扰动可以通过反馈控制予以抑制。还要注意的是，前馈补偿装置需要具有较高的参数稳定性，否则将削弱补偿效果，并给系统引入新的误差。

按输入补偿的复合控制如图 8.29 所示。图中 $G_r(s)$ 为前馈补偿装置的传递函数。

系统的输出量为

$$C(s) = \left[E(s) + G_r(s)R(s)\right]G(s) \tag{8.51}$$

误差为

$$E(s) = R(s) - C(s) = \frac{\left[1 - G_r(s)G(s)\right]}{1 + G(s)}R(s) \tag{8.52}$$

所以：

$$C(s) = \frac{\left[1 + G_r(s)\right]G(s)}{1 + G(s)}R(s) \tag{8.53}$$

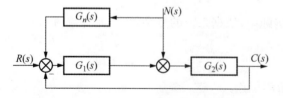

图 8.28　按扰动补偿的复合控制系统　　　　图 8.29　按输入补偿的复合控制系统

如果选择前馈补偿装置的传递函数为

$$G_r(s) = \frac{1}{G(s)} \tag{8.54}$$

则：

$$C(s) = R(s) \tag{8.55}$$

这样,系统的输出在任何时刻都可以完全没有误差地跟踪输入。由于 $G(s)$ 的形式比较复杂,所以在工程中去补偿物理实现相当困难,大多采用满足跟踪精度要求的部分补偿条件。

首先,可以推导以下结论,设控制系统的闭环传递函数为

$$\Phi(s) = \frac{C(s)}{R(s)} = \frac{b_m s^m + \cdots + b_3 s^3 + b_2 s^2 + b_1 s + b_0}{a_n s^n + \cdots + a_3 s^3 + a_2 s^2 + a_1 s + a_0} \tag{8.56}$$

在系统稳定的前提下,若 $a_0 = b_0$,则系统为 Ⅰ 型系统。

这是因为:

$$E(s) = R(s) - C(s) = [1 - \Phi(s)]R(s)$$

$$= \left(1 - \frac{b_m s^m + \cdots + b_3 s^3 + b_2 s^2 + b_1 s + b_0}{a_n s^n + \cdots + a_3 s^3 + a_2 s^2 + a_1 s + a_0}\right)R(s)$$

$$= \frac{\cdots + (a_3 - b_3)s^3 + (a_2 - b_2)s^2 + (a_1 - b_1)s + (a_0 - b_0)}{a_n s^n + \cdots + a_3 s^3 + a_2 s^2 + a_1 s + a_0}R(s)$$

若 $a_0 = b_0$,在阶跃输入信号下,$e_{ss} = \lim\limits_{s \to 0} E(s) = 0$,说明系统为 Ⅰ 型系统。

类似的,若 $a_0 = b_0, a_1 = b_1$,在斜坡输入信号下,$e_{ss} = \lim\limits_{s \to 0} sE(s) = 0$,说明系统为 Ⅱ 型系统。

若 $a_0 = b_0, a_1 = b_1, a_2 = b_2$,在加速度输入信号下,$e_{ss} = \lim\limits_{s \to 0} sE(s) = 0$,说明系统为 Ⅲ 型系统。

下面根据以上结论,推导部分补偿中 $G_r(s)$ 的形式,设

$$G(s) = \frac{K_v}{s(a_n s^{n-1} + \cdots + a_3 s^2 + a_2 s^1 + a_1)} \tag{8.57}$$

则未补偿时响应的闭环传递函数为

$$\Phi(s) = \frac{K_v}{s(a_n s^{n-1} + \cdots + a_3 s^2 + a_2 s^1 + a_1) + K_v} \tag{8.58}$$

这时系统为 Ⅰ 型系统,存在常值速度误差。

若取输入信号的一阶导数作为前馈信号,即:$G_r(s) = \lambda_1 s$

则补偿后系统闭环传递函数为

$$\Phi(s) = \frac{[1 + G_r(s)]G(s)}{1 + G(s)} = \frac{K_v(1 + \lambda_1 s)}{s(a_n s^{n-1} + \cdots + a_3 s^2 + a_2 s + a_1) + K_v} \tag{8.59}$$

如果取 $K_v \lambda_1 = a_1$,即 $\lambda_1 = a_1/K_v$,则复合控制系统等效为 Ⅱ 型系统,速度误差为零,加速度误差为常数。

若取输入信号的一阶导数和二阶导数的线性组合作为前馈补偿信号,即

$$G_r(s) = \lambda_2 s^2 + \lambda_1 s \tag{8.60}$$

则补偿后系统闭环传递函数为

$$\Phi(s) = \frac{K_v(1 + \lambda_1 s + \lambda_2 s^2)}{s(a_n s^{n-1} + \cdots + a_3 s^2 + a_2 s + a_1) + K_v} \tag{8.61}$$

令 $\lambda_1 = a_1/K_v, \lambda_2 = a_2/K_v$,则复合控制系统等效为 Ⅲ 型系统,加速度误差为零。

从以上分析可以得到,加入前馈补偿装置前后,系统的特征方程没有发生变化,表明系统的稳定性与补偿装置无关,但补偿装置却提高了系统的型别,即提高了系统的控制精度。

综上,复合校正系统解决了一般反馈控制系统在提高控制精度和确保稳定性之间所存在的矛盾。

8.4.3.4 PID 控制器设计

在控制理论中,PID 是一种在很早就成熟起来的经典控制方法之一,并且在控制理论日新月异的高速发展的情况下,PID 控制器及其变形 I-PD 和二自由度的 PID 控制,仍在工业过程控制的实际应用中广泛使用。

从哲学的角度看,PID 的思想非常朴素。他们体现了人类从今天,历史,未来 3 个角度来把握事务的思想。比例(P)控制是着眼于今天,"有错就改,过而改之,善莫大焉";而积分控制在于分析历史,总结经验,把历史上的错误累计起来,加以考虑;微分控制就在于预测未来了。

对于一个控制对象,PID 控制器的设计就是要确定 K_p,K_i 和 K_d 3 个参数的值,以满足闭环系统的瞬态和稳态响应性能指标。如果控制对象复杂,其数学模型不易得到,则必须采用实验法代替解析法设计 PID 控制器的参数。下面是 PID 控制器的传递函数(两种形式)。

$$G_c = K_p + K_i/s + K_d/s \tag{8.62}$$
$$G_c = K_p(1 + 1/(T_i s) + T_d s) \tag{8.63}$$

最初,PID 控制器参数,可由工程技术人员通过对控制对象的实验进行现场设定。自从齐格勒-尼科尔斯法则提出后,齐格勒-尼科尔斯参数调节法就用于 PID 控制参数值的合理估算,当然 PID 控制参数(表 8.1)的估算法则还有很多,这里仅介绍齐格勒-尼科尔斯法则。

表 8.1　不同类型控制方法 PID 参数设置

控制器类型	K_p	T_i	K_d
P	T/L	∞	0
PI	$0.9\dfrac{T}{L}$	$\dfrac{L}{0.3}$	0
PID	$1.2\dfrac{T}{L}$	$2L$	$0.5L$

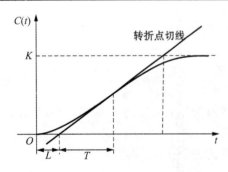

图 8.30　不含积分环节的系统阶跃响应

法则一:设控制对象既不包括积分器,又不包括主导共轭复数极点,它的单位阶跃响应如图 8.30 所示,看起来像一条 S 形曲线。

$$\begin{aligned}
G_c &= K_p\left(1 + \frac{1}{T_i s} + T_d\right) \\
&= 1.2\frac{T}{L}\left(1 + \frac{1}{2Ls} + 0.5Ls\right) \\
&= 0.6\frac{\left(s + \dfrac{1}{L}\right)^2}{s}
\end{aligned} \tag{8.64}$$

因此,PID 控制器有一个位于原点的极点和位于 $s = -1/L$ 的零点。

法则二:首先设 $T_i = \infty$ 和 $T_d = 0$,只采用比例控制作用使 K_p 从 0 增加到临界值 K_{cr},临界的 K_{cr} 和周期 P_{cr} 可以通过实验确定,比例、积分和微分的参数可依据表 8.2 确定。其中临界增益 K_{cr} 和振荡频率 ω_{cr} 可利用根轨迹法得到。

如果临界增益 K_{cr} 不存在,则不能用此方法。

PID 控制器参数可以通过齐格勒-尼科尔斯法确定一个最初的取值,如果不满足设计要求,再不断地修正使其满足设计要求。

求最佳 PID 参数集合的计算方法,可以通过 matlab 编程实现,以满足最大超调量,调节时间等要求,通过编程实现参数计算一般需要先设定参数的搜索范围,这可能需要一定的经验。

表 8.2　比例,积分和微分的参数依据

控制器类型	K_p	T_i	K_d
P	$0.5K_{cr}$	∞	0
PI	$0.45K_{cr}$	$\dfrac{1}{1.2}P_{cr}$	0
PID	$0.6K_{cr}$	$0.5P_{cr}$	$0.125P_{cr}$

PID 控制方案的修正有 PI-D 控制和 I-PD 控制,PI-D 控制可以避免定点冲击的发生,I-PD 控制可以避免阶跃变化的发生。如果在前向通路和反向通路中均加入 PID 控制器,则构成一个二自由度的控制方案。二自由度的控制方案可以使系统同时满足对扰动输入响应的要求和对参考输入响应的要求,从而使所设计出的系统性能更加优越。

在工程实际中,系统的设计不仅需要考虑各项性能指标达到预定要求,还要考虑系统所工作的环境及各个装置的公差等非线性因素,因环境等变化对系统的影响有时是不能忽略的。

最后用一个例子说明齐格勒-尼科尔斯法则的应用,设被控对象为

$$G(s)\frac{400}{s(s^2+30s+200)}$$

利用上述方法求出该系统的 PID 参数。根据以上法则可知本例需使用法则二,即要先求出开环系统的临界增益 K_{cr} 和振荡频率 ω_{cr}。利用 Matlab 程序推导上述两个参数:
clear all;close all;sys=tf(400,[1 30 200 0]);
figure(1);rlocus(sys);[km,ploe]=rlocfind(sys);
wm=imag(ploe(2));kp=0.6*km;kd=kp*pi/(4*wm);ki=kp*wm/pi;figure(2);grid
on;bode(sys,'r');sys_pid=tf([kd,kp,ki],[1,0]);sysc=series(sys,sys_pid);hold
on;bode(sysc,'b');figure(3);rlocus(sysc);

系统的临界增益 $K_{cr}=15$ 和振荡频率 $\omega_{cr}=14.1$ 则系统在 PID 整定前后的根轨迹图和伯德图如图 8.31～图 8.33 所示:

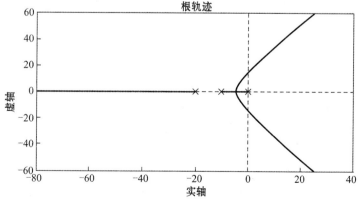

图 8.31　整定前系统的根轨迹图

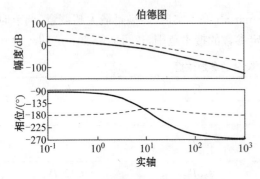

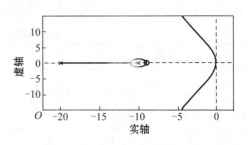

图 8.32 整定前后系统的伯德图
（实线为整定前，虚线为整定后）

图 8.33 整定后系统的根轨迹图

8.4.4 离散控制系统分析与设计

随着脉冲技术、数字技术的发展，数字控制迅速发展并得到广泛应用。离散控制系统一般分为采样控制系统和数字控制系统，采样控制系统是指系统中有信号在时间上离散、幅值上连续；数字控制系统是指系统中有信号在时间和幅值上均为离散的系统。离散控制系统中的特殊装置就是实现连续信号转变为脉冲序列的采样器和脉冲序列变为连续信号的保持器。

离散系统与连续系统相比，分析研究有很多相似性，像利用 s 变换的方法研究连续系统一样，将 s 变换推广，可以利用 z 变换（采样拉氏变换）方法研究离散系统。

离散控制系统有如下特点：

(1) 控制器依靠计算机软件实现，易于改变，更加灵活。

(2) 采样信号，特别是数字信号可以提高系统的抗干扰能力。

(3) 一台计算机可同时控制多个系统，经济性好。

(4) 对于大延迟系统，可引入采样的方式稳定。

8.4.4.1 离散系统的分析

离散系统的数学模型是分析离散系统的基础，离散系统的数学模型有差分方程、脉冲传递函数和离散状态空间方程等。

线性定常离散系统用线性常系数差分方程予以描述，线性常系数差分方程的解可以通过计算机的迭代法或 Z 变换法得到。

离散系统（图 8.34）的脉冲传递函数定义为系统输出采样信号的 z 变换与输入采样信号的 z 变换之比。

$$G(z) = \frac{C(z)}{R(z)} \tag{8.65}$$

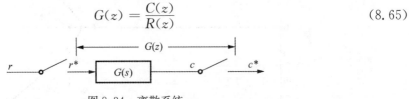

图 8.34 离散系统

当系统输出是连续信号时，可虚设一个输出采样开关，沿用 $G(z)$ 概念，脉冲传递函数是单位脉冲响应序列所对应的 z 变换。

下面讨论开环脉冲传递函数和闭环脉冲传递函数。

（1）开环脉冲传递函数。

串联环节之间有采样开关的开环离散系统如图 8.35 所示。

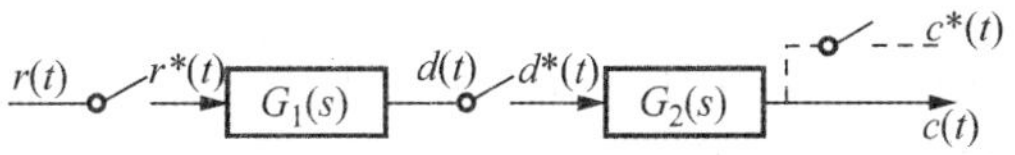

图 8.35　有采样开关环节串联时的开环离散系统

（2）系统的脉冲传递函数。

$$C(z) = \frac{C(z)}{R(z)} = G_1(z)G_2(z) \tag{8.66}$$

所以，有理想采样开关隔开的线性连续环节串联时的脉冲传递函数，等于串联环节各自的脉冲传递函数之积。

串联环节之间无采样开关的开环离散系统如图 8.36 所示。

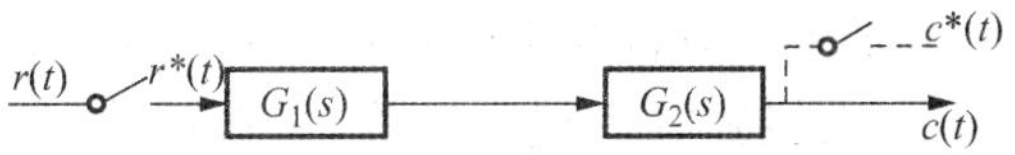

图 8.36　无采样开关环节串联时的开环离散系统

连续信号的拉氏变换为

$$C(s) = G_1(s)G_2(s)R^*(s) \tag{8.67}$$

对输出离散化：

$$C^*(s) = [G_1(s)G_2(s)R^*(s)]^* = [G_1(s)G_2(s)]^* R^*(s) = G_1G_2R^*(s) \tag{8.68}$$

得到系统的脉冲传递函数：

$$C(z) = G_1G_2(z)R(z) \tag{8.69}$$

所以，没有理想采样开关隔开的线性连续环节串联时的脉冲传递函数，等于串联环节传递函数乘积后在做响应的 z 变换。

有零阶保持器的开环系统脉冲传递函数如图 8.37 所示。

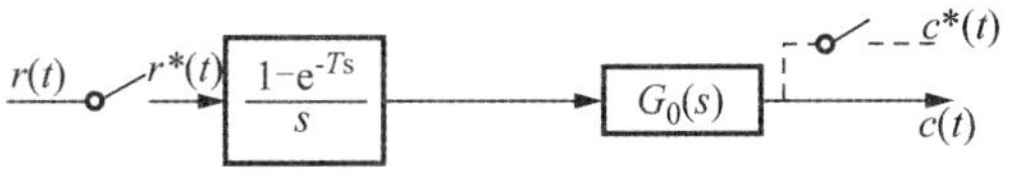

图 8.37　含零阶保持器的开环系统脉冲传递函数

$$C(z) = Z\left[\frac{G_0(s)}{s}\right]R(z) - z^{-1}Z\left[\frac{G_0(s)}{s}\right]R(z) \tag{8.70}$$

系统的脉冲传递函数：

$$G(z) = (1 - z^{-1})Z\left[\frac{G_0(s)}{s}\right] \tag{8.71}$$

由以上可知，采样开关和零阶保持器均不影响离散系统脉冲传递函数的极点。

采样开关在离散闭环系统中有多种配置方式，求 $\Phi(z)$ 时，一般没有像梅森公式一样的通用方法，需要根据闭环结构特点，用代数方法或结构图变换方法逐步导出系统的 $\Phi(z)$。

下面介绍分析离散系统的稳定性、稳态误差及其动态过程：

1）离散系统的稳定性

系统的分析中，稳定性分析最为重要，离散系统也不例外。离散系统和连续系统有着千丝万缕的联系(采样,保持等),下面研究如何将连续系统的稳定性分析方法推广到离散系统中。

连续系统采用 s 变换分析系统,离散系统采用 z 变换分析系统,首先分析 s 域到 z 域的映射。

z 域到 s 域的映射关系为:$z=\mathrm{e}^{sT}$,因 $s=\sigma+\mathrm{j}\omega$,所以:$z=\mathrm{e}^{(\sigma+\mathrm{j}\omega)T}=\mathrm{e}^{\sigma T}\,\mathrm{e}^{\mathrm{j}\omega T}$ 可以得到 s 域到 z 域的映射关系式为:$|z|=\mathrm{e}^{\sigma T}$,$\angle z=\omega T$。

由上面的映射关系式可知:

(1) s 平面的虚轴映射 z 平面的单位圆(s 平面的点从虚轴的 $-\omega_s/2$ 移动到 $\omega_s/2$,z 平面上对应的点沿单位圆从 $-\pi$ 逆时针变换到 π,所以可以把 s 平面划分为无穷多个平行于实轴的周期带)。

(2) s 平面的等 σ 线映射到 z 平面是以原点为圆心以 $|z|=\mathrm{e}^{\sigma T}$ 为半径的圆。

(3) s 平面的等 ω 线映射到 z 平面是从原点出发同正实轴夹角为 $\angle z=\omega T$ 的射线。

稳定的离散系统是指系统在有界输入序列的作用下,输出序列也有界。在时域中,离散系统稳定的充要条件是描述系统的差分方程的所有特征根的模均小于1;在 z 域中,离散系统稳定的充要条件是系统的特征方程的特征根分布在 z 平面的单位圆内。

对于复杂离散系统,求它的特征根很复杂。于是仿效连续系统考虑离散系统的稳定判据:

(1) ω 变换与劳斯判据。

做下列变换 $z=\dfrac{\omega+1}{\omega-1}$,可以将 z 平面的单位圆内部分映射到 ω 平面的左半平面,这样就可以应用劳斯判据判断离散系统的稳定性。

(2) 朱利判据。

朱利判据类似连续系统中的赫尔维茨判据,它依据离散系统的闭环特征方程的系数判断系统的稳定性。

设系统的闭环特征方程为

$$D(z)=a_0+a_1z+a_2z^2+\cdots+a_nz^n=0,\quad a_n>0 \tag{8.72}$$

则朱利矩阵为

行数:

	z^0	z^1	z^2	z^3	$\cdots$	z^{n-1}	z^n
1	a_0	a_1	a_2	a_3	$\cdots$	a_{n-1}	a_n
2	a_n	a_{n-1}	a_{n-2}	a_{n-3}	$\cdots$	a_1	a_0
3	b_0	b_1	b_2	b_3	$\cdots$	b_{n-1}	
4	b_{n-1}	b_{n-2}	b_{n-3}	b_{n-4}	$\cdots$	b_0	
5	c_0	c_1	c_2	c_3	$\cdots$		
6	c_{n-2}	c_{n-3}	c_{n-4}	c_{n-5}	$\cdots$		
$\vdots$	$\vdots$	$\vdots$	$\vdots$	$\vdots$			
$2n-5$	p_0	p_1	p_2	p_3			
$2n-4$	p_3	p_2	p_1	p_0			
$2n-3$	q_0	q_1	q_2				

阵列中的各元定义如下:

$$b_k = \begin{vmatrix} a_0 & a_{n-k} \\ a_n & a_k \end{vmatrix} \quad k = 0, 1, \cdots, n-1$$

$$c_k = \begin{vmatrix} b_0 & b_{n-k-1} \\ b_{n-1} & b_k \end{vmatrix} \quad k = 0, 1, \cdots, n-2$$

$$d_k = \begin{vmatrix} c_0 & c_{n-k-2} \\ c_{n-2} & c_k \end{vmatrix} \quad k = 0, 1, \cdots, n-3$$

$$\cdots\cdots$$

$$q_0 = \begin{vmatrix} p_0 & p_3 \\ p_3 & p_0 \end{vmatrix}, \quad q_1 = \begin{vmatrix} p_0 & p_2 \\ p_3 & p_1 \end{vmatrix}, \quad q_3 = \begin{vmatrix} p_0 & p_1 \\ p_3 & p_2 \end{vmatrix}$$

离散系统稳定的充要条件是：$D(1) > 0$，$D(-1) \begin{cases} >0, & \text{当 } n \text{ 为偶数时} \\ <0, & \text{当 } n \text{ 为奇数时} \end{cases}$，且下列 $(n-1)$ 个约束条件成立：

$$|a_0| < |a_n|, |b_0| < |b_{n-1}|, |c_0| < |c_{n-2}|, |d_0| < |d_{n-3}|, \cdots, |q_0| < |q_2|$$

只有上述条件均满足时，离散系统才稳定。

另外，通过实践可知采样周期和开环增益的增大都会使系统的稳定性下降。

2）离散系统的稳态误差

对于一个系统，首先要求稳定，在稳定的基础上还要求系统的稳态误差尽可能小，下面分析离散系统稳态误差的相关内容。

仿效连续系统利用拉氏变换计算稳态误差，离散系统的稳态误差也可以利用 z 变换的终值定理计算得到。如果系统稳定，先求出系统的误差脉冲传递函数 $\Phi_e(z)$，然后利用公式计算系统的稳态误差：

$$e_{ss}(\infty) = \lim_{t \to \infty} e^*(t) = \lim_{z \to 1}(1 - z^{-1})E(z) = \lim_{z \to 1}(1 - z^{-1})\Phi_e(z)R(z) \tag{8.73}$$

上式在 $\Phi_e(z)$ 比较复杂时，计算量很大，因此考虑将连续系统中系统型别和稳态误差系数的概念推广到离散系统，目的是简化稳态误差的计算。

系统的型别推广比较容易，在离散系统中，把开环脉冲传递函数具有的在单位圆上的极点数作为划分系统型别的标准，如离散系统开环脉冲传递函数在单位圆上有 0 个极点，则系统为 0 型系统，同理推广。

在离散系统为图 8.38 所示单位反馈误差采样系统中，误差传递函数为

$$\Phi_e(z) = \frac{E(z)}{R(z)} = \frac{1}{1 + G(z)} \tag{8.74}$$

当输入为单位阶跃输入时，即

$$R(z) = \frac{z}{z-1} \tag{8.75}$$

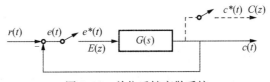

图 8.38　单位反馈离散系统

系统的稳态误差为

$$e_{ss}(\infty) = \lim_{z \to 1} \frac{1}{1+G(z)} = \frac{1}{\lim\limits_{z \to 1}[1+G(z)]} = \frac{1}{K_p} \tag{8.76}$$

上式为离散系统在采样瞬时的稳态位置误差。K_p 称为稳态位置误差系数。由稳态误差的计算式可知,当系统为 0 型系统时,对单位阶跃输入存在位置误差;当系统为 I 型或 I 型以上时,系统对单位阶跃输入没有位置误差。

输入为单位斜坡和单位加速度的情况推导方法同上,结果如表 8.3 所示。

表 8.3　不同型别系统的位置、速度和加速度误差

系统型别	位置误差 $r(t)=1(t)$	速度误差 $r(t)=t$	加速度误差 $r(t)=\frac{1}{2}t^2$
0 型	$1/K_p$	∞	∞
I 型	0	T/K_v	∞
II 型	0	0	T^2/K_a
III 型	0	0	0

表 8.3 中,K_p,K_v 和 K_a 分别为静态位置误差系数、静态速度误差系数和静态加速度误差系数。得到上表以后,对实际系统的分析,可以依据系统的型别和输入信号的形式分析系统的稳态误差。

3）离散系统的动态过程分析

稳态误差是系统稳态过程的描述,分析系统不仅要分析其稳态过程,还要分析其动态过程,下面分析离散系统动态过程。

离散系统的时间响应通过在阶跃输入的情况下,计算系统的输出 $C(z)$,再作反变换或展开成幂级数得到输出信号的脉冲序列 $c^*(t)$,从而可以得到离散系统的时域性能指标。

采样器和保持器不影响开环脉冲传递函数的极点,仅影响开环脉冲传递函数的零点,但是对闭环离散系统而言,采样和保持一定会改变闭环传递函数的极点,影响闭环系统的动态性能。

采样器可使系统的峰值时间和调节时间减小,增大超调量,降低系统的稳定度,然而系统具有大延迟的情况下,误差采样却可提高系统的稳定度;零阶保持器可使系统的峰值时间和调节时间增加,振荡和超调量也增加,降低了系统的稳定性。

在连续系统中,闭环零极点的位置决定系统的动态响应。下面分析离散系统闭环极点与系统动态响应的关系。

(1) 当闭环单极点位于正实轴时:①若极点位于单位圆外,动态响应是按指数发散的脉冲序列;②若极点位于单位圆上,动态响应是等幅脉冲序列;③若极点位于单位圆内,动态响应是按指数收敛的脉冲序列。

(2) 当闭环单极点位于负实轴时:①若极点位于单位圆外,动态响应是按指数发散的双向脉冲序列(正负交替);②极点位于单位圆上,动态响应是等幅双向脉冲序列;③若极点位于单位圆内,动态响应是按指数收敛的双向脉冲序列。

(3) 当闭环极点为 z 平面上共轭复数极点时:①共轭复数极点越左,振荡频率越高;②若共轭复数极点位于 z 平面的单位圆外,动态响应为振荡发散脉冲序列;③若共轭复数极点位于

z 平面的单位圆上,动态响应为等幅振荡脉冲序列;④若共轭复数极点位于 z 平面的单位圆内,动态响应为振荡收敛脉冲序列。

综上所述,离散系统设计时应尽量使闭环极点位于 z 平面的右半单位圆内,且尽量靠近原点。

最后分析一个特殊情况,当闭环脉冲传递函数的所有极点均位于 z 平面的原点时,映射到 s 域可知系统的极点均在 $-\infty$ 处,系统具有无穷大的稳定度。

离散系统的闭环脉冲传递函数可表示为

$$\Phi(z) = \frac{b_0 z^m + b_1 z^{m-1} + \cdots + b_m}{a_0 z^n}, \quad m \leqslant n \tag{8.77}$$

展开成幂级数的形式为

$$\Phi(z) = d_0 + d_1 z^{-1} + d_2 z^{-2} + \cdots + d_n z^{-n} \tag{8.78}$$

显然,当 $m = n-1$ 时,有 $d_0 = 0$;当 $m = n-2$ 时,有 $d_0 = d_1 = 0$,依次类推。

由于 $\Phi(z)$ 是 z^{-1} 的有限项幂级数,则系统的输出脉冲序列也必在有限采样周期内结束。离散系统的这一优点可用于最小拍系统的设计。

8.4.4.2　离散系统的设计

下面讨论离散系统数字控制器的设计方法。

设离散系统如图(8.39)。

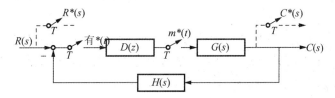

图 8.39　具有数字控制器的离散系统

$D(z)$ 为数字控制器的脉冲传递函数,$G(s)$ 为保持器和被控对象的传递函数,$H(s)$ 为反馈装置的传递函数。设 $H(s) = 1$,$G(s)$ 的 z 变换为 $G(z)$,则上述控制系统的闭环脉冲传递函数为

$$\Phi(s) = \frac{D(z)G(z)}{1 + D(z)G(z)} = \frac{C(z)}{R(z)}$$

误差脉冲传递函数为

$$\Phi_e(s) = \frac{1}{1 + D(z)G(z)} = \frac{E(z)}{R(z)}$$

所以,数字控制器的脉冲传递函数为

$$D(z) = \frac{\Phi(z)}{G(z)\Phi_e(z)}, \quad \text{其中 } \Phi_e(z) = 1 - \Phi(z) \tag{8.79}$$

这样离散系统数字控制器的设计步骤为:首先根据离散系统的性能指标要求,确定闭环脉冲传递函数 $\Phi(z)$ 或误差脉冲传递函数 $\Phi_e(z)$,然后再根据式(8.79)确定 $D(z)$,再加以实现。

在离散系统的动态性能分析中,已知离散系统可以在有限的周期内结束动态过程,下面就分析这样的离散系统(最小拍离散系统)。

最小拍系统为能在有限拍结束响应过程,并在采样时刻无稳态误差的离散系统。

最小拍系统设计的原则是:系统的广义被控对象 $G(z)$ 无延迟,且在 z 平面单位圆上及单位圆外无零极点,或者可被 $\Phi_e(z)$ 或 $\Phi(z)$ 补偿,在此前提下设计数字控制系统的脉冲传递函数 $D(z)$。

最小拍系统是针对典型输入作用设计的,常见的典型输入有单位阶跃、单位速度和单位加速度函数,它们的 z 变换可以表示为如下一般形式:

$$R(z) = \frac{A(z)}{(1-z^{-1})^m} \tag{8.80}$$

误差脉冲传递函数为

$$E(z) = \Phi_e(z)R(z) = \frac{\Phi_e(z)A(z)}{(1-z^{-1})^m} \tag{8.81}$$

$$E(z) = \sum_{n=0}^{\infty} e(nT)z^{-n} = e(0) + e(T)z^{-1} + e(2T)z^{-2} + \cdots \tag{8.82}$$

最小拍系统要求上式从某个 k 开始,在 $k \geqslant n$ 时,有 $e(kT) = e[(k+1)T] = e[(k+2)T] = \cdots = 0$,此时系统的动态过程在 $t = kT$ 时结束,系统的调节时间为 $t_s = kT$。

而

$$e_{ss}(\infty) = \lim_{z \to 1}(1-z^{-1})E(z) = \lim_{z \to 1}(1-z^{-1})\frac{A(z)}{(1-z^{-1})^m}\Phi_e(z) \tag{8.83}$$

依据稳态误差为零的设计目的,$e_{ss}(\infty)$ 为零的条件是 $\Phi_e(z)$ 中包含有 $(1-z^{-1})^m$ 的因子,为了使求出的 $D(z)$ 简单,可令 $\Phi_e(z) = (1-z^{-1})^m$,这样闭环脉冲传递函数 $\Phi(z)$ 的全部极点均位于 z 平面的原点。

按照具体的典型输入和一般典型输入形式之间的关系及以上闭环脉冲传递函数的设计表达式,在依据数字控制器脉冲传递函数和误差脉冲传递函数之间的关系,可以得到具体典型输入情况下最小拍系统的数字控制器的表达式。详见表 8.4。

表 8.4 典型输入下最小拍系统的数字控制器的表达式

典型输入		闭环脉冲传递函数		数字控制器脉冲传递函数 $D(z)$	调节时间 t_s
$r(t)$	$R(z)$	$\Phi_e(z)$	$\Phi(z)$		
$1(t)$	$\dfrac{1}{1-z^{-1}}$	$1-z^{-1}$	z^{-1}	$\dfrac{z^{-1}}{(1-z^{-1})G(z)}$	T
t	$\dfrac{Tz^{-1}}{(1-z^{-1})^2}$	$(1-z^{-1})^2$	$2z^{-1}-z^{-2}$	$\dfrac{z^{-1}(2-z^{-1})}{(1-z^{-1})^2 G(z)}$	$2T$
$\dfrac{1}{2}t^2$	$\dfrac{T^2 z^{-1}(1+z^{-1})}{2(1-z^{-1})^3}$	$(1-z^{-1})^3$	$3z^{-1}-3z^{-2}+z^{-3}$	$\dfrac{z^{-1}(3-3z^{-1}+z^{-2})}{(1-z^{-1})^3 G(z)}$	$3T$

在实际的应用中,最小拍系统最大的缺点就是在非采样时刻存在纹波,这对实际工作的系统是很不利的,为工程界所不容许。于是,考虑设计无纹波最小拍系统。

无纹波最小拍系统是在最小拍系统的基础上,被控对象传递函数和闭环脉冲传递函数仍要满足下面的要求。

(1) 如果输入信号为 $r(t) = R_0 + R_1 t + \dfrac{1}{2}R_2 t^2 + \cdots + \dfrac{1}{q!}R_q t^q$,则被控对象的传递函数应包含 q 个积分环节。这条件假定总是成立。

(2) 闭环脉冲传递函数满足的条件是在满足最小拍系统设计条件的基础上,闭环脉冲传递函数 $\Phi(z)$ 的零点要抵消被控对象 $G(z)$ 的全部零点。

最后通过一个例子介绍离散系统的校正。

〔**例**〕　已知离散系统如图 8.40 所示,其中采样周期 $T=1$,连续部分传递函数 $G(s)=\dfrac{1}{s(s+1)}$,试求 $r(t)=1(t)$ 时,系统无稳态误差、过渡过程在最少拍内结束且无纹波的数字控制器 $D(z)$。

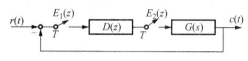

图 8.40　离散系统

先求 $G(z)$,由于 $Z\left[\dfrac{1}{s(s+1)}\right]=\dfrac{(1-\mathrm{e}^{-T})z}{(z-1)(z-\mathrm{e}^{-T})}$,

所以,$G(z)=\dfrac{0.632z^{-1}}{(1-z^{-1})(1-0.368z^{-1})}$,当 $r(t)=1(t)$ 时,最少拍系统应具有的闭环脉冲传递函数和误差脉冲传递函数为:$\varPhi(z)=z^{-1}$,$\varPhi_{\mathrm{e}}(z)=1-z^{-1}$。

因为 $\varPhi_{\mathrm{e}}(z)$ 的零点 $z=1$ 正好可以补偿 $G(z)$ 在单位圆上的极点 $z=1$;$\varPhi(z)$ 已经包含 $G(z)$ 的传递函数延迟 z^{-1},则所求的 $D(z)=\dfrac{\varPhi(z)}{G(z)\varPhi_{\mathrm{e}}(z)}=\dfrac{1-0.368z^{-1}}{0.632}$。

上面设计的控制器已经满足最少拍系统数字控制器,无纹波要求在此基础上闭环脉冲传递函数 $\varPhi(z)$ 的零点要抵消被控对象 $G(z)$ 的全部零点,上面设计的控制器刚好已经满足此要求,所以 $D(z)=\dfrac{\varPhi(z)}{G(z)\varPhi_{\mathrm{e}}(z)}=\dfrac{1-0.368z^{-1}}{0.632}$。闭环系统的单位阶跃响应如图 8.41 所示。

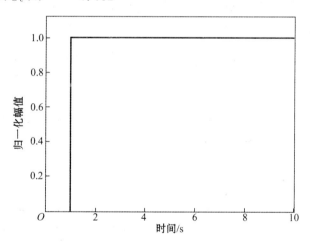

图 8.41　数字控制系统的阶跃响应

8.4.4.3　数字 PID 控制器

由于 PID 控制器应用的广泛性,下面单独讨论,PID 控制器的传递函数为 $G_{\mathrm{c}}=K_{\mathrm{p}}+K_{\mathrm{i}}/s+K_{\mathrm{d}}s$,将其中的微分项和积分项离散化,得到数字 PID 控制器。

微分项数字化:

$$u(kT)=\frac{\mathrm{d}x}{\mathrm{d}t}\bigg|_{t=kT}=\frac{1}{T}\{x(kT)-x[(k-1)t]\} \tag{8.84}$$

积分项数字化:

$$u(kT) = u[(k-1)T] + Tx(kT) = T\sum_{i=0}^{k} x(j) \tag{8.85}$$

记 $x(kT) = x(k)$，则数字 PID 控制器的差分方程为

$$u(k) = K_p x(k) + K_i T\sum_{j=0}^{k} x(j) + K_d \frac{x(k) - x(k-1)}{T} \tag{8.86}$$

在计算机控制系统中，PID 控制器是通过计算机程序实现的，而且有很大的灵活性，可以形成一些改进的性能更佳的 PID 控制算法，有关这方面的详细论述可以参考刘金琨教授编写的《先进 PID 控制 MATLAB 仿真》。

第9章 对宽带数据传输信号的角跟踪理论

9.1 引言

我国的精密单脉冲角跟踪系统几乎都是跟踪单载波或已调制信号的残余载波。20世纪80年代末,我国研制成功了跟踪调频遥测信号的单通道振幅检波角跟踪系统[43]。90年代研制成功跟踪调频遥测信号的相干单脉冲系统[44],它是将和路信号及差路信号送鉴相器(以和路信号为参考),鉴相出角跟踪误差信号,实现单脉冲跟踪。文献[43,44]的角跟踪接收机中频带宽包括已调频信号频谱的主瓣宽度。

航天测控通信技术的发展要求直接对宽带数传信号(例如调制为 BPSK 或 QPSK,码速率100 Kbps～300 Mbps)进行角跟踪。

中继星星间返向链路包括两个宽带信道(每个信道调制为 BPSK 或 QPSK,码速率为100 Kbps～300 Mbps)和一个窄带信道(调制为 BPSK 或 QPSK,码速率为 10 Mbps)。两个宽带信道中心频率间隔 400 MHz,宽带信道和相邻窄宽带信道中心频率间隔为 240 MHz。这就是说中继星星间 Ka 天线在同时存在两个 Ka 宽带数传信号和一个窄带数传信号条件下,要对其中一个 Ka 数传信号进行角跟踪。

进入中继星天线波束内的两个宽带数传信号和一个窄带数传信号可以是从一个用户星发来的,也可能是由波束内的两个用户星发来的。例如,对两飞船交会对接数据中继时,中继星 Ka 天线波束内可能存在两个用户航天器,中继星天线对其中一个航天器进行角跟踪,并要求对两个航天器的 Ka 数传信号中继转发。

综上所述,遇到的问题是:

(1) 天线角跟踪的信号是无残余载波的数传信号,所以,传统的采用跟踪载波或残载波实现角跟踪的方法和理论不便采用。

(2) 角跟踪的数传信号调制方式(例如 BPSK 或 QPSK)、码速率(例如 100 Kbps～300 Mbps)变化大,为角跟踪系统设计带来困难。

(3) 可能同时存在两个或多个数传信号。

中继星星间 Ka 频段角跟踪系统的设计有两种:第一种是传统的方法,角跟踪接收机中频带通滤波器由多个滤波器构成滤波器组,根据不同码速率进行切换,每个滤波器带宽分别包括需跟踪的数传信号频谱主瓣宽度[2]。例如,用 12 个滤波器构成滤波器组,每个滤波器带宽是前一个相邻滤波带宽的 2 倍,一种设计带宽分别为 0.25,0.5,1,2,4,8,16,32,64,128,256,512 MHz,进行切换适应对 100 Kbps～300 Mbps 的数传信号的角跟踪。在星上,这种方案基本上是行不通的,因为带宽为 512 MHz,中频应为 1 GHz 左右;带宽为 0.5 MHz 时,中频应为数十兆赫兹,滤波器切换档数太多,可靠性低。

第二种是新方法,基于一种新的概念和理论。它是取数传信号频谱主瓣的小部分(例如 1/5～1/20)带宽内谱线信号提取角误差信号实现角跟踪,也就是跟踪接收机中频带宽只为宽带数传信号频谱主瓣宽度的 1/5～1/20,提取角误差信号实现角跟踪,这样做的优点很突出:

(1) 上述的接收机中频带宽用 3 种带宽(例如 3 种带宽为 500 kHz,5 MHz,50 MHz)滤波器切换就能实现 100 Kbps～300 Mbps 数传信号接收提取角误差信号。例如:带宽是 500 kHz 的滤波器用于接收 500 Kbps 以下的和 500 Kbps 至 4 Mbps 数传信号,带宽是 5 MHz 的滤波器用于 4～50 Mbps 的数传信号,带宽为 50 MHz 的滤波器适用 50～300 Mbps 的数传信号接收。对于星上角跟踪接收机,显然,本方案优于 12 个滤波器组方案许多。

(2) 即便是两个数传信号频谱主瓣有接近一半的交叠,只要不需跟踪的那个数传信号频谱主瓣谱线不进入跟踪接收机中频带宽内,就不会影响对另一个数传信号的角捕获跟踪。显然抗干扰能力提高了。对于新方法,问题变成为:从数传信号频谱主瓣的很小(例如 1/5～1/20)带宽内信号,能否提取出角跟踪误差信号? 这样的角跟踪系统性能怎样?

文献[16,17]建立了角跟踪技术一种新的概念和理论,这就是,角跟踪系统天线接收宽带数据传输信号(例如调制为 BPSK 或 QPSK,码速率 100 Kbps～300 Mbps),而接收机检波前带通滤波器带宽只是数传信号频谱主瓣的很小一部分(例如 1/5～1/20),能够提取角误差信号,实现角跟踪。文献[16]建立和推导出了此理论的数学表达式,从物理概念上解释了这种理论的正确性,实验验证了这种理论的正确性。

文献[16]的数学表达式论证如图 9.1 的情况是正确的,即当接收机带通滤波器中心频率与数传信号的中心频率相等时,就能从数传信号频谱主瓣中(图 9.1(a))的很小部分带宽信号(图 9.1(b))提取角误差信号,实现角跟踪。

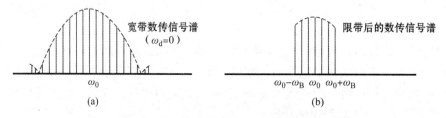

图 9.1　输入为零频偏($\omega_d = 0$)的数传信号

文献[17]将数学推导出论证如图 9.2、图 9.3 的情况也是正确的,即当接收的数传信号存在多普勒频偏 ω_d 后,接收机带通滤波器中心频率与数传信号的中心频率存在一频偏 ω_d 时,只要接收机带通滤波器取出一定数传信号频谱能量(图 9.2(b)、图 9.3(b)),就能提取出角误差信号实现角跟踪,文献[17]从物理概念上解释了这种理论的正确性,系统实验测得此种理论下

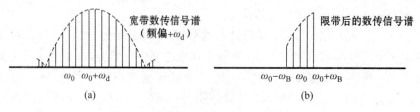

图 9.2　输入为正频偏($+\omega_d$)的数传信号

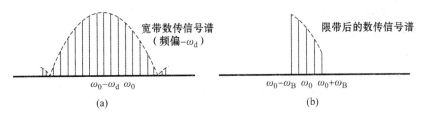

图 9.3　输入为负频偏($-\omega_\mathrm{d}$)的数传信号

的角误差特性曲线,也证明这种理论是正确的。称这种方法为小部分带宽法[16]。

这种理论对中继星星间链路角跟踪系统设计研制意义特别重大。用这种理论,中继星 Ka 频段角跟踪系统的跟踪接收机用 2～3 种(例如 500 kHz,5 MHz,50 MHz)带宽切换就能实现对各种用户终端(例如 QPSK 或 BPSK 调制,100 Kbps～300 Mbps,500 Mbps 或 1 Gb/s)数据信号实现角跟踪;若按文献[2],这种星载角跟踪接收机难以实现。

这个结论也可用于工程中的多普勒频率补偿方案。通常情况下,采取调整接收机混频本振源频率,跟踪多普勒频率进行所谓的多普勒频率补偿,使接收机带通滤波器中心频率与数传信号频谱中心频率相等或者相差很小。在本章论证的理论指导下,例如 BPSK 数传信号频谱主瓣 20 MHz(BPSK 码速率 10 Mbps),若多普勒频偏为 1 MHz(或 2 MHz),接收机带通滤波带 4 MHz,那么,就可以不必再进行多普勒频率补偿。

9.2　单通道跟踪接收机方案

一种适应于接收码速率 100 Kbps～300 Mbps 的 BPSK 或 QPSK 数传信号的角跟踪接收机如图 9.4 所示。天线馈源输出和信号 $S_\Sigma(t)$、差信号 $S_\Delta(t)$ 至角跟踪接收机,接收机包括低噪声放大器 LNA(Σ),LNA(Δ),单通道调制器,一变频放大,带通滤波器 BPF2,二混频放大,带通滤波器(BPF3)切换放大,AGC 检波器,角误差信号分离和基准信号产生器等。经 LNA(Δ)差信号 $S_\Delta(t)$,由 $f(t)$ 控制进行 $0/\pi$ 调制后分两路,一路至开关 K1 的 1 端,另一路再经 $\pi/2$ 移相后送开关 K1 的 2 端。$V(t)$ 控制开关 K1,例如 $V(t)$ 为正脉冲时,开关 K1 接 1 端,为方位差,$V(t)$ 为负脉冲时,开关 K1 接 2 端,为俯仰差,和信号经 LNA(Σ),$360°$ 移相后与差信号合成单通道信号,单通道信号经混频/第一中放,再经带通滤波器 2(BPF2),二混频成二中频,经带通

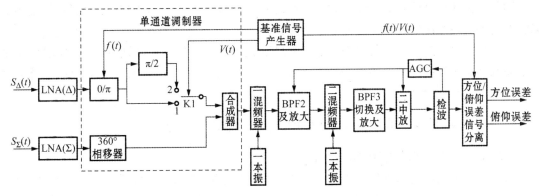

图 9.4　角跟踪接收机框图

滤波器 3(BPF3)切换放大,振幅检波后送角误差信号分离处理器。

基准信号产生器输出两种信号,如图 9.5,$f(t)$ 是 2 kHz 方波和 $V(t)$ 为 1 kHz 方波信号,$f(t)$ 和 $V(t)$ 相位相干,$f(t)$ 及 $V(t)$ 送单通道调制器完成四相调制。

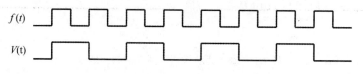

图 9.5 基准信号

跟踪接收机中频带宽,即图 9.4 中的 BPF3,有 3 种带宽选择:500 kHz,5 MHz,50 MHz,滤波器切换就能实现 100 Kbps~300 Mbps 数传信号接收提取角误差信号。例如:带宽是 500 kHz 的滤波器用于接收 500 Kbps 以下的和 500 Kbps~4 Mbps 数传信号,带宽是 5 MHz 的滤波器用于接收 4~50 Mbps 数传信号,带宽是 50 MHz 的滤波器用于 30~300 Mbps 数传信号接收。

可以看出,它是一个宽带单通道信号通过一个窄带带通滤波器后,再振幅检波后提取角误差信号的系统。

9.3 取数传信号频谱主瓣的任意部位小部分带宽内信号实现角跟踪理论的数学推导

9.3.1 宽带单通道信号通过窄带带通滤波器的求解方法

假设单通道接收机是一种线性时不变系统,可用傅里叶分析法求到线性时不变系统的稳态响应。

线性时不变系统的输入激励 $x(t)$ 的指数傅里叶级数为

$$x(t) = \sum_{K=-\infty}^{\infty} x_k e^{jk\omega_0 t} \quad -\infty < t < \infty \tag{9.1}$$

线性时不变系统的频率特性为 $H(j\omega)$,则 $x(t)$ 通过该系统的稳态响应为 $y(t)$:

$$y(t) = \sum_{K=-\infty}^{\infty} H(jk\omega_0) x_k e^{jk\omega_0 t} \quad -\infty < t < \infty \tag{9.2}$$

即是非正弦周期信号通过线性时不变系统的稳态响应,仍为同周期的周期信号,只是各次谐波的复振幅被系统的频率特性 $H(j\omega)$ 所加权。

从式(9.2)可见,为了求得宽带单通道信号通过窄带滤波器后的表达式,一是要求出窄带带通滤波器输入端的宽带单通道信号的指数傅里叶级数表达式;二是要求出窄带带通滤波器的幅频特性和相频特性表达式。

9.3.2 宽带单通道信号的指数傅里叶级数表达式

9.3.2.1 BPSK 数传信号的表达式

通常是将传输的信息数据经编码(一种办法是信息数据与选定的 PN 码模二加)后调制(BPSK 或 QPSK)到载波频率上形成数据传输信号。以下的分析需要将信号变换成指数傅里叶级数。现在以 BPSK 信号为例来讨论其特性和表示。BPSK 数据传输信号为 $S_{BPSK}(t)$。

$$S_{\mathrm{BPSK}}(t) = m(t)\cos(\omega_{\mathrm{c}}(t) + \theta_{\mathrm{i}}) \tag{9.3}$$

式中：ω_{c} 为载波角频率，θ_{i} 为载波初相角（以下分析中取 $\theta_{\mathrm{i}} = 0$），$m(t)$ 是取值为 $+1$，-1 的编码数据信号。

$m(t)$ 就是要传输的信息数据和选定的伪随机码（PN 码）模二加形成的编码数据信号，其特性完全可由 PN 码的特性决定。所以，下面分析过程中 $m(t)$ 就用选定的 PN 码代替。PN 码元宽度为 Δ，码长为 p。

$m(t)$ 的功率谱密度就是典型的 PN 码的功率谱密度。PN 码的相关函数取傅里叶变换得其功率谱密度 $m(\omega)$。

PN 码的功率谱密度 $m(\omega)$[46] 为

$$m(\omega) = \frac{p+1}{p^2}\left[\frac{\sin(\omega\Delta/2)}{\omega\Delta/2}\right]^2 \sum_{K=-\infty}^{\infty} \delta\left(\omega - \frac{2\pi k}{p\Delta}\right) - \frac{1}{p}\delta(\omega) \tag{9.4}$$

式中：k——谐波次数。

$m(\omega)$ 的形状如图 9.6 所示。由于 PN 码波形具有周期性，相应的相关函数也具有周期性。两者周期相同。因此，功率谱是线状谱，谱线落在基频 $\omega = \dfrac{2\pi}{p\Delta}$ 的各次谐波频率上。码幅度恒定，因而功率恒定。于是，谱的强度与码周期 p 成反比，p 增加一倍，谱线加密一倍，而每根谱线强度降低一半。谱的主瓣宽度由码元宽度 Δ 决定。

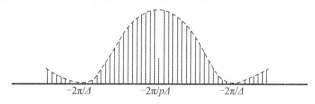

图 9.6　PN 码的功率谱

教科书中有这样的傅里叶变换对：

$$\sum_{K=-\infty}^{\infty} \dot{A}_k \mathrm{e}^{\mathrm{j}k\Omega_0 t} \rightarrow 2\pi \sum_{K=-\infty}^{\infty} \dot{A}_k \delta(\Omega - k\Omega_0) \tag{9.5}$$

式中：$\dot{A}_k$ 为傅里叶级数系数；$\dot{A}_k$ 是复振幅，$\dot{A}_k = A_k \mathrm{e}^{\mathrm{j}\theta_k}$，$A_k$ 是模，θ_k 为幅角。因此，由式（9.4），式（9.5）得出 $m(t)$ 的级数表示为

$$m(t) = \frac{1}{2\pi}\sqrt{\frac{p+1}{p^2}} \sum_{K=-\infty}^{\infty} \left[\frac{\sin(k\Omega_{\mathrm{m}}\Delta/2)}{k\Omega_{\mathrm{m}}\Delta/2}\right] \mathrm{e}^{\mathrm{j}\theta_k} \mathrm{e}^{\mathrm{j}k\Omega_{\mathrm{m}}t} - A_0$$

$$= \sum_{K=-\infty}^{\infty} A_k \mathrm{e}^{\mathrm{j}\theta_k} \mathrm{e}^{\mathrm{j}k\Omega_{\mathrm{m}}t} - A_0 = \sum_{K=-\infty}^{\infty} \dot{A}_k \mathrm{c}^{\mathrm{j}k\Omega_{\mathrm{m}}t} - A_0 \tag{9.6}$$

式中：

$$\Omega_{\mathrm{m}} = \frac{2\pi}{p\Delta}, \quad A_k = \frac{\sqrt{p+1}}{2\pi p}\left[\frac{\sin(k\Omega_{\mathrm{m}}\Delta/2)}{k\Omega_{\mathrm{m}}\Delta/2}\right], \quad \dot{A}_k = A_k \mathrm{e}^{\mathrm{j}\theta_k}$$

由式（9.3）和式（9.6）得（忽略 A_0 的作用）

$$S_{\mathrm{BPSK}}(t) = m(t)\cos\omega_{\mathrm{c}}(t) = \sum_{K=-\infty}^{\infty} \dot{A}_k \left\{\frac{\mathrm{e}^{\mathrm{j}(\omega_{\mathrm{c}}+k\Omega_m)t} + \mathrm{e}^{-\mathrm{j}(\omega_{\mathrm{c}}-k\Omega_m)t}}{2}\right\} \tag{9.7}$$

9.3.2.2　天线输出信号表示

采用圆锥喇叭多模馈源，双模自跟踪天线，以 TE_{11} 模为和模，TM_{01} 模为差模，即天线输出方

位差信号及俯仰差信号是合在一起的。假设接收的信号为 BPSK 数传信号,和信号为 $S_\Sigma(t)$,差信号为 $S_\Delta(t)$。

$$S_\Sigma(t) = m(t)\cos\omega_c(t) \tag{9.8}$$

$$S_\Delta(t) = \mu\theta m(t)\cos(\omega_c t + \phi) \tag{9.9}$$

式中:μ——差方向图归一化斜率;

　　θ——电轴偏离目标的空间角;

　　ϕ——天线输出的 TM_{01} 模相对于 TE_{11} 模的相位差。

并有:$\Delta A = \mu\theta\cos\phi$,$\Delta A$ 为电轴相对于目标的方位偏差。

$\Delta E = \mu\theta\sin\phi$,$\Delta E$ 为电轴相对于目标的俯仰偏差。

9.3.2.3　单通道信号的表达式[45]

单通道调制器如图 9.4 所示,基准信号如图 9.5 所示,在 $V(t)$ 为正脉冲时间内,代表方位单通道信号,记为 $S_{\Sigma+\Delta A}(t)$;在 $V(t)$ 为负脉冲时间内,代表俯仰单通道信号,记为 $S_{\Sigma+\Delta E}(t)$,经推导得

$$S_{\Sigma+\Delta A}(t) = \left[1 + \mu\theta f(t)\cos\phi + \frac{1}{2}\mu^2\theta^2\right]m(t)\cos\omega_c(t+\varphi') \tag{9.10}$$

$$S_{\Sigma+\Delta E}(t) = \left[1 + \mu\theta f(t)\sin\phi + \frac{1}{2}\mu^2\theta^2\right]m(t)\cos\omega_c(t+\varphi'') \tag{9.11}$$

可以看出,方位误差信号 $\mu\theta\cos\phi$ 包含在式(9.10)振幅内,俯仰误差信号 $\mu\theta\sin\phi$ 包含在式(9.11)振幅内,因而,虽然天线馈源输出的方位差和俯仰差是合在一起的,但是经过设计单通道调制器,能把方位、俯仰误差分离开来,并可通过振幅检波获得方位和俯仰角误差信号。

以方位单通道信号为例进行分析:

$$S_{\Sigma+\Delta A}(t) = \left[1 + \mu\theta f(t)\cos\phi + \frac{1}{2}\mu^2\theta^2\right]m(t)\cos(\omega_c t + \varphi')$$

$$\approx [1 + \mu\theta f(t)\cos\phi]m(t)\cos(\omega_c t + \varphi') \tag{9.12}$$

$f(t)$ 的波形如图 9.7 所示,其傅里叶级数[47] 为

$$f(t) = \sum_{n=1}^{\infty} \frac{2E}{n\pi}\sin^2\left(\frac{\pi}{2}n\right)\sin(n\Omega_f t)$$

$$= \frac{2E}{\pi}\left(\sin\Omega_f t + \frac{1}{3}\sin 3\Omega_f t + \frac{1}{5}\sin 5\Omega_f t + \cdots\right) \tag{9.13}$$

$$f(t) = \sum_{n=-\infty}^{\infty}\left(-j\frac{E}{n\pi}\sin^2\left(\frac{\pi}{2}n\right)\right)e^{jn\Omega_f t} = \sum_{n=-\infty}^{\infty}\dot{F}_n e^{jn\Omega_f t} \tag{9.14}$$

式中:

$$\dot{F}_n = -j\frac{E}{n\pi}\sin^2\left(\frac{\pi}{2}n\right) \tag{9.15}$$

为了用级数近似表示 $f(t)$,一般取 3～5 项即可。所以,$f(t)$ 方波频率为 2 kHz,取 $n=3\sim 9$,则带宽为 6～18 kHz。

将式(9.14),式(9.7)代入式(9.12),得到 $S_{\Sigma+\Delta A}(t)$ 的指数傅里叶级数表达式:

$$S_{\Sigma+\Delta A}(t) = \left(1 + \mu\theta\cos\phi\sum_{n=-\infty}^{\infty}\dot{F}_n e^{jn\Omega_f t}\right)\sum_{n=-\infty}^{\infty}\frac{1}{2}\dot{A}_k\{e^{j[(\omega_c + k\Omega_m)t + \varphi']} + e^{-j[(\omega_c - k\Omega_m)t + \varphi']}\} \tag{9.16}$$

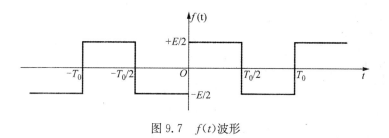

图 9.7　$f(t)$ 波形

9.3.3　窄带带通滤波器的频率特性

窄带带通滤波器幅频特性如图 9.8 所示。为了分析方便,理想带通滤波器带内幅频特性等于 1,带内时延等于零。

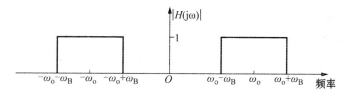

图 9.8　窄带带通滤波器幅频特性

9.3.4　宽带数传信号通过窄带带通滤波器的输出表达式

$S_{\Sigma + \Delta A}(t)$ 经过跟踪接收机变频放大后,到窄带带通滤波器 BPF3 输入端,为了方便分析,假设载波频率仍是 ω_c。输出为 $Y_{\Sigma + \Delta A}(t)$。

$$Y_{\Sigma + \Delta A}(t) = \sum_{k=-\infty}^{\infty} \frac{1}{2} \dot{A}_k H[j(\omega_c + k\Omega_m)]\{e^{j[(\omega_c + k\Omega_m)t + \varphi']} + e^{-j[(\omega_c - k\Omega_m)t + \varphi']} +$$

$$(\mu\theta\cos\phi) \sum_{n=-\infty}^{\infty} \dot{F}_n e^{jn\Omega_f t} \sum_{k=-\infty}^{\infty} \frac{1}{2} \dot{A}_k H[j(\omega_c + k\Omega_m + n\Omega_f)] \cdot$$

$$\{e^{j[(\omega_c + k\Omega_m)t + \varphi']} + e^{-j[(\omega_c - k\Omega_m)t + \varphi']}\} \tag{9.17}$$

在式(9.17)中,按设置条件 n 取 3～9,$n\Omega_f$ 带宽取值在 6～18 kHz;$k\Omega_m$ 带宽取值在 100 kHz～300 MHz;ω_B 带宽取值为 250 kHz,2.5 MHz 或 25 MHz。所以有

$$k\Omega_m + n\Omega_f \approx k\Omega_m$$

$$-k\Omega_m - n\Omega_f \approx -k\Omega_m \tag{9.18}$$

$$\omega_o - \omega_B \leqslant \omega_c + k\Omega_m + n\Omega_f \leqslant \omega_o + \omega_B \tag{9.19}$$

式(9.19)中,$\omega_c \neq \omega_o$,$\omega_c = \omega_o + \omega_d$。

式中 ω_d 是由于多普勒频率等影响才有的频偏。多普勒频率是变化的,设其以 ω_o 为中心变化 $\pm \omega_d$。

1) 当多普勒频偏为正偏 ω_d 时

$$\omega_o - \omega_B \leqslant \omega_o + \omega_d + k\Omega_m + n\Omega_f \leqslant \omega_o + \omega_B \tag{9.20}$$

则:

$$k \geqslant -\frac{\omega_B + \omega_d}{\Omega_m}$$

$$\tag{9.21}$$

$$k \leqslant \frac{\omega_B - \omega_d}{\Omega_m}$$

并有：

$$Y_{\Sigma+\Delta A}(t) = \sum_{k=-\left(\frac{\omega_B+\omega_d}{\Omega_m}\right)}^{\frac{\omega_B-\omega_d}{\Omega_m}} \frac{1}{2}\dot{A}_k\{e^{j[(\omega_c+k\Omega_m)t+\varphi']} + e^{-j[(\omega_c-k\Omega_m)t+\varphi']}\} +$$

$$(\mu\theta\cos\phi)\sum_{n=-9}^{9}\dot{F}_n e^{jn\Omega_f t}\sum_{k=-\left(\frac{\omega_B+\omega_d}{\Omega_m}\right)}^{\frac{\omega_B-\omega_d}{\Omega_m}} \frac{1}{2}\dot{A}_k\{e^{j[(\omega_c+k\Omega_m)t+\varphi']} + e^{-j[(\omega_c-k\Omega_m)t+\varphi']}\}$$

$$\approx[1+\mu\theta f(t)\cos\phi]\sum_{k=-\left(\frac{\omega_B+\omega_d}{\Omega_m}\right)}^{\frac{\omega_B-\omega_d}{\Omega_m}} \frac{1}{2}\dot{A}_k\{e^{j[(\omega_c+k\Omega_m)t+\varphi']} + e^{-j[(\omega_c-k\Omega_m)t+\varphi']}\} \qquad (9.22)$$

式(9.22)就是图 9.2(a)(b)所示的 ω_d 为正偏的表达式。

2) 当多普勒频偏为负偏 ω_d 时

$$\omega_o - \omega_B \leqslant \omega_o - \omega_d + k\Omega_m + n\Omega_f \leqslant \omega_o + \omega_B \qquad (9.23)$$

则：

$$k \geqslant -\frac{\omega_B-\omega_d}{\Omega_m}$$
$$k \leqslant \frac{\omega_B+\omega_d}{\Omega_m} \qquad (9.24)$$

并有：

$$Y_{\Sigma+\Delta A}(t) = \sum_{k=-\left(\frac{\omega_B-\omega_d}{\Omega_m}\right)}^{\frac{\omega_B+\omega_d}{\Omega_m}} \frac{1}{2}\dot{A}_k\{e^{j[(\omega_c+k\Omega_m)t+\varphi']} + e^{-j[(\omega_c-k\Omega_m)t+\varphi']}\} +$$

$$(\mu\theta\cos\phi)\sum_{n=-9}^{9}\dot{F}_n e^{jn\Omega_f t}\sum_{k=-\left(\frac{\omega_B-\omega_d}{\Omega_m}\right)}^{\frac{\omega_B+\omega_d}{\Omega_m}} \frac{1}{2}\dot{A}_k\{e^{j[(\omega_c+k\Omega_m)t+\varphi']} + e^{-j[(\omega_c-k\Omega_m)t+\varphi']}\}$$

$$\approx[1+\mu\theta f(t)\cos\phi]\sum_{k=-\left(\frac{\omega_B-\omega_d}{\Omega_m}\right)}^{\frac{\omega_B+\omega_d}{\Omega_m}} \frac{1}{2}\dot{A}_k\{e^{j[(\omega_c+k\Omega_m)t+\varphi']} + e^{-j[(\omega_c-k\Omega_m)t+\varphi']}\} \qquad (9.25)$$

式(9.25)就是图 9.3(a)(b)所示的 ω_d 为负偏的表达式。

3) 当多普勒频偏为正偏 $\omega_d = 0$ 时

$$\omega_o - \omega_B \leqslant \omega_o + k\Omega_m + n\Omega_f \leqslant \omega_o + \omega_B \qquad (9.26)$$

并有：

$$Y_{\Sigma+\Delta A}(t) = \sum_{k=-\frac{\omega_B}{\Omega_m}}^{\frac{\omega_B}{\Omega_m}} \frac{1}{2}\dot{A}_k\{e^{j[(\omega_c+k\Omega_m)t+\varphi']} + e^{-j[(\omega_c-k\Omega_m)t+\varphi']}\} +$$

$$(\mu\theta\cos\phi)\sum_{n=-9}^{9}\dot{F}_n e^{jn\Omega_f t}\sum_{k=-\frac{\omega_B}{\Omega_m}}^{\frac{\omega_B}{\Omega_m}}\frac{1}{2}\dot{A}_k\{e^{j[(\omega_c+k\Omega_m)t+\varphi']}+e^{-j[(\omega_c-k\Omega_m)t+\varphi']}\}$$

$$\approx[1+\mu\theta f(t)\cos\phi]\sum_{k=-\frac{\omega_B}{\Omega_m}}^{\frac{\omega_B}{\Omega_m}}\frac{1}{2}\dot{A}_k\{e^{j[(\omega_c+k\Omega_m)t+\varphi']}+e^{-j[(\omega_c-k\Omega_m)t+\varphi']}\} \tag{9.27}$$

式(9.27)就是图 9.1(a)(b)所示的当多普勒频偏 $\omega_d=0$ 时的信号表达式。

9.3.5　跟踪接收机中频带宽的选择

跟踪接收机中频带宽选取应考虑以下因素：

(1) 中频带宽内的载波谱线根数不能太少。少于两根就提取不出角误差信号，载波根数太少，等效接收信号电平低，为了保证振幅检波电平，接收机增益要提高。

载波谱线间距为 $\Delta f=\dfrac{1}{p\Delta}$，$\Delta$ 为 PN 码元宽度，p 为码长，例如 $p=1\,024$ 位，对于 300 Mbps，$\Delta f=\dfrac{1}{p\Delta}\approx293\,\text{kHz}$。数传频谱主瓣的一半为 300 MHz，半主瓣内有 p 根(1 024)根谱线。若中频带宽取 1 MHz，那么带内只有两根谱线。若取 50 MHz 带宽，带内有 170 根谱线，约为主瓣的 $\dfrac{1}{12}$。

(2) 跟踪接收机中频不宜太高。中频太高接收机工程研制难度增大。

(3) 适应 100 Kbps～300 Mbps 的数传信号角跟踪，接收机中频滤波器组切换档数不宜多。一般三档为宜。

需要说明的是本章理论是针对中继星系统星间链路数据传输信号的角跟踪选择接收机带宽，噪声的影响分析见本书的 2.1.3 节。不同的应用条件，有不同的选择结果，例如文献[72]。

9.4　取数传信号频谱主瓣的任意部位小部分带宽内信号实现角跟踪理论的物理解释

结合式(9.16)，式(9.22)，式(9.25)和式(9.27)对取数传信号频谱主瓣任意部位的小部分带宽内信号实现角跟踪理论的物理意义解释如下：

(1) 式(9.16)代表窄带滤波器的输入信号，它是宽带单通道信号，其中：

a. 由 $\sum\limits_{k=-\infty}^{\infty}\dfrac{1}{2}\dot{A}_k\{e^{j[(\omega_c+k\Omega_m)t+\varphi']}+e^{-j[(\omega_c-k\Omega_m)t+\varphi']}\}=m(t)\cos\omega_c(t+\varphi')$ 关系，相对于调制信号 $f(t)$ 而言，它可视为一系列的载波信号，角频率：

$$\omega_c\pm k\Omega_m\quad(-\infty<k<\infty)$$

b. $f(t)=\sum\limits_{n=-\infty}^{\infty}\dot{F}_n e^{jn\Omega_f t}$，理解为 $f(t)$ 的所有谐波在一起，分别对 $m(t)\cos\omega_c(t+\varphi')$ 的每一根载波信号进行调幅。

c. $f(t)$ 以 "＋""－" 脉冲形成对每一根载波调幅，它的作用是使电轴偏离目标一定角度所存在的差信号以交流(正负脉冲)形式表现出来:假设 $f(t)$ 取"+"时,检波出电压为 $(1+\mu\theta\cos\phi)$,当 $f(t)$ 取"—"时,检波出电压为 $(1-\mu\theta\cos\phi)$。交流信号的大小正比于电轴偏离目标的角度。在规定时间起始点后,由检波出正负脉冲信号,脉冲是先正后负,还是先负后正来代表电轴偏离目标的方向。

(2) 式(9.22)、式(9.25)和式(9.27)代表窄带带通滤波器的输出信号,其中:

a. 接收机中频带宽为数传信号频谱主瓣宽度的一部分(例如 1/10)。滤波器为理想带通滤波器,如果说滤波器带宽远大于 $f(t)$ 的重复频率,则滤波器的作用只是将已调幅的各载波落在滤波器带外的部分滤除掉,只让落在滤波器带内的各载波无失真地通过。当多勒频偏为 $+\omega_d$ 时,由式(9.22),通过滤波器的各载波为

$$\sum_{k=-\left(\frac{\omega_B+\omega_d}{\Omega_m}\right)}^{\frac{\omega_B-\omega_d}{\Omega_m}} \frac{1}{2}\dot{A}_k e^{jk\Omega_m t}\cos(\omega_c t+\varphi')$$

b. 带滤波器没有改变 $f(t)$ 的作用,也没有造成 $f(t)$ 波形失真。这是因为当 $f(t)$ 的重复频率远远低于载波频率时,$f(t)$ 分别对每根载波信号调制,虽然载波数由 $\sum_{k=-\infty}^{\infty} \frac{1}{2}\dot{A}_k e^{jk\Omega_m t}\cos(\omega_c t+\varphi')$ 变成了 $\sum_{k=-\left(\frac{\omega_B+\omega_d}{\Omega_m}\right)}^{\frac{\omega_B-\omega_d}{\Omega_m}} \frac{1}{2}\dot{A}_k e^{jk\Omega_m t}\cos(\omega_c t+\varphi')$,载波根数减少了,但是滤波器输出的每一根载波上 $f(t)$ 调制没有改变,只是载有 $f(t)$ 的谱线少了一些。然而,每一根载波频谱上的调幅信号被检波出来的就是一个 $f(t)$。滤波器输出的若干谱线分别被检波出来若干个 $f(t)$ 的线性叠加就能保证不失真地复现 $f(t)$。

c. 假设 $f(t)$ 取"+"时,检波出电压为 $(1+\mu\theta\cos\phi)$,当 $f(t)$ 取"—"时,检波出电压为 $(1-\mu\theta\cos\phi)$。同理,可对俯仰信号 $S_{\Sigma+\Delta E}(t)$ 进行分析。这就说明宽带数传单通道信号通过窄带带通滤波器后,仍能可靠提取角误差信号的原理。

9.5 实验验证

9.5.1 实验验证(一)

验证接收机带宽为数传信号频谱主瓣宽度的 1/10 时,提取角误差信号的能力。

实验方案如图 9.9 所示。

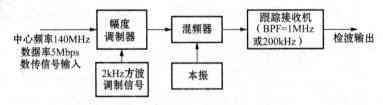

图 9.9 实验验证(一)方案框图

实验记录如图 9.10～图 9.17 所示。

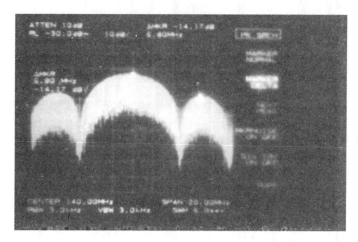

图 9.10　已调 BPSK 信号(5 Mbps)又被 2 kHz 方波调幅(全谱)

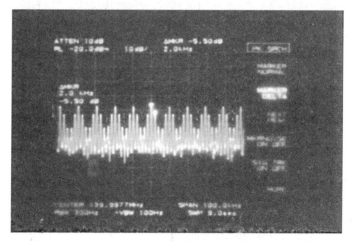

图 9.11　已调 BPSK 信号(5 Mbps)又被 2 kHz 方波调幅(细谱)

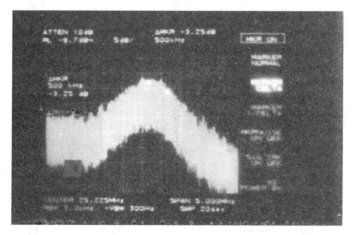

图 9.12　5 Mbps 的 BPSK 信号又被 2 kHz 方波调幅通过接收机 BPF
($\Delta f_{-3\,\text{dB}} = 1\,\text{MHz}$ 的全谱)

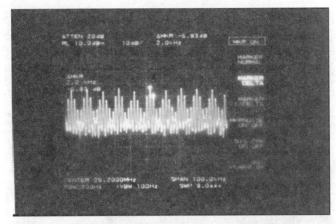

图 9.13　通过接收机 BPF($\Delta f_{-3\,\mathrm{dB}}$＝1 MHz 的细谱)

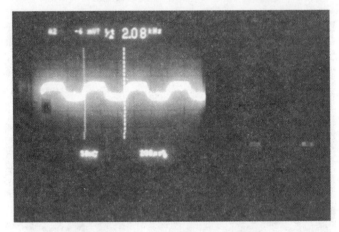

图 9.14　检波后的 2 kHz 方波输出

(结论:①窄带滤波后的 2 kHz 方波细谱未变;②检波出的方波较好)

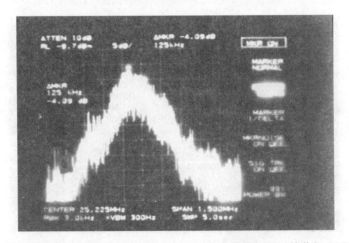

图 9.15　5 Mbps 的 BPSK 信号又被 2 kHz 方波调幅通过接收机 BPF
($\Delta f_{-3\,\mathrm{dB}}$＝200 kHz 的全谱)

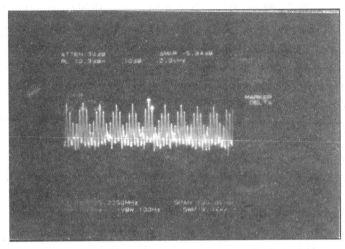

图 9.16　通过接收机 BPF($\Delta f_{-3\,\mathrm{dB}}=200\,\mathrm{kHz}$ 的细谱)

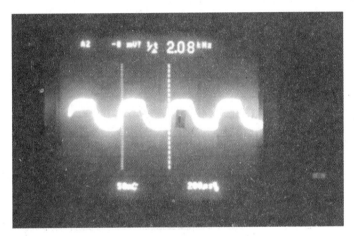

图 9.17　检波后的 2 kHz 方波输出

(结论:①窄带滤波后 2 kHz 方波细谱未变;②检波出的方波较好)

实验结果分析:

(1) 图 9.10 是 5 Mbps 的 BPSK 数传信号频谱,可见主瓣宽度为 10 MHz;图 9.11 是 5 Mbps 的 BPSK 数传信号频谱靠近中心频率的细结构,已被 2 kHz 方波调幅,从 ΔMKR:-5.5 dB(2 kHz 处),可看到 $f(t)$ 的调制深度等参数。

(2) 当接收机 BPF 的带宽为 1 MHz 时,对图 9.12~图 9.14 的试验结果分析如下:

图 9.12 是 10 MHz 带宽的 BPSK 信号通过 1 MHz 带宽的 BPF 后的频谱。可见 3 dB 带宽为 1 MHz。图 9.13 是 10 MHz 带宽的 BPSK 信号通过 1 MHz 带宽的 BPF 后的细谱结构,可以看出,对通过窄带带通滤波器的每一根谱线,2 kHz 方波的调制参数未变,ΔMKR:-5.5 dB(2 kHz 处)。图 9.14 是振幅检波出的 2 kHz 方波。可见方波很好。这说明从 BPSK 信号的 1/10 带宽中提取角误差信号是完全可能的。

(3) 当接收机中频带宽为 200 kHz 时,对图 9.15~图 9.17 的试验结果分析如下:

图 9.15 是 10 MHz 带宽的 BPSK 信号通过 200 kHz 带宽的 BPF 后的频谱,可见 3 dB 带宽为 200 kHz。图 9.16 是 10 MHz 带宽的 BPSK 信号通过 200 kHz 带宽的 BPF 后的细谱(靠

中心频率处)结构,可以看出,对通过窄带带通滤波器每一根谱线,2 kHz 方波的调制参数未变。ΔMKR:−5.5 dB(2 kHz 处)。图 9.17 是振幅检波出的方波。可见方波较好。这说明,从BPSK 信号的 1/50 带宽能量中提取角误差信号是可能的。

9.5.2　实验验证(二)

根据这种理论研制出的角跟踪系统跟踪性能良好,这是最有说服力的验证。

图 9.18～图 9.20 是该系统实测的角误差曲线。系统的天线波束宽度 0.26°,接收数传信号调制体制为 QPSK,码速率 300 Mbps(I,Q 各 150 Mbps),PN 码长 $p=2^{15}-1$。图 9.18 中,数传信号频谱中心频率和接收机 500 kHz 带宽中心频率对齐,即频偏为 0。图 9.18(a)是天线

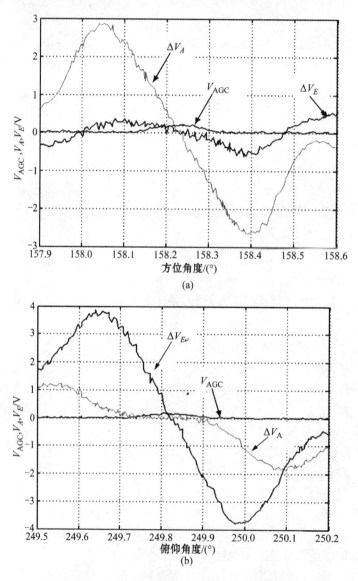

图 9.18　方位误差曲线(a)和俯仰误差曲线(b)

(QPSK 300 Mbps-频率偏移 0-接收机 500 kHz 带宽)

俯仰偏角为 0°时的角度误差曲线,图 9.18(b)是天线方位偏角为 0°时的角误差曲线。可见,接收机带宽仅为数传信号频谱主瓣(300 MHz)的 1/600,这时 500 kHz 带内有 109 根谱线,仍能提取出角误差信号,但 V_{AGC} 电压较弱。

图 9.19 中,数传信号频谱中心频率左偏离接收机带宽中心频率 40 MHz,接收机带宽 500 kHz。图 9.19(a)是天线俯仰角偏为 0°时的角误差曲线,图 9.19(b)是天线方位偏角为 0°的角误差曲线。可见接收机带宽仅为数传信号频谱主瓣的 1/600,而且,取偏离数传信号频谱主瓣中心 40 MHz 处的 1/600 带内信号谱线,仍能可靠提取角误差信号。这时,限带后的信号 V_{AGC} 太弱,已经趋近于零。

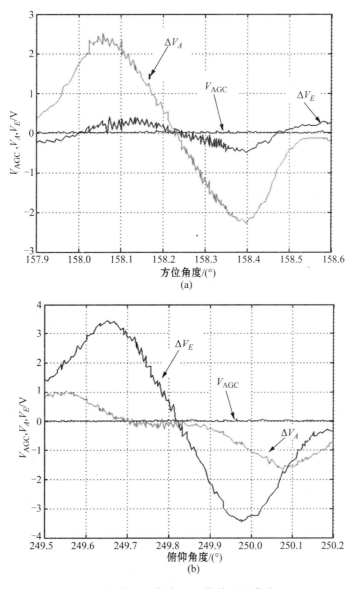

图 9.19　方位误差曲线(a)和俯仰误差曲线(b)

(QPSK 300 Mbps-频率偏移 40 MHz-接收机 500 kHz 带宽)

图 9.20 中,接收机带宽为 40 MHz,为数传信号频谱主瓣的 1/7.5,其他条件与图 9.20 相类同。从测试数据看,V_{AGC} 电压随接收机检波前带宽加宽而增大很多,这种情况下的角误差曲线良好。

进行 Ka 天线闭环跟踪精度试验,跟踪精度为 0.02°(要求≤0.05°),天线闭环跟踪状态下,跟踪信号分别是 QPSK(50 Mbps)、单载波、BPSK(10 Mbps)进行切换,跟踪后的角度一样(说明 3 种信号输入时电轴是相同的),切换时跳变很小。

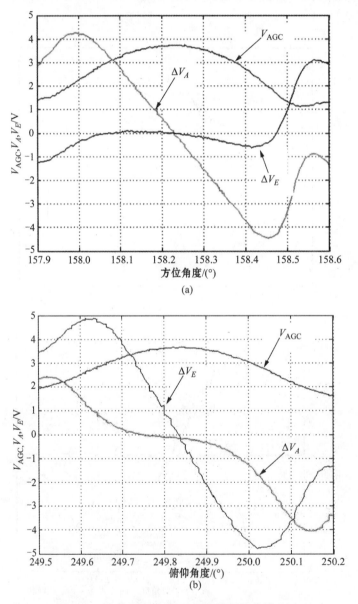

图 9.20　方位误差曲线(a)和俯仰误差曲线(b)

(QPSK 300 Mbps-频率偏移 40 MHz-接收机 40 MHz 带宽)

9.6 本章小结

本章通过数学理论推导、物理概念解释和实验验证,论证了取数传信号频谱主瓣任意部位小部分带宽内信号实现角跟踪的理论。

可以看出,在接收机带宽极窄(例如为数传信号频谱主瓣宽度的 1/600),并偏在频谱主瓣的任意部位,只要接收机带宽内有一定数量谱线,都能很好地提取出角误差信号,实现角跟踪。小部分带宽法的噪声影响分析见本书的 2.1.3 节。这是角跟踪领域内的一种新概念和新理论。

有了这种理论,中继星 APS 的跟踪接收机用 2~3 个带通滤波器切换,就能实现对 100 Kbps~300 Mbps 数传信号的角跟踪,这对中继星星载角跟踪系统设计意义很大。

第 10 章　大型天线指向控制运动 与星体姿态运动的动力耦合分析

10.1　问题的来源

随着天线尺寸的增加,由于卫星重量等因素的限制,一般很难将天线的展开刚度设计得很高,因此称之为柔性天线。大型星载柔性天线的动力特性为在低频段上高的模态堆积、指向及反射面对扰动的高灵敏度、结构振动时的弱阻尼。这些动力特性决定了柔性天线在外界干扰载荷作用下会有弹性振动产生。这种外界干扰包括卫星姿态调整时对天线的冲击,天线自身作跟踪运动时的瞬时加速度冲击等。随着应用频段的提高,对于星载多波束天线,由于波束太窄,对天线具有较高的指向精度和稳定度要求,如美国中继卫星 TDRS 上的 S/Ka 单址天线指向精度要求为 $0.03°\sim$ $0.05°$。为了满足电性能对指向和稳定度的要求,在设计时必须考虑星体和天线之间的动力耦合效应。

星体姿态运动和柔性天线指向控制运动之间的动力耦合是一个非常复杂的课题,它涉及控制系统选择、多刚体和多柔体动力分析、天线设计等多方面的工作,成为国内外研究的热点课题。为了防止控制系统和结构动力之间相互影响,一般使柔性附件的固有频率与控制频段隔开,即采用提高结构的刚度或缩小控制系统的控制宽度的方法。由于这是一种比较符合我国目前技术水平的方案,本书旨在寻求一个简化的工程处理准则:柔性天线的刚度在不小于多少的情况下,星体的姿态调整运动对天线的指向精度的影响可以忽略,同时保证天线的指向运动对姿态控制精度也可以忽略。本书分析的天线系统以采用开环指向控制方式,并达到 Ka 频段的精度要求为算例,结果得到不同质量的卫星对天线系统的最小自振频率要求。

分析这类问题的文献很多,但一般都是刚性卫星加一个或多个柔性附件,有些附件还附加某种刚体运动[73~76]。文献[77,78]从理论上讨论了柔性舱段上又带有各类大型柔性附件的复杂柔性结构的建模问题。本书的天线系统也为多级柔性链路系统,包括柔性支臂、刚性指向驱动机构和柔性反射面。很多文献都将柔性附件简化为一个梁或一块板,本书则根据天线反射面和支撑臂的真实结构,建立了近 5 000 个结点的有限元模型,并利用结构分析软件 NASTRAN 和多体动力学软件 ADAMS 建立了包括三轴动量轮在内的多体模型,计算时还考虑了材料阻尼的影响。本书针对 1~4 t 的不同质量卫星,给出了对天线系统的最小频率要求。这些结果对于大型天线的设计提供了依据。

10.2　多体动力学分析原理

10.2.1　多体动力学简介

多体系统力学,包括多刚体系统力学和多柔体系统力学,是研究多体系统(一般由若干个柔性物体和刚性物体相互连接所组成)运动规律的科学。由于近 20 年来卫星及航天器飞行稳定性、太阳帆板展开、大型柔性天线指向的稳定性等方面的需求和教训,加之高速度、大容量、多功能现代计算机的发展及计算方法的成熟,多体力学已由早期的多刚体系统力学发展成多柔体系统动力学。多柔体动力学是分析力学、连续介质力学、多刚体力学、结构动力学学科发展交叉的必然,结果这门边缘性学科以当代航天事业的发展为标志,所要研究的问题囊括了宏观世界机械运动的主要问题。

柔性系统不同于刚性系统,它含有柔性部件,其变形不可忽略;它与结构力学不同,部件在自身变形运动的同时,在空间中经历着大的刚性移动和转动,刚性运动和变形运动相互影响、互相耦合;与一般系统不同,它是一个时变、高度耦合、高度非线性的复杂系统。

多体力学的研究方法包括工程中常用的经典力学方法(以牛顿-欧拉方程为代表的矢量力学方法和以拉格朗日经典力学方法为代表的分析力学方法)、图论(R-W)法、凯恩方法、变分方法等,其中最常用的是前两种。

1) 牛顿-欧拉法

对作为隔离体的单个刚体列牛顿-欧拉方程后,铰约束力的出现使未知变量数的数目明显增多,需要将不独立的笛卡尔广义坐标变换成独立变量,最后得到与系统自由度数目相同的动力学方程。

2) 拉格朗日方程法

由于多刚体系统的复杂性,在建立系统的动力学方程时,采用系统的独立的拉格朗日坐标将十分困难,而采用不独立的笛卡尔坐标则很容易。导出以笛卡尔广义坐标为变量的动力学方程,并补充广义坐标的代数约束方程使方程组封闭。最著名的商业多体动力学软件 ADAMS 和 DADS 均采用了这种方法。

10.2.2 ADAMS 软件的数值计算方法

主要的数值计算归纳如下:

(1) 用离散坐标描述物体的大位移运动,用模态坐标和有限元节点坐标描述物体的弹性变形。

(2) 将各附件的运动学量转换到一个主要的物体上,消去物体间的约束力后得到系统的动力学方程。

(3) 用有限元法得到柔性体的质量分布、刚度分布特征量及弹性变形模态,然后再将其耦合到刚体动力学方程中。用刚体在质心的笛卡尔坐标和反映刚体方位的欧拉角作广义坐标。

(4) 采用拉格朗日乘子法建立系统运动方程,并附加以约束方程。

(5) 数值求解方法采用了预估-校正算法。根据当前时刻的系统状态,用 Taylor 基数预估下一个时刻系统的状态矢量值。若预估的状态矢量值不能使方程满足,则根据向后差分值来校正,直至满足方程。

10.2.3 柔性附件的处理方法

有限元模型是通过铰链或力单元(如弹簧)与其他刚体或柔性体相连。柔性体的弹性变形仅考虑线弹性变形,但刚体的运动可以是非线性和大位移运动。运动方程中包含了由于刚体非线性运动引起的柔性体的线性动力响应,柔性体的线性动力响应是用各阶模态响应叠加而成,这种方法类似于有限元中的瞬态模态响应分析法。ADAMS 软件提供与许多商用有限元软件的接口模块,包括 NASTRAN 和 ANSYS 软件。连接的方法是模态综合法(mode synthesis or modal superposition)。

物体的柔性用一组模态振形来表示,模态振形包括正则模态和静模态,正则模态用于反映物体自身的变形;静模态反映与柔性体相连的连接点的变形或受力。正则模态通过其他有限元软件分析得到。正则模态中还包括了刚体模态,它代表柔性体跟随连接点的随体运动。

柔性物体的模态阶数的选择是一个关键问题,选择的原则同有限元中的模态综合法和子结构法。在大多数情况下,只需要选择前几阶模态就可以了,但具体应用时,还要根据工程经验和试验结果做出合理的判断。

10.3 多体模型的建立及动力学方程

10.3.1 卫星的姿态控制简介

根据航天器在轨道坐标内的正常工作状态是自转还是相对静止,可区分为自旋和非自旋两种不同的类型。非自旋航天器称为轨道静止航天器,也称作三轴稳定航天器。

为了保证航天器在轨道坐标中相对平衡的稳定性,除采用被动控制方案外(如增大阻尼,改变几何分布),也需要采用控制系统实现对航天器的主动控制(见图 10.1)。主动控制系统由敏感器、控制器和力矩器组成。敏感器的作用是测量星体的姿态角,力矩器的作用是产生影响航天器的外力矩或内力矩,控制器执行控制规律以保证系统的稳定性和性能。

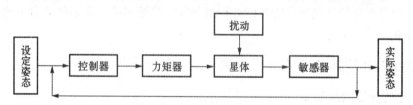

图 10.1　主动控制系统框图

主动控制有喷气推力控制,飞轮控制等方式:

(1) 喷气推力控制。喷气推力控制是断续脉冲式的,属于用外力矩作为控制力矩。

(2) 飞轮控制。在星体的三个主轴方向各安装一个轴对称飞轮。控制器根据敏感器测出的姿态信息调整飞轮的转速以影响星体的姿态运动,称作飞轮控制。与喷气推力控制不同,飞轮控制是利用内力矩作为控制力矩,因此不影响星体相对质心的总动量矩。

10.3.2 刚体-柔体动力耦合概念

以一个刚性卫星带一个柔性梁来介绍刚体和柔性体的动力耦合概念(见图 10.2)。

用 Lagrange 方程和混合坐标系统来推导,系统的动能:

$$T = \frac{1}{2}\int_R (V_R \cdot V_R)\,dm + \frac{1}{2}\int_F (V_F \cdot V_F)\,dm$$

式中:V_R——中心刚体的任一点速度;

　　V_F——柔性体的任一点速度。

$$V_R = \dot{\theta}_K \cdot r_R$$

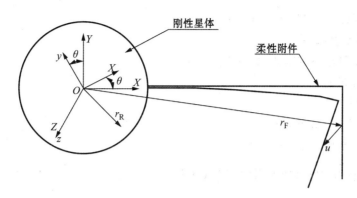

图 10.2　刚性星体加柔性附件的耦合分析

$$V_F = \dot{\theta} \cdot r_F + \dot{u} + \dot{\theta} \cdot u$$

式中：$\dot{\theta}$ 为刚体式柔体的角速度；u 和 $\dot{u}$ 分别为任一点的位移和线速度。

$$T = \frac{1}{2}\int_R \dot{\theta}^2(x_R^2 + y_R^2)\mathrm{d}m + \frac{1}{2}\int_F [\dot{\theta}^2(x_F^2 + y_F^2) + (\dot{u}_x^2 + \dot{u}_y^2) + \dot{\theta}^2(u_x^2 + u_y^2)]\mathrm{d}m +$$

$$\frac{1}{2}\int_F [2\dot{\theta}(x_F\dot{u}_y - y_F\dot{u}_x) + 2\dot{\theta}^2(x_Fu_x + y_Fu_y) + 2\dot{\theta}(\dot{u}_yu_x - \dot{u}_xu_y)]\mathrm{d}m$$

用前几阶模态坐标量 q_i 和模态量 φ_i 表示位移：

$$u_x = \sum_{i=1}^n \phi_i^x q_i(t) \quad u_y = \sum_{i=1}^n \phi_i^y q_i(t) \tag{10.1}$$

忽略高阶项，并用模态坐标来表示弹性变形，因此，得

$$T = \frac{1}{2}I_{zz}\dot{\theta}^2 + \frac{1}{2}\sum_{i=1}^n \dot{q}_i^2 + \dot{\theta}\sum_{i=1}^n D_i\dot{q}_i \tag{10.2}$$

式中的刚体-柔体耦合系数为

$$D_i = \int_F (x_F\phi_i^y - y_F\phi_i^x)\mathrm{d}m \tag{10.3}$$

柔性附件由于弹性变形引起的势能为

$$V = \frac{1}{2}\sum_{i=1}^n \omega_i^2 q_i^2 \tag{10.4}$$

由拉格朗日方程：

$$\frac{\mathrm{d}}{\mathrm{d}t}\left(\frac{\partial L}{\partial \dot{u}_i}\right) - \frac{\mathrm{d}L}{\mathrm{d}u_i} = Q_i \tag{10.5}$$

式中：u_i——第 i 阶广义坐标；

Q_i——第 i 阶广义力。

$$L = T - V \tag{10.6}$$

其中，L 为拉格朗日函数；T 为动能；V 为势能。

得到动力方程组：

$$I_{zz}\ddot{\theta} + \sum_{i=1}^n D_i\ddot{q}_i = T_c + T_d \tag{10.7}$$

$$\ddot{q}_i + 2\zeta_i\omega_i\dot{q}_i + \omega_i^2 i + D_i\ddot{\theta} = 0 \tag{10.8}$$

式中：θ——中心刚体的角位置；

q_i——悬臂梁的第 i 阶模态坐标；

I_{zz}——系统的转动惯量；

D_i——第 i 阶模态的刚体-柔性体耦合系数；

T_c——控制转矩；

T_d——干扰转矩；

ζ_i——第 i 阶模态的阻尼比；

ω_i——第 i 阶模态的自然频率。

10.3.3　模型的简化和动力学方程

　　卫星为 2 吨级卫星（见图 10.3），在寿命末期由于燃料损耗质量降为 1 t。卫星平台在俯仰、滚动和偏航方向各有一个动量轮。控制器根据敏感器测出的姿态信息调整飞轮的转数以影响星体的姿态运动，飞轮控制是利用内力矩作为控制力矩，因此不影响星体相对质心的总动量矩。太阳帆板为柔性体，柔性天线系统为多级柔性-刚性体连接链路，其中包括柔性天线支撑臂、刚性天线指向控制机构（GDA）和柔性反射面。

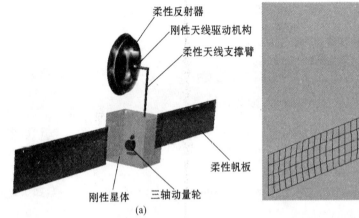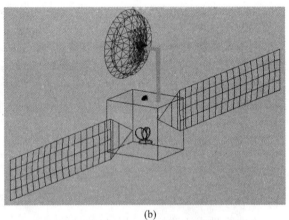

图 10.3　卫星系统的多体模型一

(a) 系统的组成；(b) 多体动力学模型

　　由拉格朗日方法得动力学方程[76]：

　　星体力矩平衡方程：

$$I_S \ddot{\theta}_S + \Omega_\rho \ddot{U}_\rho + \Omega_{SSB} \ddot{U}_{SB} + \Omega_R \ddot{\theta}_A + \Omega_r \ddot{U}_r = T_S \tag{10.9}$$

　　太阳帆板动力学方程：

$$A_1 \ddot{U}_\rho + B_1 \dot{U}_\rho + C_1 U_\rho + \Omega_\rho \ddot{\theta}_S = 0 \tag{10.10}$$

　　天线驱动力矩平衡方程：

$$I_A \ddot{\theta}_A + \Omega_{ASB} \ddot{U}_{SB} + \Omega_R \ddot{\theta}_S + \Omega_{Ar} \ddot{U}_r = T_A \tag{10.11}$$

　　支臂动力学方程：

$$A_2 \ddot{U}_{SB} + B_2 \dot{U}_{SB} + C_2 U_{SB} + \Omega_{ASB} \ddot{\theta}_A + \Omega_{SSB} \ddot{\theta}_S = 0 \tag{10.12}$$

　　反射器动力平衡方程：

$$A_3 \ddot{U}_r + B_3 \dot{U}_r + C_3 U_r + \Omega_r \ddot{\theta}_S + \Omega_{Ar} \ddot{\theta}_A = 0 \tag{10.13}$$

式中: I_S——星体的转动惯量;

$\quad I_A$——天线的转动惯量;

$\quad T_S$——作用于星体的控制力矩;

$\quad T_A$——作用于天线的控制力矩;

$\quad \theta_S$——卫星姿态角;

$\quad \theta_A$——天线指向转角;

$\quad U_\rho$——帆板模态坐标;

$\quad U_{SB}$——天线支臂模态坐标;

$\quad U_r$——天线反射面模态坐标;

$\quad A_1$——太阳帆板质量阵;

$\quad B_1$——太阳帆板阻尼阵;

$\quad C_1$——太阳帆板刚度阵;

$\quad A_2$——天线支臂质量阵;

$\quad B_2$——天线支臂阻尼阵;

$\quad C_2$——天线支臂刚度阵;

$\quad A_3$——天线反射器质量阵;

$\quad B_3$——天线反射器阻尼阵;

$\quad C_3$——天线反射器刚度阵;

$\quad \Omega_\rho$——太阳帆与星体的耦合系数阵;

$\quad \Omega_{SSB}$——支臂与星体的耦合系数阵;

$\quad \Omega_{ASB}$——支臂与驱动机构耦合系数阵;

$\quad \Omega_R$——驱动机构与星体耦合系数阵;

$\quad \Omega_r$——天线反射器与星体耦合系数阵;

$\quad \Omega_{Ar}$——天线反射器与驱动机构耦合阵。

三轴稳定卫星的飞轮控制系统模型如图 10.4 所示。

图 10.4　三轴稳定卫星的飞轮控制系统模型

飞轮的驱动力矩 M_i 为闭环控制,它为飞轮与星体之间的内力矩:

$$M_i = -(K_1 U_i + K_2 \omega_i)$$

式中：i——x,y,z 三个方向；

K_1,K_2——比例系数；

U_i,ω_i——分别为星体质心相对于地球静止坐标系的角度偏差和角速度偏差。

约束状态：为在地球同步轨道无重力和无空气阻力的自由状态。多体模型的主要输入参数如表 10.1 所示。

表 10.1　多体模型的主要输入参数

天线质量：120 kg，其中运动部分为 80 kg
三个动量轮：每个为 3 kg
动量轮转速：6 000 r/min
帆板质量：80 kg
天线跟踪时速度：0.02°/s（分别绕 X 轴和 Y 轴转动两个方向）
回扫时最大速度：0.1°/s（分别绕 X 轴和 Y 轴转动两个方向）
喷气载荷：10 N 的脉冲，作用时间为 0.02 s，分别沿 X,Y,Z 三个方向

10.3.4　柔性附件的有限元模型

太阳帆板有两翼，展开尺寸约为 8.2 m×1.7 m。考虑 0.2～100 Hz 的 24 阶自由模态。图 10.5 为帆板的前三阶模态图。

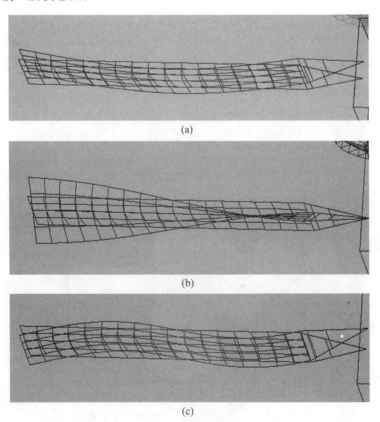

(a)

(b)

(c)

图 10.5　帆板的前三阶模态图

(a) 一阶模态图；(b) 二阶模态图；(c) 三阶模态图

模型一中天线的反射面为口径约为 3 m 的固面抛物面。考虑 35.0～200 Hz 的 17 阶模态,前三阶模态图如图 10.6 所示。

天线支臂的前三阶模态如图 10.7 所示。

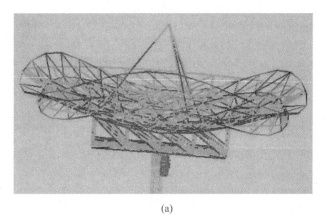

(a)

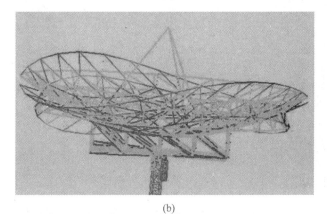

(b)

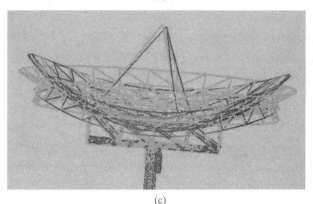

(c)

图 10.6　天线反射器的前三阶模态图

(a)一阶模态图;(b)二阶模态图;(c)三阶模态图

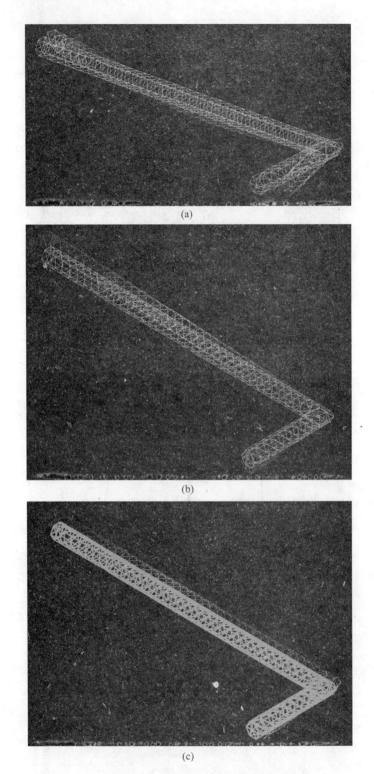

图 10.7　天线反射器的前三阶模态图

（a）一阶模态图；（b）二阶模态图；（c）三阶模态图

10.4　卫星多体模型的分析结果

10.4.1　不同天线系统刚度的动力耦合分析结果

针对卫星多体模型,考察天线系统刚度改变对动力耦合结果的影响。天线反射器、天线指向驱动机构以及支臂组成的天线系统的 3 种不同刚度,如表 10.2 所示。天线的转动速度和星体喷气的时间按中继卫星的常见值假设,其中,天线绕 X 轴和 Y 轴转动的角速度分别为 $0.1°/s$,星体 10 N 喷气的时间沿 3 个方向均为 $0.02 s$。计算结果如表 10.3~表 10.5 所示。

表 10.2　天线系统的三种组合刚度

	一阶频率/Hz	二阶频率/Hz	三阶频率/Hz
方案 1	0.7	0.9	1.2
方案 2	1.1	1.4	2.4
方案 3	1.5	1.7	3.8

表 10.3　天线基频 0.7 Hz 时的动力耦合分析结果

运动名称	动量轮最大驱动力矩			动量轮最大转速变化			动量轮稳定时间		
	T_x /(N·m)	T_y /(N·m)	T_z /(N·m)	$\Delta\omega_x$ /(°/s)	$\Delta\omega_x$ /(°/s)	$\Delta\omega_x$ /(°/s)	t_x/s	t_y/s	t_z/s
天线绕 X 轴转动	0.15	2.4	0.1	70.0	80.0	40.0	40	7.5	5.0
天线绕 Y 轴转动	0.5	2.3	0.1	5.0	20.0	30.0	20.0	4.0	10.0
10 N 力沿 X 向	0.5	2.3	0.2	40.0	140.0	75.0	1.0	10.0	6.0
10 N 力沿 Y 向冲击	0.5	2.3	0.2	45.0	330.0	30.0	3.0	10.0	4.5
10 N 力沿 Z 向冲击	1.2	2.3	0.2	50.0	33.0	35.0	3.5	10.0	5.0
运动名称	卫星质心角速度变化			天线质心角速度变化			帆板质心角速度变化		
	$\Delta\omega_x$ /(°/s)	$\Delta\omega_x$ /(°/s)	$\Delta\omega_x$ /(°/s)	$\Delta\omega_x$ /(°/s)	$\Delta\omega_x$ /(°/s)	$\Delta\omega_x$ /(°/s)	$\Delta\omega_x$ /(°/s)	$\Delta\omega_x$ /(°/s)	$\Delta\omega_x$ /(°/s)
天线绕 X 轴转动	0.001	0.018	0.001	0.05	0.15	0.0	0.023	0.024	0.001
天线绕 Y 轴转动	0.003	0.021	0.0	0.0	0.05	0.0	0.002	0.03	0.001
10 N 力沿 X 向	0.004	0.02	0.0	0.025	0.13	0.01	0.005	0.028	0.001
10 N 力沿 Y 向	0.006	0.02	0.002	0.025	0.013	0.01	0.008	0.027	0.002
10 N 力沿 Z 向	0.008	0.02	0.0	0.025	0.013	0.001	0.008	0.027	0.001
运动名称	卫星质心稳定时间			天线质心稳定时间			帆板质心稳定时间		
	t_x/s	t_y/s	t_z/s	t_x/s	t_y/s	t_z/s	t_x/s	t_y/s	t_z/s
天线绕 X 轴转动	1.56	2.52	1.62	1.62	4.5	0.42	45.0	2.64	5.22
天线绕 Y 轴转动	1.62	2.50	5.0	1.74	4.0	0.6	30.0	3.0	3.0
10 N 力沿 X 向	1.74	2.5	5.0	1.68	2.46	0.5	27.6	25.0	3.0

（续表）

运动名称	卫星质心稳定时间			天线质心稳定时间			帆板质心稳定时间		
	t_x/s	t_y/s	t_z/s	t_x/s	t_y/s	t_z/s	t_x/s	t_y/s	t_z/s
10 N 力沿 Y 向	1.80	2.60	4.0	2.0	2.5	0.5	27.0	2.5	3.0
10 N 力沿 Z 向	1.8	2.5	4.0	1.68	2.5	0.5	27.0	2.5	3.0

表 10.4　天线基频 1.1 Hz 时的动力耦合分析结果

运动名称	动量轮最大驱动力矩			动量轮最大转速变化			动量轮稳定时间		
	T_x /(N·m)	T_y /(N·m)	T_z /(N·m)	$\Delta\omega_x$ /(°/s)	$\Delta\omega_x$ /(°/s)	$\Delta\omega_x$ /(°/s)	t_x/s	t_y/s	t_z/s
天线绕 X 轴转动	0.3	2.1	0.005	50.0	330.0	60.0	40.0	5.0	3.0
天线绕 Y 轴转动	0.5	2.2	0.02	30.0	330.0	30.0	0.5	5.0	4.0
10 N 力沿 X 向	0.5	2.2	0.07	30.0	120.0	150.0	1.0	3.5	4.0
10 N 力沿 Y 向	2.8	2.2	1.4	100.0	330.0	300.0	2.5	4.0	6.0
10 N 力沿 Z 向	2.2	2.1	0.1	50.0	400.0	30.0	2.0	4.0	4.5

运动名称	卫星质心角速度变化			天线质心角速度变化			帆板质心角速度变化		
	$\Delta\omega_x$ /(°/s)	$\Delta\omega_x$ /(°/s)	$\Delta\omega_x$ /(°/s)	$\Delta\omega_x$ /(°/s)	$\Delta\omega_x$ /(°/s)	$\Delta\omega_x$ /(°/s)	$\Delta\omega_x$ /(°/s)	$\Delta\omega_x$ /(°/s)	$\Delta\omega_x$ /(°/s)
天线绕 X 轴转动	0.003	0.018	0.002	0.02	0.04	0.0	0.025	0.02	0.002
天线绕 Y 轴转动	0.005	0.018	0.001	0.02	0.02	0.0	0.005	0.025	0.001
10 N 力沿 X 向	0.005	0.018	0.006	0.025	0.075	0.0	0.005	0.025	0.005
10 N 力沿 Y 向	0.02	0.018	0.001	0.025	0.075	0.01	0.005	0.025	0.001
10 N 力沿 Z 向	0.018	0.018	0.001	0.025	0.075	0.01	0.005	0.025	0.001

运动名称	卫星质心稳定时间			天线质心稳定时间			帆板质心稳定时间		
	t_x/s	t_y/s	t_z/s	t_x/s	t_y/s	t_z/s	t_x/s	t_y/s	t_z/s
天线绕 X 轴转动	1.0	2.5	4.0	1.5	2.5	4.0	40.0	2.5	4.0
天线绕 Y 轴转动	0.5	2.5	4.0	1.0	2.2	4.0	30.0	2.0	3.0
10 N 力沿 X 向	0.5	2.0	4.0	0.5	2.2	4.0	10.0	2.5	4.0
10 N 力沿 Y 向	0.1	1.68	4.0	0.1	2.5	4.0	10.0	2.5	4.0
10 N 力沿 Z 向	0.1	2.0	4.0	0.1	2.5	4.0	10.0	2.5	4.0

表 10.5　天线基频 1.5 Hz 时的动力耦合分析结果

运动名称	动量轮最大驱动力矩			动量轮最大转速变化			动量轮稳定时间		
	T_x /(N·m)	T_y /(N·m)	T_z /(N·m)	$\Delta\omega_x$ /(°/s)	$\Delta\omega_x$ /(°/s)	$\Delta\omega_x$ /(°/s)	t_x/s	t_y/s	t_z/s
天线绕 X 轴转动	0.5	2.4	0.25	50.0	310.0	30.0	30.0	3.0	2.0
天线绕 Y 轴转动	0.5	2.5	0.25	60.0	310.0	40.0	1.0	3.0	2.0
10 N 力沿 X 向	0.5	2.5	1.0	60.0	310.0	150.0	1.0	3.0	3.0

(续表)

运动名称	动量轮最大驱动力矩			动量轮最大转速变化			动量轮稳定时间		
	T_x /(N·m)	T_y /(N·m)	T_z /(N·m)	$\Delta\omega_x$ /(°/s)	$\Delta\omega_x$ /(°/s)	$\Delta\omega_x$ /(°/s)	t_x/s	t_y/s	t_z/s
10 N 力沿 Y 向	2.7	2.4	1.3	100.0	310.0	200.0	2.5	2.5	3.0
10 N 力沿 Z 向	2.2	2.2	0.2	50.0	350.0	30.0	2.0	2.5	1.0

运动名称	卫星质心角速度变化			天线质心角速度变化			帆板质心角速度变化		
	$\Delta\omega_x$ /(°/s)	$\Delta\omega_x$ /(°/s)	$\Delta\omega_x$ /(°/s)	$\Delta\omega_x$ /(°/s)	$\Delta\omega_x$ /(°/s)	$\Delta\omega_x$ /(°/s)	$\Delta\omega_x$ /(°/s)	$\Delta\omega_x$ /(°/s)	$\Delta\omega_x$ /(°/s)
天线绕 X 轴转动	0.005	0.002	0.001	0.04	0.1	0.0	0.024	0.025	0.001
天线绕 Y 轴转动	0.005	0.02	0.001	0.02	0.12	0.02	0.03	0.027	0.001
10 N 力沿 X 向	0.005	0.02	0.008	0.03	0.11	0.02	0.003	0.026	0.006
10 N 力沿 Y 向	0.02	0.02	0.008	0.04	0.10	0.02	0.008	0.026	0.007
10 N 力沿 Z 向	0.017	0.02	0.008	0.03	0.10	0.02	0.004	0.026	0.001

运动名称	卫星质心稳定时间			天线质心稳定时间			帆板质心稳定时间		
	t_x/s	t_y/s	t_z/s	t_x/s	t_y/s	t_z/s	t_x/s	t_y/s	t_z/s
天线绕 X 轴转动	1.5	0.1	1.2	0.3	0.6	0.6	30.0	2.0	1.0
天线绕 Y 轴转动	0.1	2.0	0.1	0.5	0.5	0.1	15.0	2.5	0.1
10 N 力沿 X 向	0.1	3.0	4.0	1.0	2.0	3.0	20.0	2.0	3.5
10 N 力沿 Y 向	1.0	0.1	0.5	1.0	0.1	3.0	2.0	0.1	3.5
10 N 力沿 Z 向	1.0	2.0	0.1	1.0	2.0	0.1	15.0	2.0	0.1

10.4.2　阻尼系数对动力耦合的影响分析

在表 10.3～表 10.5 的计算中,各阶模态阻尼系数 $\xi=0.0167$。在工程实践中,各阶模态的阻尼略有差异,一般在 0.01～0.05 之间。为了考察模态阻尼对动力耦合的影响,针对卫星多体模型一,特将 $\xi=0.0167$ 和 $\xi=0.05$ 的三组工况作了比较。结果如表 10.6 所示。

工况 1:天线系统为 0.7 Hz,天线绕 Y 轴转动,转动速度为角速度 0.1°/s。

工况 2:天线系统为 1.1 Hz,卫星受 Z 方向的 10 N 力冲击,时间 0.02 s。

工况 3:天线系统为 1.5 Hz,卫星受 X 方向的 10 N 力冲击,时间 0.02 s。

表 10.6　不同阻尼系数对动力耦合分析结果的影响

	阻尼系数	星体质心稳定时间			天线质心稳定时间			帆板质心稳定时间		
		t_x/s	t_y/s	t_z/s	t_x/s	t_y/s	t_z/s	t_x/s	t_y/s	t_z/s
工况 1	0.0167	5.0	5.0	4.0	1.0	2.5	0.0	45.0	5.0	0.5
	0.05	4.0	4.0	3.0	1.0	1.0	0.0	15.0	2.0	0.0
工况 2	0.0167	3.0	4.5	4.0	1.8	3.0	0.0	20.0	5.0	4.0
	0.05	0.0	3.0	2.5	0.0	1.5	0.0	15.0	3.0	3.0
工况 3	0.0167	1.0	3.0	3.0	1.0	2.0	1.5	20.0	3.0	3.0
	0.05	0.0	3.0	2.5	0.0	2.0	2.0	15.0	3.0	2.5

10.4.3 卫星喷气时间对动力耦合的影响分析

表 10.3～表 10.6 中的分析 10 N 发动机喷气脉冲宽度均按 0.02 s 计算的,为了考察喷气脉冲宽度对动力耦合结果的影响,特将 10 N 沿 Z 向冲击时间为 2 s 的结果与之作比较,结果如表 10.7 所示。

表 10.7 不同喷气脉冲宽度对动力耦合分析结果的影响

天线系统基频	脉冲宽度/s	星体质心稳定时间			天线质心稳定时间			帆板质心稳定时间		
		t_x/s	t_y/s	t_z/s	t_x/s	t_y/s	t_z/s	t_x/s	t_y/s	t_z/s
0.7 Hz Z 向 10 N 冲击	0.02	2.0	7.5	1.5	1.0	7.5	0.0	20.0	7.0	2.5
	0.2	2.5	7.5	2.5	5.0	7.5	0.0	35.0	8.0	4.0

10.4.4 天线转动速度对动力耦合的影响分析

在前面的计算中天线作转动运动中,速度均以 0.1°/s 为计算的输入,考虑到某中继卫星天线最大的回扫运动速度仅为 0.067°/s,特将两种速度对动力耦合结果的影响作一比较。表 10.8 列出了计算结果。此外,还计算了中继卫星天线以 0.02°/s 的跟踪速度作运动的动力耦合结果,如表 10.9 所示。

表 10.8 天线不同转动速度对动力耦合分析结果的影响

天线系统基频	绕 X 轴转速/(°/s)	星体质心稳定时间			天线质心稳定时间			帆板质心稳定时间		
		t_x/s	t_y/s	t_z/s	t_x/s	t_y/s	t_z/s	t_x/s	t_y/s	t_z/s
0.7 Hz 绕 X 轴转动	0.1	1.0	3.0	2.5	7.5	7.5	1.0	45.0	5.0	5.0
	0.067	0.0	3.0	2.5	4.0	5.0	0.0	35.0	5.0	4.0

表 10.9 中继卫星天线以 0.02°/s 作跟踪运动时动力耦合分析结果

天线基频	运动方向	卫星质心角速度变化			天线质心角速度变化			帆板质心角速度变化		
		$\Delta\omega_x$/(°/s)	$\Delta\omega_x$/(°/s)	$\Delta\omega_x$/(°/s)	$\Delta\omega_x$/(°/s)	$\Delta\omega_x$/(°/s)	$\Delta\omega_x$/(°/s)	$\Delta\omega_x$/(°/s)	$\Delta\omega_x$/(°/s)	$\Delta\omega_x$/(°/s)
1.1 Hz	绕 X	0.006	0.02	0.001	0.03	0.11	0.0	0.006	0.026	0.001
	绕 Y	0.005	0.018	0.001	0.02	0.13	0.0	0.005	0.026	0.001
1.1 Hz	绕 X	0.005	0.021	0.001	0.04	0.14	0.0	0.006	0.021	0.001
	绕 Y	0.004	0.021	0.001	0.003	0.14	0.0	0.003	0.023	0.001

天线基频	运动方向	星体质心稳定时间			天线质心稳定时间			帆板质心稳定时间		
		t_x/s	t_y/s	t_z/s	t_x/s	t_y/s	t_z/s	t_x/s	t_y/s	t_z/s
1.1 Hz	绕 X	0.5	5.0	0.0	0.5	4.5	0.0	2.0	5.0	0.0
	绕 Y	0.5	5.0	0.0	0.5	4.5	0.0	15.0	5.0	0.0
1.1 Hz	绕 X	0.5	2.5	0.0	0.8	1.5	0.0	2.0	2.5	0.0
	绕 Y	0.5	3.0	0.0	0.5	1.5	0.0	15.0	2.5	0.0

10.4.5 计算结果分析

表 10.10 将动力耦合分析中的角速度积分,得到了卫星姿态偏差和天线的指向误差。不

同系统刚度各部件质心稳定时间的比较如表 10.11 所示。图 10.8 为星体、天线和帆板代表性的振动响应曲线。

表 10.10　不同天线系统刚度下卫星姿态误差和天线指向误差汇总表

运动名称		卫星质心坐标角度变化最大值			天线质心坐标角度变化最大值		
		$\theta_x/(°)$	$\theta_y/(°)$	$\theta_z/(°)$	$\theta_x/(°)$	$\theta_y/(°)$	$\theta_z/(°)$
天线跟踪与回扫运动(绕 X,Y 轴角速度 $0.1°/s$)	方案 1	0.006	0.044	0.006	0.020	0.050	0.010
	方案 2	0.004	0.024	0.008	0.008	0.020	0.006
	方案 3	0.004	0.004	0.002	0.008	0.012	0.002
卫星 10 N 发动机喷气(时间 0.02 s)	方案 1	0.006	0.034	0.004	0.004	0.024	0.008
	方案 2	0.002	0.012	0.006	0.001	0.012	0.006
	方案 3	0.005	0.008	0.004	0.004	0.010	0.004

表 10.11　不同系统刚度各部件质心稳定时间比较

	卫星质心稳定时间/s	天线质心稳定时间/s	帆板质心稳定时间/s
方案 1	<5	<4.5	约 45
方案 2	<4	<4	约 40
方案 3	<3	<3	约 30

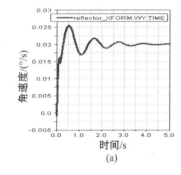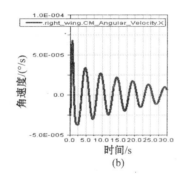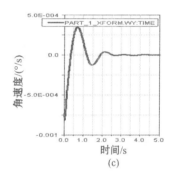

图 10.8　多体模型各部件响应曲线

(a) 反射器质心角速度响应;(b) 帆板质心角速度响应;(c) 星体质心角速度响应

从 10.4.1~10.4.5 节的分析数据可以看出:

(1) 从图 10.8 的响应曲线可以看出,当天线作跟踪运动或星体作姿态调整时,会有动力耦合存在,表现为星体会产生与天线系统基频频率相同的衰减振荡。当天线系统的基频升高时,振荡衰减得快,表明耦合程度减轻。

(2) 从图 10.8 的响应曲线可以看出,帆板以自己的基频(0.2 Hz)振荡,振荡持续的时间较长(15~45 s),但角速度较小(小于 0.03°/s),它对整星的动量矩干扰较小。

(3) 从图 10.8 的响应曲线可以看出,天线的振荡是按自身的基频进行的,随着天线基频升高,振荡时间缩短。天线振动的角速度最高为 0.15°/s,高于帆板,而且天线的质量也较帆板大,因此参与振动的动量矩也大。由此,可以得出天线的柔性是引起动力耦合的主要因素。

(4) 从表 10.11 中看到,当天线基频大于 1 Hz 时,天线转动和卫星喷气时所引起的星体质心稳定时间不超过 5~6 s,天线质心的稳定时间不超过 3 s,这都在天线指向控制允许的范围内。

(5) 在分析的各种工况中,三个方向动量轮的最大变化为 350°/s,只占其标称转速(36 000°/s)

的百分之一,在规定的正常转速变化范围内(即标称转速的 $10\%\sim15\%$),说明这个卫星的动量轮系统可以维持卫星的姿态稳定。

(6) 表 10.10 表明,在各种工况下,引起的星体姿态误差为:$0.006°$,$0.044°$,$0.008°$,远小于星体的姿态控制精度(一般为 $\pm0.1°\sim\pm0.25°$)。各种工况下,天线质心坐标的角速度最大变化为:$\Delta\omega_x=0.05°/s$,$\Delta\omega_y=0.15°/s$,$\Delta\omega_z=0.02°/s$,引起天线的最大指向精度误差为 $0.05°$。

(7) 从表 10.6 可以看出,当阻尼增加时,振动衰减的时间会缩短。当模态阻尼从 0.0167 增加到 0.05 时,振动的时间最多可降低 70%。

(8) 从表 10.7 可以看出,当卫星以喷气方式作姿态调整时,若增加喷气的脉冲宽度,则会引起振动的响应时间增加。当脉冲宽度从 0.02 s 增加到 0.2 s 时,振动响应时间增加 80%。

(9) 从表 10.8 可以看出,当天线的运动速度下降时,引起的振动时间会减小,引起的卫星姿态偏差和天线指向偏差也会减小。

(10) 从表 10.9 可以看出,对于基频等于 1.1 Hz 的天线系统,按照中继卫星的设计速度作跟踪运动时,动力耦合引起的天线指向误差不大于 $0.02°$,只有基频为 1.5 Hz 的天线系统,天线指向误差小于 $0.01°$,满足 Ka 频段通信的指向精度要求。

10.5 动力耦合分析的结论

(1) 由于天线跟踪运动、回扫运动以及星体喷气引起的星体的振荡运动,对星体姿态的影响很小。

(2) 相对帆板,天线的柔性是引起动力耦合的主要因素,因此,提高天线的基频比提高帆板的基频对降低耦合有更大的意义。

(3) 增加阻尼、减少冲击时间以及降低天线运动速度对减小动力耦合作用都很大。

(4) 星体姿态控制运动对天线指向控制运动有一定影响,要提高天线的指向精度,必须提高天线系统基频或采用闭环控制的天线指向控制方案。

(5) 对于作跟踪运动的 Ka 频段通信天线,指向误差的计算值应小于 $0.01°$[76]。以此为标准,表 10.12 计算了不同吨位的卫星平台对天线系统的最低刚度要求。

表 10.12 天线系统的最小自振频率要求(Hz)

	2 t 卫星	2.7 t 卫星	3.5 t 卫星	4 t 卫星
天线=120 kg	>1.5	>1.0	>0.7	>0.7
天线=450 kg	不匹配	>2.6	>2.0	>1.5

第11章 中继星大型天线指向控制设计分析

如图 2.1 所示,中继星单址天线指向系统(APS)由天线、万向支架、跟踪接收机、捕获跟踪控制器及驱动电路 4 个分机组成。它是一个星载单脉冲角跟踪系统,与地面站单脉冲角跟踪系统相比,如 2.6 节所述,它的系统设计和分机设计都会遇到新的难题,本章讨论捕获跟踪控制器及驱动电路设计遇到的难题,分析捕获跟踪控制器及驱动电路的设计方法。本章 11.1 节概述难题的产生和设计方法要点;11.2 节叙述 APS 的数学模型;11.3~11.4 节叙述解耦原理;11.5 节叙述鲁棒稳定性的 μ 分析方法;11.6 节总结。

11.1 概述

11.1.1 天线跟踪指向系统和姿态控制系统的关系

天线跟踪指向系统的天线基座安装在卫星平台上,在卫星运转中,总是要保持卫星平台基准面对准地球。而基座上的天线跟踪指向系统要捕获跟踪中低轨道的用户星,后者是无线电测角系统。卫星姿态控制系统的功能就是要保证卫星平台姿态基准面对准地球的稳定性,也就保证了作为天线测角系统框架坐标的参考坐标系的稳定性,达到要求的精度。天线跟踪指向系统的功能是测量出中低轨道卫星在天线框架角坐标系中的位置,达到要求的精度和准确度。

需要说明的是天线跟踪指向系统和卫星姿态控制系统是两个各自独立的控制系统。卫星姿态由滚动、俯仰和偏航三轴确定,卫星姿态控制有两轴(滚动、俯仰)控制方式和三轴(滚动、俯仰、偏航)控制方式。例如:卫星姿态控制敏感器由陀螺+地球敏感器+太阳敏感器构成控制信号测试,执行机构由框架动量轮提供三轴控制力矩实现三轴姿态控制,保证卫星姿态控制精度和姿态稳定度。天线指向系统由单脉冲天线+跟踪接收机构成所谓射频敏感器测试输出角跟踪误差信号,执行机构是驱动天线转轴(X 轴和 Y 轴)的步进电机。天线指向系统控制天线跟踪指向低轨用户星,达到要求的指向精度。从控制系统的组成和功能看,天线跟踪指向系统和卫星姿态控制系统是两个各自独立的控制系统,是两个各自独立的控制回路。

11.1.2 中继星带有大型挠性附件——太阳能帆板和单址天线

因为要进行高速数据中继传输,传输码速率为 $300\sim600\,\mathrm{Mbps}$,而实现高速数据率中继传输的基础是采用 TDRS 星上的高增益天线,提高发射的 $EIRP$ 和接受的 G/T 值,否则高速数据传输将不可能实现。如图 1.5~图 1.8 所示,中继星上太阳能帆板长达 $20\sim30\,\mathrm{m}$,是大型挠性附件。太阳能帆板结构谐振频率很低,例如:一阶模态频率$\leqslant0.3\,\mathrm{Hz}$。单址天线反射面直径为 $3\sim4.9\,\mathrm{m}$,美国一二代中继星,每颗中继星上有两个单址天线,日本和欧空局的中继星,每颗中继星上有一个单址天线。单址天线由支撑臂、驱动机构和反射面组成。由于受卫星重量限制,天线展开刚度不可能设计得很高。天线支撑臂和反射面有一定挠性,单址天线是一个大型挠性附件,天线结构谐振频率很低,例如:一阶模态频率≤1 Hz。

带大型挠性附件的中继星动力特征为:低频段上的高的模态堆积;对扰动的高灵敏度;结构谐振时的弱阻尼。这些动力特征决定了在内外干扰冲击下,会有弹性振动产生。

11.1.3 多体运动产生各种耦合影响和产生参数的不确定性

中继星要完成多项任务:太阳能帆板要对日定向,姿态控制系统控制星体基准面对地球定向,单址天线要捕获跟踪用户星,星地天线要程控指向地面终端站等。这些运动时的瞬时加速度冲击,可能引起挠性附件产生弹性振动。这些运动将产生一系列相互耦合影响的问题,其中各构件的动力学耦合、各控制系统的相互耦合及挠性特征引起结构参数变化(天线和太阳帆板的质量特性变化,结构模态频率变化等),必定会影响天线指向控制系统工作和卫星姿态控制系统工作。例如,天线跟踪指向系统的天线转动时,反作用扭矩作用于卫星星体,卫星姿态受到影响,即天线转动对姿态控制是一个扰动。同样,当姿态控制系统进行控制时,对天线跟踪指向系统也是一个扰动。必须使这两部分控制系统间的干扰最小,即要解耦合设计和鲁棒性设计,才能达到天线指向的高精度和保证卫星姿态控制的精度。

11.1.4 中继星大型天线指向控制设计要点

从以上分析看,在设计中继星单址天线跟踪指向系统时,两个重要的问题必须解决:一个是卫星姿态控制系统(ACS)和天线跟踪指向系统(APS)的相互影响要解决,也就是两控制系统间存在耦合,要解耦设计;另一个是系统动态特征中挠性结构所产生的结构参数的不确定性和建模时产生的所建模型的摄动问题要考虑,即要对控制系统鲁棒性分析设计。要解决这两个问题的关键是建立中继星 ACS 和 APS 的数学模型,才能进行解耦设计和鲁棒性分析设计。

解耦设计与鲁棒稳定性分析设计的几个基本点是:

第一,建立 APS 和 ACS 动力学模型,进行天线指向控制和卫星姿态运动的动力耦合分析。其结果为中继星单址天线设计提供依据,为单址天线伺服控制设计提供依据。

详见第 10 章,卫星姿态控制是采用三轴稳定动量轮闭环控制模型,天线指向控制是程控回扫工作模式,分析在不同天线系统刚度下,天线回扫运动及卫星姿态调整时,对卫星姿态精度和天线指向精度的影响(表 10.10)。从资料看,某中继卫星:

重量:2 270 kg(寿命初期);

太阳帆板:一阶模态频率 0.55 Hz;

单址天线:一阶模态频率 1.2 Hz。

动力学分析表明,ACS 和 APS 的动力耦合对卫星姿态精度的影响及对天线指向精度的影响在允许的范围内。这些结果表明,天线展开刚度(或天线基频)受卫星重量限制高不了,但是,若天线展开刚度太低,天线指向精度(保证指向损失≤0.5 dB)达不到≤0.04°～0.05°,所以,中继星的重量、太阳帆板基频、单址天线基频要协调设计,要充分考虑动力耦合系数等的要求,并进行仿真分析验证。它对单址天线设计提供依据,它对卫星姿态控制设计和对天线指向控制设计有重要的影响。

第二,采用前馈补偿实现 APS 环和 ACS 环解耦。

中继星单址天线指向系统和卫星姿态控制系统的动力学模型如图 11.2 所示。属于多输入多输出(MIMO)系统,是双变量控制系统,是由于存在动力耦合使其变成了双回路控制系统。所以,APS 和 ACS 要解耦控制,解耦控制的本质是设计合适的控制器,用它来抵消控制对象中的耦合,保证每个单变量系统能独立工作。对于中继星 APS 和 ACS 环路,采用前馈控制解耦是一优选方案。因为:

(1) 前馈控制解耦可把两个回路间的耦合作用看成是由回路以外加入到本回路的扰动。这样就可以采用前馈补偿策略来消除相互耦合作用,以实现解耦控制。设计方法与前馈补偿设计方法完全一样。采用前馈补偿控制策略实现解耦控制,具有结构简单、实现方便、容易理解的特点。

(2) 从回路组成和功能看,APS 环和 ACS 环是各自独立的,其耦合是动力耦合造成的干扰,把耦合作用看成是由回路外加入到本回路的扰动,很自然,APS 环和 ACS 环就可单环设计了。

(3) 前馈控制和反馈控制相结合可以形成复合控制。对系统的主要扰动进行前馈控制,能够及时、有效地生成控制作用以消除主要扰动对输出量的影响。同时对输出量进行负反馈控制,可以保证稳态精度、改善性能,并使扰动未被前馈补偿的部分对输出量的影响大大减少。

(4) 形成基于前馈补偿的天线跟踪指向复合控制。

第三,用经典控制理论单环设计天线指向控制回路是具有鲁棒性的。

单环设计单址天线指向控制,用前馈补偿复合控制消除外来(从卫星姿态控制回路来)的扰动。单址天线指向系统工作在跟踪模式,天线最大转速为 $0.02°/s$,工作在回扫工作模式,天线最大转速为 $0.2°/s$。单址天线指向系统在回扫工作模式的设计要求是:

(1) 单环增益和相位储备必须分别大于 $6 dB$ 和 $30°$。

(2) 在开环频率特性中,所有结构响应必须抑制在 $-5 dB$ 以下。

(3) 控制系统具有鲁棒性,克服 $±20\%$ 的模态频率变化。

(4) 在最坏回扫 $0.2°/s$ 时,由高频干扰引起的天线指向误差低于 $±0.005°$。

(5) 根据经典控制理论设计 PT 补偿控制器。

(6) 用凹陷滤波器衰减结构模态影响。

(7) APS 环和 ACS 环的控制频率错开,实现控制带宽隔离。

第四,建立包含不确定性摄动的系统模型,用鲁棒稳定性分析的 μ 方法,分析多回路系统的稳定性。

带大附件(挠性)的跟踪与数据中继卫星(TDRS),ACS 和 APS 控制过程中设备结构有变化,环路间有挠性模态,环路间存在耦合,是一个多输入、多输出(MIMO)控制系统。经典的单环稳定性分析不能保证多环路控制系统的稳定性。文献[12]把多回路鲁棒稳定性的 μ 分析与经典控制稳定性理论相结合,建立了 μ 与增益裕度、相位裕度之间的关系,并由此分析了多回路系统的鲁棒增益、相位稳定性裕度。

鲁棒稳定性分析的 μ 方法,其基本思路就是建立包含不确定性摄动的系统模型,并转化为如图 11.26 所示的标准框图,确定 Δ 的对角结构,然后计算 M 的结构奇异值 μ,根据定理判断系统的鲁棒稳定性。

文献[10]研究了 TDRSH.I.J 的多环指向控制系统的设计方法提出:

(1) 用前馈控制解决相关环间干扰,如图 11.1 所示。引入 3 个前馈控制项减小耦合和改善性能：①将卫星姿态运动前馈到 SA 和 SGL 天线指向回路（图中①）；②把天线速率指令直接加到步进电机以提高性能而无损稳定性（图中②）；③估计由于天线回扫产生的反作用力矩加到星体控制回路（图中③）。

（2）对 SA 天线程控（PT）环，可用两种设计方法：一个是经典单环设计法，另一个是基于现代控制理论的 H∞ 法。基于经典控制理论设计 APS 环，采用凹陷滤波器衰减模态响应。H∞ 设计方法是通过求混合灵敏度问题设计出保证稳定性和满足性能指标要求的控制器。

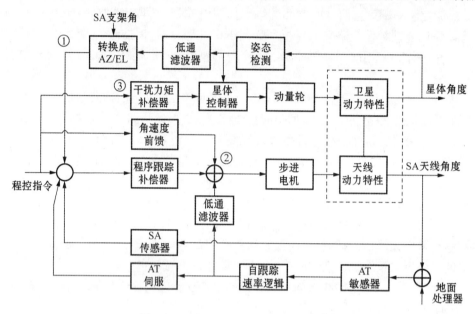

图 11.1   TDRSH. I. J 控制系统框图[10]

（3）用鲁棒控制系统的 μ 分析方法检验各子系统的稳定性，检验整个系统（综合系统）的稳定性。对各子系统的多变量稳定性储备进行分析，结果如表 11.1 所示，对整个系统（综合系统）的稳定性储备进行分析，结果如表 11.2 所示。

表 11.1   各系统分配 μ 值

	天线程控跟踪（PT）	星地链路（SGL）	星体控制
μ	2.5	1.6	2.25
增益裕度 GM/dB	4.4	8.5	5.1
相位裕度/(°)	23.1	36.4	25.7

表 11.2   综合系统（PT, SGL&Bus Control）μ 分析

μ	2.6
增益裕度 GM/dB	4.1
相位裕度 PM/(°)	22

文献[10]研究带有大型附件挠性空间飞行器的指向控制系统的设计方法：用物理方法可实现前馈控制，可以解决相关环间干扰的困难；有两种方法（经典法和 H∞ 法）的设计都能满足性能要求。然而，用多变量稳定性储备的 μ 分析方法保证整个系统的稳定性也是需要做的。

对 APS 和 ACS 存在耦合的复杂多环路控制系统,由于采用前馈补偿解耦法(可以把两个回路间的耦合作用看成是由回路以外加入到本回路的扰动)后,APS 环可以单环设计,ACS 环也可以单环设计。这个结果对 APS 和 ACS 的设计和试验带来很大的灵活性,意义很大。

11.2　天线指向控制系统模型及控制设计

在设计中继星单址天线跟踪指向系统时,两个重要的问题必须解决:一个是卫星姿态控制系统(ACS)和天线跟踪指向系统(APS)的互相影响要解决,也就是两控制系统间存在耦合,要解耦设计;另一个是系统动态特征中挠性结构所产生的结构参数的不确定性和建模时产生的所建模型的摄动问题要考虑,即要对控制系统鲁棒性分析设计。要解决这两个问题的关键是建立中继星 ACS 和 APS 的数学模型,才能进行解耦设计和鲁棒性分析设计。

11.2.1　卫星姿态控制系统和天线指向系统的数学模型

第 10 章已建立了卫星姿态控制系统和天线指向系统的动力学模型并进行了分析,这是中继星天线跟踪指向控制设计的一个关键点。为了对这一难题讲述(或读者阅读)的系统性和完整性,本节重述部分内容,并进行控制设计。

APS 的天线座装在由姿态控制所稳定的卫星平台上。在作动力学分析时,通常把中继星简化为由中心刚体(卫星星体)和两个带挠性的附件(太阳帆板和单址天线)组成的系统来分析。太阳帆板伸展几十米,固定在星体上,是带挠性的附件,结构谐振频率低,例如某卫星的太阳帆板一阶频率为 $0.26\,\mathrm{Hz}$。天线驱动机构(GDA)视为刚体,天线支撑臂伸出较长,带有一定挠性,支撑臂的一端与卫星星体相固定,支撑臂的另一端与抛物反射面相接,驱动天线 X 轴运动或 Y 轴运动的驱动机构在支撑臂上靠近抛物反射面。卫星为刚体,太阳帆板为柔性体,柔性天线系统为多级柔性-刚性体连接链路,其中包括柔性天线支撑臂、刚性天线指向控制机构(GDA)和柔性反射面。由 Lagrange 方法得动力学方程:

星体力矩平衡方程:

$$I_\mathrm{s}\ddot{\theta}_\mathrm{s} + \Omega_\rho\ddot{U}_\rho + \Omega_\mathrm{SSB}\ddot{U}_\mathrm{SB} + \Omega_\mathrm{R}\ddot{\theta}_\mathrm{A} + \Omega_\mathrm{r}\ddot{U}_\mathrm{r} = T_\mathrm{s} \tag{11.1}$$

太阳帆板动力学方程:

$$A_1\ddot{U}_\rho + B_1\dot{U}_\rho + C_1 U_\rho + \Omega_\rho\ddot{\theta}_\mathrm{s} = 0 \tag{11.2}$$

天线驱动力矩平衡方程:

$$I_\mathrm{A}\ddot{\theta}_\mathrm{A} + \Omega_\mathrm{ASB}\ddot{U}_\mathrm{SB} + \Omega_\mathrm{R}\ddot{\theta}_\mathrm{S} + \Omega_\mathrm{Ar}\ddot{U}_\mathrm{r} = T_\mathrm{A} \tag{11.3}$$

支臂动力学方程:

$$A_2\ddot{U}_\mathrm{SB} + B_2\dot{U}_\mathrm{SB} + C_2 U_\mathrm{SB} + \Omega_\mathrm{ASB}\ddot{\theta}_\mathrm{A} + \Omega_\mathrm{SSB}\ddot{\theta}_\mathrm{S} = 0 \tag{11.4}$$

反射器动力平衡方程:

$$A_3\ddot{U}_\mathrm{r} + B_3\dot{U}_\mathrm{r} + C_3 U_\mathrm{r} + \Omega_\mathrm{r}\ddot{\theta}_\mathrm{S} + \Omega_\mathrm{Ar}\ddot{\theta}_\mathrm{A} = 0 \tag{11.5}$$

根据中继星和天线结构的动力学方程式(11.1)~式(11.5),得到天线指向控制系统框图如图 11.2 所示。框图的上下两部分分别表示卫星姿态控制系统和天线指向控制系统。其中 Gs 是卫星姿态控制环的控制器,G_A 是天线指向控制环的控制器,K_A 是天线驱动比转换器,θ_S0 是卫星姿态角指令,θ_A0 是天线指向角指令。公式中的参数与图对应,可见图下注释。

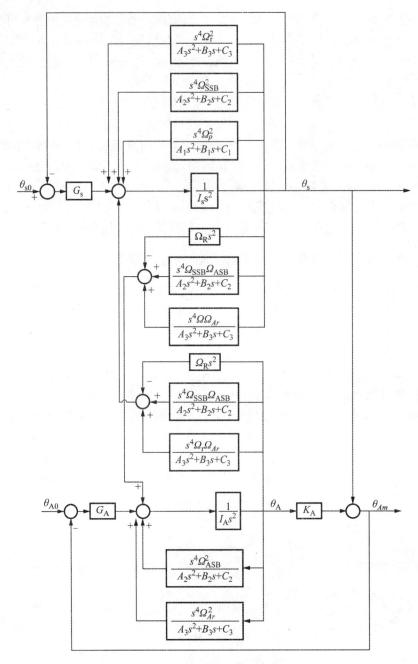

图 11.2 天线指向控制系统框图

I_S—星体的转动惯量;I_A—天线的转动惯量;T_S—作用于星体的控制力矩;T_A—作用于天线的控制力矩;

θ_S—卫星姿态角;θ_A—天线指向转角;U_ρ—太阳帆板模态坐标;U_{SB}—天线支臂模态坐标;

U_r—天线反射面模态坐标;A_1—太阳帆板质量阵;B_1—太阳帆板阻尼阵;C_1—太阳帆板刚度阵;

A_2—天线支臂质量阵;B_2—天线支臂阻尼阵;C_2—天线支臂刚度阵;A_3—天线反射器质量阵;

B_3—天线反射器阻尼阵;C_3—天线反射器刚度阵;Ω_ρ—太阳帆板与星体的耦合系数阵;

Ω_{SSB}—支臂与星体的耦合系数阵;Ω_{ASB}—支臂与驱动机构耦合系数阵;Ω_R—驱动机构与星体耦合系数阵;

Ω_r—天线反射器与星体耦合系数阵;Ω_{Ar}—天线反射器与驱动机构耦合系数阵

　　图 11.2 表示了姿态控制回路和天线指向控制回路及其相互耦合关系的数学模型,可以用动力分析求得这个传递函数,分析 APS 和 ACS 的相互耦合影响,进一步选定解耦合方法,进行 APS 控制器设计。

11.2.2　天线指向控制器设计

　　1) 卫星姿态控制系统(ACS)和天线指向系统(APS)的相互影响

　　第 10 章建立了包括 ACS 和 APS 的动力模型,仿真分析了 ACS 和 APS 相互耦合对系统指向精度的影响。从图 11.2 可见,APS 和 ACS 之间的相互耦合力矩:

　　星体姿控转动传到天线指向控制回路的力矩为

$$\left(\frac{s^4 \Omega_{SSB} \Omega_{ASB}}{A_2 s^2 + B_2 s + C_2} + \frac{\Omega_{Ar} \Omega_r s^4}{A_3 s^2 + B_3 s + C_3} - s^2 \Omega_r \right) \theta_s \tag{11.6}$$

　　天线指向控制转动传到姿控回路的力矩为

$$\left(\frac{s^4 \Omega_{SSB} \Omega_{ASB}}{A_2 s^2 + B_2 s + C_2} + \frac{\Omega_{Ar} \Omega_r s^4}{A_3 s^2 + B_3 s + C_3} - s^2 \Omega_r \right) \theta_A \tag{11.7}$$

　　耦合力矩包括刚性模态(第三项)力矩和挠性模态(第一、二项)力矩。

　　采用前馈补偿实现 APS 环和 ACS 环的解耦控制。前馈解耦的原理参阅 11.1.4 节和 11.3~11.4 节,图 11.1 中的前馈信号①和前馈信号③就是实现 APS 环和 ACS 环的解耦设计。

　　2)　控制回路带宽设计

　　三轴稳定卫星中,太阳能帆板是非常挠性的结构,它的结构谐振频率很低,例如,某卫星的太阳帆板一阶固有频率为 0.3 Hz,卫星姿态控制系统的带宽必须低于太阳帆板的一阶固有频率。

　　为了避免两个控制回路间相互作用,天线指向控制系统的带宽必须高于姿态控制系统的带宽。但是,天线结构的一阶谐振频率必须远高于天线指向控制系统的带宽。这就要提高天线支撑臂等的刚度,进而可能增加支撑臂等的质量。所以,太阳帆板一阶频率、天线结构一阶频率、ACS 带宽和 APS 带宽要统一设计。

　　例如:一个卫星质量为 2.27 t;

　　太阳帆板一阶模态频率为 0.55 Hz;

　　单址天线一阶模态频率为 1.2 Hz;

　　天线跟踪时最大速度为 0.02°/s;

　　天线回扫时最大速度为 0.2°/s。

　　卫星姿态控制回路带宽频率较低,例如频率为 0.08 Hz,单址天线控制回路带宽频率高于姿态控制带宽频率,例如为 0.4 Hz。

　　3)结构参数变化的影响

　　包括天线支撑臂、天线驱动机构和天线反射面在内的天线结构特性,在天线控制系统设计中是要很好考虑的。对于经典的 PID 控制律的控制系统设计中,结构的固有谐振频率必须高于天线驱动控制的带宽,这里要考虑天线结构参数的变化将引起回路增益的改变。回路增益可以根据图 11.2 中的动态特性进行描述,其中参数的变化将引起回路增益的变化。在结构设计中,一般其偏差值定为正常值的±30%,这些偏差包括复合材料的不精确性、结构模态化误差和制造偏差。文献[76]分析了这种天线结构参数不确定性对系统增益的影响,主要的不确定性参数是阻尼比、模态斜率和模态位移。设不确定性最大为30%,由此引起的回路增益变化最大可达 3.6 dB,谐振点的闭环增益变化最大为 10 dB,从而要求控制器设计留有足够的增益裕度,以保证鲁棒性能。

11.3 复合控制

11.1 节讲到 APS 环和 ACS 环间存在耦合要解耦,主张采用前馈控制来消除 APS 环和 ACS 环间耦合。前馈控制解耦方法可以把两个回路间的耦合作用看成是由回路以外加入到本回路的扰动,这样就可以采用前馈补偿策略来消除相互耦合作用,以实现解耦控制。设计方法与前馈控制设计方法完全一样。采用前馈补偿控制策略实现解耦控制,具有结构简单、实现方便、容易理解的特点[62~66]。

如果控制系统对稳态精度和响应速度方面的要求都很高,或者控制系统中存在较强的低频扰动(例如负载扰动),要求控制系统对这种扰动有很好的抑制能力,同时又有很好的对给定输入信号的跟踪能力时,一般的反馈控制系统将难以满足要求。目前在工程实践中对一些要求精度高的系统,例如高精度伺服系统,广泛采用一种把前馈控制和反馈控制相结合的控制方式,这就是所谓的复合控制。复合控制通常分为两大类:按输入补偿的复合控制和按扰动补偿的复合控制。

11.3.1 按输入补偿的复合控制

复合控制伺服系统的结构如图 11.3(a)所示,在按误差控制的基础上引入一个前馈补偿通道,从而构成复合控制,这种控制方法又称为开闭环控制系统。此时,系统的传递函数为 $H(s)$:

$$H(s) = \frac{Y(s)}{R(s)} = \frac{[G_1(s) + G_r(s)]G_2(s)G_3(s)}{1 + G_1(s)G_2(s)G_3(s)} \tag{11.8}$$

误差传递函数为 $H_e(s)$:

$$H_e(s) = \frac{E(s)}{R(s)} = \frac{1 - G_r(s)G_2(s)G_3(s)}{1 + G_1(s)G_2(s)G_3(s)} \tag{11.9}$$

当前馈通道的传递函数满足不变性条件,亦即

$$G_r(s) = \frac{1}{G_2(s)G_3(s)} \tag{11.10}$$

则 $H_e(s)=0, E(s)=0, H(s)=1, Y(s)=R(s)$。这说明不管输入如何变化,系统输出完全复现输入,系统误差始终为零。即系统误差对输入具有完全不变性。在输入 $R(s)$ 与系统误差 $E(s)$ 之间,有两条平行作用的通道如图 11.3(b)所示,它们的输出相互抵消,因而 $E(s)$ 对 $R(s)$ 具有不变性。

前馈补偿 $G_r(s)$ 的引入不影响该系统的特征方程 $1 + G_1(s)G_2(s)G_3(s) = 0$。这说明前馈 $G_r(s)$ 的引入大大提高了系统精度而又不影响系统的稳定性,这就是复合控制系统要比单纯按误差控制的闭环系统优越的地方。

在工程上要完全实现不变性条件式(11.10)非常困难,因为实际系统的功率与线性范围都是有限的,系统的通频带也是有限的,不可能无限大。另外,$G_2(s)G_3(s)$ 通常含有积分环节和

惯性环节，$G_r(s)$要成为它们的倒数，就要求前馈通道具有高阶微分环节。但是$G_r(s)$的微分阶数越高，对输入φ_r信号的噪声就越敏感，反而影响系统的正常工作。因此，在设计前馈通道$G_r(s)$时，只能近似满足式(11.10)。

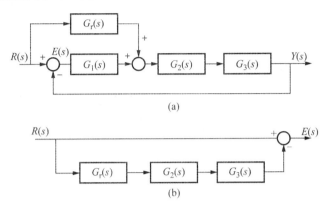

图 11.3　复合控制系统方框图

11.3.2　按扰动补偿的复合控制

当把可测扰动信号作为前馈信号时，复合控制系统的结构如图 11.4 所示。在这种系统中前馈环节$F_1(s)$以可测扰动$N(s)$为输入，其输出接至被控制过程$G(s)$。该系统还包括串联校正环节$G_c(s)$。这个系统有两个输入信号，它们与输出信号之间的关系可表示为

$$Y(s) = \frac{F_2(s) + F_1(s)G(s)}{1 + G(s)G_c(s)K(s)}N(s) + \frac{G(s)G_c(s)}{1 + G(s)G_c(s)K(s)}R(s) \tag{11.11}$$

上式第一项表示可测扰动造成的输出响应，第二项表示设定输入值变化造成的输出响应。这里前馈环节$F_1(s)$只对可测扰动输出响应有补偿作用。图 11.4 中的$F_2(s)$是受控对象数学模型的一部分。

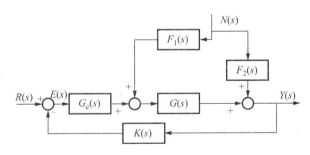

图 11.4　扰动前馈系统方框图

若使得

$$F_1(s) = -\frac{F_2(s)}{G(s)} \tag{11.12}$$

则可实现对干扰$N(s)$的完全补偿。若不能完全做到这一点，而使得

$$F_1(0) = \lim_{s \to 0} F_1(s) = \lim_{s \to 0}\left[-\frac{F_2(s)}{G(s)}\right] \tag{11.13}$$

则可作到对于常值干扰的静态补偿。这一点可以很容易验证。若干扰$N(t)$为常数，从而$N(s) =$

N/s。由图11.3得

$$E(s)|_{r=0} = -\frac{F_2(s) + F_1(s)G(s)}{1 + G(s)G_c(s)K(s)}N(s)$$

$$e_s|_{r=0} = \lim_{t \to \infty} e(t)|_{r=0} = \lim_{s \to 0} E(s)|_{r=0} \tag{11.14}$$

$$= \lim_{s \to 0} -\left[\frac{F_2(s) + F_1(s)G(s)}{1 + G(s)G_c(s)K(s)}N(s)\right]$$

可见,当满足式(11.13)时,即可使上式为零,即可实现对于常值干扰的静态补偿。

以可测扰动为前馈信号的前馈补偿环节还有一种接法如图11.5所示。在这种系统中前馈校正环节的输出接至串联校正环节之前,这时的输入、输出关系可表示为

$$Y(s) = \frac{F_2(s) + F_1(s)G(s)G_c(s)}{1 + G(s)G_c(s)K(s)}N(s) + \frac{G(s)G_c(s)}{1 + G(s)G_c(s)K(s)}R(s) \tag{11.15}$$

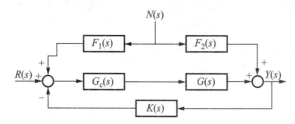

图 11.5　扰动前馈校正方框图

与前一种接法相比,只是可测扰动输出响应特性略有不同。

为了补偿外来干扰 $N(t)$,也可采用直接测量干扰并建立补偿通道的复合控制方法,如图11.6(a)所示,只要满足 $F_1(s) = 1/G_2(s)$,系统的输出与系统误差均对 $N(t)$ 具有完全不变性。

在实际系统中常遇到干扰 $N(t)$ 难以直接测量,若事先知道干扰规律,则可用图11.6(b)所示办法,引入附加输入信号 $r_b(t)$ 和补偿通道 $G_b(s)$,使其满足

$$N(s) - G_b(s)G_2(s)R_b(s) = 0 \tag{11.16}$$

式中:$N(s)$,$R_b(s)$ 分别为 $N(t)$,$r_b(t)$ 的拉氏变换象函数,使系统对干扰 $N(t)$ 具有附加输入的不变性。

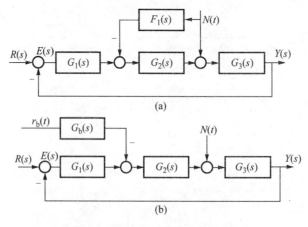

(a)

(b)

图 11.6　干扰补偿的复合控制

11.4　双变量系统的解耦方法

多输入-多输出(MIMO)系统,输入、输出之间彼此响应产生关联,可谓耦合系统。在这样的多变量控制回路中存在耦合。若耦合的程度比较严重,那么只要第一个回路的调节量发生变化,就会在第二个回路中引起很大的扰动(以 2×2 系统为例)。此外,如果除了从第一个回路到第二个回路有耦合外,从第二个回路到第一个回路也存在耦合的话,则认为这两个回路之间存在关联作用。回路间的这种关联作用,不仅会引起振荡,甚至会造成不稳定,严重时还会使系统无法工作。

研究图 11.7 所示的系统,该系统有两个被调量 C_1 和 C_2 以及两个调节量 M_1 和 M_2,其中,每个 C 同时受到两个 M 的影响。

图 11.7　2×2 多变量系统

在某个静态工作点附近,可以将 C 与 M 间的静态关系表示为如下形式:

$$\Delta C_1 = \frac{\partial C_1}{\partial M_1}\Big|_{M_2}\Delta M_1 + \frac{\partial C_1}{\partial M_2}\Big|_{M_1}\Delta M_2 = K_{11}\Delta M_1 + K_{12}\Delta M_2$$

$$\Delta C_2 = \frac{\partial C_2}{\partial M_1}\Big|_{M_2}\Delta M_1 + \frac{\partial C_2}{\partial M_2}\Big|_{M_1}\Delta M_2 = K_{21}\Delta M_1 + K_{22}\Delta M_2 \qquad (11.17)$$

把这些 K 值(在静态工作点处求出的偏微分)叫做过程的开环增益,它们定量地描述了 M 对 C 究竟有多大影响。可根据过程的数学模型或通过对过程的试验测试来确定 K 值。例如要求 K_{11},则可在过程处于稳定工况时,让 M_1 产生一个小的变化,而让 M_2 保持不变。在 C_1 和 C_2 达到各自的新稳态后,就可算出:

$$K_{11} = \frac{\partial C_1}{\partial M_1}\Big|_{M_2\text{恒定}(\Delta M_2=0)}$$

$$K_{21} = \frac{\partial C_2}{\partial M_1}\Big|_{M_2\text{恒定}(\Delta M_2=0)} \qquad (11.18)$$

这样,增益 K_{11} 就决定了在保持 M_2 恒定的条件下由 M_1 变化所引起的 C_1 的变化量。若关联作用较强时,就必须进行“解耦”,通过专门的解耦装置使各控制器只对各自相应的被调量施加控制作用,把各回路之间相互耦合的多输入-多输出系统变换为若干个相互独立的单变量系统。

解耦的本质在于设计一个合适的控制器,用它去抵消过程中的关联,以保证各个单回路控制系统能独立地工作。

应当指出,在满足要求的条件下,都要采取各种办法,力求简化解耦补偿装置、简化系统结构以节省投资,同时便于实现、调整和维护。对于双变量耦合系统的解耦,目前应用较多的有以下几种方法:

11.4.1　调整控制器参数来改变耦合程度

(1)采用调整控制器增益来减少耦合。
(2)调整控制器参数将两个控制回路的工作频率错开,减小或解除耦合。

11.4.2　前馈补偿解耦法

前馈补偿是自动控制中最早出现的一种克服干扰的方法。它的结构简单、易于实现,效果显著,因而得到了广泛的应用。在多变量解耦控制中,除了应用前馈补偿综合法外,还可以采用对角线矩阵综合法和单位矩阵综合法来去掉控制回路之间的相互关联。前馈补偿法的多变量解耦控制系统如图 11.8 所示。

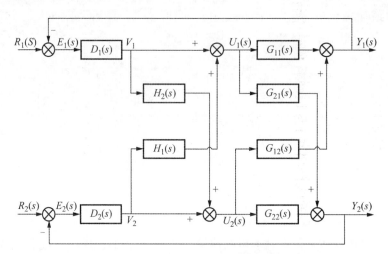

图 11.8　前馈补偿法的双变量解耦控制系统

在图 11.8 中,$G_{11}(s)$ 表示第一个回路的前向通道传递函数,$G_{22}(s)$ 表示第二个回路的前向通道传递函数,$G_{12}(s)$ 为第二个回路的控制量 $U_2(s)$ 到第一个输出 $Y_1(s)$ 的耦合传递函数,$G_{21}(s)$ 为第一个回路的控制量 $U_1(s)$ 到第二个输出 $Y_2(s)$ 的耦合传递函数。于是,对象的输入输出关系可以用 4 个传递函数写成

$$Y_1(s) = G_{11}(s)U_1(s) + G_{12}(s)U_2(s)$$
$$Y_2(s) = G_{21}(s)U_1(s) + G_{22}(s)U_2(s)$$

也可以写成矩阵形式:

$$\begin{bmatrix} Y_1(s) \\ Y_2(s) \end{bmatrix} = \begin{bmatrix} G_{11}(s) & G_{12}(s) \\ G_{21}(s) & G_{22}(s) \end{bmatrix} \begin{bmatrix} U_1(s) \\ U_2(s) \end{bmatrix}$$

如果把两个回路间的耦合作用 $G_{12}(s)U_2(s)$ 和 $G_{21}(s)U_1(s)$ 看成是由回路以外加到本回路的扰动,就可以采用前馈补偿器 $H_1(s)$ 和 $H_2(s)$ 来消除相互作用,以实现解耦控制。

根据完全补偿条件,也就是作用通道传递函数和补偿通道传递函数之和等于零的条件,可以有

$$\begin{cases} G_{12}(s) + H_1(s)G_{11}(s) = 0 \\ G_{21}(s) + H_2(s)G_{22}(s) = 0 \end{cases} \tag{11.19}$$

从而解出实现解耦控制的两个前馈补偿传递函数为

$$H_1(s) = -\frac{G_{12}(s)}{G_{11}(s)}, \quad H_2(s) = -\frac{G_{21}(s)}{G_{22}(s)}, \tag{11.20}$$

图 11.8 中的 $D_1(s)$ 和 $D_2(s)$ 是实现自解耦的两个单输入、单输出系统的控制器。从图中

可知,对象采用前馈补偿后消除了两个变量间的耦合。第一个单输入、单输出系统的广义对象传递函数是 $H_2(s)G_{12}(s)$ 与 $G_{11}(s)$ 的并联,即

$$\frac{Y_1(s)}{V_1(s)} = G_{11}(s) - \frac{G_{12}(s)G_{21}(s)}{G_{22}(s)}$$

第二个单输入单输出系统的广义对象传递函数是 $H_1(s)G_{21}(s)$ 与 $G_{22}(s)$ 的并联,即

$$\frac{Y_2(s)}{V_2(s)} = G_{22}(s) - \frac{G_{12}(s)G_{21}(s)}{G_{11}(s)}$$

调节器 $D_1(s)$ 和 $D_2(s)$ 的设计可以据此对象进行。

显而易见,应用前馈补偿综合法,按式(11.19)和式(11.20)构成解耦控制系统,能够消除相互关联,使其成为两个独立的单回路。这种系统结构简单(有时称为简化解耦)、实现方便,比较容易理解和掌握。

11.4.3　对角矩阵解耦法

现研究双变量控制系统,如图 11.8 所示。设 $D_{11}(s)$,$D_{21}(s)$,$D_{12}(s)$,$D_{22}(s)$ 均为解耦器。为了计算出解耦器的数学模型,先写出该系统的传递矩阵 $\mathbf{G}_s$。被调量和 $\mathbf{Y}_i$ 调节量 $\mathbf{M}_i$ 之间的矩阵为

$$\begin{bmatrix} Y_1(s) \\ Y_2(s) \end{bmatrix} = \begin{bmatrix} G_{11}(s) & G_{12}(s) \\ G_{21}(s) & G_{22}(s) \end{bmatrix} \begin{bmatrix} M_1(s) \\ M_2(s) \end{bmatrix} \tag{11.21}$$

调节量 $\mathbf{M}_i(s)$ 与调节器输出 $\mathbf{M}_{ci}(s)$ 之间的矩阵为

$$\begin{bmatrix} M_1(s) \\ M_2(s) \end{bmatrix} = \begin{bmatrix} D_{11}(s) & D_{12}(s) \\ D_{21}(s) & D_{22}(s) \end{bmatrix} \begin{bmatrix} M_{c1} \\ M_{c2} \end{bmatrix} \tag{11.22}$$

将式(11.22)代入式(11.21)得到系统传递矩阵为

$$\begin{bmatrix} Y_1(s) \\ Y_2(s) \end{bmatrix} = \begin{bmatrix} G_{11}(s) & G_{12}(s) \\ G_{21}(s) & G_{22}(s) \end{bmatrix} \begin{bmatrix} D_{11}(s) & D_{12}(s) \\ D_{21}(s) & D_{22}(s) \end{bmatrix} \begin{bmatrix} M_{c1}(s) \\ M_{c2}(s) \end{bmatrix} \tag{11.23}$$

对角矩阵综合法即要使系统传递矩阵成为如下形式:

$$\begin{bmatrix} Y_1(s) \\ Y_2(s) \end{bmatrix} = \begin{bmatrix} D_{11}(s) & 0 \\ 0 & D_{22}(s) \end{bmatrix} \begin{bmatrix} M_{c1} \\ M_{c2} \end{bmatrix} \tag{11.24}$$

将式(11.23)和式(11.24)相比较可知,欲使得传递矩阵成为对角矩阵,则要使:

$$\begin{bmatrix} G_{11}(s) & G_{12}(s) \\ G_{21}(s) & G_{22}(s) \end{bmatrix} \begin{bmatrix} D_{11}(s) & D_{12}(s) \\ D_{21}(s) & D_{22}(s) \end{bmatrix} = \begin{bmatrix} G_{11}(s) & 0 \\ 0 & G_{22}(s) \end{bmatrix} \tag{11.25}$$

如果传递矩阵 $\mathbf{G}(s)$ 的逆矩阵存在,则将式(11.25)两边左乘 $\mathbf{G}(s)$ 矩阵的逆矩阵,得到解耦器的数学模型为

$$\begin{bmatrix} D_{11}(s) & D_{12}(s) \\ D_{21}(s) & D_{22}(s) \end{bmatrix}$$
$$= \begin{bmatrix} G_{11}(s) & G_{12}(s) \\ G_{21}(s) & G_{22}(s) \end{bmatrix}^{-1} \begin{bmatrix} G_{11}(s) & 0 \\ 0 & G_{22}(s) \end{bmatrix}$$

$$= \frac{1}{G_{11}(s)G_{22}(s) - G_{12}(s)G_{21}(s)} \begin{bmatrix} G_{22}(s) & -G_{12}(s) \\ -G_{21}(s) & G_{11}(s) \end{bmatrix} \begin{bmatrix} G_{11}(s) & 0 \\ 0 & G_{22}(s) \end{bmatrix}$$

$$= \frac{1}{G_{11}(s)G_{22}(s) - G_{12}(s)G_{21}(s)} \begin{bmatrix} G_{22}(s)G_{11}(s) & -G_{21}(s)G_{22}(s) \\ -G_{21}(s)G_{11}(s) & G_{11}(s)G_{22}(s) \end{bmatrix} \tag{11.26}$$

按式(11.26)就可以组成图 11.9 所示的解耦控制系统。

显然,用式(11.26)所得到的解耦器进行解耦,将使 Y_1,Y_2 两个系统完全独立,此时组成 $Y_1(s)$ 的两个分量 $Y_{11}(s)$ 和 $Y_{12}(s)$ 受到 $M_{c2}(s)$ 的影响为

$$Y_1(s) = Y_{11}(s) + Y_{12}(s) = [D_{12}(s)G_{11}(s) + D_{22}(s)G_{12}(s)]M_{c2}(s)$$

将式(11.26)中 $D_{12}(s)$ 和 $D_{22}(s)$ 代入,可以看到上式中这两项数值相等,而符号相反。同样,$M_{c1}(s)$ 对 $Y_2(s)$ 的影响亦是如此,所以将图 11.9 所示系统等效为如图 11.10 所示的形式,从而达到解耦的目的。

对于两个变量以上的多变量系统,经过矩阵运算都可以方便地求得解耦器的数学模型,只是解耦器越来越复杂,如果不予以简化,难以实现。

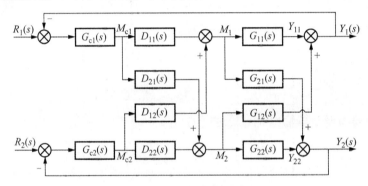

图 11.9 解耦控制系统

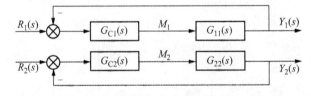

图 11.10 由对角矩阵法解耦得到的两个独立系统

11.4.4 单位矩阵解耦法

应用单位矩阵综合法求取解耦器的数学模型将使系统传递矩阵式(11.23)成为如下形式:

$$\begin{bmatrix} Y_1(s) \\ Y_2(s) \end{bmatrix} = \begin{bmatrix} 1 & 0 \\ 0 & 1 \end{bmatrix} \begin{bmatrix} M_{c1}(s) \\ M_{c2}(s) \end{bmatrix} \tag{11.27}$$

也即

$$\begin{bmatrix} G_{11}(s) & G_{12}(s) \\ G_{21}(s) & G_{22}(s) \end{bmatrix} \begin{bmatrix} D_{11}(s) & D_{12}(s) \\ D_{21}(s) & D_{22}(s) \end{bmatrix} = \begin{bmatrix} 1 & 0 \\ 0 & 1 \end{bmatrix} \tag{11.28}$$

经过矩阵运算可以得到解耦器数学模型为

$$\begin{bmatrix} D_{11}(s) & D_{12}(s) \\ D_{21}(s) & D_{22}(s) \end{bmatrix} = \begin{bmatrix} G_{11}(s) & G_{12}(s) \\ G_{21}(s) & G_{22}(s) \end{bmatrix}^{-1}$$

$$= \frac{1}{G_{11}(s)G_{22}(s) - G_{12}(s)G_{21}(s)} \begin{bmatrix} G_{22}(s) & -G_{12}(s) \\ -G_{21}(s) & G_{11}(s) \end{bmatrix}$$

同样可以证明,在 $M_{c1}(s)$ 扰动下,被调量 $Y_2(s)$ 等于零,在 $M_{c2}(s)$ 扰动下,$Y_1(s)$ 亦为零,即

$$M_{c2}(s) \neq 0, \quad Y_1(s) = Y_{11}(s) + Y_{12}(s) = 0$$

$$M_{c1}(s) \neq 0, \quad Y_2(s) = Y_{21}(s) + Y_{22}(s) = 0$$

这就是说,采用单位矩阵法一样能消除系统间相互关联,使系统成为如图 11.11 所示的形式。

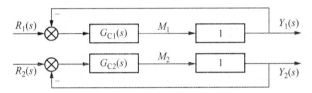

图 11.11　由单位矩阵法解耦得到两个过程为 1 的独立的系统

以上几种解耦综合方法,虽是以两变量控制系统为例来讲述的,但对于三变量以上的相关控制系统的解耦,也是完全适用的。

从上述 4 种解耦方法的理论分析可以知道,通过不同的方法都能达到解耦的目的。应用对角线矩阵综合法与前馈补偿综合法得到的解耦效果和系统的控制质量是一样的,它们都只是设法去掉交叉通道,使其成为两个独立的单回路。而应用单位矩阵综合法,除能达到十分良好的解耦效果之外,还能提高控制质量,减少动态偏差,加快响应速度,缩短过渡时间。应该指出,虽然应用单位矩阵综合法有更为突出的优点,但是要实现它的解耦器也将会比其他方法更为困难。

11.5　鲁棒稳定性分析

对于中继星单址天线指向控制设计,一个重要内容是建立包括不确定性摄动的系统模型,用鲁棒稳定性的 μ 方法,分析多回路系统的稳定性[59~61]。

11.5.1　线性不确定性系统频域模型的类型

11.5.1.1　控制系统设计与不确定性

基于控制理论进行控制系统设计,必须要知道控制对象的模型。通过各种建模方法,可以建立设计控制对象的模型。针对控制对象的模型,应用控制理论提供的设计方法设计出控制器,对实际控制对象实施控制。很显然,控制系统的控制效果在很大程度上取决于实际控制对象模型的准确性。然而,要找到一个完全反映实际控制对象特性的模型是非常困难的。因此,在控制系统设计中采用的模型与实际控制对象存在着一定的差异,即存在着模型不确定性。为了保证控制系统的控制效果,在控制系统中必须考虑模型不确定性的影响。

同时,控制系统的运行也受到周围环境和有关条件的制约。例如,传感器噪声和外部扰动,分别来自控制系统本身和控制系统所处的环境,它们往往是一类未知的扰动信号。这种扰

动不确定性对控制系统的运动将产生的影响,也是控制系统设计中必须考虑的。

可见,在控制系统设计中需要考虑的不确定性可以归纳为下述两个方面:

(1) 来自控制对象的模型化误差的不确定性。

(2) 来自控制系统本身和外部的扰动信号的不确定性。

这样,就需要一种克服不确定性影响的控制系统设计理论。这就是鲁棒控制所要研究的课题。

11.5.1.2　鲁棒稳定性和鲁棒性能

对天线自动控制的基本要求:

(1) 稳定性。一个自动控制系统如果不稳定,研究其他性能就没有必要。系统稳定是最基本的第一要求。

(2) 稳态误差。往往是在一类输入信号,例如阶跃信号或斜升信号作用下,稳态($t \rightarrow \infty$)时的输出误差。

(3) 动态特性。在一类信号作用后,例如,阶跃响应的上升时间 t_r,超调量 σ 和调整时间 t_ξ。

(4) 鲁棒性。是指当不确定性在一组给定范围内发生变化时,必须保证控制系统的稳定性、渐近调节性能和动态特性不受影响。

鲁棒性包括鲁棒稳定性和鲁棒性能两个方面:

(1) 鲁棒稳定性是指在一组不确定性的作用下仍能保证反馈控制系统是稳定的。

(2) 鲁棒性能是指在一组不确定性的影响下仍能保证控制系统的稳态跟踪性能和动态跟踪性能。

11.5.1.3　不确定性系统频域模型的类型

一个实际被控对象可以描述为一个系统集($\Sigma_0, \Delta\Sigma$)。这里,Σ_0 是模型的精确已知部分,称为标称系统;$\Delta\Sigma$ 表示不确定性因素所构成的某个可描述集。显然,无论是鲁棒性分析还是鲁棒控制器设计,首先必须建立被控对象集的数学模型,即标称模型 Σ_0 和不确定性集合 $\Delta\Sigma$。

一个不确定性系统的描述应该包括下述三个方面的内容:

(1) 标称模型。

(2) 表示不确定性的摄动及其与标称模型的关系。

(3) 摄动的最大值,即摄动的界函数。

对于线性不确定系统,用实际模型传递函数矩阵 $P(s)$,标称模型传递函数 $P_0(s)$,未知的传递函数误差矩阵 $\Delta P(s)$,以及表示 $\Delta P(s)$ 的摄动界函数矩阵 $W(s)$ 来描述具有不确定性的系统集。几类常用的具有不确定性的系统集合的表达形式如下[59]:

(1) 加法不确定性(加法摄动)系统模型,如图 11.12 所示。

$$P(s) = P_0(s) + \Delta P(s)W(s), \quad \| \Delta P(s) \|_\infty < 1 \tag{11.29}$$

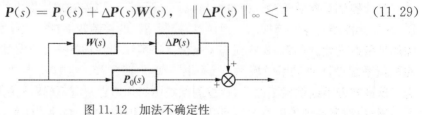

图 11.12　加法不确定性

（2）乘法不确定性（乘法摄动）系统模型，如图 11.13 所示。

$$\boldsymbol{P}(s) = [1 + \Delta\boldsymbol{P}(s)\boldsymbol{W}(s)]\boldsymbol{P}_0(s), \quad \|\Delta\boldsymbol{P}(s)\|_\infty < 1 \tag{11.30}$$

即

$$\Delta\boldsymbol{P}(s) = (\boldsymbol{P}(s) - \boldsymbol{P}_0(s))/\boldsymbol{P}_0(s)$$

可见乘法不确定性摄动 $\Delta\boldsymbol{P}(s)$ 是实际模型 $\boldsymbol{P}(s)$ 与标称模型 $\boldsymbol{P}_0(s)$ 的相对差。

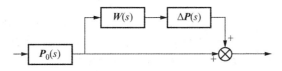

图 11.13　乘法不确定性

（3）反馈不确定性（反馈摄动）系统模型，如图 11.14 和图 11.15 所示。

$$\boldsymbol{P}(s) = \frac{\boldsymbol{P}_0(s)}{1 + \Delta\boldsymbol{P}(s)\boldsymbol{W}(s)\boldsymbol{P}_0(s)}, \quad \|\Delta\boldsymbol{P}(s)\|_\infty < 1 \tag{11.31}$$

$$\boldsymbol{P}(s) = \frac{\boldsymbol{P}_0(s)}{1 + \Delta\boldsymbol{P}(s)\boldsymbol{W}(s)}, \quad \|\Delta\boldsymbol{P}(s)\|_\infty < 1 \tag{11.32}$$

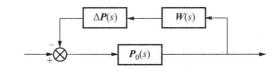

图 11.14　反馈不确定性（类型一）

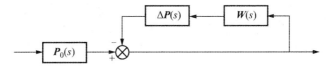

图 11.15　反馈不确定性（类型二）

11.5.2　鲁棒稳定性的频域判据

所谓稳定性是指在动态过程中系统的平衡点对系统初始条件的保持能力，而鲁棒稳定性则刻画了在动态过程中系统稳定性对外界环境或系统本身变化的保持能力。本节将主要介绍有关线性系统鲁棒稳定性的基本结果[59]。

11.5.2.1　Nyquist 判据

Nyquist 频域稳定判据是根据开环传递函数的频率特性来研究闭环反馈系统稳定性的方法。为简便起见，以下只讨论单输入输出系统的 Nyquist 判据。

参考图 11.16 所示的反馈控制系统

$$G(s) = \frac{N_1(s)}{D_1(s)}, \quad H(s) = \frac{N_2(s)}{D_2(s)},$$

式中：$N_1(s), D_1(s), N_2(s)$ 和 $D_2(s)$ 均为关于 s 的多项式。

考虑到物理上的可实现性，通常假定控制对象 $G(s)$ 和反馈传递函数 $H(s)$ 均为严格真有理函数，即分子多项式的阶次不高于分母多项式的阶次。考察系统的闭环传递函数

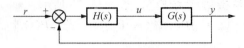

图 11.16　反馈控制系统

$$F(s) = \frac{G(s)H(s)}{1+G(s)H(s)} \tag{11.33}$$

显然，$1+G(s)H(s)$ 的极点与 $G(s)H(s)$ 的极点完全一致，而闭环传递函数的极点又和 $1+G(s)H(s)$ 的零点一致。由线性系统理论可知，如果 $G(s)$ 和 $H(s)$ 分别不含不稳定的不可控或不可测极点，且 $G(s)H(s)$ 无零极点相消，那么该闭环稳定性取决于 $F(s)$ 的极点在 s 平面的分布情况。因此，最直接的方法是求出闭环传递函数 $F(s)$ 的极点，根据该极点的分布情况来判定稳定性。这要求解多项式方程 $1+G(s)H(s)=0$ 的根，即

$$D_1(s)D_2(s) + N_1(s)N_2(s) = 0 \tag{11.34}$$

的根。对于高阶有理系统，求解该方程比较困难。为了避免求解该方程，Nyquist 判据提供了根据开环传递函数 $G(s)H(s)$ 的极点 $p_1, p_2, \cdots, p_n$ 的分布，来判断闭环系统特征多项式在 s 右半平面的根的数目的方法。

Nyquist 稳定判据：对于图 11.16 所示的系统，若开环传递函数 $G(s)H(s)$ 在右半平面有 p 个极点，且 $s=0$ 为其 v 重极点，则闭环系统稳定的充分必要条件是：当 ω 从 $-\infty$ 变到 ∞ 时，开环频率特性曲线 $G(j\omega)H(j\omega)$ 包围点 $(-1, j0)$ 的次数为 $P+v/2$。

11.5.2.2　小增益定理：Nyquist 频域判据的推广

本节讨论的小增益定理，主要针对线性系统，给出不确定性由频域描述的反馈控制系统鲁棒稳定的充分必要条件，该定理同时也是 Nyquist 稳定判据的一个推广。

考察如图 11.17 所示的系统。其中 $\boldsymbol{M}(s)$ 为已知系统，$\boldsymbol{\Delta}(s)$ 为未知摄动，两者皆是在 s 闭右半平面解析的有理函数矩阵。

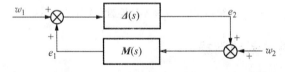

图 11.17　小增益定理

小增益定理：设未知摄动有界且满足 $\|\boldsymbol{\Delta}(s)\|_\infty \leqslant 1$，则该系统对于任意 $\Delta(s)$ 是鲁棒稳定的充分必要条件是

$$\|\boldsymbol{M}(s)\|_\infty < 1 \tag{11.35}$$

小增益定理实际上相当于 Nyquist 稳定判据在 $P=0, v=0$ 时的情形。这是因为 $\boldsymbol{M}, \boldsymbol{\Delta}$ 均为稳定传递函数矩阵，从而 $P=0, v=0$。而 $\|\boldsymbol{M}\boldsymbol{\Delta}\|_\infty < 1$ 说明开环传递函数的曲线没有绕过点 $(-1, j0)$，故闭环系统是稳定的。进一步，由于 $\boldsymbol{M}\boldsymbol{\Delta}$ 无不稳定零极点相消，与上述定理的证明相似，可以得出如下结论。

推论：设 $\boldsymbol{M}(s)$ 和 $\boldsymbol{\Delta}(s)$ 是在 s 右半平面解析的有理函数矩阵，且 $\boldsymbol{\Delta}(s)$ 满足 $\|\boldsymbol{\Delta}(s)\|_\infty < 1$。则图 11.17 所示的反馈系统对于任意 $\boldsymbol{\Delta}(s)$ 为鲁棒稳定的充分必要条件是 $\|\boldsymbol{M}(s)\|_\infty \leqslant 1$。

11.5.2.3　几类不确定性系统模型的鲁棒稳定条件

参考如图 11.18 所示的反馈控制系统，其中 $\boldsymbol{P}(s)$ 为被控对象的传递函数矩阵，$\boldsymbol{K}(s)$ 为控

制器的传递函数矩阵。

　　记 $\boldsymbol{P}(s)=\boldsymbol{P}_0(s)$ 时,对应的灵敏度函数和互补灵敏度函数为

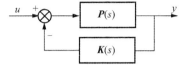

$$\left.\begin{array}{l} \boldsymbol{S}(s) = [I+\boldsymbol{P}_0(s)\boldsymbol{K}(s)]^{-1} \\ \boldsymbol{T}(s) = \boldsymbol{P}_0(s)\boldsymbol{K}(s)[I+\boldsymbol{P}_0(s)\boldsymbol{K}(s)]^{-1} \end{array}\right\} \qquad (11.36)$$

图 11.18　反馈控制系统

　　常用的几类不确定性(加法不确定性、乘法不确定性、反馈不确定性)系统模型,它们的鲁棒稳定条件如表 11.3 所示。

表 11.3　鲁棒稳定性的判据*

$\boldsymbol{W}$ 稳定,$\boldsymbol{\Delta}$ 稳定,$\|\boldsymbol{\Delta}\|_\infty < 1$,$(P_0,K)$ 内部稳定	
不确定系统模型 $P(s)$	鲁棒稳定条件
$\boldsymbol{P}_0+\Delta\boldsymbol{W}$(加法摄动)	$\|\boldsymbol{WKS}\|_\infty \leqslant 1$
$(1+\Delta\boldsymbol{W})\boldsymbol{P}_0$(乘法摄动)	$\|\boldsymbol{WT}\|_\infty \leqslant 1$
$\boldsymbol{P}_0(1+\Delta\boldsymbol{W}\boldsymbol{P}_0)^{-1}$(反馈摄动类型 1)	$\|\boldsymbol{WSP}_0\|_\infty \leqslant 1$
$(1+\Delta\boldsymbol{W})^{-1}\boldsymbol{P}_0$(反馈摄动类型 2)	$\|\boldsymbol{WS}\|_\infty \leqslant 1$

*表中为简化表述,将 $T(s)$ 记为 T,$S(s)$ 记为 S,$\Delta P(s)$ 记为 Δ,$W(s)$ 记为 W,$K(s)$ 记为 K,$P_0(s)$ 记为 P_0。

　　下面以反馈摄动类型 1 为例,推导其鲁棒稳定条件。如图 11.19 所示,首先对闭环系统的方块图作等价变换:令摄动 $\boldsymbol{\Delta}$ 的输入为 z,输出为 w。然后求 w 到 z 的传递函数

$$z = M(s)w, \quad M(s) = -WSP_0 \qquad (11.37)$$

　　再将闭环系统变为图 11.20 所示的反馈结构。由标称闭环 (P_0,K) 的稳定性,可知 $M(s)$ 稳定。最后由小增益定理即得该反馈系统鲁棒稳定的充要条件为

$$1 \geqslant \|\boldsymbol{W}\|_\infty = \|-\boldsymbol{WSP}_0\|_\infty$$
$$= \|\boldsymbol{WSP}_0\|_\infty \qquad (11.38)$$

　　表 11.3 给出的各类不确定系统的鲁棒稳定条件,均由关于传递函数 H_∞ 的范数不等式给出,即鲁棒稳定性指标转换成了标称系统的 H_∞ 范数约束条件。

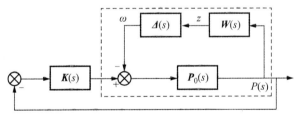

图 11.19　反馈摄动系统

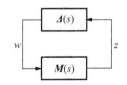

图 11.20　变形后的闭环系统

11.5.3　鲁棒稳定性的 μ 分析方法

　　当系统中的不确定性可以用一个范数有界的摄动块来描述时,系统对不确定性的鲁棒性可以用小增益定理来判定。但是,当不确定性具有已知结构时,如果仍采用小增益理论,则不能体现这种不确定性结构,从而导致结论保守性的可能性增大。为了克服小增益定理运用奇异值分析引起的保守性,1982 年,Doyle 首次提出了"结构奇异值"的概念。这一概念一经提出,便很快得到了控制理论界许多学者的关注,形成了现代鲁棒控制理论研究的一个重要分支——μ 方法。

利用 μ 方法，一方面可以分析结构式动态不确定系统的鲁棒稳定性；另一方面可以在系统设计中兼顾系统的鲁棒稳定性和鲁棒性能，从而降低鲁棒控制系统设计的保守性，见文献[60]。

11.5.3.1　结构不确定性和结构奇异值 μ

考虑图 11.21 所示的不确定系统。该系统中，受控对象的输入输出端均含有乘性扰动。其中，输入扰动一般由调节器、传感器的不确定性引起；而输出扰动可以认为是受控对象 G 的未建模动态不确定性。$\mathbf{C}$ 为复数集，$\mathbf{R}$ 为实数集，H_∞ 为复频域函数空间，H_∞ 中所有实数有理函数的全体记作 $\mathbf{R}H_\infty$，在下面的分析中，令 $\mathbf{\Delta}_1,\mathbf{\Delta}_2\in\mathbf{R}H_\infty$，且 $\|\mathbf{\Delta}_1\|_\infty\leqslant1$，$\|\mathbf{\Delta}_2\|_\infty\leqslant1$。为分析图 11.21 所示系统的鲁棒稳定性，对系统作如下变换，如图 11.22 所示。显然，有

$$\begin{bmatrix} x_{\text{out1}} \\ x_{\text{out2}} \end{bmatrix} = \mathbf{M}\begin{bmatrix} x_{\text{in1}} \\ x_{\text{in2}} \end{bmatrix}$$

易得

$$\mathbf{M} = \begin{bmatrix} (I+KG)^{-1}KG & (I+KG)^{-1}K \\ -(I+KG)^{-1}G & (1+KG)^{-1}GK \end{bmatrix} \tag{11.39}$$

$$\mathbf{\Delta} = \begin{bmatrix} \mathbf{\Delta}_1 & 0 \\ 0 & \mathbf{\Delta}_2 \end{bmatrix} \tag{11.40}$$

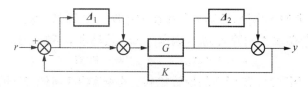

图 11.21　具有乘性输入输出扰动的反馈系统

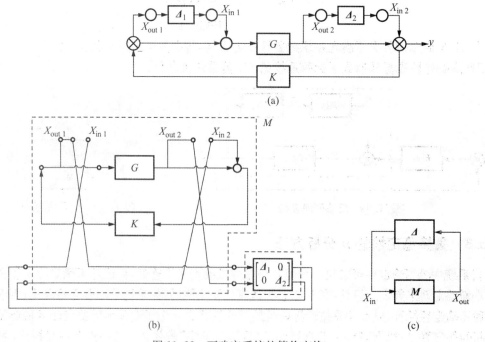

(a)

(b)　　　　　　　　　　　　　　　(c)

图 11.22　不确定系统的等价变换

由于 $\parallel \boldsymbol{\Delta}_1 \parallel_\infty \leqslant 1$，$\parallel \boldsymbol{\Delta}_2 \parallel_\infty \leqslant 1$，因此 $\parallel \boldsymbol{\Delta} \parallel_\infty \leqslant 1$。采用小增益定理，则该系统鲁棒稳定的充分条件为

$$\bar{\sigma}(M(\mathrm{j}\omega)) < 1 \quad \forall \omega \in \mathbf{R} \tag{11.41}$$

在小增益定理中，要求的不确定性的描述如下

$$\boldsymbol{\Delta}_u = \left\{ \boldsymbol{\Delta} = \begin{bmatrix} \Delta_{11} & \Delta_{12} \\ \Delta_{21} & \Delta_{21} \end{bmatrix}, \parallel \boldsymbol{\Delta} \parallel_\infty \leqslant 1 \right\} \tag{11.42}$$

对于式(11.40)所示不确定性可表示成如下结构

$$\boldsymbol{\Delta}_s = \left\{ \boldsymbol{\Delta} = \begin{bmatrix} \boldsymbol{\Delta}_1 & 0 \\ 0 & \boldsymbol{\Delta}_2 \end{bmatrix}, \parallel \boldsymbol{\Delta}_1 \parallel_\infty \leqslant 1, \parallel \boldsymbol{\Delta}_2 \parallel_\infty \leqslant 1 \right\} \tag{11.43}$$

显然有 $\boldsymbol{\Delta}_s \subset \boldsymbol{\Delta}_u$。由此可知，式(11.41)给出的鲁棒稳定条件对式(11.43)所示的不确定性结构是保守的，并称式(11.43)所示不确定性是结构式的(structured)，式(11.42)所示不确定性为非结构式的(unstructured)。

无论是 $\boldsymbol{\Delta}_s$ 还是 $\boldsymbol{\Delta}_u$，究竟多大的 $\boldsymbol{\Delta}$ 不致使反馈系统图 11.22(c)不稳定，从图 11.22(c)可知，系统闭环极点由 $\det[\boldsymbol{I}-\boldsymbol{M}\boldsymbol{\Delta}]$ 给出，若对于 $\mathrm{Re}_s \geqslant 0$，则有 $\det[\boldsymbol{I}-\boldsymbol{M}(s)\boldsymbol{\Delta}(s)=0]$ 成立，则系统不稳定。令 $\alpha > 0$ 为一充分小的常数，对 $\parallel \boldsymbol{\Delta} \parallel_\infty \leqslant \alpha$，反馈系统稳定；若当 α 增大，直至 $\alpha_{\max}$ 时，反馈系统不稳定，则 $\alpha_{\max}$ 是鲁棒稳定性裕量。若 $\boldsymbol{\Delta}$ 为非结构不确定性，则有

$$\frac{1}{\alpha_{\max}} = \parallel \boldsymbol{M} \parallel_\infty = \sup_{\mathrm{Re}_s \geqslant 0} \bar{\sigma}[M(\mathrm{j}\omega)] = \sup_\omega \bar{\sigma}[M(\mathrm{j}\omega)] \tag{11.44}$$

对于任意固定的 $\mathrm{Re}_s \geqslant 0$，$\bar{\sigma}[\boldsymbol{M}(s)]$ 可表示为

$$\bar{\sigma}[\boldsymbol{M}(s)] = \frac{1}{\min\{\bar{\sigma}(\Delta)\det(\boldsymbol{I}-\boldsymbol{M}\boldsymbol{\Delta}) = 0, \Delta \text{ 是非结构的}\}} \tag{11.45}$$

换句话说，$\boldsymbol{M}$ 的最大奇异值的倒数($\alpha_{\max}$)反映了引起系统不稳定的最小非结构不确定性 $\boldsymbol{\Delta}$；或描述为 $\boldsymbol{M}$ 的最大奇异值的倒数反映了保证系统稳定的最大非结构不确定性 $\boldsymbol{\Delta}$。

为量化导致系统不稳定的最小结构不稳定性 $\boldsymbol{\Delta}$，将奇异值概念一般化。矩阵 $\boldsymbol{M}(s)$ 的最大奇异值由式(11.44)给出。而

$$\mu[\boldsymbol{M}(s)] = \frac{1}{\min\{\bar{\sigma}(\boldsymbol{\Delta})\det(\boldsymbol{I}-\boldsymbol{M}\boldsymbol{\Delta}) = 0, \boldsymbol{\Delta} \text{ 是结构的}\}} \tag{11.46}$$

定义 $\mu[\boldsymbol{M}(s)]$ 为关于复数结构不确定性的最大结构奇异值。这样，具有复数结构不确定性的反馈系统，其鲁棒稳定性裕量为

$$\frac{1}{\alpha_{\max}} = \sup_{\mathrm{Re}_s \geqslant 0} \mu[\boldsymbol{M}(s)] = \sup_\omega \mu_\Delta[\boldsymbol{M}(\mathrm{j}\omega)] \tag{11.47}$$

综上所述，对于结构不确定性 $\boldsymbol{\Delta}$ 集合，$\boldsymbol{M}(s) \in \mathbf{R}H_\infty$，则有

$$\sup_{\mathrm{Re}_s \geqslant 0} \mu[\boldsymbol{M}(s)] = \sup_{\mathrm{Re}_s \geqslant 0} \mu[\boldsymbol{M}(s)] = \sup_\omega \mu[M(\mathrm{j}\omega)] \tag{11.48}$$

一般地，结构不确定性 $\bar{\boldsymbol{\Delta}}$ 可用下面的块对角矩阵集合来表示

$$\bar{\boldsymbol{\Delta}} = \{\mathrm{diag}(\delta_1 I_{r_1}, \cdots, \delta_s I_{r_1}, \Delta_{s+1}, \cdots, \Delta_{s+f}), \delta_1 \in \mathbf{C}, \Delta_{s+j} \in C^{m_j \cdot m_j}\} \tag{11.49}$$

式中：S, F——分别表示重复标量块(repeated scalar block)矩阵和满块(full block)矩阵的个数；

I_{r_i}——$r_i \times r_i$ 维实单位矩阵，令 $\deg \boldsymbol{M} = n$，则有

$$\sum_{i=1}^{S} r_i + \sum_{j=1}^{F} m_j = n \tag{11.50}$$

需要说明的是对于每个复摄动块 $\boldsymbol{\Delta}_{s+j}$，为考虑问题的方便均假设为方阵。对于非复方阵，亦有类似的结论。

定义：对于 $\boldsymbol{M} \in C^{n \times n}$，在给定不确定性结构 $\boldsymbol{\Delta}$ 时，$\boldsymbol{M}$ 的结构奇异值（Sructured Sigular Value, SSV）定义如下：

$$\mu(\boldsymbol{M}) = \left\{ \begin{matrix} (\min\{\bar{\sigma}(\boldsymbol{\Delta}) \mid \boldsymbol{\Delta} \in \bar{\boldsymbol{\Delta}}, \quad \det(\boldsymbol{I} - \boldsymbol{M\Delta}) = 0\})^{-1} \\ 0, \quad \boldsymbol{\Delta} \in \bar{\boldsymbol{\Delta}}, \quad \det(\boldsymbol{I} - \boldsymbol{M\Delta}) \neq 0 \end{matrix} \right\} \tag{11.51}$$

11.5.3.2 鲁棒稳定性 μ 分析定理

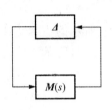

为描述方便，将图 11.22(c) 重绘成图 11.23。图中 $\boldsymbol{M}(s) \in RH_{\infty}^{n \times n}$，$\boldsymbol{\Delta}(s) \in \boldsymbol{\Delta} \subset RH_{\infty}^{n \times n}, \Delta(j\omega) \in \boldsymbol{\Delta} \subset C^{m \times n}$，并记

$$B_{\Delta(s)} = \{\boldsymbol{\Delta}(s) \in \bar{\boldsymbol{\Delta}}(s), \bar{\sigma}(\boldsymbol{\Delta}(j\omega)) \leqslant 1\} \tag{11.52}$$

对于该结构式不确定系统，有如下的鲁棒稳定性定理。

定理（小 μ 定理） 如图 11.23 所示闭环系统中，$\boldsymbol{M}(s) \in RH_{\infty}^{n \times n}$，$\boldsymbol{\Delta}(s) \in B_{\Delta(s)}$，则该系统鲁棒稳定的充要条件是

图 11.23 结构不确定性动态系统

$$\mu = \sup_{\omega \in \mathbf{R}} \mu[\boldsymbol{M}(j\omega)] < 1 \tag{11.53}$$

11.5.3.3 μ 分析和经典稳定性裕度的关系[11,12]

带大附件（挠性）的跟踪与数据中继卫星（TDRS），ACS 和 APS 控制过程中设备结构有变化，环路间有挠性模态，环路间存在耦合，是一个多输入、多输出（MIMO）控制系统。经典的单环稳定性分析不能保证多环路控制系统的稳定性。文献[12]把多回路鲁棒稳定性的 μ 分析与经典控制稳定性理论相结合，建立了 μ 与增益裕度、相位裕度之间的关系，并由此分析了多回路系统的鲁棒增益、相位稳定性裕度。本节结合 ACS 和 APS 两个控制环路叙述其基本原理。

1) 单输入、单输出不确定性系统的稳定性裕度

(1) 单输入、单输出不确定性系统如图 11.24 所示，图中 M 是系统标称传递系数，P 是乘性不确定性。

$$P = 1 + \Delta = g e^{j\theta} \tag{11.54}$$

式中：g——增益不确定性；

θ——相位不确定性。

由式(11.54)得

$$\Delta = 1 - P = 1 - g e^{j\theta} = (1 - g\cos\theta) + j\theta\sin(\theta) \tag{11.55}$$

因系统失去稳定性最小的幅度 Δ 是 $1/\mu$。可以通过 μ 求到系统的增益和相位稳定性裕度。

$$(1 - g\cos\theta)^2 + g^2\sin^2\theta = \frac{1}{\mu^2} \quad \text{或} \quad 1 + g^2 - 2g\cos\theta = \frac{1}{\mu^2} \tag{11.56}$$

增益稳定性裕度 GM 可以令 $\theta = 0$ 求得

$$\theta = 0 \Rightarrow (1 - g)^2 = \frac{1}{\mu^2} \tag{11.57}$$

$$\Rightarrow GM \geqslant g = 1 \pm \frac{1}{\mu}$$

相位稳定性裕度 PM 通过假设 $g = 1$，求得

$$g = 1 \Rightarrow 2(1 - \cos\theta) = \frac{1}{\mu^2}$$

$$\Rightarrow PM \geqslant \theta = 2\arcsin\frac{1}{(2\mu)} \tag{11.58}$$

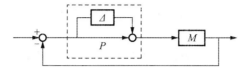

图 11.24　单环控制系统简图(一)

如果 $GM \geqslant 2$,得 $\mu = \pm 1$,相位裕度为 $60°$。

(2) 单输入单输出不确定系统如图 11.25 所示,图中 M 是系统标称传递函数,P 是反馈不确定性类型二(见图 11.15)。

$$P = \frac{1}{1 + \Delta}$$
$$\Delta = P^{-1} - 1 = g^{-1}\mathrm{e}^{-\mathrm{j}\theta} - 1 \tag{11.59}$$
$$= (g^{-1}\cos\theta - 1) + \mathrm{j}g^{-1}\sin\theta$$

得

$$(g^{-1}\cos\theta - 1)^2 + g^{-2}\sin\theta = \frac{1}{\mu^2}$$

或

$$1 + g^{-2} - 2g^{-1}\cos\theta = \frac{1}{\mu^2}$$

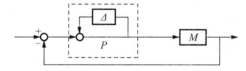

图 11.25　单环控制系统简图(二)

令 $\theta = 0$,得

$$\theta = 0 \Rightarrow (1 - g^{-1})^2 = \frac{1}{\mu^2}$$
$$\Rightarrow GM \geqslant g = \frac{1}{\left(1 \pm \dfrac{1}{\mu}\right)} \tag{11.60}$$

令 $g = 1$,得

$$g = 1 \longrightarrow 2(1 - \cos\theta) = \frac{1}{\mu^2}$$
$$\Rightarrow PM \geqslant 0 = 2\arcsin\left(\frac{1}{2\mu}\right) \tag{11.61}$$

若 $GM \geqslant 2$,$\mu \pm 2$,GM 取 2,PM 为 $28.96°$。

2) 多输入多输出不确定性系统的稳定性裕度

多变量系统的稳定性是要在当系统包含的几个环路的增益和(或)相位同时变化情况下,

求出其 μ 最大允许值。在一个复杂的系统里有多个子系统,每个子系统可能有不同的要求 μ 值,整个系统是个相关子系统的综合。

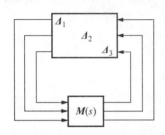

图 11.26 综合 PT,SGL,
平台控制的 μ 分析框图

例如中继星里,一个包含单址天线程控跟踪模式(PT)、星地链路天线指向(SGL)和卫星平台控制 3 个子系统的综合系统,其 μ 分析图如图 11.26 所示。

图中,$M(s)$ 是 MIMO 传递函数矩阵,Δ 是对角矩阵,Δ_1,Δ_2,Δ_3 分别是 3 个子系统的不确定性。

鲁棒稳定性分析的 μ 方法,其基本思路就是建立包含不确定性摄动的系统模型,并转化为如图 11.26 所示的标准框图,确定 Δ 的对角结构,然后计算 M 的结构奇异值 μ,根据定理判断系统的鲁棒稳定性,其中关键是要建立包含不确定摄动的系统模型。

11.2 节建立了中继星姿态控制系统和天线指向控制系统的数学模型,图 11.2 更直观地显示这两个控制回路及相互的联系,式(11.6)和式(11.7)表明两个控制回路之间关系的数学描写。但是,这个数学模型没有标示包含的不确定性摄动,文献[9]研究指出参数变化有:

(1) 天线和太阳帆板的质量特性随着天线定向运动和太阳帆板定向运动有变化。

(2) 允许模态频率有 $\pm 20\%$ 的变化。

(3) 自动跟踪敏感器参数的不确定性。

结合图 11.2 分析,用反馈不确定性类型来描述,如图 11.15 所示。在建立 μ 值和控制系统增益/相位稳定性裕度时,采用图 11.25 所示结构框图。

(1) 各子系统的多变量稳定性裕度。

用图 11.26,可以求出每个子系统的多变量稳定性裕度。例如,要求单址天线 PT 子系统(Δ_1,代表其不确定性)的多变量稳定性裕度。令图 11.26 中的 $\Delta_2 = 0$,$\Delta_3 = 0$,求出 Δ_1 和 $M(s)$ 的 μ 值,即可得 Δ_1 相应的增益裕度和相位裕度。表 11.1 表示 3 个子系统的多变量稳定性裕度[10]。

(2) 综合系统的稳定性裕度。

图 11.26 中,所有环路(此处是 3 个环)在增益和(或)相位同时变化时,求其系统的 μ 值。例如图 11.26 综合系统的计算结果如表 11.2 所示[10],可以看出,综合系统的 μ 值略高于各子系统的 μ 值,因而其综合系统的增益稳定性裕度略低于各子系统的增益稳定性裕度,综合系统的相位稳定性裕度略低于各子系统的相位稳定性裕度。

11.6　本章小结

天线跟踪指向系统的天线基座装在卫星平台上,这个平台是受卫星姿态控制系统所稳定的。例如,卫星运转中,总是保持卫星平台基准面对准地球。而基座上的天线跟踪指向系统是要捕获跟踪中低轨道的用户星,后者是无线电测角跟踪系统。可见卫星姿态控制系统和天线跟踪指向系统是两个各自独立的控制系统。由于太阳能帆板是大型挠性附件,单址天线也是大型挠性附件,在各种指向运动(卫星姿态控制、太阳帆板对日定向、天线跟踪指向控制)过程中产生各控制环路间的相互耦合,产生控制系统参数的不确定性。因此,必须建立卫星姿态控制系统(ACS)及天线指向系统(APS)的数学模型,才能进行解耦设计和鲁棒性分析设计。从

本章分析看,一种典型的设计方法归纳如下:

(1) 建立 APS 和 ACS 动力学模型,进行天线指向控制和卫星姿态运动的动力耦合分析。其结果为中继星单址天线设计提供依据,为单址天线伺服控制设计提供依据。

(2) 采用前馈补偿实现双环路(APS 环和 ACS 环)解耦。

(3) 用经典控制理论单环设计天线指向控制回路是可以做到具有鲁棒性的。

(4) 建立包含不确定性摄动的系统模型,用鲁棒稳定性分析的 μ 方法,分析多回路系统的稳定性。

第 12 章 星间链路
角跟踪系统校相技术

12.1 引言

单脉冲角跟踪系统的天线接收目标发来的信号,其单脉冲天线馈源输出有"和"信号 Σ、"方位差"信号 ΔA、"俯仰差"信号 ΔE,这叫做三路输出单脉冲馈源。有两路输出单脉冲馈源,它输出"和"信号 Σ、"差"信号 Δ。这里的差信号 Δ 是"方位差"信号 ΔA 及"俯仰差"信号 ΔE 的矢量和,馈源的方位差信号 ΔA 矢量与俯仰差信号 ΔE 矢量在空间互相垂直,$\Delta = \Delta A + j\Delta E$。

天线电轴对准目标,和信号最大、差信号(ΔA,ΔE)等于零。目标略偏离(方位左右偏/俯仰上下偏)电轴一个角度,和信号略减小,差信号的大小正比于偏离电轴角度大小,相位则有 $0°/180°$ 的变化,例如偏左时,ΔA 的相位为 $0°$,目标偏右时,ΔA 的相位为 $180°$;俯仰差信号 ΔE 亦然,其 ΔE 的大小正比于目标偏离电轴俯仰角的大小,相位则有 $0°/180°$ 的变化,例如,目标偏在电轴上方时,ΔE 的相位为 $0°$,当目标偏在电轴下方时,ΔE 的相位为 $180°$。

对于 Σ,ΔA,ΔE 三路输出馈源,跟踪接收机有三通道分别变频放大,并以和路信号进行 AGC 控制。通常用鉴相器提取角误差信号,鉴相器的作用等效为一个乘法器。例如,Σ 分为两路,一路经相移后的 Σ 与方位差信号 ΔA 同相(或反相)进入方位鉴相器相乘。目标偏在电轴方位左边,ΔA 与 Σ 同相,鉴相器(ΔA,Σ 同相相乘)输出为 $+\Delta V_A$,送去驱动方位电机带动天线方位左移以减小目标与电轴的偏角,则目标偏在电轴方位右边时,ΔA 与 Σ 反相,鉴相器(ΔA,Σ 反相相乘)输出为 $-\Delta V_A$,送去驱动方位电机带动天线方位右移以减小目标与电轴的偏角,从而实现天线对目标的方位角跟踪。同理,另一路经相移后的 Σ 信号与俯仰差信号 ΔE 同相(或反相)进入俯仰鉴相器相乘。目标偏在电轴俯仰上边时,ΔE 与 Σ 同相,鉴相器(ΔE,Σ 同相相乘)输出为 $+\Delta V_E$,送去驱动俯仰电机带动天线升高俯仰角以减小目标与电轴的偏角,则目标偏在电轴俯仰下边时,ΔE 与 Σ 反相,鉴相器(ΔE,Σ 反相相乘)输出 $-\Delta V_E$,送去驱动俯仰电机带动天线俯仰角下降以减小目标与电轴的偏角,从而实现了天线对目标的俯仰角跟踪。

目标信号进入天线形成的 Σ,ΔA,ΔE 信号分别经过较长的信道,到方位鉴相器时(俯仰鉴相器类同),ΔA 与 Σ 之间的相位关系往往随着时间推移由于温度、电路参数等各种因素改变而变化,即不是能一直保持已调好的相位关系。

这种和差相对相位变化,将造成角误差特性变坏,例如误差特性曲线斜率变小、交叉耦合变大,误差特性极性可能改变等。严重时,系统就不能捕获跟踪。所谓角跟踪系统的相位校准就是在执行角跟踪任务前,例如天线接收标校塔上信标信号,调整角跟踪设备,使其误差特性的斜率、极性、交叉耦合达到规定状态的要求,设备才能对目标进行捕获跟踪。

对于地面角跟踪系统相位校准,几乎都建有专用的标校塔,塔上装标校信号发射装置。塔

与角跟踪系统距离 R_0 应满足远区场条件 $R_0 \geqslant \dfrac{2D^2}{\lambda}$。其中 λ 为标校信号波长,D 为天线直径,塔高应保证天线第二旁瓣不打地。

文献[94]中讨论了双通道角跟踪系统相位校准方法和设备。它是在方位鉴相器前信道中串一个可调移相器,在俯仰鉴相器前信道中串一个可调移相器,在执行跟踪任务前,天线接收标校塔发来的标校信号,分别调节相移器,使方位、俯仰角误差特性的斜率、极性、交叉耦合达到规定要求。

文献[95]中叙述了单脉冲天线馈源输出和信号 Σ、差信号 Δ。差信号 Δ 经四相调制后与和信号 Σ 合成单通道信号。它的四相调制器由 6 位数控移相器构成,由移相器的前几位进行相位调节来达到使和信号 Σ 与差信号 Δ 的相位一致性,从而使角误差特性的斜率、极性、交叉耦合达到规定要求。

地面固定角跟踪系统在执行角跟踪任务前通常是对准标校塔上信标进行相位校准。对于移动载体(例如船)上的角跟踪系统的相位校准就成问题了。

文献[96]中叙述了舰载角跟踪系统相位校准方法和设备,它是在船头适当高度设置标校信标,这个距离比到标校塔距离(标准要求的 R_0)小很多,舰船出海前,分别用标校塔信标校准,同时用船头信标校准并记忆两者之差。出海后用船头信标校准,并考虑"记忆"的两者之差。

星间链路角跟踪系统最典型的是中继星 Ka 天线角跟踪系统对用户星天线发来的数传信号进行捕获跟踪以及用户星 Ka 天线角跟踪系统对中继星天线发来的单载波信标信号进行捕获跟踪。它们共同点是星载 Ka 波段角跟踪系统,不同点是中继星角跟踪系统可在地球表面适当位置建立标校塔进行校相,用户星角跟踪系统,既不能在地球表面建塔,也不能像舰载角跟踪系统在星上建立信标来校相,而用户星在轨工作寿命一般是 $2\sim3$ 年,环境温度变化比地面站和舰载站都大,它的校相就更困难了。但是,无论是国内还是国外,无论是地面固定站、船载站还是星载角跟踪系统,相位校准是保证系统正常工作必不可少的技术措施和手段。

12.2　相位校准的指标要求

通过相位校准后的(方位和俯仰)角误差曲线要满足系统要求,具体是:

(1) 定向灵敏度满足要求。

$$\mu_A = \frac{\mathrm{d}(\Delta V_A)}{\mathrm{d}\angle A}$$

$$\mu_A = \frac{\mathrm{d}(\Delta V_E)}{\mathrm{d}\angle E}$$

式中:$\angle A$——方位偏角;

　　　$\angle E$——俯仰偏角。

(2) 极性和牵引范围满足要求:①目标左右偏,上下偏时的角误差曲线极性应与伺服系统要求配定的极性相同;②牵引范围,应等于或略大于 $-3\,\mathrm{dB}$ 和波束宽度;③误差曲线零点应与和信号最大(V_{AGC})值轴相重合。

(3) 交叉耦合符合要求。

工程中要求:交叉耦合应小于 20%,小于 10% 更好。工程上把交叉耦合到 1/3 为极限。

(4) V_{AGC}——变化曲线与接收电平关系等符合要求。

12.3 角跟踪系统交叉耦合分析

中继星角跟踪系统和用户星角跟踪系统,都要求交叉耦合≤20%,这是一个重要指标。因为,交叉耦再大,例如达 1/3 的交叉耦合,这就到工程上的极限了,大于 1/3 的交叉耦合,角跟踪系就可能不正常捕获跟踪了,因此,交叉耦合是一个涉及被跟踪天线性能、跟踪天线性能和跟踪接收机性能进而影响整个跟踪系统性能的系统级问题。

以下分析中假设中继星 Ka 天线是 TE_{11},TM_{01} 模跟踪系统,用户星 Ka 天线是 TE_{11},TE_{21} 模跟踪系统。

12.3.1 TE_{11},TM_{01} 模跟踪系统的交叉耦合分析

12.3.1.1 分析依据

(1) 跟踪系统天线,TE_{11} 为和模,TM_{01} 为差模。双通道馈源,圆极化,轴比≤2 dB(3 dB 波束内)。

(2) 被跟踪天线来波圆极化,轴比≤2 dB(3 dB 波束内)。

(3) 跟踪系统 Ka 单通道合成,和路设有 360°移相器,可调和差器后至单通道合成之间的和与差的相对相位。

12.3.1.2 交叉耦合源

(1) 被跟踪天线非理想圆极化,轴比≤2 dB(b,γ)引起交叉耦合,b 为极化比(即反旋分量),$b=0$ 为理想圆极化。γ 为椭圆极化波长轴与参考轴 H 轴的夹角。

(2) 跟踪系统天线非理想圆极化,轴比≤2 dB(b',γ')引起交叉耦合,b',γ' 的含义与 b,γ 类同。

(3) 跟踪天线及馈源和差器前和、差两路幅度相位不平衡(K,α)引起交叉耦合。$K=1$,$\alpha=0$ 表示幅度相位平衡。

(4) 跟踪天线馈源和差器后,和(Σ)与差(Δ)两路相位不一致$(\Delta\beta)$引起交叉耦合。当 $\Delta\beta=0$ 时,即 Σ,Δ 相位一致。

12.3.1.3 分析简述

1) 交叉耦合用交叉耦合系数 M 来描述

例如无交叉耦合时:

$$\left. \begin{array}{l} U_H = A(\theta\cos\phi) \\ U_V = A(\theta\sin\phi) \end{array} \right\} \tag{12.1}$$

其中 θ 是目标在天线坐标系中与天线 z 轴的夹角,ϕ 是目标在 XY 平面上的投影与 x 轴的夹角,A 是比例系数。

有交叉耦合时:

$$\left. \begin{array}{l} U_H = A(\theta\cos\phi + M_H\theta\sin\phi) \\ U_V = A(\theta\sin\phi + M_V\theta\cos\phi) \end{array} \right\} \tag{12.2}$$

式中:M_H——$U_V \rightarrow U_H$ 的交叉耦合系数;

M_V——$U_H \rightarrow U_V$ 的交叉耦合系数。

2) 交叉耦合表达式

根据文献[97]经进一步推算,上述 4 种交叉耦合源同时存在时,角误差信号交叉耦合系数

由下式(12.3)表示：

$$M_H = \frac{(1+K^2)[\,II\,] - 2K\cos\alpha[\,III\,]\tan\Delta\beta}{(1+K^2)[\,I\,] + (1+K^2)[\,IV\,]\tan\Delta\beta}$$

$$M_V = \frac{2K\cos\alpha[\,IV\,] + (1+K^2)[\,I\,]\tan\Delta\beta}{2K\cos\alpha[\,III\,] + (1+K^2)[\,II\,]\tan\Delta\beta}$$

(12.3)

式中：

$$[\,I\,] = (1+b^2 b'^2) + (b+bb'^2)\cos 2\gamma + (b'+b'b^2)\cos 2\gamma' + 2bb'\cos(\gamma-\gamma')$$

$$[\,II\,] = 2bb'\sin 2(\gamma-\gamma') + (b'+b'b^2)\sin 2\gamma' + (b+bb'^2)\sin 2\gamma$$

$$[\,III\,] = (1-b^2 b'^2) - (b-bb'^2)\cos 2\gamma + (b'-b'b^2)\cos 2\gamma'$$

$$[\,IV\,] = (b-bb'^2)\sin 2\gamma - (b'-b'b^2)\sin 2\gamma'$$

(12.4)

几种特殊情况：

(1) $\Delta\beta = 0$。

当馈源和差器后，和信号 Σ 与差信号 Δ 的相位差 $\Delta\beta$ 为零时，其他 3 个交叉耦合源引起角误差信号交叉耦合系数：

当 $\Delta\beta = 0$，由式(12.3)得到

$$M_H = \frac{[\,II\,]}{[\,I\,]}$$

$$= \frac{(b+bb'^2)\sin 2\gamma + (b'+b^2 b')\sin 2\gamma' + 2bb'\sin 2(\gamma-\gamma')}{(1+b^2 b'^2) + (b+bb'^2)\cos 2\gamma + (b'+b^2 b')\cos 2\gamma' + 2bb'\cos 2(\gamma-\gamma')}$$

(12.5)

$$M_V = \frac{[\,IV\,]}{[\,III\,]}$$

$$= \frac{(b-bb'^2)\sin 2\gamma - (b'-b^2 b')\sin 2\gamma'}{(1-b^2 b'^2) + (b'-b^2 b')\cos 2\gamma' - (b-bb'^2)\cos 2\gamma}$$

从式(12.5)可以看出：被跟踪天线非理想圆极化和跟踪天线非理想圆极化，对交叉耦合的影响是相同的；如果馈源和差器至单通道合成之间，Σ 与 Δ 的相位差 $\Delta\beta = 0$ 时，则 K, α 不引起交叉耦合。

(2) 当 $b = b' = 0, K = 1, \alpha = 0, \Delta\beta \neq 0$ 则

$$M_V = -M_H = \tan\Delta\beta$$

(12.6)

(3) 当 $b = b' = 0, K \neq 1, \alpha \neq 0, \Delta\beta \neq 0$ 则

$$M_V = \frac{2(1+K^2)}{4K\cos\alpha}\tan\Delta\beta$$

$$M_H = \frac{-4K\cos\alpha}{2(1+K^2)}\tan\Delta\beta$$

(12.7)

3) 计算例

(1) 如果只有被跟踪天线非理想圆极化 (b,γ)，即来波轴比 2 dB，$b' = 0, K = 1, \alpha = 0, \Delta\beta = 0$，由式(12.5)得

$$M_H = \frac{b\sin 2\gamma}{1+b\cos 2\gamma}$$

$$M_V = \frac{b\sin 2\gamma}{1-b\cos 2\gamma}$$

(12.8)

因为，轴比 $p = \frac{1-b}{1+b} = -2(\mathrm{dB})$

所以，$b=\dfrac{1-p}{1+p}=0.115$

即

$$M_{H\max}=-M_{V\max}=11.5\%\quad\gamma=45°\qquad\qquad(12.9)$$

(2) 只由来波非理想圆极化(b,γ)和跟踪天线非理想圆极化(b',γ')引起交叉耦合。

即 $K=1,\alpha=0,\Delta\beta=0$，当$b=b'=0.115,\gamma'=10°$，由式(12-5)得

$$M_H=\begin{cases}10.67\% & \gamma=20°\\13.16\% & \gamma=30°\\15.38\% & \gamma=40°\\16.35\% & \gamma=50°\\15.77\% & \gamma=60°\\13.52\% & \gamma=70°\\9.18\% & \gamma=80°\end{cases}\qquad M_V=\begin{cases}3.53\% & \gamma=20°\\6.35\% & \gamma=30°\\8.11\% & \gamma=40°\\8.48\% & \gamma=50°\\7.22\% & \gamma=60°\\4.30\% & \gamma=70°\\0.9\% & \gamma=80°\end{cases}\qquad(12.10)$$

$$M_{H\max}=22.41\%\mid\gamma'=\gamma=45°\qquad\qquad(12.11)$$

(3) 只由和差器后的和路Σ与差路Δ的相位不一致$(\Delta\beta)$引起的交叉耦合，

$$b=b'=0,\quad K=1,\quad\alpha=0$$

$$M_H=-M_V=\tan\Delta\beta$$

$$M_H=-M_V=\begin{cases}10.5\% & \Delta\beta=1°\\15.8\% & \Delta\beta=9°\\19.4\% & \Delta\beta=11°\\32.5\% & \Delta\beta=18°\end{cases}\qquad\qquad(12.12)$$

4) 小结

工程上控制交叉耦合的方法之一——校相。

工程上，上述4种交叉耦合源是同时存在的。通过校相的办法把总的交叉耦合调整在规定指标(例如$\leqslant20\%$)以内。以上的分析，可以看出：

校相的实质是理论上是通过调单通道调制器360°相移器，使$\Delta\beta=0$，这时K,α引起交叉耦合不存在了，$\Delta\beta$引起交叉耦合不存在了，只乘下b,γ和b',γ'引起的交叉耦合了。

校相的实际步骤是调整360°相移器，使M_H,M_V都趋于某一最小值。

12.3.2　TE_{11}，TE_{21}模跟踪系统的交叉耦合分析

12.3.2.1　分析依据

(1) 跟踪天线，TE_{11}为和模，TE_{21}为差模。双通道馈源，圆极化，轴比$\leqslant2\,dB$(和波束$3\,dB$宽度内)。

(2) 来波圆极化，轴比$\leqslant2\,dB$。

(3) 跟踪接收机，Σ,Δ分别LNA后，合成单通道信号，Σ路设有移相器，可调天线和差器后至单通道合成之间的Σ与Δ的相对相位。

12.3.2.2　交叉耦合源

(1) 跟踪天线非理想圆极化，轴比$\leqslant2\,dB$，(b',γ')引起交叉耦合。b'为极化比(即反旋分量)，$b'=0$为理想圆极化。γ'为椭圆长轴与X轴的夹角。

（2）来波非理想圆极化，轴比≤2 dB，(b,γ)引起交叉耦合。b,γ 的含义与 b',γ' 类同。

（3）跟踪天线及馈源和差器前两路幅度相位不平衡(K,α)引起交叉耦合。$K=1,\alpha=0$ 表示幅度相位平衡。

（4）跟踪天线及馈源中，不同耦合支路间幅度相位不平衡(C,Δ)引起交叉耦合。$C=1$，$\Delta=0$ 表示耦合支路间幅度相位平衡。

（5）跟踪天线馈源和差器后，和与差两路相位不一致$(\Delta\beta)$引起交叉耦合。当 $\Delta\beta=0$ 时，即和、差相位一致。

12.3.2.3　分析简述

1）交叉耦合用交叉耦合系数 M 来描述

例如：无交叉耦合时

$$
\left.\begin{aligned}
U_H &= A(\theta\cos\phi)\\
U_V &= A(\theta\sin\phi)
\end{aligned}\right\}
\tag{12.13}
$$

有交叉耦合时

$$
\left.\begin{aligned}
U_H &= A(\theta\cos\phi + M_H\theta\sin\phi)\\
U_V &= A(\theta\sin\phi + M_V\theta\cos\phi)
\end{aligned}\right\}
\tag{12.14}
$$

则：M_H 表示 $U_V{\to}U_H$ 的交叉耦合系数；M_V 表示 $U_H{\to}U_V$ 的交叉耦合系数。

2）交叉耦合表示式

以上 5 种交叉耦合源同时存在时，角误差信号交叉耦合系数表示为[97]：

$$
M_H=\frac{-\tan(\xi+v)\left[\frac{1-b\cos2\gamma}{1+b\cos2\gamma}+C\cos\Delta-C\sin\Delta\frac{b\sin2\gamma}{1+b\cos2\gamma}\right]-(1-C\cos\Delta)\frac{b\sin2\gamma}{1+b\cos2\gamma}+C\cos\Delta}{1+C\cos\Delta\frac{1-b\cos2\gamma}{1+b\cos2\gamma}+C\sin\Delta\frac{b\sin2\gamma}{1+b\cos2\gamma}+\tan(\zeta+v)\left[C\sin\Delta\frac{1-b\cos2\gamma}{1+b\cos2\gamma}+(1-C\cos\Delta)\frac{b\sin2\gamma}{1+b\cos2\gamma}\right]}
\tag{12.15}
$$

$$
M_V=\frac{\tan(\xi+v)\left[\frac{1+b\cos2\gamma}{1-b\cos2\gamma}+C\cos\Delta+C\sin\Delta\frac{b\sin2\gamma}{1+b\cos2\gamma}\right]-(1-C\cos\Delta)\left[\frac{b\sin2\gamma}{1-b\cos2\gamma}+C\sin\Delta\right]}{1+C\cos\Delta\frac{1+b\cos2\gamma}{1-b\cos2\gamma}+C\sin\Delta-C\sin\Delta\frac{b\sin2\gamma}{1-b\cos2\gamma}+\tan(\zeta+v)\left[C\sin\Delta\frac{1+b\cos2\gamma}{1-b\cos2\gamma}-(1-C\cos\Delta)\frac{b\sin2\gamma}{1-b\cos2\gamma}\right]}
\tag{12.16}
$$

式中：

$$
v = \arctan\frac{-K\sin\alpha}{1+K\cos\alpha}
\tag{12.17}
$$

$$
\xi = \arctan\frac{b'\sin2\gamma'}{1+b'\cos2\gamma'} + \arctan\frac{bb'\sin2(\gamma-\gamma')}{1+bb'\cos2(\gamma-\gamma')} + \Delta\beta
\tag{12.18}
$$

式中：$\Delta\beta$ 为馈源中 TE_{21} 模与 TE_{11} 模的传输相差和比较器后相移之和。

几种特殊情况：

（1）$C=1,\Delta=0$ 时。

$$
M_H=-M_V=\frac{[\text{I}+\text{II}\times K_\Phi]+[\text{II}-\text{I}\times K_\Phi]\tan\Delta\beta}{[\text{II}-\text{I}\times K_\Phi]-[\text{I}+\text{II}\times K_\Phi]\tan\Delta\beta}
\tag{12.19}
$$

式中：

$$
\text{I} = b'\sin2\gamma' + bb'\sin2(\gamma-\gamma') + bb'^2\sin2\gamma
\tag{12.20}
$$

$$
\text{II} = 1 + b'\cos2\gamma' + bb'\cos2(\gamma-\gamma') + bb'^2\cos2\gamma
\tag{12.21}
$$

$$
K_\Phi = \frac{-K\sin\alpha}{1+K\cos\alpha}
\tag{12.22}
$$

式(12.19)是在假设 $C=1,\Delta=0$ 条件下,推导出的其余 4 种交叉耦合源同时存在引起的交叉耦计算式[19]。它是一个便于分析的表示式,其中:

a. Ⅰ,Ⅱ代表用户星天线非理想圆极化 (b',γ') 及中继星信标天线非理想圆极化 (b,γ) 引起的交叉耦合。可以粗略看到,$C=1,\Delta=0$ 后,中继星信标天线的 (b,γ) 影响小一些,用户星天线非理想圆极化 (b',γ') 影响大一些。

b. 和差器前幅度相位不平衡 $K_\Phi(K,\alpha)$ 引起交叉耦合。

c. 和差器后,和差通道相位不平衡 $\Delta\beta$ 引起交叉耦合。

(2) $C=1,\Delta=0,\Delta\beta=0$ 时,由式(12.19)得

$$M_H=-M_V=\frac{[\text{Ⅰ}+\text{Ⅱ}\times K_\Phi]}{[\text{Ⅱ}-\text{Ⅰ}\times K_\Phi]}$$

$$=\frac{[b'\sin 2\gamma'+bb'\sin 2(\gamma-\gamma')+bb'^2\sin 2\gamma]+[1+b'\cos 2\gamma'+bb'\cos 2(\gamma-\gamma')+bb'^2\cos 2\gamma]\left[-\dfrac{K\sin\alpha}{1+K\cos\alpha}\right]}{[1+b'\cos 2\gamma'+bb'\cos 2(\gamma-\gamma')+bb'^2\cos 2\gamma]-[b'\sin 2\gamma'+bb'\sin 2(\gamma-\gamma')+bb'^2\sin 2\gamma]\left[-\dfrac{K\sin\alpha}{1+K\cos\alpha}\right]}$$

$$(12.23)$$

式(12.23)表示由中继星信标天线非理想圆极化、用户星天线非理想圆极化及和差器前幅度相位不平衡引起的交叉耦合。

(3) $C=1,\Delta=0,\Delta\beta=0,K_\Phi=0$ 时,由式(12.19)得

$$M_H=-M_V=\frac{\text{Ⅰ}}{\text{Ⅱ}}=\frac{[b'\sin 2\gamma'+bb'\sin 2(\gamma-\gamma')+bb'^2\sin 2\gamma]}{[1+b'\cos 2\gamma'+bb'\cos 2(\gamma-\gamma')+bb'^2\cos 2\gamma]} \qquad (12.24)$$

式(12.24)表示中继星信标天线非理想圆极化 (b,γ) 和用户星天线非理想圆极化 $(b'\gamma')$ 引起的交叉耦合。

(4) $C=1,\Delta=0,\Delta\beta=0,K_\Phi=0,b=0$ 时,由式(12.24)得

$$M_H=-M_V=\frac{[b'\sin 2\gamma']}{[1+b'\cos 2\gamma']} \qquad (12.25)$$

式(12.25)表示只由用户星天线非理想圆极化 (b',γ') 引起的交叉耦合。

(5) $C=1,\Delta=0,\Delta\beta=0,b'=b=0$ 时,由式(12.19)、式(12.22)得

$$M_H=-M_V=\frac{K\sin\alpha}{1+K\cos\alpha} \qquad (12.26)$$

式(12.26)表示只由和差器前幅度相位不平衡 (K,α) 引起的交叉耦合。

(6) $C=1,\Delta=0,K_\Phi=0,b'=b=0,\Delta\beta\neq0$ 时,由式(12.19)得

$$M_H=-M_V=\tan\Delta\beta \qquad (12.27)$$

式(12.27)表示只由和差器后相位不平衡 $\Delta\beta$ 引起的交叉耦。

(7) $\Delta\beta=0,K_\Phi=0,b'=0,b\neq0,C\neq0,\Delta\neq0$ 时,由式(12.15)得

$$M_H=\frac{C\sin\Delta-\dfrac{b\sin 2\gamma}{1+b\cos 2\gamma}(1-C\cos\Delta)}{1+\dfrac{1-b\cos 2\gamma}{1+b\cos 2\gamma}C\cos\Delta+\dfrac{b\sin 2\gamma}{1+b\cos 2\gamma}C\sin\Delta} \qquad (12.28)$$

当 $C\neq0,\Delta=0$ 时

$$M_H=\frac{\dfrac{1-C}{1+C}b\sin 2\gamma}{1+\dfrac{1-C}{1+C}b\cos 2\gamma} \qquad (12.29)$$

式(12.28)表示只由中继星天线非理想圆极化和 $C \neq 0, \Delta \neq 0$ 引起的交叉耦合。

3）计算例

（1）因为跟踪天线圆极化轴比 $p' = -2\,\mathrm{dB}$，所以 $b' = \dfrac{1-p'}{1+p'} = 0.115$，同理，$b = 0.115$，取 $\gamma = 60°, \gamma' = 30°$。

$$（2）\qquad K_\Phi = \frac{-K\sin\alpha}{1+K\cos\alpha} = 0.025\,5（取\ K = 0.95, \alpha = 3°） \tag{12.30}$$

$$\left.\begin{array}{l} \mathrm{I} + \mathrm{II} \times K_\Phi = 0.085\,244\,4 \\ \mathrm{II} - \mathrm{I} \times K_\Phi = 1.066\,217\,23 \end{array}\right\} \tag{12.31}$$

$$（3）\qquad \left.\begin{array}{l} \tan 5° = 0.087\,5 \\ \tan 10° = 0.176\,3 \\ \tan 15° = 0.267\,9 \end{array}\right\} \tag{12.32}$$

将式(12.30)～式(12.32)代入式(12.19)得

$$M_H = -M_V = \begin{cases} 7.9\% & \Delta\beta = 0° \\ 16.6\% & \Delta\beta = 5° \\ 25.3\% & \Delta\beta = 10° \\ 34.1\% & \Delta\beta = 15° \end{cases} \tag{12.33}$$

式(12.33)的结果是假设 $C=1, \Delta=0$ 的条件下，TE_{11}，TE_{21} 模跟踪系统交叉耦合近似计算值。它告诉我们，馈源和差器后的和差两路通道相位差应小于 $7°$（即 $\Delta\beta \leqslant 7°$），最大不能超过 $14°$。

12.4　中继星 Ka 天线跟踪系统在轨相位校准方法

12.4.1　功能

（1）在地面终端站控制和数据处理，对在轨 Ka 天线跟踪系统的方位误差特性进行相位补偿校准测试。

（2）在地面终端站控制和数据处理，对在轨 Ka 天线跟踪系统的俯仰误差特性进行相位补偿校准测试。

（3）具有对在轨 Ka 天线跟踪系统误差特性测试功能。

（4）具有对在轨 Ka 天线跟踪系统误差特性监测及部分调整功能。

（5）具有地面遥控指令重置在轨跟踪系统相位补偿值的功能。

（6）具有地面指令控制在轨天线指向，捕获牵引转自动跟踪功能。

12.4.2　系统组成及校相步骤

中继卫星 Ka 天线跟踪系统在轨相位校准基本概念如图 12.1～图 12.3 所示。包括星上设备和地面设备两部分，星上设备包括星上角跟踪系统和星上遥测遥控设备，星上角跟踪系统由天线、天线支架、跟踪接收机、捕获跟踪控制器和驱动电路组成，星上遥测遥控设备由遥测遥控数据处理器、遥测遥控收发机和遥测遥控天线组成；地面设备包括地面终端站、卫星操作管理中心和地面校准站。

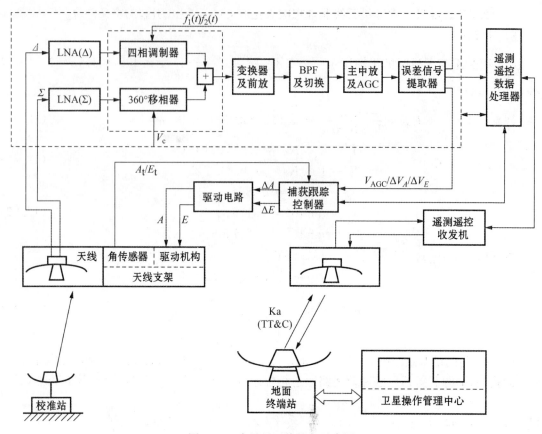

图 12.1 中继星天线校相示意图

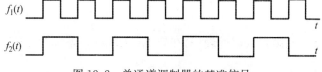

图 12.2 单通道调制器的基准信号

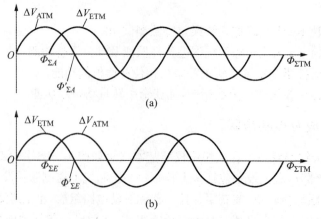

图 12.3 校相中角误差特性曲线

星上角跟踪系统是一个天线馈源双路输出的单通道单脉冲角跟踪系统,对宽带数传信号(BPSK 或 QPSK,100 Kbps~300 Mbps)角跟踪的系统。

天线例如由直径为 3 m 的抛物面反射器和单脉冲多模(TE$_{11}$ 模为和模,TM$_{01}$ 模为差模)馈源组成。天线波束宽度为 0.24°,天线接收校准站发来的 Ka 信号,馈源输出和信号 Σ、差信号 Δ(Δ 为方位差信号 ΔA 与俯仰差信号 ΔE 的矢量和)送跟踪接收机。

天线支架包括驱动机构和角传感器。其中,角传感器敏感输出天线方位轴、俯仰轴的实时角数据,送捕获跟踪控制器;驱动机构驱动天线转动。

跟踪接收机由差路低噪声放大器、和路低噪声放大器、单通道调制器、变频及前放、滤波器 BPF 组及切换、主中放及 AGC 和误差信号提取器组成。其中的单通道调制器由差路的四相调制器、和路的 360°移相器及合成器组成。

跟踪接收机的输入是天线馈源输出的和信号 Σ 及差信号 Δ。差信号 Δ 经差路低噪声放大器放大后进入单通道调制器中的四相调制器,由误差信号提取器送来的基准信号 $f_1(t)f_2(t)$ 如图 12.2 控制对差信号 Δ 进行了四相调制,四相调制器输出送合成器;馈源送来的和信号 Σ 经和路低噪放大器放大后进入单通道调制器的 360°移相器,由遥测遥控数据处理器来的移相码 Vc 控制对和信号进行移相,移相后的和信号 Σ 送合成器与差信号相加。合成器的输出为调幅的单通道单脉冲信号。360°移相器的移相量保证合成器中和差信号相加时的规定相位关系。合成器输出送变频及前放后经 BPF 及切换、主中放及 AGC 到误差信号提取器,分离出方位误差信号 ΔV_A、俯仰误差信号 ΔV_E。BPF 是带通滤波器组,例如带宽为 500 kHz,5 MHz 和 50 MHz 进行切换就能适应对 100 Kbps~300 Mbps 的数传信号的角跟踪接收。接收机输出 AGC 电压 V_{AGC} 表示接收电平大小。接收机输出的 $V_{AGC}/\Delta V_A/\Delta V_E$ 同时送捕获跟踪控制器和遥控遥测数据处理器。

跟踪接收机中的 360°移相器的相移量的遥测量 $\Phi_{\Sigma TM}$ 送遥控遥测数据处理器。

接收机输出的方位误差电压 ΔV_A,其大小正比于目标方位偏角的大小,其符号(+/−)表示目标方位偏离天线电轴(左/右)的方向;输出的俯仰角误差电压 ΔV_E,其大小正比于目标俯仰偏角的大小,符号(+/−)表示目标俯仰偏离天线电轴(上/下)的方向。

捕获跟踪控制器是天线指向控制数据处理器,根据输入的 $V_{AGC}/\Delta V_A/\Delta V_E$、天线支架的角信号、卫星姿态数据、注入数据和遥控指令等进行模式切换,决定控制规律并输出控制脉冲给驱动电路。

驱动电路由方位驱动电路和俯仰驱动电路组成。它功率放大驱动信号分别送方位驱动机构和俯仰驱动机构,带动天线转动。

方位误差电压 ΔV_A 送捕获跟踪控制器,产生控制脉冲送方位驱动电路,驱动方位轴转动,使天线电轴方位逐渐靠近目标,实现天线对目标的方位跟踪;俯仰误差电压 ΔV_E 送捕获跟踪控制器,产生控制脉冲送俯仰驱动电路,驱动俯仰轴转动,使天线电轴俯仰逐渐靠近目标,实现天线对目标的俯仰跟踪。

星上遥测遥控设备由遥测遥控数据处理器、遥测遥控收发机和遥测遥控天线组成。星上角跟踪系统各分机的遥测信号送遥测遥控数据处理器,再通过遥测遥控发射机、遥测遥控天线发到地面终端站。由遥测遥控天线接收的地面终端站发来的遥控指令,经遥测遥控收发机接收解调后送遥测遥控数据处理器分发到角跟踪系统相应分机执行。

地面设备包括地面终端站、卫星操作管理中心、地面校准站。在中继星星下点,或适当位置设校准站。

星载角跟踪系统在轨相位校准方法是地面站数据处理校相。步骤是：

第一，确定并记录星上角跟踪系统接收机内工作组态（包括接收信号形式、微波信道状态、接收机带宽等）。

第二，确定该工作组态时，地面试验测试得到的相位补偿值。

第三，地面卫星操作管理中心发指令：星上角跟踪系统、遥控遥测设备、校准站、地面终端站和卫星操作管理中心等处于校相工作状态。

（1）跟踪接收机的 $\Phi_{\Sigma TM}$（单通道调制器中的 360°移相器的相移遥测量）、V_{AGCTM}，ΔV_{ATM}，ΔV_{ETM} 通过遥测传到卫星操作管理中心。

（2）星上天线支架的天线指向角数据 A_t，E_t 通过遥测传到卫星操作管理中心。

第四，卫星操作管理中心发遥控指令置星上接收机的 360°移相器的相移量为第二条确认的相位补偿值。

第五，天线零点对准标校站，步骤是：

（1）标校站对准星上角跟踪系统的天线，发射单载波全功率信号。

（2）卫星操作管理中心遥控指令（通过终端站 Ka 遥控遥测、星上遥控遥测处理器）驱动天线指向校准站。

（3）卫星操作管理中心根据接收机的遥测 $V_{AGCTM} \geqslant$ 门限 1，认为天线粗对准校准站。

再根据差信号为零时，天线差零点对准校准站。

第六，方位相位补偿值测试。

（1）保持天线俯仰不动，驱动天线方位拉偏半波束宽度，例如 $\Theta_A = 0.13°$，$\Theta_E = 0°$。

（2）卫星操作管理中心遥控改变星上接收机中 360°相移器的相移量，同时遥测记录接收机遥测传到卫星操作管理中心的参数 $\Phi_{\Sigma TM}$，V_{AGCTM}，ΔV_{ATM}，ΔV_{ETM}，并作出 ΔV_{ATM}，ΔV_{ETM} 随 $\Phi_{\Sigma TM}$ 的变化曲线，如图 12.3（a）所示。确定 ΔV_{ATM} 从正到负过零时的 $\Phi_{\Sigma TM}$ 值，记为 $\Phi'_{\Sigma A}$，同时记录 ΔV_{ETM} 过零时的 $\Phi_{\Sigma TM}$ 值，记为 $\Phi_{\Sigma A}$，可以看到，$\Phi_{\Sigma A}$ 时的 ΔV_{ATM} 为最大，应是 $\Phi_{\Sigma A} = \Phi'_{\Sigma A} - \pi/2$。

注意：求 ΔV_{ATM} 过零，求 ΔV_{ETM} 过零的规定应与地面试验时的约定一致。

第七，天线零点对准标校站。

步骤与第五相同。

第八，俯仰相位补偿值测试。

（1）保持天线方位不动，驱动天线俯仰拉偏半波束宽度，例如 $\Theta_E = 0.13°$，$\Theta_A = 0°$。

（2）卫星操作管理中心遥控改变星上接收机中 360°相移器的相移量，同时遥测记录接收机遥测传到卫星操作管理中心的参数 $\Phi_{\Sigma TM}$，V_{AGCTM}，ΔV_{ATM}，ΔV_{ETM}。并作出 ΔV_{ATM}，ΔV_{ETM} 随 $\Phi_{\Sigma TM}$ 的变化曲线，如图 12.3（b）所示。确定 ΔV_{ETM} 从正到负过零时的 $\Phi_{\Sigma TM}$ 值，记为 $\Phi'_{\Sigma E}$，同时记录 ΔV_{ATM} 过零时的 $\Phi_{\Sigma TM}$ 值，记为 $\Phi_{\Sigma E}$，可以看到，$\Phi_{\Sigma E}$ 时的 ΔV_{ETM} 为最大，应该是 $\Phi_{\Sigma E} = \Phi'_{\Sigma E} - \pi/2$。

注意：求 ΔV_{ETM} 过零，求 ΔV_{ATM} 过零的规定应与地面试验时的约定一致。

第九，求出相位补偿值 Φ_{Σ} 并遥控置 Φ_{Σ} 于 360°相移器中，$\Phi_{\Sigma} = (\Phi_{\Sigma A} + \Phi_{\Sigma E})/2$。

第十，检查在 Φ_{Σ} 值下的俯仰和方位误差特性（灵敏度、极性、交叉耦合）是否符合要求。必要时可通过捕获牵引和自跟踪进行检查。

12.4.3　在轨相位校准方案的分析论证

在轨校相方案需考虑的几个因素及分析：

在相位校准过程中，一个校相过程所需要的时间、天线转动的次数和范围、姿态的稳定性因素是相互影响的，在制订在轨校相方案时，需要对此进行必要的分析。

（1）一个校相过程遥控遥测所需时间分析。

（2）卫星平台姿态稳定性与相位校准方案。

（3）在轨校相方案的地面验证。

12.5　用户星 Ka 天线跟踪系统在轨相位校准方法

12.5.1　任务分析

12.5.1.1　不能建立校相站

用户星角跟踪系统，既不能在地球表面建标校塔来相位标校，也不能像舰载角跟踪系统在船头近距离建信标来校相，而用户星在轨工作寿命一般是 2～5 年，环境温度变化比地面站和舰载站都大，它的校相就更困难了。

12.5.1.2　交叉耦合分析结果

假设用户星为 TE_{11}，TE_{21} 模跟踪系统，12.3.2 节分析结果是交叉耦合系数（M_H，M_V）随 $\Delta\beta$（馈源和差器后的和路与差路的相对相位）的变化。

从式（12.33）可见，若能通过某种方案，在轨校相使 $\Delta\beta$ 减小在 7°（交叉耦≤20%）以内，最大不能超过 14°就能保证角跟踪系统正常工作。

12.5.1.3　引起和差信道相位变化的 4 个环节

（1）馈源和差输出。馈源和差器形成 Σ，Δ 两路至输出口。

（2）传输波导及旋转关节。Σ，Δ 分别经较长的传输波导及旋转关节。

（3）低噪声放器。Σ，Δ 分别经低噪声放大器 $LNA(\Sigma)$，$LNA(\Delta)$。

（4）单通道调制器。单通道调制器的耦合器前 Σ，Δ 分别经和路移相器，差路四相调制器。

这 4 个环节是串联的，$\Delta\beta$ 是这 4 个环节引起相位变化的代数和。可以想到，若能有某种方案，在轨校相使能补偿 4 个环节中的约 3 个环节的相位变化，就能保证 $\Delta\beta$ 小于<7°，从而保证跟踪系统正常工作。

12.5.2　一种在轨校相方案

根据 12.5.1 节分析，提出一种在轨校相方案原理如图 12.4～图 12.5 所示。需要说明的是开关 K1 和耦合器应尽量靠近馈源输出口，但是往往馈源口安装困难，可在传输波导上适当位置安装开关 K1 和耦合器，就能通过校相补偿绝大部分 $\Delta\beta$ 的变化。保证系统正常工作。

12.5.2.1　相位校准设备

如图 12.4 所示，用户星角跟踪系统的相位校准设备由天线、天线支架、跟踪接收机、捕获跟踪控制器、驱动电路和相位补偿控制器构成。天线用于接收目标信号，同时其馈源输出和信

号 Σ、差信号 Δ 进入单通道跟踪接收机,天线支架分别与天线和驱动电路相接,用于带动天线旋转,同时天线支架的角传感器输出天线的方位轴、俯仰轴的实时轴角信号送至捕获跟踪控制器;单通道角跟踪接收机接收天线馈源输出的和信号 Σ、差信号 Δ,进行低噪声放大、单通道合成及 AGC 控制后,经角误差信号提取器后输出的角误差信号分别送入捕获跟踪控制器和相位补偿控制器;捕获跟踪控制器根据输入的 $V_{AGC}/\Delta V_A/\Delta V_E$、天线支架轴角信号、卫星姿态数据、注入数据和遥控指令等进行工作模式自动切换、决定控制规律并输出控制脉冲给驱动电路和相位补偿控制器;相位补偿控制器接收单通道接收机输出的方位差信号 ΔV_A、俯仰差信号 ΔV_E、接收电平指示 V_{AGC} 及捕获跟踪控制器的输出信号,根据上述信号进行相位自动补偿,同时输出基准时序控制信号加至单通道接收机的耦合器输入端、单通道调制器和角误差信号提取器的输入端;驱动电路接收捕获跟踪控制器送来的角误差信号,经功率放大后驱动天线支架中的驱动机构。

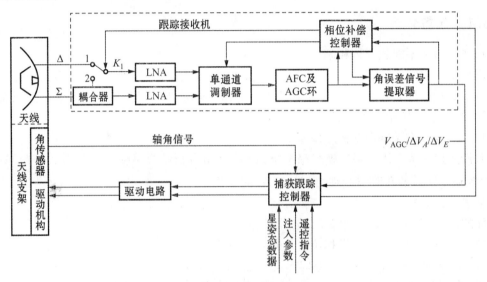

图 12.4　在轨校相方案原理图

天线由直径约为 $1\,\mathrm{m}$ 的抛物面反射器和单脉冲多模(TE_{11} 模为和模、TE_{21} 为差模)馈源构成,天线波束宽度约为 $0.8°$。天线接收中继星发来的 Ka 信标信号,馈源输出和信号 Σ、差信号 Δ(方位差信号 ΔA 与俯仰差信号 ΔE 矢量和成为 Δ)。

目标信号进入天线,由馈源形成 Σ、$\Delta(\Delta A$ 和 $\Delta E)$ 分别经过较长的信道,至角误差信号提取器,角误差信号提取器能正确提取出方位角误差信号 ΔV_A、俯仰角误差信号 ΔV_E 的一个前提条件是:从天线至接收机角误差信号提取出来,ΔA(或 ΔE)通路与 Σ 通路的相对相位差,随温度、电路参数改变而不变(理想状态)或变化较小(在允许范围内)。

实际上,由于温度和电路参数改变,Σ、Δ 通道之间的相对相位是在变化的。如果已调好的系统,后来 Σ、Δ 之间相位变化大于某一个值,系统就不能正常工作了。因此,在图 12.4 所示系统中,设置有相位校准工作模式,系统处于相位校准模式时,由相位补偿控制器控制可以将 Σ 路、Δ 路的相对相位变化进行自动补偿,从而达到相位校准的目的。

12.5.2.2　相位校准地面试验

采用上述校相设备进行在轨自动相位校准,先要在地面利用标校塔进行校相试验,确定主要参数及其关系。

　　1)　对标校塔的要求

　　(1) 标校塔和跟踪天线中心的连线应垂直于天线支架的 X 轴。这个问题,在地面跟踪系统校相中,常不引人注意,因地面跟踪系统天线支架常是方位俯仰支架,方位轴是垂直地面指向天空,在地面上设标校站,常是满足标校站与天线中心连线垂直于方位轴。俯仰角有偏也会在 $10°$ 以内。本节的角跟踪系统通常是 X-Y 支架系统。按规定,其 X 轴是相对于天线座平行固连的,例如,天线座在地面,X 轴就平行地表面,若 X 轴取正南北向,那么标校塔就不能建在天线的南或北边,只能建在正东边或正西边。

　　(2) 标校塔与天线距离 R_0 应满足远区场要求

$$R_0 \geqslant \frac{2D^2}{\lambda}$$

式中:D——天线直径;

　　　　λ——波长。

　　(3) 塔高应满足天线第二旁瓣不打地。

　　2) 地面校相试验步骤

　　第一,相位补偿控制器发指令,使开关 K_1 置 1 端。进行校相,求出单通道调制器和路 $360°$ 相移器应置的相位补偿值,记为 $\phi_{\Sigma 1}$。

　　第二,相位补偿控制器指令,使开关 K_1 置 2 端。天线方位左右偏离信标半波束宽度,求出相位补偿值,记为 $\phi_{\Sigma 2-1}$,$\phi_{\Sigma 2-2}$。然后,天线俯仰上下偏离信标半波束宽度,分别求出相位补偿值,记为 $\phi_{\Sigma 2-3}$,$\phi_{\Sigma 2-4}$,求其平均值为 $\phi_{\Sigma 2} = (\phi_{\Sigma 2-1} + \phi_{\Sigma 2-2} + \phi_{\Sigma 2-3} + \phi_{\Sigma 2-4})/4$。

　　第三,求出 $\phi_{\Sigma 2}$ 与 $\phi_{\Sigma 1}$ 的差为 $\Delta \phi_{\Sigma}$,$\Delta \phi_{\Sigma} = \phi_{\Sigma 2} - \phi_{\Sigma 1}$。设计应使 $\Delta \phi_{\Sigma}$ 较小。

　　$\Delta \phi_{\Sigma}$ 代表在轨校相地面试验中,在轨校相的相位补偿值($\phi_{\Sigma 2}$)比地面标校塔校相求出的相位补偿值($\phi_{\Sigma 1}$)大多少。可以通过调整耦合器在和路传输波导上的位置来调节 $\Delta \phi_{\Sigma}$ 的大小,确定一个较小或接近于零的值,因为 $\Delta \phi_{\Sigma}$ 太大,在轨校相数据处理不方便。卫星上天后,天线程控指向中继星,开关 K_1 置 2 端,在轨校相求得相位补偿值 $\phi_{\Sigma 轨}$,校相结束后开关 K_1 置 1 端,这时,单通道调制器的和路移相器相移量应置为 $\phi_{\Sigma 用} = \phi_{\Sigma 轨} - \Delta \phi_{\Sigma}$。

12.5.2.3　在轨自动相位校准方法

　　第一,捕获跟踪控制器根据低轨卫星(跟踪系统载体)的轨道预报及卫星姿态参数、中继星位置等计算出天线控制信号,驱动天线指向中继星。由于程控精度优于 $0.4°$,中继星一定落入用户星天线波束($0.8°$)内。即天线馈源输出有 Σ,Δ 信号到单通道跟踪接收机,接收机的 V_{AGC} 大于门限值,表示目标存在。

　　第二,设备工作在相位校准模式。相位补偿控制器控制开关 $K1$ 置于 2 端。从和路 Σ 中耦合一小部分信号进入差 LNA,相当于差路只有方位差(ΔA)输入。

　　第三,相位补偿流程图如图 12.5 所示。相位补偿控制器的信号调节单通道调制器的相移量 ϕ_{Σ} 进行 $360°$ 扫描,相位补偿控制器记录 ΔV_A,ΔV_E 及 ϕ_{Σ} 值,作出 ΔV_{ATM}-ϕ_{Σ},ΔV_{ETM}-ϕ_{Σ} 曲线,进行数据处理找相位补偿值 $\phi_{\Sigma 轨}$。

　　第四,最后确定置 $\phi_{\Sigma 用} = \phi_{\Sigma 轨} - \Delta \phi_{\Sigma}$。

　　第五,相位补偿控制器控制开关 $K1$ 置于 1 端,至此,相位校准结束。需要说明的是,上述相位补偿方法只对开关 $K1$ 输出口至接收机角误差信号提取器输出,Σ 路信号与 Δ 路信号相对相位变化进行了补偿。天线馈源中的 Σ、Δ 相对相位变化,及馈源至开关 K1 处的相对相位变化,没有进行补偿。工程中,可以做温度试验来测定其变化量,以确定是否需对上述的相位补偿结果作某些修正。但是,此方法用少量设备,解决了用户星角跟踪系统校相技术难题。因为,它补偿了和(Σ)、差(Δ)路相对相位变化的绝大部分,能保证用户星角跟踪系统正常工作。

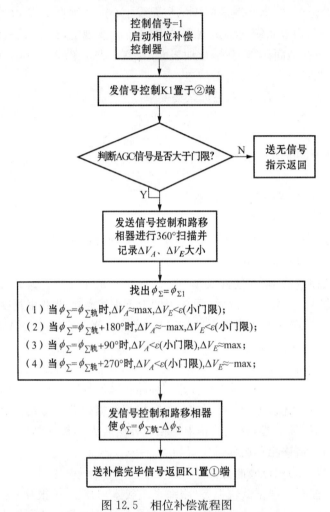

图 12.5 相位补偿流程图

12.5.3 第二、第三种在轨校相方案简述

12.5.3.1 第二种在轨校相方案简述

在卫星舱内设置校相信号源,在 X 轴旋转关节与 Y 轴旋转关节之间的和差路传输波导上分别安置和耦合器及差耦合器,一个二分路器的两输出端分别与和、差耦合器的输入端相接。校相信号源输出由一低耗电缆送至靠近耦合器的功分器。

需校相时,校相信号源输出信号送和路及差路,相位补偿控制器控制 360°移相器扫描,求出相位补偿值。

校相信号源:工作频率 23 GHz;

输出功率:约 -30 dBm;

和、差路耦合器:耦合比 30 dB;

功分器:二分路器。

方案优点:

(1) 可以校掉和差路相位变化的 80%,能达到校相指标要求。

(2) 校相可即时进行,不要求基本对准中继星。

(3) 耦合器不存在单点失效,安装空间易解决。

(4) 校相信号源输出可以很小,只有校相时才输出。

(5) 可用电缆输送校相信号。

方案缺点:

(1) 馈源的相位变化没校掉。

(2) 还有一段(包含一个旋转关节)波导的相位变化没校掉。

(3) 增加一个校相信号源,体积、度量、功耗略有增加。

(4) 信号隔离有一定难度。

12.5.3.2　第三种在轨校相方案简述

馈源输出和信号 Σ,方位差信号 ΔA,俯仰差信号 ΔE。

Σ,ΔA,ΔE 分别经三路 LNA,然后,ΔA,ΔE 时分地加在和路 Σ 上形成单通道信号。为了实现在轨校相,需在方位 LNA 与单通道调制器之间加一个 360°数控移相器,在俯仰 LNA 与单通道调制器之间加一个 360°数控移相器。在轨校相时,用户星天线程控指向中继星,这时,用户星天线馈源输出有 Σ,ΔA 和 ΔE,当跟踪接收机 PLL 锁定,V_{AGC} 大于一定值表示可以校相。由接收机中的相位自动补偿控制器分别控制方位差路 360°移相器扫描、俯仰差路 360°移相器扫描,分别求出相位补偿值。这种方案只适应方位(或俯仰)与 Σ 路相对相位变化 $\leqslant \pm 45°$范围内情况。

第13章 中继星天线程控指向用户星的方位角和俯仰角计算

本章叙述中继星天线程控跟踪指向低轨道用户星过程中,送入中继星天线控制器的天线方位角 α 和俯仰角 β 是怎样求得的。中继星和用户星都在各自的轨道上运动,它们在轨道上的位置是随时间变化的,这就必须求出中继星及用户星在轨道上的位置与时间的关系。同时,中继星天线安装在受姿态控制所稳定的卫星平台上,中继星姿态的变化也影响中继星天线的指向。这就需要卫星在轨道上位置的预报,并且位置预报需要满足一定的精度要求。在轨道上位置预报精度越高、卫星姿态控制精度越高,天线指向用户星就越准确。

卫星的运行轨道由 6 个轨道根数决定,本章叙述在已知中继星及用户星的轨道根数、已知中继星的姿态参数条件下,求出中继星天线指向用户星的方位角 α 及俯仰角 β 的过程。本章应用坐标变换法进行计算,也可用矢阵方法进行计算,可参阅文献[67]。

13.1 坐标系定义及坐标转换矩阵

13.1.1 地心惯性坐标系 $OX_\mathrm{I}Y_\mathrm{I}Z_\mathrm{I}$

图 13.1 为地心惯性坐标系。图中原点:地球球心 O;基准面:某历元赤道面;轴指向:X_I 轴:指向某一历元(一般取 J2000.0)的平春分点;Z_I 轴:垂直基准面,指向地球北极;Y_I 轴:X_I,Y_I,Z_I 服从右手定则。

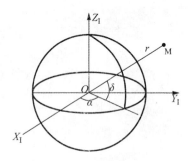

图 13.1 地心惯性坐标系

在地心惯性坐标系中 M 点的球面坐标为:地心距 r,赤经度 α,赤纬度 δ。坐标系不随地球自转而转动,因为 X_I 轴由赤道面和黄道交线的春分点确定,春分点不随地球转动而移动。

13.1.2 地心轨道坐标系 $OX_\mathrm{o}Y_\mathrm{o}Z_\mathrm{o}$

$OX_\mathrm{o}Y_\mathrm{o}Z_\mathrm{o}$ 与 $OX_\mathrm{I}Y_\mathrm{I}Z_\mathrm{I}$ 的相互关系如图 13.2 所示。图中原点:地球球心 O;基准面:轨道

平面;轴指向:X_o轴:指向近地点 P,X_o轴如图中的 OP;Z_o 轴:过原点垂直于基准面,如图中的 OZ_o;Y_o 轴:过原点 X_o,Y_o,Z_o 服从右手定则。图 13.2 表示卫星 S 的地心轨道坐标系 $OX_oY_oZ_o$ 与地心惯性坐标系 $OX_IY_IZ_I$ 的关系:P 是近地点,N 是升交点,i 是轨道倾角,Ω 是升交点赤径,ω 是近地点辐角,f 是真近点角,α 是卫星的赤径,δ 是卫星的赤纬,r 是卫星的地心距。

在以下分析中,将有中继星的地心轨道坐标系 $OX_{oD}Y_{oD}Z_{oD}$,用户星的地心轨道坐标系 $OX_{oU}Y_{oU}Z_{oU}$。

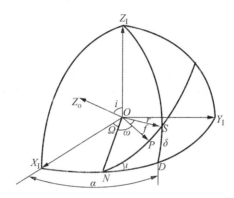

图 13.2　地心轨道坐标系与地心惯性坐标系

13.1.3　质心轨道坐标系 $SX_oY_oZ_o$

图 13.3 为质心轨道坐标系。图中原点:航天器质心 S;基准面:轨道平面;轴指向:Z_o 轴:从原点指向地心 O;X_o 轴:在轨道面内,垂直于 Z_o 轴指向运动方向;Y_o 轴:X_o,Y_o,Z_o 三轴构成右手定则。

在以下分析中,将有中继星质心轨道坐标系 $S_DX_{oD}Y_{oD}Z_{oD}$,用户星质心轨道坐标 $S_UX_{oU}Y_{oU}Z_{oU}$。

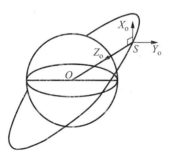

图 13.3　质心轨道坐标系

13.1.4　中继星星体坐标系 $S_DX_bY_bZ_b$

这里只定义中继星星体坐标系,参考文献[87]第五章,假设中继星姿态参考坐标系就是质心轨道坐标系,假设本体坐标系原点与中继星质心轨道坐标系原点重合,X_b,Y_b,Z_b 分别称为滚动轴、俯仰轴和偏航轴。与参考坐标系 $S_DX_{oD}Y_{oD}Z_{oD}$ 的关系由姿态角(滚动角 ϕ、俯仰角 θ、偏航角 ψ)决定。在 $\phi=0$,$\theta=0$,$\psi=0$ 时,两者重合。

13.1.5 中继星天线坐标系 $S_aX_aY_aZ_a$

假设中继星天线坐标系原点与本体坐标系原点重合,天线为 XY 驱动机构,天线 X_b 轴与本体坐标系 X_b 轴固连,天线 X_a 轴、Y_a 轴处于零位时,X_a,Y_a,Z_a 分别与 X_b,Y_b,Z_b 重合。X_a 轴称为天线方位轴,Y_a 轴称为天线俯仰轴,Z_a 为天线机械轴或电轴(假设机械轴与电轴重合)。如果天线坐标系原点与本体坐标系原点不重合,或天线轴取向另规定,则增加本体坐标系到天线坐标系的坐标变换矩阵。

13.1.6 坐标转换矩阵

假设空间中有一点 M,在 $OXYZ$ 坐标系(X,Y,Z 服从右手定则)中的坐标是 x,y,z,如果将此正交坐标系 $OXYZ$ 绕 X 轴转过一角度 θ,得到一个新坐标系 $OX'Y'Z'$,显然 X' 轴与 X 轴是重合的。在 YZ 平面内坐标 Y',Z' 的方向如图 13.4 所示,M' 是 M 点在 YZ 平面上的投影,M' 在新坐标中的坐标 $OX'Y'Z'$ 与在原坐标系 $OXYZ$ 中坐标的关系为

$$
\begin{aligned}
x' &= X \\
y' &= Y\cos\theta + Z\sin\theta \\
z' &= -Y\sin\theta + Z\cos\theta
\end{aligned}
\tag{13.1}
$$

写成矩阵形式是

$$
\begin{bmatrix} x' \\ y' \\ z' \end{bmatrix} =
\begin{bmatrix} 1 & 0 & 0 \\ 0 & \cos\theta & \sin\theta \\ 0 & -\sin\theta & \cos\theta \end{bmatrix}
\begin{bmatrix} X \\ Y \\ Z \end{bmatrix} =
\boldsymbol{R}_x(\theta)
\begin{bmatrix} X \\ Y \\ Z \end{bmatrix}
\tag{13.2}
$$

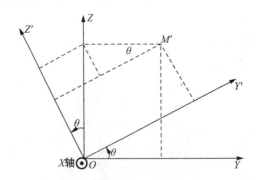

图 13.4 坐标系绕 X 轴旋转 θ 示意图

$Rx(\theta)$ 为坐标系绕 X 轴旋转 $+\theta$ 角的坐标转换矩阵。

注意转角 θ 的正负由右手定则确定,图 13.4 中转轴为 X 轴,因在 $OXYZ$ 坐标系中 X,Y,Z 服从右手定则,所以 X 轴由里指向纸外,右手握住 X 轴,拇指指向与 X 轴箭头一致,旋转方向与四指方向一致时,转角 θ 为正;反之 θ 为负。图 13.4 中,转 θ 角时,与四指方向一致,所以 θ 为正。

同样,绕 Y 轴、Z 轴旋转时可得

$$
\begin{bmatrix} x'' \\ y'' \\ z'' \end{bmatrix} =
\begin{bmatrix} \cos\theta & 0 & -\sin\theta \\ 0 & 1 & 0 \\ \sin\theta & 0 & \cos\theta \end{bmatrix}
\begin{bmatrix} X \\ Y \\ Z \end{bmatrix} =
\boldsymbol{R}_y(\theta)
\begin{bmatrix} X \\ Y \\ Z \end{bmatrix}
\tag{13.3}
$$

$$\begin{bmatrix} x''' \\ y''' \\ z''' \end{bmatrix} = \begin{bmatrix} \cos\theta & \sin\theta & 0 \\ -\sin\theta & \cos\theta & 0 \\ 0 & 0 & 1 \end{bmatrix} \begin{bmatrix} X \\ Y \\ Z \end{bmatrix} = \boldsymbol{R}_z(\theta) \begin{bmatrix} X \\ Y \\ Z \end{bmatrix} \tag{13.4}$$

如果第一次旋转后,第二次绕新坐标系中的 Y' 轴转 ϕ 角,第三次绕第二次旋转后的新坐标系的 Z'' 轴转 ψ 角,则 M 点在坐标系 $OX'''Y'''Z'''$ 中的坐标可写成

$$\begin{bmatrix} x''' \\ y''' \\ z''' \end{bmatrix} = \boldsymbol{R}_z(\psi)\boldsymbol{R}_y(\phi)\boldsymbol{R}_x(\theta) \begin{bmatrix} X \\ Y \\ Z \end{bmatrix} \tag{13.5}$$

所以,坐标转换矩阵有如下标准形式:

$$\boldsymbol{R}_x(\theta) = \begin{bmatrix} 1 & 0 & 0 \\ 0 & \cos\theta & \sin\theta \\ 0 & -\sin\theta & \cos\theta \end{bmatrix} \tag{13.6}$$

$$\boldsymbol{R}_y(\phi) = \begin{bmatrix} \cos\phi & 0 & -\sin\phi \\ 0 & 1 & 0 \\ \sin\phi & 0 & \cos\phi \end{bmatrix} \tag{13.7}$$

$$\boldsymbol{R}_z(\psi) = \begin{bmatrix} \cos\psi & \sin\psi & 0 \\ -\sin\psi & \cos\psi & 0 \\ 0 & 0 & 1 \end{bmatrix} \tag{13.8}$$

13.2　卫星轨道的 6 个轨道根数

在卫星轨道的分析问题中,常假设卫星在地球中心引力场中运动,忽略其他各种摄动力的因素(如地球形状非球形密度分布不均匀引起的摄动力和太阳、月球引力等)。这种卫星轨道称为二体轨道。在此情况下,卫星绕地球以椭圆轨道运转,地球 O_E 在椭圆的两个焦点(F_1,F_2)之一,如图 13.5 所示。轨道参数为:

(1) 半长轴 a:a 为椭圆长轴 AP 的一半。A 为远地点,P 为近地点,b 为椭圆半短轴。

(2) 偏心率 $e = \sqrt{1 - \left(\dfrac{b}{a}\right)^2}$。当 $e = 0$ 时,轨道为圆轨道;当 $0 < e < 1$,轨道为椭圆轨道。

(3) 轨道倾角 i,$0 \leqslant i \leqslant \pi$,$i$ 为轨道平面和地球赤道面的夹角,如图 13.2 所示。

(4) 升交点赤径 Ω:卫星从南到北通过赤道面的交点 N_a 称为升交点,卫星从北到南通过赤道面的交点 Nd 称为降交点。$0 \leqslant \Omega \leqslant 2\pi$,$\Omega$ 为春分点 r 与升交点 N_a 对地心 O_E 的张角,在赤道面内度量,如图 13.2 所示。

(5) 近地点辐角 ω,$0 \leqslant \omega \leqslant 2\pi$,升交点 N_a 与近地点 P 对地心 O_E 的张角,在轨道面内度量,如图 13.2 所示。

(6) 卫星过升交点时刻 t_N,t_N 决定卫星在轨道上的时间关系,与此密切相关的有真近点角 f,偏近点角 E 和平近点角 M,如图 13.6 所示。

卫星的椭圆轨道有一个半径为 b 的内接圆和一个半径为 a 的外接圆。

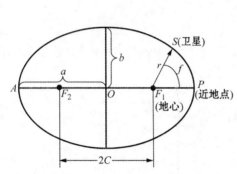

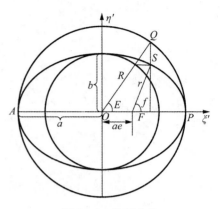

图 13.5　椭圆轨道偏心率与半长轴 a 和半短轴 b 的关系　　　　图 13.6　偏近点角

偏近点角 E，由卫星点 S 向长轴作垂线与椭圆的外切圆的交点为 Q，由 S 向短轴作垂线交内切圆为 R，则 Q,R,O 为一直线，QRO 与长轴的交角为 E，E 称为偏近点角，且有

$$\varepsilon' = a\cos E$$
$$\eta' = b\sin E \tag{13.9}$$

真近点角 f，从图 13.6 几何图形可求为

$$a\cos E = ae + r\cos f$$
$$b\sin E = r\sin f \tag{13.10}$$

平近点角 M，一个与真卫星轨道周期相同的假想卫星，在外切圆上以速度 n 作匀速运动，在同一时刻 t，离开近地点的地心张角为 M，若真卫星的偏近点角为 E，则

$$M = n(t - t_{\mathrm{N}}) = E - e\sin E \tag{13.11}$$

这 6 个参数是决定卫星轨道的基本参数，也称"轨道根数"。a 和 e 决定轨道形状；i 和 Ω 决定轨道平面在空间的位置；ω 决定长轴方位（即椭圆在轨道面上的方位）；t_{N} 决定卫星在轨道上的时间关系。

13.3　中继星到用户星位置矢量在地心惯性坐标系中的表示

13.3.1　中继星在地心惯性坐标系中的位置矢量

1）中继卫星在地心轨道坐标系中的位置 $(X_{\mathrm{oD}}, Y_{\mathrm{oD}}, Z_{\mathrm{oD}})$

$$X_{\mathrm{oD}} = r_1\cos f_1 \quad Y_{\mathrm{oD}} = r_1\sin f_1 \quad Z_{\mathrm{oD}} = 0 \tag{13.12}$$

式中：r_1——中继星到地心的距离矢量；

　　　f_1——真近点角，卫星位置相对于近地点角距。

2）中继卫星在地心惯性坐标系中的位置矢量

根据图 13.2 中，地心惯性坐标和地心轨道坐标的规定，应用坐标旋转得到卫星在地心惯性坐标中的位置。

参看图 13.2，地心轨道坐标系 $OX_{\mathrm{o}}Y_{\mathrm{o}}X_{\mathrm{o}}$ 与地心惯性坐标系 $OX_{\mathrm{I}}Y_{\mathrm{I}}Z_{\mathrm{I}}$ 之间的转换关系是这样的：先将地心轨道坐标系绕矢量 OZ_{o} 转角 $(-\omega)$，转换矩阵是 $\boldsymbol{R}_{\mathrm{Z}}(-\omega)$；再绕节线 ON 转角 $(-i)$，转换矩阵是 $\boldsymbol{R}_{\mathrm{X}}(-i)$；最后绕 Z 轴转角 $(-\Omega)$，转换矩阵是 $\boldsymbol{R}_{\mathrm{Z}}(-\Omega)$。经过这样 3 次

旋转后,地心轨道坐标系与地心惯性坐标系重合。

$$\begin{bmatrix} X_{ID} \\ Y_{ID} \\ Z_{ID} \end{bmatrix} = \boldsymbol{R}_Z(-\Omega_1)\boldsymbol{R}_X(-i_1)\boldsymbol{R}_Z(-\omega_1)\begin{bmatrix} X_{oD} \\ Y_{oD} \\ Z_{oD} \end{bmatrix}$$

(13.13)

$$= \frac{a_1(1-e_1^2)}{1+e_1\cos f_1}\begin{bmatrix} \cos\Omega_1\cos(\omega_1+f_1)-\sin\Omega_1\sin(\omega_1+f_1)\cos i_1 \\ \sin\Omega_1\cos(\omega_1+f_1)+\cos\Omega_1\sin(\omega_1+f_1)\cos i_1 \\ \sin(\omega_1+f_1)\sin i_1 \end{bmatrix}$$

式中:i_1——中继星轨道倾角。

Ω_1——中继星升交点与 X_1 轴的角距。

ω_1——中继星近地点辐角。

a_1——中继星的半长轴。

e_1——中继星的偏心率。

f_1——中继星的真近地点角。

中继卫星在地心惯性坐标系中的赤经度、赤纬度为

赤经度: $$\alpha = \arctan\left(\frac{Y_{ID}}{X_{ID}}\right)$$

(13.14)

赤纬度: $$\delta = \arctan\left(\frac{Z_{ID}}{\sqrt{X_{ID}^2+Y_{ID}^2+Z_{ID}^2}}\right)$$

或用轨道参数为

$$\alpha = \Omega_1 + \arctan(\tan u_1\cos i_1)$$
$$\delta = \arcsin(\sin u_1\sin i_1)$$
$$u_1 = \omega_1 + f_1$$

(13.15)

式中:u_1 是卫星离升交点的角距。

13.3.2 用户星在地心惯性坐标系中的位置矢量

用户星在地心惯性坐标系中的位置矢量:

$$\begin{bmatrix} X_{IU} \\ Y_{IU} \\ Z_{IU} \end{bmatrix} = \boldsymbol{R}_Z(-\Omega_2)\boldsymbol{R}_X(-i_2)\boldsymbol{R}_Z(-\omega_2)\begin{bmatrix} X_{oU} \\ Y_{oU} \\ Z_{oU} \end{bmatrix}$$

(13.16)

$$= \frac{a_2(1-e_2^2)}{1+e_2\cos f_2}\begin{bmatrix} \cos\Omega_2\cos(\omega_2+f_2)-\sin\Omega_2\sin(\omega_2+f_2)\cos i_2 \\ \sin\Omega_2\cos(\omega_2+f_2)+\cos\Omega_2\sin(\omega_2+f_2)\cos i_2 \\ \sin(\omega_2+f_2)\sin i_2 \end{bmatrix}$$

式中:i_2,a_2,e_2,Ω_2,ω_2,f_2 分别为用户星的倾角、半长轴、偏心率、升交点角距、近地点辐角和真近地点角。

13.3.3 中继星到用户星的位置矢量在地心惯性坐标系中的表示

根据式(13.13),中继星在地心惯性坐标系中的位置矢量为 $\boldsymbol{R}_{ID}$:

$$\boldsymbol{R}_{ID} = [X_{ID}, Y_{ID}, Z_{ID}] \tag{13.17}$$

根据式(13.16)，用户星在地心惯性坐标系中的位置矢量为 $\boldsymbol{R}_{IU}$：

$$\boldsymbol{R}_{IU} = [X_{IU}, Y_{IU}, Z_{IU}] \tag{13.18}$$

在地心惯性坐标系 $OX_IY_IZ_I$ 中，中继星到用户星的矢量为 $\boldsymbol{R}_{IDU}$：

$$\begin{aligned}
\boldsymbol{R}_{IDU} &= \boldsymbol{R}_{IU} - R_{ID}\\
&= [X_{IU} - X_{ID}, Y_{IU} - Y_{ID}, Z_{IU} - Z_{ID}]\\
&= [X_{IDU}, Y_{IDU}, Z_{IDU}]
\end{aligned} \tag{13.19}$$

13.4 中继星到用户星位置矢量在中继星质心轨道坐标系中的表示

在式(13.19)中的 $\boldsymbol{R}_{IDU}$ 位置矢量实际上是用户星在中继星质心为坐标原点的惯性坐标系中的位置矢量。所以，首先是求取由中继星质心惯性坐标系 $S_DX_IY_IZ_I$ 到中继星质心轨道坐标系 $S_DX_oY_oZ_o$ 的转换关系矩阵 $\boldsymbol{A}$，即有

$$\begin{bmatrix} X_{oDU} \\ Y_{oDU} \\ Z_{oDU} \end{bmatrix} = \boldsymbol{A} \begin{bmatrix} X_{IDU} \\ Y_{IDU} \\ Z_{IDU} \end{bmatrix} = \boldsymbol{A} \begin{bmatrix} X_{IU} - X_{ID} \\ Y_{IU} - Y_{ID} \\ Z_{IU} - Z_{ID} \end{bmatrix} \tag{13.20}$$

先将中继星质心惯性坐标系绕 Z_I 轴转 Ω_1，转换矩阵为 $R_{Z_I}(\Omega_1)$；再绕 X 轴转角 i_1，转换矩阵为 $\boldsymbol{R}_{X_I}(i_1)$；然后绕 Z_I 轴转角 $(\omega_1 + f_1)$，转换矩阵为 $\boldsymbol{R}_{Z_I}(\omega_1 + f_1)$；还需绕 Y_I 轴旋转 $\left(-\dfrac{\pi}{2}\right)$，转换矩阵为 $\boldsymbol{R}_{Y_I}\left(-\dfrac{\pi}{2}\right)$；再绕 Z_I 轴转 $\left(\dfrac{\pi}{2}\right)$，转换矩阵为 $\boldsymbol{R}_{Z_I}\dfrac{\pi}{2}$，即将中继星质心惯性坐标系转到与中继星质心轨道坐标系重合[20,86]。

$$\begin{aligned}
\boldsymbol{A} =& \boldsymbol{R}_{Z_I}\left(\frac{\pi}{2}\right)\boldsymbol{R}_{Y_I}\left(-\frac{\pi}{2}\right)\boldsymbol{R}_{Z_I}(\omega_1 + f_1)\boldsymbol{R}_{X_I}(i_1)\boldsymbol{R}_{Z_I}(\Omega_1)\\[2mm]
=& \begin{bmatrix} \cos\dfrac{\pi}{2} & \sin\dfrac{\pi}{2} & 0 \\ -\sin\dfrac{\pi}{2} & \cos\dfrac{\pi}{2} & 0 \\ 0 & 0 & 1 \end{bmatrix} \begin{bmatrix} \cos\left(-\dfrac{\pi}{2}\right) & 0 & \sin\left(-\dfrac{\pi}{2}\right) \\ 0 & 1 & 0 \\ \sin\left(-\dfrac{\pi}{2}\right) & 0 & \cos\left(-\dfrac{\pi}{2}\right) \end{bmatrix} \boldsymbol{R}_{Z_I}(\omega_1 + f_1)\boldsymbol{R}_{X_I}(i_1)\boldsymbol{R}_{Z_I}(\Omega_1)\\[2mm]
=& \begin{bmatrix} 0 & 1 & 0 \\ 0 & 0 & -1 \\ -1 & 0 & 0 \end{bmatrix} \boldsymbol{R}_{Z_I}(\omega_1 + f_1)\boldsymbol{R}_{X_I}(i_1)\boldsymbol{R}_{Z_I}(\Omega_1)\\[2mm]
=& \begin{bmatrix} 0 & 1 & 0 \\ 0 & 0 & -1 \\ -1 & 0 & 0 \end{bmatrix} \begin{bmatrix} \cos(\omega_1 + f_1) & \sin(\omega_1 + f_1) & 0 \\ -\sin(\omega_1 + f_1) & \cos(\omega_1 + f_1) & 0 \\ 0 & 0 & 1 \end{bmatrix} \begin{bmatrix} 1 & 0 & 0 \\ 0 & \cos i_1 & \sin i_1 \\ 0 & -\sin i_1 & \cos i \end{bmatrix} \begin{bmatrix} \cos\Omega_1 & \sin\Omega_1 & 0 \\ -\sin\Omega_1 & \cos\Omega_1 & 0 \\ 0 & 0 & 1 \end{bmatrix}\\[2mm]
=& \begin{bmatrix} -\sin u_1\cos\Omega_1 - \cos u_1\cos i_1\sin\Omega_1 & -\sin u_1\sin\Omega_1 + \cos u_1\cos i_1\cos\Omega_1 & \cos u_1\sin i_1 \\ -\sin i_1\sin\Omega_1 & \sin i_1\cos\Omega_1 & -\cos i_1 \\ -\cos u_1\cos\Omega_1 - \sin u_1\cos i_1\sin\Omega_1 & -\cos u_1\sin\Omega_1 - \sin u_1\cos i_1\cos\Omega_1 & -\sin u_1\sin i_1 \end{bmatrix}
\end{aligned} \tag{13.21}$$

13.5　中继星到用户星位置矢量在中继星本体坐标系中的表示

中继星是对地定向的三轴稳定卫星,假设其姿态的参考坐标系是中继星质心轨道坐标系 $SX_oY_oZ_o$,如图 13.7 所示。通常将 X_o,Y_o,Z_o 轴分别称为滚动轴、俯仰轴、偏航轴。用欧拉角表示 $S_bX_bY_bZ_b$ 相对于参考坐标系 $SX_oY_oZ_o$ 的关系,采用 3-1-2 顺序转动参考坐标系就可得到星体坐标系。转换矩阵为 $\boldsymbol{B}_{312}(\psi,\phi,\theta)$。

$$
\begin{aligned}
&\boldsymbol{B}_{312}(\psi,\phi,\theta)\\
&=\boldsymbol{R}_Y(\theta)\boldsymbol{R}_X(\phi)\boldsymbol{R}_Z(\psi)\\
&=\begin{bmatrix}\cos\theta & 0 & -\sin\theta\\ 0 & 1 & 0\\ \sin\theta & 0 & \cos\theta\end{bmatrix}\begin{bmatrix}1 & 0 & 0\\ 0 & \cos\phi & \sin\phi\\ 0 & -\sin\phi & \cos\phi\end{bmatrix}\begin{bmatrix}\cos\psi & \sin\psi & 0\\ -\sin\psi & \cos\psi & 0\\ 0 & 0 & 1\end{bmatrix}\\
&=\begin{bmatrix}\cos\theta\cos\psi-\sin\phi\sin\theta\sin\psi & \cos\theta\sin\psi+\sin\phi\sin\theta\cos\psi & -\cos\phi\sin\theta\\ -\cos\theta\sin\psi & \cos\phi\cos\psi & \sin\phi\\ \sin\theta\cos\psi+\sin\phi\cos\theta\sin\psi & \sin\theta\sin\psi-\sin\phi\cos\theta\cos\psi & \cos\phi\cos\theta\end{bmatrix}
\end{aligned}\tag{13.22}
$$

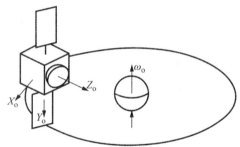

图 13.7　中继星质心轨道坐标系

当 ψ,ϕ,θ 都是小量时,姿态矩阵可简化为

$$
\boldsymbol{B}_{312}(\psi,\phi,\theta)=\begin{bmatrix}1 & \psi & -\theta\\ -\psi & 1 & \phi\\ \theta & -\phi & 1\end{bmatrix}\tag{13.23}
$$

式中:ϕ——滚动角;

　　θ——俯仰角;

　　ψ——偏航角。

中继星到用户星位置矢量在中继星本体坐标系中为

$$
\begin{bmatrix}X_{bDU}\\ Y_{bDU}\\ Z_{bDU}\end{bmatrix}=\boldsymbol{B}\begin{bmatrix}X_{oDU}\\ Y_{oDU}\\ Z_{oDU}\end{bmatrix}=\boldsymbol{B}\boldsymbol{A}\begin{bmatrix}X_{IU}-X_{ID}\\ Y_{IU}-Y_{ID}\\ Z_{IU}-Z_{ID}\end{bmatrix}\tag{13.24}
$$

13.6　中继星天线指向用户星的方位角和俯仰角计算

前面已假设中继星天线坐标的 X_a,Y_a,Z_a 处于零位时,分别与星体坐标三轴 X_b,Y_b,Z_b 重

合，X_a 与 X_b 固连。如图 13.8 所示。天线 X_a 轴（方位轴）和 Y_a 轴（俯仰轴）处于零位，Z_a 轴（天线电轴）指向地心，X_a 轴从零位开始转动 α，天线电轴方位偏离零位 α 角，Y_a 轴从零位开始转动 β，天线电轴俯仰偏离零位 β 角。α 角的正负按右手定则确定，即右手握住 X_a 轴，拇指指向 X_a 轴箭头方向，α 角转向与四个手指方向一致为正，否则为负；同理，对 Y_a 轴转动，确定 β 角的正负。

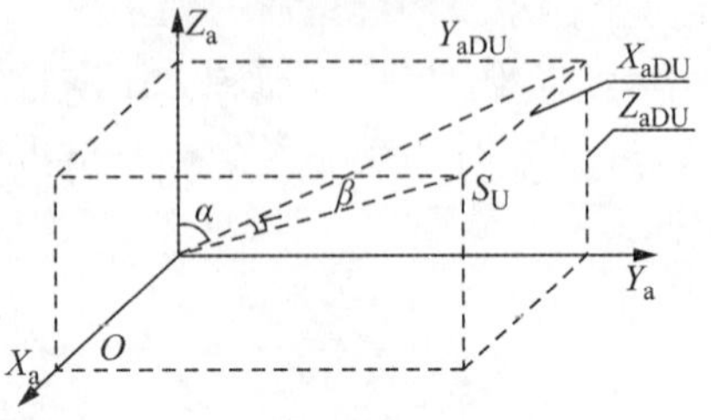

由式（13.24）可得，中继星到用户星位置矢量在中继天线坐标系中为

图 13.8 中继星天线坐标系

$$\begin{bmatrix} X_{aDU} \\ Y_{aDU} \\ Z_{aDU} \end{bmatrix} = \begin{bmatrix} X_{bDU} \\ Y_{bDU} \\ Z_{bDU} \end{bmatrix} = \boldsymbol{BA} \begin{bmatrix} X_{IU} - X_{ID} \\ Y_{IU} - Y_{ID} \\ Z_{IU} - Z_{ID} \end{bmatrix} \quad (13.25)$$

中继星天线指向用户星方位角 α 和俯仰角 β 计算式如下：

$$\alpha = -\arctan \frac{Y_{aDU}}{Z_{aDU}} \quad (13.26)$$

$$\beta = \arctan \frac{X_{aDU}}{\sqrt{Y_{aDU}^2 + Z_{aDU}^2}} = \arcsin \frac{X_{aDU}}{\sqrt{X_{aDU}^2 + Y_{aDU}^2 + Z_{aDU}^2}} \quad (13.27)$$

13.7 计算例

本节以特定条件下的数字计算例来验证式（13.26）、式（13.27）计算公式的正确性。假设用户星运行轨道为赤道面内的圆形轨道，中继星（中继星的 e 很小）和用户星都在赤道面内，再假设卫星姿态角为零，对应有

$$i_1 \approx 0 \quad (13.28)$$

$$e_2 = i_2 \approx 0 \quad (13.29)$$

$$\phi = \theta = \psi = 0 \quad (13.30)$$

由图 13.7 和图 13.8 可知，这种条件下，中继星天线程控指向用户星，天线的方位角 α 应等于零，只有俯仰角 β 在变化。

将式（13.28）代入式（13.13）、式（13.21），将式（13.29）代入式（13.16），将式（13.30）代入式（13.23），由式（13.24）得

$$\begin{bmatrix} X_{aDU} \\ Y_{aDU} \\ Z_{aDU} \end{bmatrix}$$

$$= \begin{bmatrix} X_{bDU} \\ Y_{bDU} \\ Z_{bDU} \end{bmatrix} = \boldsymbol{BA} \begin{bmatrix} X_{IU} - X_{ID} \\ Y_{IU} - Y_{ID} \\ Z_{IU} - Z_{ID} \end{bmatrix}$$

$$\approx \begin{bmatrix} -\sin(\Omega_1+\omega_1+f_1)[R_u\cos(\Omega_2+\omega_2+f_2)-R_D\cos(\Omega_1+\omega_1+f_1)]+\cos(\Omega_1+\omega_1+f_1)[R_u\sin(\Omega_2+\omega_2+f_2)-R_D\sin(\Omega_1+\omega_1+f_1)] \\ 0 \\ -\cos(\Omega_1+\omega_1+f_1)[R_u\cos(\Omega_2+\omega_2+f_2)-R_D\cos(\Omega_1+\omega_1+f_1)]-\sin(\Omega_1+\omega_1+f_1)[R_u\sin(\Omega_2+\omega_2+f_2)-R_D\sin(\Omega_1+\omega_1+f_1)] \end{bmatrix}$$

式中：

$$R_u = \frac{a_2(1-e_2^2)}{1+e_2\cos f_2}, \quad R_D = \frac{a_1(1-e_1^2)}{1+e_1\cos f_1} \quad (13.31)$$

式(13.31)中 $Y_{aDU}=0$,这个结果代入式(13.26)、式(13.27),得到方位角 $\alpha=0$,只有俯仰角 β 在变化。在计算式(13.31)时,取参数如下:地球半径 $R_e=6\,378\,km$,用户星轨道高度 $h=400\,km$,地球开普勒常数 $\mu=3.986\times10^{-5}\,km^3/s^2$;中继星轨道半径 $R_D=42\,164\,km$,轨道角速度 $\omega_D=\left(\dfrac{\mu}{R_D^3}\right)^{\frac{1}{2}}\,rad/s=7.292\,1\times10^{-5}\,rad/s$,轨道周期 $T_D=86\,164\,s$,中继星初始幅角为 $48°$;用户星圆轨道半径 $R_u=6\,778\,km$,轨道角速度 $\omega_u=\left(\dfrac{\mu}{R_u^3}\right)^{\frac{1}{2}}\,rad/s=1.131\,4\times10^{-3}\,rad/s$,轨道周期 $T_u=5\,553\,s$;计算用户星一个轨道周期时段的结果如图 13.9 所示。

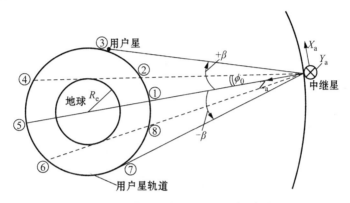

图 13.9　中继星与用户星的可视关系

在图 13.9 中,中继星天线坐标系的 Z_a 轴在零位时指向地心,X_a 轴在轨道面内垂直于 Z_a 轴指向中继星运动方向,Y_a 轴指向纸里。

(1) 方位角 $\alpha=0$。

(2) 只有俯仰角 β 变化,即只有天线 Y_a 轴转动使天线电轴指向用户星。

(3) 在图 13.9 中,$\phi_0=\arcsin\dfrac{R_e}{R_D}\approx8.7°$

当 $|\beta|>\phi_0$ 时,即用户星在 ②③④ 弧段上或在 ⑥⑦⑧ 弧段上,中继星可视为用户星。

当 $|\beta|<\phi_0$ 且 $R_{Du}<R_D$ 时,(R_{Du} 为中继星到用户星的距离),即用户星在 ①② 或 ①⑧ 弧段上,中继星可视用户星。

当 $|\beta|<\phi_0$ 且 $R_{Du}>R_D$ 时,即用户星在 ④⑤⑥ 弧段上,因地球遮挡,中继星不可视用户星。

(4) $|\beta|_{max}\approx9.24°$。

(5) 天线 Y_a 轴逆时针转动跟踪 ①②③④⑤ 弧段上的用户星时,俯仰角值为 $+\beta$;天线 Y_a 轴顺时针转动跟踪 ①⑧⑦⑥⑤ 弧段上的用户星时,俯仰角值为 $-\beta$。

总之,计算结果与理论推导结果一致。

13.8　本章小结

本章在假设了中继星平台姿态坐标系和中继星天线坐标系条件下,叙述由中继星及用户星轨道根数求得中继星天线程控指向用户星的方位角和俯仰角的方法。通过数字算例,表明计算结果与理论推导结果一致。

第 14 章　用户终端
Ka/S 天线程控指向算法

14.1　卫星轨道知识

14.1.1　天文基础知识

在天文学上,研究者常用辅助天球来描述天体的位置及时间、坐标系等,对于比较远的恒星,观测者无法分辨它们的相对远近,它们同观测者的关系,如同球面上的点同球心的关系。观测者可以把宇宙当作球体看待,并把天体在天空中的视位置当作它们的真实位置,这样一个假想的球体就叫做天球,在定义天球时,规定两个条件:

(1) 天球的球心是观测者或地心。

(2) 天球的半径是任意的,它包括一切,不论天体多么遥远,总可以在天球上投影天体的视运动。

在地球上的观测者看来,整个天球像是在围绕着观测者旋转,这种视运动是地球自转的反映。地球绕地轴由西向东自转,这种运动观测者感官没办法直接感觉到,观测者能感觉到地外的天空,包括全部恒星、行星等,它们均以相反的方向(向西)和相同的周期(24 小时)运动。

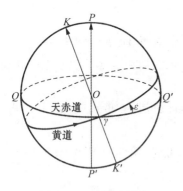

图 14.1　天球示意图

将天球的自转轴看作等同于地球的自转轴,想象地球是固定不动的,而天球则在绕轴缓慢转动,轴与天球有两个交点,如图 14.1 所示。

通过天球的中心 O(即球心)作一条与地球自转轴平行的直线 POP',这条直线称为天轴,天轴与天球相交于两点 P 和 P',称为天极,P 与地球的北极相对应,称为北天极,距离北天极极限有一颗恒星,就是大家平常说的北极星。P' 与地区上的南极相对应,称为南天极,忽略地球公转的影响下,天球近似一天绕轴旋转一周。

通过天球中心 O 作一个与天轴垂直的平面 QQ',称为天赤道面。它与天球的交线称天赤道。

通过天球中心 O 作一平面与地球公转轨道面平行,这一平面叫黄道面,黄道面与天球的交线是一个大圆,称为黄道。通过天球中心 O 作一垂直于黄道面的直线 KOK',与天球交于 K,K' 两点,K 与北天极 P 靠近,称北黄极,K' 与南天极 P' 靠近,称为南黄极。黄道与天赤道斜交,其交角称为黄赤交角,通常用 ε 表示,黄赤交角是个变值,平均等于 23.5°。

地球绕太阳公转,地球上观测者见到的是太阳在一年内沿着黄道自西向东(从北黄极 K

看逆时针方向)旋转一周,称太阳的这一运动为周年视运动,太阳周年视运动轨迹在天球上投影也可用来定义黄道,太阳沿着黄道周年视运动,由赤道以南穿过赤道所经过的黄道与赤道的交点叫做春分点,常用符号 γ 表示。

由于日、月对地球非球形部分(主要是赤道隆起部分)的引力作用,使地球像陀螺那样,自转轴在空间摆动,反映在天球上即天极的运动,它使北天极绕北黄极沿半径为黄赤交角 ε 的小圆顺时针(从天球以外看)旋转,周期约为 25 800 年。

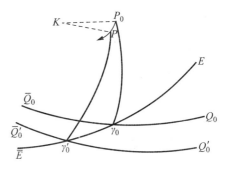

实际的天极运动轨道并不是简单的小圆,还有小振动。为了便于讨论,总是将实际的天极运动分解为两种:一是一个假想的天极 P_0 绕黄极的小圆运动,这个假想天极称为平天极,如图 14.2 所示,K 是黄极,EE 是黄道,P_0 是平天极,$\bar{Q}_0 Q_0$ 和 γ_0 分别为相应的平赤道和平春分点;另一运动是真天极 P 绕平天极 P_0 的运动。平天极的运动叫日、月岁差,相应的平春分点西退,真天极绕平天极的运动叫章动。章动是由很多不同周期运动合成的,若忽略掉短周期的微小运动,

图 14.2　平天极的运动示意图

则真天极绕平天极作顺时针(从天球以外看)的椭圆运动,周期约为 18.6 年[88]。

岁差和章动引起天极和春分点在天球上的运动,岁差导致春分点在黄道上长期的西移,每年西移 50.256′。章动导致地轴绕黄道轴运动中的一种短周期的微小摆动。

在太阳系中,地球围绕太阳公转的轨道面称为黄道面,其运行规律符合开普勒三大定律,即:

(1) 地球的运行轨道为椭圆,太阳位于该椭圆的一个焦点上。

(2) 地球与太阳的连线在相等时间内扫过的面积相等。

(3) 地球运行轨道周期的平方与地球至太阳平均距离的三次方成正比。

在图 14.3 中,太阳质心位于椭圆的 f_2 焦点上,设地球从 a 转动到 b 运行时间和从 c 到 d 运行时间均为 Δt,走过的距离分别为 ab,cd,地球和太阳连线扫过的面积分别为 s_1,s_2。则有 $s_1 = s_2$,$ab > cd$。

卫星围绕地球运转,其运行规律也符合开普勒三大定律,如图 14.4 所示。

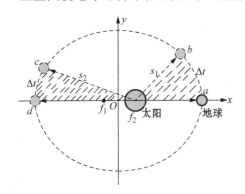

图 14.3　地球绕太阳公转示意图

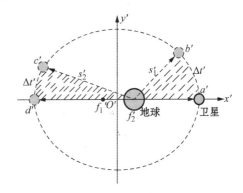

图 14.4　卫星轨道示意图

(1) 卫星的运行轨道为椭圆,地球位于该椭圆的一个焦点上。

(2) 卫星与地球地心连线在相等时间内扫过的面积相等。

(3) 卫星运行轨道周期的平方与卫星至地球平均距离的三次方成正比。

在图 14.4 中,地心位于椭圆的 f'_2 焦点上,设地球从 d' 转动到 b' 运行时间和 d' 从 c' 到运行时间均为 $\Delta t'$,走过的距离分别为 $\overline{a'b'}$,$\overline{c'd'}$,地球和太阳连线扫过的面积分别为 s'_1,s'_2。则 $s'_1 = s'_2$,$\overline{a'b'} > \overline{c'd'}$。

14.1.2　时间概念

年的长度实际上是反映了地球绕太阳运动的公转周期,从地球上看,即太阳在天球上作周年运动的周期,选用不同参考计量太阳周年视运动,就会有不同长度的年,常用到的有如下两种年:恒星年、回归年。

恒星年:地球公转的恒星周期,即地球在轨道上连续两次通过某一恒星的时间间隔,即约 365.256 4 日,在这期间,地球恰好公转了 360°。完成了一个公转周期。

回归年:地球在轨道上连续两次通过春分点的时间间隔称为一个回归年,回归年是春夏秋冬的递变周期,它的长度是约 365.242 2 日,在此期间,由于地轴进动,春分点西移 50″29,地球绕日运行不足 360°。不是一周,因为地球在一个回归年里比一个恒星年少转了 50″29 的角距。而导致回归年比恒星年短了 20 min 24 s。

恒星日:连接一个地方正南正北两点所得的直线叫子午线,子午线和铅垂线所决定的平面是正南正北方向子午面,某地天文子午面两次对向同一恒星的时间间隔叫恒星日。恒星日是以恒星为参考的地球自转周期。1 恒星日等于 24 恒星时。

真太阳日:如果把时间单位定义为某地天文子午面两次对向太阳圆面中心的时间间隔,则这个时间单位就称作真太阳日。它是以太阳为参考的地球自转周期。

恒星日总比太阳日要短一些,原因是地球离恒星非常远,远到从恒星上看来,地球似乎是不动的,地球的公转轨道相对于遥远的距离已变为一个点了,从这些天体的光线是平行的,无论地球处于公转轨道上哪一点,某地子午面两次对向恒星的时间间隔都没有变化,比较起来,太阳离地球近多了,从太阳上看,地球沿黄道移动,一昼夜移动差不多 1°,对某地子午面来说,当完成一个恒星日后,地球必须再转动一个角度,太阳才能在此过这个子午面,即完成一个太阳日。如图 14.5 所示。

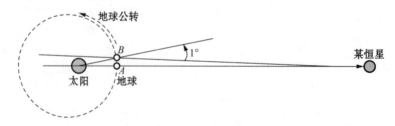

图 14.5　恒星日太阳日示意图

假设地球从 A 点走到 B 点为一昼夜,由于恒星非常遥远,设在 A 点子午面 a 对向恒星,则在 B 点该子午面 a 对向恒星时,在 A 点对向太阳的子午面 b 必须在 B 点多转 1° 才能指向太阳,这样,造成真太阳日比恒星日长。

平太阳日和平太阳时:由于太阳的周年视运动是不均匀的,太阳运行至近地点时最快,至远地点时最慢,同时因黄道赤道不重合,存在黄赤交角,因而根据太阳来确定的真太阳日有长短不一的问题。

为了解决这个问题,使时间均匀化,假想了一个辅助点称平太阳,它沿赤道匀速运行,速度等于太阳一年内的平均速度。并且和太阳同时经过近地点和远地点,将这个平太阳连续上中天的时间间隔叫平太阳日,1 个平太阳日等分为 24 个平太阳小时,一个平太阳小时再等分为 60 个平太阳分,一个平太阳分再等分为 60 个平太阳秒。根据这个系统计量时间所得的结果,就叫做平太阳时,这就是日常生活中所使用的时间。

儒略年:恒星年和回归年都不是整数日,而儒略年则规定为 365 平太阳日,每四年有一闰年 366 日,因此儒略年的平均长度为 365.25 平太阳日,相应的儒略世纪(100 年)的长度为 36 525 平太阳日。

儒略日:计算相隔若干年的两个日期之间的天数用的是儒略日(JD),这是天文上采用的一种长期纪日法,它以倒退到公元前 4713 年 1 月 1 日格林尼治平午(即世界时 12 h)为起算日期。

儒略日(JD)计算公式如下:

$$JD = D - 32\,075 + 1\,461\left(Y + 4\,800 + \frac{M-14}{2}\right) \div 4 +$$

$$367\left(M - 2 - \frac{M-14}{12} \times 12\right) \div 12 - 3\left(\left(Y + 4\,900 + \frac{M-14}{12}\right) \div 100\right) \div 4$$

Y, M, D, H, M, S 分别代表世界时的年、月、日、时、分、秒。

简儒略日:从 1984 年起采用新的标准历元 J2000,对应的时间是 2000 年 1 月 1.5 日,对应的儒略日为 2\,451\,545.0,随着时间的推移,儒略日数字太大,使用不方便,为此引入简儒略日 MJD。定义简儒略日为儒略日减去 2\,400\,000.5,即 $MJD = JD - 2\,400\,000.5$。

14.1.3　六根轨道参数

为了描述卫星在轨道中的位置,建立历元地心赤道坐标系,目前历元指标准历元 J2000.0,即 J2000.0 地心赤道坐标系,其原点为地球质心,基本平面为 2000 年 1 月 1.5 日地球平赤道,X 轴指向 2000 年 1 月 1.5 日的平春分点,Z 轴为基本平面的法线,指向北极方向,X, Y, Z 成右手系。

为了能理解 J2000.0 地心赤道坐标系,可以这样理解,如图 14.6 所示,地球绕黄道面公转,定义地心指向白羊座的方向为 X 轴方向,OY 轴在赤道平面内和 X 轴垂直,OZ 轴垂直于 XOY 平面。

开普勒用一组具有几何意义的 6 个参数描述行星绕太阳运行在某一时刻的位置和速度,称这一组参数为经典轨道要素,可以用同样的方法来描述地球卫星绕地球运行在某一时刻的位置和速度。

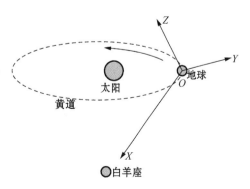

图 14.6　J2000.0 地心赤道坐标系

卫星6个轨道根数包括：半长轴 a、偏心率 e、轨道倾交 i、升交点赤经 Ω、近地点幅角 ω、真近点角 f。

1）半长轴 a

如图 14.7 所示，卫星轨道为椭圆，椭圆长轴的一半就是轨道的半长轴，图中 OA，OB 的长度就是半长轴，半长轴描述轨道的大小，其中 A 点叫近地点，B 点叫远地点。

2）偏心率 e

如图 14.7 所示，椭圆的两个焦点 F_1F_2 的距离 $2c$ 与长轴 $2a$ 之比就是轨道的偏心率 e，即 $e=2c/2a$。

偏心率描述了椭圆轨道的形状：

当 $e=0$ 时，轨道为圆；

当 $0<e<1$ 时，轨道为椭圆；

当 $e=1$ 时，轨道为抛物线；

当 $e>1$ 时，轨道为双曲线。

3）轨道倾角 i

如图 14.8 所示，$OXYZ$ 为 J2000.0 地心赤道坐标系，轨道面和赤道的夹角 i 称轨道倾角。

4）升交点赤经 Ω

如图 14.8 所示，当卫星从赤道南向北运动时，卫星轨道和赤道面的交点 N 称为升交点，定义 ON 和 OX 的夹角为升交点赤经 Ω。

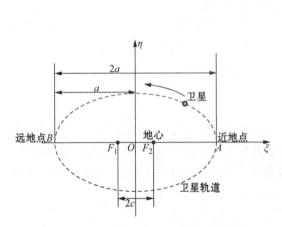

图 14.7　半长轴 a 和焦点距离 $2c$ 示意图

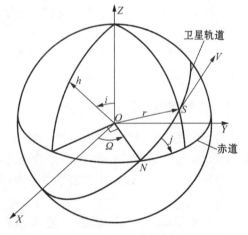

图 14.8　轨道倾角 i 升交点 Ω 示意图

5）近地点幅角 ω

如图 14.9 所示，卫星轨道为一椭圆，地球在卫星轨道的一个焦点 F_2 上，设卫星轨道近地点为 A，则 F_2A 和 F_2N（N 为升交点）的夹角定义称近地点幅角 ω。

6）平近点角 M

卫星的运行轨道为椭圆，假设有一个圆的面积等于卫星轨道椭圆的面积，卫星在这个圆上以等速 n 运动，它转过的中心角就是平近点角 M。平近点角表示卫星的位置。

表示卫星的位置还常常用到真近点角，偏近点角。参看图 14.10，卫星在 B 时 F_2B 和 F_1A 的夹角称真近点角，常用 f 表示。卫星的椭圆轨道内有一个半径为 b 的内接圆和一个半

径为 a 的外接圆,如果将卫星所在点 B 分别按垂直和水平方向投影到外圆盒内圆上得 D,C 两点,它们相对于椭圆中心的中心角是 E,称为卫星的偏近点角,通常用 E 表示,卫星在轨道平面上的直角坐标系 $O\xi\eta$ 中的位置可用偏近点角的参数方程表示:

$$\xi = a \cdot \cos E \tag{14.1}$$

$$\eta = b \cdot \sin E \tag{14.2}$$

从几何图形可以得出偏近点角 E 与真近点角 f 的关系是

$$a \cdot \cos E = a \cdot e + r \cdot \cos f \tag{14.3}$$

$$b \cdot \sin E = r \cdot \sin f \tag{14.4}$$

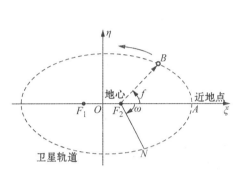

图 14.9　近地点幅角 ω 示意图

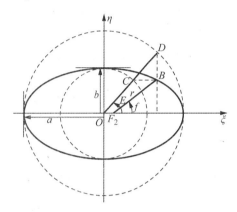

图 14.10　卫星真近点角,偏近点角示意图

6 根轨道根数的实际意义如下:

(1) 确定卫星轨道平面在空间的方位:由轨道倾角 i 和升交点赤经 Ω 确定。

当轨道倾角 $i=0°$ 时,称为赤道轨道;当 $i=90°$ 时,称为极轨道;当 $0°<i<90°$ 时,卫星运行方向与地球自转方向相同,称为顺行轨道;当 $90°<i<180°$ 时,卫星运行方向与地球自转方向相反,称为逆行轨道;当 $i=180°$ 时,卫星成为与地球自转方向相反的赤道卫星。

(2) 确定椭圆长轴在轨道平面上的指向:由近地点幅角 ω 确定。

(3) 确定椭圆轨道的形状和大小:由长半轴 a 和偏心率 e 确定。

(4) 确定卫星在轨道上的位置:由卫星过近地点时刻 t_p 把时间和空间(卫星在轨道上的位置)联系起来。

轨道上的卫星 S 与地心的连线(径向直线)在地面上有一交点 S',这是卫星在地面的投影点,称为星下点。随着卫星的运行,星下点也在地面上连点成线,这条线称为卫星的星下点轨迹,它反映了卫星相对于地球表面的运动情况。若不考虑地球自转,星下点轨迹是轨道面与地球表面相交形成的大圆。

卫星是在地球引力的作用下运动的,其轨道平面经过地球中心。同时,卫星在运动过程中的比角动量不随时间变化,比角动量的方向指向轨道平面的法线方向,因此,轨道平面在空间的方位也不变,这称作轨道平面的定向性。

由于轨道平面的定向性,尽管地球自转,轨道面却不受地球自转的牵连,因此,地球自转和轨道面的定向性两者的综合结果,使星下点轨迹扩展到地面上更多的区域。运行一周的卫星,由于地球自转,星下点向西移动了一定经度。例如运行周期为 $120\,\mathrm{min}$ 的卫星,经过 $24\,\mathrm{h}$,将再次飞经一天前所经过的地点上空。

14.1.4　几种典型卫星轨道

1）地球同步轨道

地球同步轨道是指卫星绕地球运行的周期与地球自转周期相同的轨道，即卫星的轨道周期等于一个恒星日（23 h 56 min 4.1 s）。采用地球同步轨道的卫星，称为地球同步卫星，也称 24 h 同步卫星。

地球自转周期近似为 24 h，若为圆轨道，可计算出：

轨道半径 $r=42\,286.14$ km；

轨道高度 $h=35\,908.14$ km。

2）地球静止轨道

地球静止轨道是指轨道倾角为 0°的地球同步轨道。在这条轨道上，使卫星运行方向和地球自转方向一致，从地面上看，航天器相对于地球是静止的，好像在天空的某个地方不动似的。采用静止轨道的卫星，称为静止卫星或定点卫星。因此，静止轨道特性为：①轨道倾角为 0°的轨道；②偏心率 $e=0$ 的圆形轨道；③轨道高度 $h\approx36\,000$ km 的高轨道；④周期 $T=23$ h 56 min 4.1 s；⑤环绕速度 $v=3.075$ km/s。

3）地球回归轨道

回归轨道是指星下点轨迹出现周期性重复的轨道。重复出现的周期称为回归周期。设地球自转角速度为 ω_e，卫星轨道面转动角速度为 $\dot{\Omega}$，轨道周期为 T，那么回归轨道就有下式成立：

$$NT(\omega_e - \dot{\Omega}) = 2\pi K$$

K 和 N 均为正态整数且不可简约，N 为自然数，NT 为回归周期。K 称为回归天数，即卫星旋转 K 天才能实现星下点轨迹的重复。$K=1$ 的回归轨道可称为一天回归轨道。

地球同步轨道和静止轨道可视为 $K=1$，$N=1$ 的回归轨道。

4）太阳同步轨道

太阳同步轨道是指卫星轨道面转动角速度与地球公转角速度相同的轨道，即卫星轨道面转动方向和周期与地球公转的方向和周期相同。采用太阳同步轨道的卫星，称为太阳同步卫星。

地球绕太阳一周为一恒星年，平均每天约转过 0.985 6°。另一方面，地球扁率摄动引起轨道面的进动。对于逆行轨道，轨道面转动的方向与地球公转的方向相同，如果适当选择轨道参数，可使卫星轨道面在一恒星年内转动一周，这样，地球公转时，轨道面与地日连线夹角（光照角）保持不变，太阳同步轨道的数学定义如下：

$$\dot{\Omega} = \frac{\mathrm{d}\Omega}{\mathrm{d}t} = \frac{2\pi}{Y_\theta}$$

式中：Y_θ 为一恒星年（约 365.24 天）。

14.1.5　二体问题的运动微分方程

根据理论力学知识，若将地球看成一个密度均匀分布的球体，卫星看作一个质点来研究卫星在地球引力作用下的运动，这被称为卫星的"无摄运动"，已经证明一个均匀球对球外一质点的引力等效于其质量集中于球心的质点所产生的引力，此引力称为质心引力或中心引力。因此，卫星"无摄运动"问题就是研究在均质地球的质心引力作用下卫星的运动问题，这通常称为二体问题,它是研究卫星运动的重要基础。

在 J2000.0 地心赤道坐标系考虑卫星相对地心的运动。如图 14.11 所示,记卫星位置矢量为 $r(x,y,z)$,卫星速度矢量为 $\dot{r}(\dot{x},\dot{y},\dot{z})$,万有引力常数为 μ,地球质量为 M,卫星质量为 m,根据万有引力定律,卫星所受地球引力 F 为

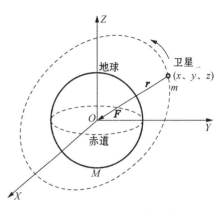

图 14.11　卫星万有引力示意图

$$F = -\frac{G \cdot M \cdot m}{r^2} \frac{r}{r}$$

式中:r 为卫星位置矢量;F 为卫星所受地球引力矢量。

根据牛顿第二定律,二体问题的卫星运动微分方程可写为

$$\frac{\mathrm{d}^2 r}{\mathrm{d}t^2} = \frac{F}{m} = -\frac{G \cdot M}{r^2} \frac{r}{r}$$

令 $\mu = G \cdot M$,则描述卫星 m 相对地球的二体问题基本方程为

$$\frac{\mathrm{d}^2 r}{\mathrm{d}t^2} = -\frac{\mu}{r^2} \frac{r}{r} \tag{14.5}$$

式中:$\mu = 398\,600.44\ \mathrm{km^3/s^2}$。

在 J2000.0 地心赤道坐标系中,卫星的运动方程可分解为

$$\begin{cases} \ddot{x} + \dfrac{\mu \cdot x}{r^2} = 0 \\[2mm] \ddot{y} + \dfrac{\mu \cdot y}{r^3} = 0 \\[2mm] \ddot{z} + \dfrac{\mu \cdot z}{r^3} = 0 \end{cases} \tag{14.6}$$

式中:$r = \sqrt{x^2 + y^2 + z^2}$。

由以上 3 式知卫星运动微分方程是三元二阶联立微分方程,因此必须确定 6 个积分常数,才能确定卫星在该坐标系内的运动,如果给定 6 个初始条件:t_0 时刻卫星的位置 $x(t_0)$,$y(t_0)$,$z(t_0)$ 速度 $\dot{x}(t_0)$,$\dot{y}(t_0)$,$\dot{z}(t_0)$ 则此方程组可解。这些初始条件确定 6 个积分常数,每个积分常数都描述卫星轨道,每个积分常数都描述卫星轨道的一种特性。

通过对二体问题的卫星运动微分方程求解,可求得全部 6 个积分常数,它们确定卫星轨道面在空间的位置,决定轨道的大小、形状和空间的方位,同时给出计量运动时间的起算点,因此具体地描述了卫星运动的基本规律。

14.1.6　卫星的空间位置和轨道六要素关系

在说明卫星空间位置和轨道六要素关系之前,先对坐标转换矩阵的概念进行一些简单说明,如图 14.12 所示,在 $OXYZ$ 坐标系内有一点 P,坐标为 x,y,z,如将此坐标系绕 X 轴转过一角度 θ(θ 正负的定义:从 X 轴正向向原点看,逆时针为正,顺时针为负),得到一个新坐标系 $OX'Y'Z'$,P' 点是 P 点在 YOZ 平面的投影,该点在新坐标系中的坐标 $OX'Y'Z'$ 与在原坐标系中的关系为

$$\begin{cases} x' = x \\ y' = y \cdot \cos\theta + z \cdot \sin\theta \\ z' = - y \cdot \sin\theta + z \cdot \cos\theta \end{cases} \quad (14.7)$$

写成矩阵形式是

$$\begin{bmatrix} x' \\ y' \\ z' \end{bmatrix} = \begin{bmatrix} 1 & 0 & 0 \\ 0 & \cos\theta & \sin\theta \\ 0 & -\sin\theta & \cos\theta \end{bmatrix} \cdot \begin{bmatrix} x \\ y \\ z \end{bmatrix} = \boldsymbol{R}_X(\theta) \cdot \begin{bmatrix} x \\ y \\ z \end{bmatrix} \quad (14.8)$$

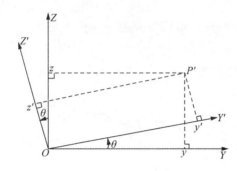

图 14.12 坐标旋转

右端的 3×3 矩阵称为坐标转换矩阵,或称为旋转矩阵,绕 X 轴旋转 θ 常用 $\boldsymbol{R}_X(\theta)$ 表示,下标 X 表示旋转轴,θ 表示旋转的角度。同样绕 Y 轴、Z 轴旋转时得

$$\begin{bmatrix} x'' \\ y'' \\ z'' \end{bmatrix} = \begin{bmatrix} \cos\theta & 0 & -\sin\theta \\ 0 & 1 & 0 \\ \sin\theta & 0 & \cos\theta \end{bmatrix} \cdot \begin{bmatrix} x \\ y \\ z \end{bmatrix} = \boldsymbol{R}_Y(\theta) \cdot \begin{bmatrix} x \\ y \\ z \end{bmatrix} \quad (14.9)$$

$$\begin{bmatrix} x''' \\ y''' \\ z''' \end{bmatrix} = \begin{bmatrix} \cos\theta & \sin\theta & 0 \\ -\sin\theta & \cos\theta & 0 \\ 0 & 0 & 1 \end{bmatrix} \cdot \begin{bmatrix} x \\ y \\ z \end{bmatrix} = \boldsymbol{R}_Z(\theta) \cdot \begin{bmatrix} x \\ y \\ z \end{bmatrix} \quad (14.10)$$

如果在第一次旋转后,第二次绕新坐标系中的 Y' 轴转 φ 角,第三次绕第二次旋转后的新坐标中的 Z'' 轴旋转 ψ 角,则 P 点在坐标系 $OX'''Y'''Z'''$ 的坐标可写成

$$\begin{bmatrix} x''' \\ y''' \\ z''' \end{bmatrix} = \boldsymbol{R}_Z(\psi) \boldsymbol{R}_Y(\varphi) \boldsymbol{R}_X(\theta) \cdot \begin{bmatrix} x \\ y \\ z \end{bmatrix} \quad (14.11)$$

定义地心轨道坐标系 $OX_oY_oZ_o$,定义地心指向卫星轨道近地点方向为 X_o 轴,Y_o 轴在轨道平面内垂直 OX_o,Z_o 在轨道法线方向,如图 14.13 所示。

则卫星在地心轨道坐标系的位置坐标可表示为

$$\begin{cases} x_o = r\cos f \\ y_o = r\sin f \\ z_o = 0 \end{cases} \quad (14.12)$$

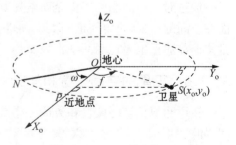

图 14.13 地心轨道坐标系

式中:r——卫星到地心的距离;

f——卫星和地心的连线与 OX_o 的夹角,即真近点角。

将地心轨道坐标系绕 Z_o 逆时针旋转 $-\omega$ 角得坐标系为 $OX'_oY'_oZ'_o$，则 OX_o 与节线 ON 重合(N 为升交点)如图 14.14 所示。

再绕 $ON(OX'_o$ 轴)逆时针旋转 $-i$ 角得坐标系 $OX''_oY''_oZ''_o$，则此时赤道惯性坐标系的 XOY 平面和 $X''_oOY''_o$ 重合，如图 14.15 所示。

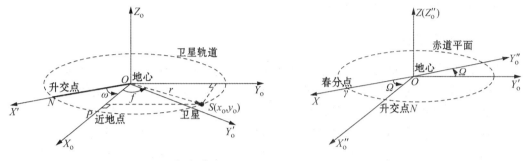

图 14.14　坐标系 $OX'_oY'_oZ'_o$

图 14.15　J2000.0 地心赤道坐标系与 $OX''_oY''_oZ''_o$ 关系示意图

再绕 OZ''_o 轴逆时针旋转 $-\Omega$，则地心轨道坐标系 $OX_oY_oZ_o$ 与赤道惯性坐标系 $OXYZ$ 完全重合。

因此，卫星在 J2000.0 地心赤道坐标系卫星中的坐标可表示为[91]

$$
\begin{bmatrix} x \\ y \\ z \end{bmatrix} = \boldsymbol{R}_Z(-\Omega)\boldsymbol{R}_X(-i)\boldsymbol{R}_Z(-\omega) \begin{bmatrix} x_o \\ y_o \\ z_o \end{bmatrix}
$$

$$
= \begin{bmatrix} \cos\omega\cdot\cos\Omega - \sin\omega\cdot\cos i\cdot\sin\Omega & -\sin\omega\cdot\cos\Omega - \cos\omega\cdot\cos i\cdot\sin\Omega & \sin i\cdot\sin\Omega \\ \cos\omega\cdot\sin\Omega + \sin\omega\cdot\cos i\cdot\cos\Omega & -\sin\omega\cdot\sin\Omega + \cos\omega\cdot\cos i\cdot\cos\Omega & -\sin i\cdot\cos\Omega \\ \sin\omega\cdot\sin i & \cos\omega\cdot\sin i & \cos i \end{bmatrix} \begin{bmatrix} r\cdot\cos f \\ r\cdot\sin f \\ 0 \end{bmatrix}
$$

$$
= \frac{a\cdot(1-e^2)}{1+e\cdot\cos f} \begin{bmatrix} \cos\Omega\cdot\cos\mu - \sin\Omega\cdot\sin u\cdot\cos i \\ \sin\Omega\cdot\cos\mu + \cos\Omega\cdot\sin u\cdot\cos i \\ \sin\mu\cdot\sin i \end{bmatrix} \tag{14.13}
$$

式中：$\mu = \omega + f$。

其中：a 为半长轴；e 为偏心率；i 为轨道倾角，Ω 为升交点赤经，ω 为近地点幅角，f 为真近点角。

14.2　卫星轨道的摄动

卫星绕地球运行一般是无动力飞行，其轨道近似为椭圆，由于地球不是理想的均匀圆球，此外卫星在运动中还要受到其他天体(如月球、太阳)的引力，太阳辐射压力的影响，近地卫星的运行还要受到地球大气阻力，因此实际卫星的运动非常地复杂，卫星的运动并不是简单的二体运动问题，轨道不是一个椭圆，通常称轨道对椭圆的偏离现象为"摄动"，上述的这些力成为"摄动力"。一般情况下，摄动力和二体引力相比是很小的，近地卫星不超过千分之一，地球同步卫星约为百万分之五。

如考虑摄动，卫星的实际运动方程为

$$
\frac{\mathrm{d}^2 \boldsymbol{r}}{\mathrm{d}t^2} = -\frac{\mu}{r^2}\cdot\frac{\boldsymbol{r}}{r} + \frac{\mathrm{d}R}{\mathrm{d}r}\cdot\boldsymbol{r} \tag{14.14}
$$

式中: R——摄动函数;

　　r——矢径;

　　μ——地球引力常数。

方程右边第一项为二体运动项,第二项为摄动项,包括地球非球形引力、大气压力、太阳和月亮引力、太阳光压等作用产生的加速度。

14.2.1　地球形状摄动

当认为地球是均匀体时,地球对卫星的径向引力只与地心矩成反比,与卫星的经度、纬度无关,在此假定下,卫星在地球中心引力场中运行,卫星的运动特性由开普勒定律描述,但事实上由于地球的质量分布不均匀,它的形状是不规则的扁状球体,赤道半径超过极轴半径。赤道又呈轻微的椭圆状,这样会使卫星在轨道的切线和法线方向也受到引力作用,径向引力不仅与距离有关,还与卫星的经度、纬度有关,这些附加的力学因素统称为地球形状摄动。因此,地球引力的等位面不是等球面,在引力位函数中,要附加一系列球面调和函数,这些函数称为摄动函数。

地球引力位函数的一般形式是[87]

$$U = \frac{\mu}{r}\left\{ 1 - \sum_{n=2}^{\infty} \left(\frac{R_e}{r}\right)^2 \left[J_n \mathrm{P}_n(\sin\varphi) - \sum_{m=1}^{n} J_{nm} \mathrm{P}_{nm}(\sin\varphi)\cos(m\lambda - m\lambda_{nm}) \right] \right\} \quad (14.15)$$

式中: $\mu = G \cdot m_e$;

　　r, λ, φ——分别是卫星在球坐标上的位置(地心矩),地心经度、纬度;

　　R_e——地球的平均赤道半径;

　　$\mathrm{P}_n(\sin\varphi), \mathrm{P}_{nm}(\sin\varphi)$——勒让德多项式:

$$\mathrm{P}_n(\sin\varphi) = \frac{1}{2^n n!} \cdot \frac{\mathrm{d}^n}{\mathrm{d}\sin\varphi^n}(\sin\varphi^2 - 1)^n \quad (14.16)$$

$$\mathrm{P}_{nm}(\sin\varphi) = (1 - \sin\varphi^2)^{\frac{m}{2}} \cdot \frac{\mathrm{d}^m}{\mathrm{d}\sin\varphi^m} \mathrm{P}_n(\sin\varphi) \quad (14.17)$$

其中: $\mathrm{P}_n(\sin\varphi)$ 称为带谐项; $\mathrm{P}_{nm}(\sin\varphi) \cdot \cos[m \cdot (\lambda - \lambda_{nm})]$ 称为田谐项; J_n 为地球引力场带谐项系数; J_{nm} 为地球引力场田谐项系数。

14.2.2　太阳引力加速度

卫星绕地球运转除了受地球引力影响外,还受到太阳引力、月球引力的影响。太阳引力加速度可表示为

$$\boldsymbol{A}_s = -\mu_s \left(\frac{\boldsymbol{r} - \boldsymbol{r}_s}{|\boldsymbol{r} - \boldsymbol{r}_s|^3} + \frac{\boldsymbol{r}_s}{|\boldsymbol{r}_s|^3} \right) \quad (14.18)$$

式中: $\boldsymbol{r}_s$——地心至太阳的矢径;

　　μ_s——太阳引力常数。

$$\mu_s = 1.327\,124\,38 \times 10^{20}\,\mathrm{m}^3/\mathrm{s}^2$$

14.2.3　月球引力加速度

月球引力加速度可表示为

$$\boldsymbol{A}_m = -\mu_m \left(\frac{\boldsymbol{r} - \boldsymbol{r}_m}{|\boldsymbol{r} - \boldsymbol{r}_m|^3} + \frac{\boldsymbol{r}_m}{|\boldsymbol{r}_m|^3} \right) \tag{14.19}$$

式中：$\boldsymbol{r}_m$——地心至月球的矢径；

　　　μ_m——月球引力常数。

$$\mu_m = 4.9027780 \times 10^{12}\,\text{m}^3/\text{s}^2$$

式中：$\boldsymbol{A}_m$——月球引力加速度矢量；

　　　$\boldsymbol{r}$——卫星到地心位置矢量；

　　　$\boldsymbol{r}_m$——地心到月球位置的矢量。

14.2.4　大气阻力加速度

地球外部围绕一层大气圈，延伸到几千公里的高空，但在一千公里以上大气就十分稀薄，因此愈低轨卫星所受到的大气层阻力就愈不容忽视。卫星受到大气层阻力的影响，所产生的摄动加速度 $\boldsymbol{A}_d$ 为

$$\boldsymbol{A}_d = -\frac{1}{2} C_D \rho \frac{A}{m} (\boldsymbol{v} - \boldsymbol{v}_d) |\boldsymbol{v} - \boldsymbol{v}_d| \tag{14.20}$$

式中：C_D——空气阻力系数，一般卫星取 2.1；

　　　ρ——为大气密度；

　　　A——卫星横截面积；

　　　m——卫星质量；

　　　$\boldsymbol{v}$——卫星速度矢量；

　　　$\boldsymbol{v}_d$——大气层速度矢量。

空气阻力系数 C_D，因卫星的形状不同，值略有所差异。对于球形卫星可以较准确测定，但对于非球形卫星，因为卫星在运行中常处于摇动状态，难以准确测定，但一般来说 C_D 值约在 2.1～2.3 之间，大气层密度 ρ 变化则应用不同模式求出。

由上式知，卫星所受到的阻力与当时大气密度成正比，因此为了精确计算大气阻力摄动，就需要卫星运行轨道上精确的大气密度数据。大气密度除随高度变化外，也随地理位置而变化，此外大气层密度还取决于许多地球物理和天体物理参数，主要的影响因素有 4 个：①太阳活动变化；②地磁活动变化；③每日的变化；④半年的变化。

对于一般的卫星，当在 200 km 高度时，相应的大气阻力与地球中心引力相比为 10^{-6}～10^{-5}，通常卫星高度在 200 km 以上，相应的大气阻力与地球中心引力相比小于 10^{-6}～10^{-5}。因此，在一般情况下，总是将大气阻力当成二阶小量。

14.2.5　太阳辐射压力产生的加速度

卫星在光的照射下所受到的压力与太阳辐射压强度和卫星的面质比成正比，也与卫星表面的反射特性有关，因此受太阳辐射压影响，产生扰动加速度 $\boldsymbol{A}_r$：

$$\boldsymbol{A}_r = \upsilon P_s C_r \frac{A}{m} (AU)^2 \frac{\boldsymbol{r} - \boldsymbol{r}_s}{|\boldsymbol{r} - \boldsymbol{r}_s|^3} \tag{14.21}$$

式中：υ——地球阴影函数，$\upsilon=0$，卫星位于地球阴影区，$\upsilon=1$，卫星位于阳光照射区，$0<\upsilon<1$，卫星位于半阴影区；

P_s——天文单位距离($1.5×10^8$ km)的太阳辐射压；

AU——天文单位 $1.5×10^8$ km；

C_r——卫星表面积的反射系数，因材质不同而有所差异；

A——卫星的横截面积；

m——卫星的质量；

r——卫星位置矢量；

r_s——太阳位置矢量。

14.3 空间坐标系及转换关系

14.3.1 空间常用地心坐标系

研究卫星的运动，就要理解卫星位置矢量随时间 t 的变化规律，位置矢量的表达将取决于空间坐标系的选择，在星间链路中，最主要的是地心赤道坐标系统。

定义一个空间坐标系应包含 3 个要素：坐标系原点，基本平面（XY 平面）和基本平面上的主方向（X 轴方向）。对于人造地球卫星运动而言，所涉及的主要是地心坐标系，其坐标原点是地心，但基本平面及主方向的选择，将会受到岁差章动和极移的影响，正是基于这一原因和实际问题的需要，就出现了各种地心赤道坐标系。在轨道计算中主要涉及以下 6 种地心赤道坐标系：

1）J2000.0 地心赤道坐标系

原点为地球质心，基本平面为 2000 年 1 月 1.5 日地球平赤道，X 轴指向 2000 年 1 月 1.5 日的平春分点，Z 轴为基本平面的法线，指向北极方向，X,Y,Z 成右手系。

2）瞬时平赤道地心系

原点为地球质心，基本平面为当前时刻地球平赤道，X 轴指向当前时刻的平春分点，Z 轴为基本平面的法线，指向北极方向，X,Y,Z 成右手系。

3）瞬时真赤道地心系

原点为地球质心，基本平面为当前时刻地球真赤道，X 轴指向当前时刻的真春分点，Z 轴为基本平面的法线，指向北极方向，X,Y,Z 成右手系。

4）混合坐标系

原点为地球质心，基本平面为观测瞬时地球真赤道，X 轴指向 2000 年 1 月 1.5 日的平春分点在真赤道上的投影，Z 轴为基本平面的法线，指向北极方向，X,Y,Z 成右手系。

5）准地固坐标系

原点为地球质心，基本平面为当前时刻地球真赤道，X 轴指向格林尼治子午圈，Z 轴指向瞬时北极，X,Y,Z 成右手系。

6）地固坐标系

原点为地球质心，基本平面为当前时刻地球真赤道，X 轴指向格林尼治子午圈，Z 轴指向北极的国际习用原点（CIO），X,Y,Z 成右手系。

表 14.1 对 6 种地心赤道坐标系进行了描述。

表 14.1　6 种地心赤道坐标系的定义[88]

坐标系	原点	基本平面	X 轴方向	位置、速度矢量
J2000.0 地心赤道坐标系	地心	2000 年 1 月 1.5 日平赤道	指向 2000 年 1 月 1.5 日的平春分点	$r, \dot r$
瞬时平赤道地心系	地心	瞬时平赤道	指向瞬时平春分点	$r_M, \dot r_M$
瞬时真赤道地心系	地心	瞬时真赤道	指向瞬时真春分点	$r_T, \dot r_T$
混合坐标系	地心	瞬时真赤道	指向 2000 年 1 月 1.5 日的平春分点	$r_H, \dot r_H$
准地固坐标系	地心	瞬时真赤道	基本平面与格林尼治子午面的交线方向	$R_T, \dot R_T$
地固坐标系	地心	与地心和 CIO 连线正交的平面	基本平面与格林尼治子午面的交线方向	$R, \dot R$

14.3.2　空间常用坐标系转换关系

1) J2000.0 地心赤道坐标系与瞬时平赤道地心系之间的转换关系

从 J2000.0 地心赤道坐标系到瞬时平赤道坐标系,两个坐标系之间的差别是岁差,有

$$r_M = (PR)r, \quad \dot r_M = (PR)\dot r \tag{14.22}$$

式中:(PR) 为岁差矩阵,(PR) 由 3 个旋转矩阵构成,即

$$(PR) = R_Z(-Z_A)R_Y(\theta_A)R_Z(-\zeta_A) \tag{14.23}$$

反之,从瞬时平赤道地心系到 J2000.0 地心赤道坐标系有

$$r = (PR)^T r_M, \quad \dot r = (PR)^T \dot r_M \tag{14.24}$$

式中:$(PR)^T$ 为岁差矩阵转置矩阵,$(PR)^T$ 由 3 个旋转矩阵构成,即

$$(PR)^T = R_Z(\zeta_A)R_Y(-\theta_A)R_Z(Z_A) \tag{14.25}$$

ζ_A, Z_A, θ_A 是 3 个赤道岁差参数 ζ_A, Z_A, θ_A 由下式计算[90]

$$\begin{cases} \zeta_A = 2\,306''.218\,1T_u + 0''.301\,88T_u^2 + 0''.017\,998T_u^3 \\ Z_A = 2\,306''.218\,1T_u + 1''.094\,68T_u^2 + 0''.018\,203T_u^3 \\ \theta_A = 2\,004''.310\,9T_u - 0''.426\,65T_u^2 - 0''.041\,833T_u^3 \end{cases} \tag{14.26}$$

式中:T_u 为儒略世纪数。

2) 瞬时平赤道地心系与瞬时真赤道地心系之间的转换关系

从瞬时平赤道地心系到瞬时真赤道地心系,两个坐标系之间的差别是章动,有

$$r_T = (NR)r_M, \quad \dot r_T = (NR)\dot r_M \tag{14.27}$$

(NR) 是章动矩阵,

$$(NR) = R_X(-\varepsilon)R_Z(-\Delta\psi)R_X(\varepsilon_0) \tag{14.28}$$

反之,从瞬时真赤道地心系到瞬时平赤道地心赤道坐标系有

$$r_M = (NR)^T r_T, \quad \dot r_M = (NR)^T \dot r_T \tag{14.29}$$

章动矩阵转置矩阵为

$$(NR)^T = R_X(-\varepsilon_0)R_Z(\Delta\psi)R_X(\varepsilon) \tag{14.30}$$

式中:ε_0——平黄赤交角;

$\Delta\psi$——黄经章动;

$\varepsilon = \varepsilon_0 + \Delta\varepsilon$，$\Delta\varepsilon$ 为交角章动。

平黄赤交角 $\varepsilon_0 = 23°26'21''.448 - 46''.8150 \cdot T_u - 0''.00059 T_u + 0''.001813 T_u^3$

章动量取自 IAU1980 章动序列，该序列给出的黄经章动 $\Delta\psi$ 和交角章动 $\Delta\varepsilon$ 的计算公式，包括周期从 4.7 d 到 6798.4 d(18.6 年)的振幅大于 $0''.0001$ 的共 106 项。

交角章动 $\Delta\varepsilon$ 和黄经章动 $\Delta\psi$ 采用下述算法[88]。

$$\begin{cases} \Delta\psi = \sum_{j=1}^{106}(A_{0j} + A_{1j}T_u)\sin(\sum_{i=1}^{5}k_{ji}\alpha_i(T_u)) \\ \Delta\varepsilon = \sum_{j=1}^{106}(B_{0j} + B_{1j}T_u)\cos(\sum_{i=1}^{5}k_{ji}\alpha_i(T_u)) \end{cases} \tag{14.31}$$

式中：A_{0j}，A_{1j}，B_{0j}，B_{1j}，k_{ji}——相应的系数；

$\alpha_i(\alpha_1 \sim \alpha_5)$——分别是月球的平近点角 l，太阳的平近点角 l'，月球平升交角距 F，日、月平交距 D 和月球轨道升交点平黄经 Ω，有

其中：

$$\begin{cases} \alpha_1 = l = 134°57'46''.733 + (1325 \times 360° + 198°52'02''.633)T_u \\ \alpha_2 = l' = 357°31'39''.804 + (99 \times 360° + 359°03'01''.224)T_u \\ \alpha_3 = F = 93°16'18''.877 + (1342 \times 360° + 82°01'03''.137)T_u \\ \alpha_4 = D = 297°51'01''.307 + (1236 \times 360° + 307°06'41''.328)T_u \\ \alpha_5 = \Omega = 125°02'40''.280 + (5 \times 360° + 134°08'10''.539)T_u \end{cases}$$

上式中最大前 5 项见表 14.2 所示。

表 14.2　IAU1980 章动序列的前 5 项[88]

j	周期（日）	k_{j1}	k_{j1}	k_{j1}	k_{j1}	k_{j1}	A_{0j}	A_{1j}	B_{0j}	B_{1j}
							($0''.0001$)		($0''.0001$)	
1	6798.4	0	0	0	0	1	−171996	−174.2	92025	8.9
2	182.6	0	0	2	−2	2	−13187	−1.6	5736	−3.1
3	13.7	0	0	2	0	2	−2274	−0.2	977	−0.5
4	3399.2	0	0	0	0	2	2062	0.2	−895	0.5
5	365.2	0	1	0	0	0	1426	−3.4	54	−0.1

3) 瞬时真赤道地心系与混合坐标系之间的转换关系

从瞬时真赤道地心系到混合坐标系，两个坐标系之间的差别是赤经岁差和赤经章动。

$$\boldsymbol{r}_H = \boldsymbol{R}_Z(\mu + \Delta\mu)\boldsymbol{r}_T, \quad \dot{\boldsymbol{r}}_H = \boldsymbol{R}_Z(\mu + \Delta\mu)\dot{\boldsymbol{r}}_T \tag{14.32}$$

反之，从混合坐标系到瞬时真赤道地心系，有

$$\boldsymbol{r}_T = \boldsymbol{R}_Z(-(\mu + \Delta\mu))\boldsymbol{r}_H, \quad \dot{\boldsymbol{r}}_T = \boldsymbol{R}_Z(-(\mu + \Delta\mu))\dot{\boldsymbol{r}}_H \tag{14.33}$$

式中：μ 和 $\Delta\mu$ 是赤经岁差和赤经章动。$\mu = \zeta_A + Z_A$，$\Delta\mu = \Delta\psi\cos\varepsilon$。

4) 瞬时真赤道地心系与准地固坐标系之间的转换关系[93]

因准地固坐标系是随着地球自转而转动的，那么它与瞬时真赤道地心系之间的差别即地球自转角——格林尼治恒星时角 S_G，于是有

$$\boldsymbol{R}_t = (ER)\boldsymbol{r}_T, \quad \dot{\boldsymbol{R}}_T = (\dot{ER})\dot{\boldsymbol{r}}_T \tag{14.34}$$

式中：(ER)——地球自转矩阵，有 $(ER) = \boldsymbol{R}_Z(S_G)$；

$(\dot{ER})$——(ER) 矩阵的导数矩阵。

反之，从准地固坐标系到瞬时真赤道地心系有

$$\boldsymbol{r}_T = (ER)^T \boldsymbol{R}_T, \quad \dot{\boldsymbol{r}}_T = (\dot{ER})^T \boldsymbol{R}_T \tag{14.35}$$

从准地固系到瞬时真赤道地心系，有

$$(ER) = \boldsymbol{R}_Z(S_G) = \begin{vmatrix} \cos(S_G) & \sin(S_G) & 0 \\ -\sin(S_G) & \cos(S_G) & 0 \\ 0 & 0 & 1 \end{vmatrix} \tag{14.36}$$

$$(ER)^T = \boldsymbol{R}_Z(-S_G) = \begin{vmatrix} \cos(S_G) & -\sin(S_G) & 0 \\ \sin(S_G) & \cos(S_G) & 0 \\ 0 & 0 & 1 \end{vmatrix} \tag{14.37}$$

式中：$(ER)^T$——地球自转矩阵的转置矩阵。

$$(\dot{ER}) = \begin{vmatrix} -\sin(S_G) & \cos(S_G) & 0 \\ -\cos(S_G) & -\sin(S_G) & 0 \\ 0 & 0 & 1 \end{vmatrix} \dot{S}_G \tag{14.38}$$

$$(\dot{ER})^T = \begin{vmatrix} -\sin(S_G) & -\cos(S_G) & 0 \\ \cos(S_G) & -\sin(S_G) & 0 \\ 0 & 0 & 1 \end{vmatrix} \dot{S}_G \tag{14.39}$$

式中：$(\dot{ER})^T$——地球自转矩阵的导数矩阵的转置矩阵。

恒星时有真恒星时和平恒星时之分。若分别记作 S_G 和 $\bar{S}_G$，有

$$S_G = \bar{S}_G + \Delta\psi\cos\varepsilon$$

式中：$\Delta\psi\cos\varepsilon$ 为赤经章动，它是黄经章动 $\Delta\psi$ 在赤道上的分量。

格林尼治平恒星时

$$\bar{S}_G = 18^h.697\,374\,6 + 879\,000^h.051\,367 \cdot T_u + 0^s.093\,104 \cdot T_u^2 - 6^s.2 \cdot 10^{-6} \cdot T_u^3$$

格林尼治恒星时为大于 0 小于 2π 的数，如果大于 2π 应该用计算的结果减 2π 的整数倍。使格林尼治恒星为大于 0 小于 2π 的数。

$$\dot{S}_G = \left(1 + \frac{8\,640\,184.812\,866}{86\,400 \times 36\,525} + \frac{2 \times 0.093\,104}{86\,400 \times 36\,525} \cdot T_u - \frac{3 \times 6.2 \times 10^{-6}}{86\,400 \times 36\,525} \cdot T_u^2\right) \cdot$$

$$\frac{2\pi}{86\,400}\left[1 + \frac{\mathrm{d}(UT1R - TAI)}{\mathrm{d}(TAI)}\right] \tag{14.40}$$

上式右边第 2 项查 IERS 报告中列表 $UT1R - TAI$，求得差商替代。

5）准地固坐标系与地固坐标系之间的转换

从地固坐标系到准地固系之间的差别是极移，有

$$\boldsymbol{R} = (EP)\boldsymbol{R}_T, \quad \dot{\boldsymbol{R}} = (ER)\dot{\boldsymbol{R}}_T \tag{14.41}$$

式中：(EP) 为极移矩阵。

反之，从准地固坐标系到地固坐标系有

$$\boldsymbol{R}_T = (EP)^T\boldsymbol{R}, \quad \dot{\boldsymbol{R}}_T = (EP)^T\dot{\boldsymbol{R}}$$

$$(EP) = \begin{vmatrix} 1 & 0 & x_p \\ 0 & 1 & -y_p \\ x_p & y_p & 1 \end{vmatrix} \tag{14.42}$$

$$(EP)^{\mathrm{T}} = \begin{vmatrix} 1 & 0 & x_p \\ 0 & 1 & y_p \\ x_p & -y_p & 1 \end{vmatrix} \tag{14.43}$$

式中：x_p，y_p 是极移两分量；$(EP)^{\mathrm{T}}$ 为极移矩阵的转置矩阵。

上述 6 种地心赤道坐标系之间的转换关系，可用图 14.16 来描述。

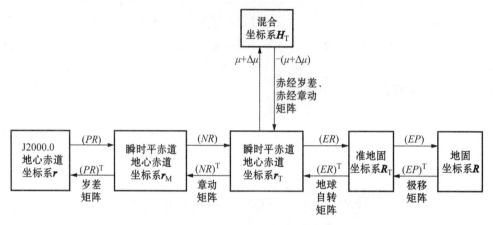

图 14.16　6 种地心赤道坐标系转换关系

14.4　用户星轨道预报

在计算天线指向时，最重要的是能够计算出用户星随时间在空间的位置速度矢量，求解卫星位置速度矢量的方法很多，但由于星上硬件资源相对较小，程序存储器和数据存储器容量有限，计算速度较慢，不可能向地面那样对卫星轨道进行高精度预报，因此，在确保指向精度的前提下，可以采用简化算法来对卫星轨道进行预报。

初始历元 6 根轨道根数是在 J2000 地心赤道坐标系下定义的，如果直接引用 J2000.0 地心赤道坐标系，由于岁差、章动现象，使赤道面随地球在空间摆动，空间任何一点的引力位函数就随地球摆动而变化，使卫星轨道增加一种附加摄动。它随着计算时刻与标准历元之间的间隔增长而增大。为了避免附加摄动，在进行卫星位置预报时，可采用在混合坐标系下进行，计算完毕后再转回到 J2000.0 地心赤道坐标系。

计算步骤如下：

（1）根据初始 6 根轨道根数计算出卫星初始 J2000.0 地心赤道坐标系位置速度。

（2）将卫星 J2000.0 地心赤道坐标系下位置速度转换到瞬时平赤道地心系下位置速度。

（3）将卫星瞬时平赤道地心系下位置速度转换到瞬时真赤道地心系下位置速度。

（4）将卫星瞬时真赤道地心系下位置速度转换到混合坐标系下位置速度。

（5）在混合坐标系下列出摄动微分方程，对该方程进行求解，求解出下一时刻卫星的位置速度。

（6）将卫星下一时刻混合系的位置速度转换到瞬时真赤道地心系位置速度。

（7）将卫星瞬时真赤道地心系的位置速度转换到瞬时平赤道地心系位置速度。

（8）将卫星瞬时平赤道地心系位置速度转换到 J2000.0 地心赤道坐标系下位置速度。

用户星轨道预报计算流程如图 14.17 所示。

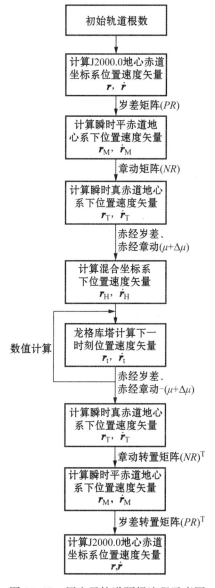

图 14.17　用户星轨道预报流程示意图

（1）六根初始轨道根数计算 J2000.0 地心赤道坐标系下位置速度矢量。

设用户星初始轨道根数为 (a,e,i,Ω,ω,M)。计算方法如下：

a. 计算偏近点角 E。

根据 $f(E)=E-e\sin E-M$，则 $f'(E)=1-e\cos E$

取
$$E_{K+1}=E_K-\frac{f(E_K)}{f'(E_K)},\quad K=0,1,2,\cdots$$

初值 E_0 取 $E_0 = M$，收敛条件可取 $|\Delta E_K| = |E_{K+1} - E_K| < 1 \times 10^{15}$。进行迭代计算偏近点角 E。

b. 计算卫星到地心的距离（即地心距）。

$$r = a(1 - e \cos E) \tag{14.44}$$

c. 计算用户星的速度 v。

$$v^2 = \mu \left(\frac{2}{r} - \frac{1}{a} \right)$$

式中：$\mu = 398\,600.441\,5 \times 10^9$

d. 计算真近点角 f。

由
$$
\begin{cases}
\sin f = \dfrac{a\sqrt{1-e^2}\sin E}{r} = \dfrac{\sqrt{1-e^2}\sin E}{1 - e\cos E} \\
\cos f = \dfrac{a(\cos E - e)}{r} = \dfrac{\cos E - e}{1 - e\cos E}
\end{cases}
\tag{14.45}
$$

得 $f = a\tan 2(\sin f, \cos f)$

f 始终取正，且 $0 < f \leqslant 2\pi$，当 f 为负时，可取 $f = 2\pi + f$；

e. 计算用户星纬度幅角 u。

$$u = \omega + f \tag{14.46}$$

f. 计算用户星初时时刻 J2000 地心赤道坐标系位置矢量 $\boldsymbol{r} = (X, Y, Z)^{\mathrm{T}}$：

$$
\begin{cases}
X = r(\cos\Omega\cos u - \sin\Omega\cos i) \\
Y = r(\sin\Omega\cos u + \cos\Omega\cos i) \\
Z = r\sin u\sin i
\end{cases}
\tag{14.47}
$$

g. 计算用户星初始时刻 J2000 地心赤道坐标系速度 $\dot{\boldsymbol{r}} = (\dot X, \dot Y, \dot Z)^{\mathrm{T}}$

设 $u' = a\sin\left(\dfrac{\sqrt{\mu a(1-e)}}{rv}\right)^{[89]}$，其中 $\mu = 398\,600.441\,5 \times 10^9$，则

$$
\begin{cases}
\dot X = v(\cos\Omega\cos u' - \sin\Omega\sin u'\cos i) \\
\dot Y = v(\sin\Omega\sin u' + \cos\Omega\sin u'\cos i) \\
\dot Z = v(\sin u'\sin i)
\end{cases}
\tag{14.48}
$$

（2）将用户星 J2000.0 地心赤道坐标系下位置速度 $\boldsymbol{r}, \dot{\boldsymbol{r}}$ 转换到瞬时平赤道地心系下位置速度 $\boldsymbol{r}_{\mathrm{M}}, \dot{\boldsymbol{r}}_{\mathrm{M}}$。根据式（14.22）计算。

（3）将用户星瞬时平赤道地心系下位置速度 $\boldsymbol{r}_{\mathrm{M}}, \dot{\boldsymbol{r}}_{\mathrm{M}}$ 转换到瞬时真赤道地心系下位置速度 $\boldsymbol{r}_{\mathrm{T}}, \dot{\boldsymbol{r}}_{\mathrm{T}}$。根据式（14.27）计算。

（4）将用户星瞬时真赤道地心系下位置速度 $\boldsymbol{r}_{\mathrm{T}}, \dot{\boldsymbol{r}}_{\mathrm{T}}$ 转换到混合坐标系下位置速度 $\boldsymbol{r}_{\mathrm{H}}, \dot{\boldsymbol{r}}_{\mathrm{H}}$。根据式（14.33）计算。

（5）在混合坐标系下列出摄动微分方程。方法如下：

对于用户星轨道，地球摄动的主要因素是地球扁状，如只考虑带谐项引力位函数，则地球引力位函数可以展开为[87]

$$
U = \frac{\mu}{r_{\mathrm{H}}}\Big[1 - \frac{J_2 R_{\mathrm{e}}^2}{2 r_{\mathrm{H}}^2}(3\sin^2\varphi - 1) - \frac{J_3 R_{\mathrm{e}}^3}{2 r_{\mathrm{H}}^3}(5\sin^3\varphi - 3\sin\varphi) -
$$
$$
\frac{J_4 R_{\mathrm{e}}^4}{8 r_{\mathrm{H}}^4}(35\sin^4\varphi - 30\sin^2\varphi + 3) \Big]
$$

由于不考虑地球赤道的椭圆状,可直接得出此位函数在赤道惯性坐标系的梯度,作为对卫星的引力加速度,因为地心纬度等式 $\sin\varphi = r_H/z$,卫星的摄动方程可写为

$$\frac{\mathrm{d}^2x}{\mathrm{d}t^2} = \frac{\partial U}{\partial x} = \frac{\partial U}{\partial r_H} \cdot \frac{\partial r_H}{\partial x} = \frac{\partial U}{\partial r_H} \cdot \frac{x}{r_H}$$

$$= -\frac{\mu x}{r_H^3}\left[1 + 1.5J_2\left(\frac{R_e}{r_H}\right)^2 \cdot \left(1 - \frac{5 \cdot z^2}{r_H^3}\right) + 2.5J_3\left(\frac{R_e}{r_H}\right)^3 \cdot \left(\frac{3z}{r_H} - \frac{7z^3}{r_H^3}\right) - \right.$$

$$\left. 0.625J_4\left(\frac{R_e}{r_H}\right)^4 \cdot \left(3 - \frac{42z^2}{r_H^2} + \frac{63z^4}{r_H^4}\right)\right] \tag{14.49}$$

$$\frac{\mathrm{d}^2y}{\mathrm{d}t^2} = \frac{\partial U}{\partial y} = \frac{\partial U}{\partial r_H} \cdot \frac{y}{r_H} = \frac{\mathrm{d}^2x}{\mathrm{d}t^2} \cdot \frac{y}{x} \tag{14.50}$$

$$\frac{\mathrm{d}^2z}{\mathrm{d}t^2} = \frac{\partial U}{\partial z} = \frac{\partial U}{\partial r_H} \cdot \frac{z}{r_H} = \frac{\mathrm{d}^2x}{\mathrm{d}t^2} \cdot \frac{z}{x}$$

$$= -\frac{\mu z}{r_H^3}\left[1 + 1.5J_2\left(\frac{R_e}{r_H}\right)^2 \cdot \left(3 - \frac{5z^2}{r_H^2}\right) + 2.5J_3\left(\frac{R_e}{r_H}\right)^3 \cdot \right.$$

$$\left. \left(\frac{6z}{r_H} - \frac{7z^3}{r_H^3} - \frac{0.6z^4}{r_H^4}\right) - 0.625J_4\left(\frac{R_e}{r_H}\right)^4 \cdot \left(15 - \frac{70z^2}{r_H^2} + \frac{63z^4}{r_H^4}\right)\right] \tag{14.51}$$

式中: $r = \sqrt{x^2 + y^2 + z^2}$;$J_2, J_3, J_4$ 为地球引力场带谐系数。

如果只考虑 J_2 项,则有

$$\begin{cases} \dfrac{\mathrm{d}x}{\mathrm{d}t} = \dot{x} \\[2mm] \dfrac{\mathrm{d}y}{\mathrm{d}t} = \dot{y} \\[2mm] \dfrac{\mathrm{d}z}{\mathrm{d}t} = \dot{z} \\[2mm] \dfrac{\mathrm{d}\dot{x}}{\mathrm{d}t} = \dfrac{\mu x}{r_H^3}\left[\dfrac{J_2 R_e^2}{r_H^2}\left(7.5\left(\dfrac{z}{r_H}\right)^2 - 1.5\right) - 1\right] \\[2mm] \dfrac{\mathrm{d}\dot{y}}{\mathrm{d}t} = \dfrac{\mu y}{r_H^3}\left[\dfrac{J_2 R_e^2}{r_H^2}\left(7.5\left(\dfrac{z}{r_H}\right)^2 - 1.5\right) - 1\right] \\[2mm] \dfrac{\mathrm{d}\dot{z}}{\mathrm{d}t} = \dfrac{\mu z}{r_H^3}\left[\dfrac{J_2 R_e^2}{r_H^2}\left(7.5\left(\dfrac{z}{r_H}\right)^2 - 4.5\right) - 1\right] \end{cases} \tag{14.52}$$

式中: $\mu = 398\,600.441\,5 \times 10^9$,$J_2 = 10\,826.3 \times 10^{-7}$,$R_e = 6\,378\,136.3\,\mathrm{m}$。

该方程可以用龙格-库塔方法来求解。

龙格-库塔方法是一种常用的单步法。其基本思想是间接引用泰勒展开式。用积分区间上若干点的右函数值 f 的线性组合来代替 f 的导数,然后用泰勒展开式确定相应的系数,这样既能避免计算 f 的各阶导数,又能保证精度。比较常用的是经典四阶龙格-库塔公式[113]。

$$\begin{cases} \dfrac{\mathrm{d}y_i}{\mathrm{d}x} = f_i(x, y_1, y_2, \cdots, y_n) \\[2mm] y_i(x_0) = y_{i0} \\[2mm] x > x_0 \end{cases} \quad i = 1, 2, \cdots, n \tag{14.53}$$

四阶龙格-库塔法的计算公式为

$$Y^{(k+1)} = (y_1^{k+1}, \cdots, y_n^{k+1}) = Y^{(k)} + \frac{1}{6}(K^{(1)} + 2K^{(2)} + 2K^{(3)} + K^{(4)})$$

式中：

$$\begin{cases} K^{(1)} = hF(x_k, Y^{(k)}) \\ K^{(2)} = hF\left(x_k + \frac{1}{2}h, Y^{(k)} + \frac{1}{2}K^{(1)}\right) \\ K^{(3)} = hF\left(x_k + \frac{1}{2}h, Y^{(k)} + \frac{1}{2}K^{(2)}\right) \\ K^{(2)} = hF(x_k + h, Y^{(k)} + K^{(3)}) \\ F(x, y) = (f_1(x, y), \cdots, f_n(x, y))^{\mathrm{T}} \\ Y = (y_1, y_2, \cdots, y_n)^{\mathrm{T}} \end{cases} \tag{14.54}$$

通过对摄动方程求解，就可以计算出下一时刻用户星混合坐标系下的位置速度矢量 $r_{H_t}, \dot{r}_{H_t}$。

(6) 将用户星下一时刻混合系的位置速度 $r_{H_t}, \dot{r}_{H_t}$ 转换到瞬时真赤道地心系位置速度 r'_T, $\dot{r}'_T$。

$$r'_T = \boldsymbol{R}_Z(-(\mu + \Delta\mu)) \cdot r'_{H_t}, \qquad \dot{r}'_T = \boldsymbol{R}_Z(-(\mu + \Delta\mu)) \cdot \dot{r}'_{H_t}$$

(7) 将用户星瞬时真赤道地心系的位置速度 $r'_T, \dot{r}'_T$ 转换到瞬时平赤道地心系位置速度 r'_M, $\dot{r}'_M$。根据式(14.29)计算。

(8) 将用户星瞬时平赤道地心系位置速度 $r'_M, \dot{r}'_M$ 转换到 J2000.0 地心赤道坐标系下位置速度 $r', \dot{r}'$。根据式(14.22)计算。

14.5 中继星轨道预报

中继星为静止卫星,且星上推算时间较短,为了简化算法,轨道预报可采用二体方法,简化计算量。

已知中继星初始历元的瞬时 6 根轨道根数 $(a_0, e_0, i_0, \Omega_0, \omega_0, M_0)$。

轨道预报采用以下步骤；

(1) 计算出中继星在 J2000 惯性系下的运动平均速率。

设中继星半长轴为 r,则

$$r = a_0 \tag{14.55}$$

中继星平均速率：

$$v = \sqrt{\frac{\mu}{r^3}} \tag{14.56}$$

式中：$\mu = 398\,600.441\,5 \times 10^9$

(2) 计算中继星预报 t 时刻的平近点角 M_t。

设初始 t_0 时刻的中继星平近点角为 M_0,预报 t 时刻和轨道初始时刻 t_0 的差为 Δt,则有

$$M_t = M_0 + v\Delta t \tag{14.57}$$

注：计算的 M_t 为大于 0 小于 2π 的数。

(3) 在 t 时根据中继星的初始轨道根数的前 5 个参数和预报时刻的平近点角 M_t 组成一

组新的 6 根轨道根数$(a_0, e_0, i_0, \Omega_0, \omega_0, M_t)$，用这组新的轨道根数计算出中继星在 J2000 惯性系下的位置速度。计算方法如下。

（4）计算偏近点角 E_t：

根据式 $f(E) = E - e\sin E - M$ 有 $f'(E) = 1 - e\cos E$

取
$$E_{K+1} = E_K - \frac{f(E_K)}{f'(E_K)}, \quad K = 0, 1, 2, \cdots \tag{14.58}$$

初值 E_0 取 $E_0 = M_t$，可取收敛条件 $|\Delta E_K| = |E_{K+1} - E_K| < 1 \times 10^{-15}$。进行迭代计算偏近点角 E_t。

（5）计算中继星到地心的距离（即地心距）。
$$r_t = a(1 - e\cos E_t) \tag{14.59}$$

（6）中继星 t 时刻速率。
$$v_t = \sqrt{\mu\left(\frac{2}{r_t} - \frac{1}{a_0}\right)} \tag{14.60}$$

式中：$\mu = 398\,600.441\,5 \times 10^9$

（7）计算中继星真近点角，根据
$$\begin{cases} \sin f_t = \dfrac{a_0\sqrt{1 - e_0^2}\sin E_t}{r_t} = \dfrac{\sqrt{1 - e_0^2}\sin E_t}{1 - e_0\cos E_t} \\ \cos f_t = \dfrac{a_0(\cos E_t - e_0)}{r_t} = \dfrac{\cos E_t - e_0}{1 - e_0\cos E_t} \end{cases} \tag{14.61}$$

得
$$f_t = a\tan 2(\sin f_t, \cos f_t)$$

（8）计算中继星纬度幅角 u_t。
$$u_t = \omega_0 + f_t \tag{14.62}$$

（9）计算中继星 t 时刻 J2000.0 地心赤道坐标系 $\boldsymbol{r}_t = (X_t, Y_t, Z_t)^{\mathrm{T}}$。
$$\begin{cases} X_t = r_t(\cos\Omega_0\cos u_t - \sin\Omega_0\cos i_0) \\ Y_t = r_t(\sin\Omega_0\cos u_t + \cos\Omega_0\cos i_0) \\ Z_t = r_t\sin u_t\sin i_t \end{cases} \tag{14.63}$$

（10）计算中继星 t 时刻 J2000.0 地心赤道坐标系速度 $\dot{\boldsymbol{r}}_t = (\dot{X}_t, \dot{Y}_t, \dot{Z}_t)^{\mathrm{T}}$。

$u'_t = a\sin\left(\dfrac{ua_0(1 - e_0)}{r_t v_t}\right)$，其中 $u = 398\,600.441\,5 \times 10^9$，则

$$\begin{cases} \dot{X}_t = v_t(\cos\Omega_0\cos u'_t - \sin\Omega_0\sin u'_t\cos i_t) \\ \dot{Y}_t = v_t(\sin\Omega_0\sin u'_t + \cos\Omega_0\sin u'_t\cos i_t) \\ \dot{Z}_t = v_t(\sin u'_t\sin i_t) \end{cases} \tag{14.64}$$

14.6　指向角度计算

在进行指向计算前，需要定义以下几个坐标系：

1）用户星轨道坐标系

原点在用户星在轨时的质心位置，Z 轴指向地心，X 轴指向用户星在轨运行方向，并与 Y

轴垂直，Y 轴和 X，Z 轴成右手系，如图 14.18 所示。

2）用户星本体坐标系

原点在用户星质心位置，Z 轴为当卫星姿态角均为 0° 时指向地心，X 轴指向用户星在轨运行的前方，并与 Y 轴垂直，Y 轴和 X，Z 轴成右手系。

3）天线本体坐标系

用户星天线一般采用 X-Y 型天线，如图 14.19 所示，定义靠近用户星安装面的电机为 X 电机，Y 电机随 X 电机转动，X 电机轴线为天线本体系 X 轴，Y 电机轴线为天线本体系 Y 轴，Z 轴过用户星质心和天线质心，正向为指向天线质心。

以上定义了计算指向需要的 3 个坐标系，分别计算出了 t 时刻两颗卫星 J2000.0 赤道坐标系的位置速度。则 J2000.0 赤道坐标系下中继星位置速度矢量减用户星位置速度矢量即可求出 J2000.0 赤道坐标系下用户星到中继星的指向矢量。

再将指向矢量经 J2000.0 赤道坐标系—用户星轨道坐标系—用户星本体坐标系—天线本体坐标转换，在天线本体坐标系下就可计算出指向角度。

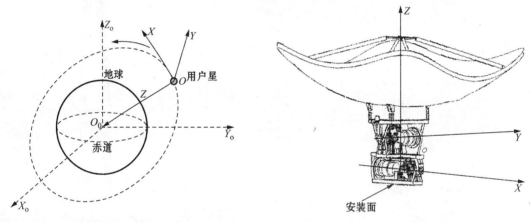

图 14.18　用户星轨道坐标　　　　　　图 14.19　X-Y 型天线示意图

（1）计算用户星轨道坐标系下指向矢量。

设 J2000.0 赤道坐标系下用户星到中继星的指向矢量为 $\boldsymbol{r}_s=(x_s,y_s,z_s)^{\mathrm{T}}$，速度矢量为 $\dot{\boldsymbol{r}}_s=(\dot{x}_s,\dot{y}_s,\dot{z}_s)^{\mathrm{T}}$。

用户星轨道坐标下的指向矢量为 $\boldsymbol{r}_{IR-C}$，速度矢量为 $\boldsymbol{v}_{IR-C}$，则有

$$\boldsymbol{r}_{IR-C}=R_{RTN}\boldsymbol{r}, \qquad \dot{\boldsymbol{r}}_{IR-C}=\dot{R}_{RTN}\boldsymbol{r}+R_{RTN}\dot{\boldsymbol{r}}$$

式中：$\boldsymbol{R}_{RTN}$ 定义如下[92]

$$\boldsymbol{R}_{RTN}\begin{bmatrix}\hat{x}\\\hat{y}\\\hat{z}\end{bmatrix}=\begin{bmatrix}\hat{y}\times\hat{z}\\[2mm]\dfrac{\boldsymbol{v}_s\times\boldsymbol{r}_s}{|\boldsymbol{v}_s\times\boldsymbol{r}_s|}\\[3mm]-\dfrac{\boldsymbol{r}_s}{|\boldsymbol{r}_s|}\end{bmatrix} \tag{14.65}$$

设 $\boldsymbol{v}_s=(\dot{x}_s,\dot{y}_s,\dot{z}_s)^{\mathrm{T}}$ 为卫星 J2000.0 赤道坐标系速度矢量，$|\boldsymbol{r}_s|=\sqrt{x_s^2+y_s^2+z_s^2}$，$|\boldsymbol{v}_s\times\boldsymbol{r}_s|=\sqrt{(\dot{y}_s z_s-\dot{z}_s y_s)^2+(\dot{z}_s x_s-\dot{x}_s z_s)^2+(\dot{x}_s y_s-\dot{y}_s x_s)^2}$，$x_s,y_s,z_s$ 为卫星 J2000.0 赤道坐标系位置矢量。

则

$$\boldsymbol{R}_{RTN} = \begin{bmatrix} \dfrac{z_s^2 \dot{x}_s - x_s z_s \dot{z}_s - x_s y_s \dot{y}_s + y_s^2 \dot{x}_s}{\mid \boldsymbol{r}_s \mid \mid \boldsymbol{v}_s \times \boldsymbol{r}_s \mid} & \dfrac{x_s^2 \dot{y}_s - x_s y_s \dot{x}_s - y_s z_s \dot{z}_s + z_s^2 \dot{y}_s}{\mid \boldsymbol{r}_s \mid \mid \boldsymbol{v}_s \times \boldsymbol{r}_s \mid} & \dfrac{y_s^2 \dot{z}_s - z_s y_s \dot{y}_s - z_s x_s \dot{x}_s + x_s^2 \dot{z}_s}{\mid \boldsymbol{r}_s \mid \mid \boldsymbol{v}_s \times \boldsymbol{r}_s \mid} \\[4mm] \dfrac{z_s \dot{y}_s - y_s \dot{z}_s}{\mid \boldsymbol{v}_s \times \boldsymbol{r}_s \mid} & \dfrac{x_s \dot{z}_s - z_s \dot{x}_s}{\mid \boldsymbol{v}_s \times \boldsymbol{r}_s \mid} & \dfrac{y_s \dot{x}_s - x_s \dot{y}_s}{\mid \boldsymbol{v}_s \times \boldsymbol{r}_s \mid} \\[4mm] -\dfrac{x_s}{\mid \boldsymbol{r}_s \mid} & -\dfrac{y_s}{\mid \boldsymbol{r}_s \mid} & -\dfrac{z_s}{\mid \boldsymbol{r}_s \mid} \end{bmatrix}$$

$$(14.66)$$

（2）计算用户星本体坐标系下指向矢量。

用户星本体坐标系和用户星轨道坐标系之间相差偏航角、滚动角、俯仰角，姿态角定义如下：

偏航角 ψ →用户星滚动轴 X 轴与当地水平面的投影与 X 轴的夹（即绕 Z 轴旋转）

俯仰角 θ →用户星滚动轴 X 轴与其在当地水平面投影的夹角；（即绕 Y 轴旋转）

滚动角 φ →用户星俯仰轴 Z 与其在当地水平面投影的夹角；（绕 X 轴旋转）

偏航角正负的定义为，从 Z 轴正向向原点看去，逆时针为正，顺时针为负。

俯仰角正负的定义为，从 Y 轴正向向原点看去，逆时针为正，顺时针为负。

滚动角正负的定义为，从 X 轴正向向原点看去，逆时针为正，顺时针为负。

在本体坐标系中，姿态矩阵为

$$\boldsymbol{R}(\psi, \varphi, \theta) = \boldsymbol{R}_Y(\theta) \boldsymbol{R}_X(\varphi) \boldsymbol{R}_Z(\psi)$$

即绕 Z 轴旋转偏航角 ψ，再绕 X 轴旋转滚动角 φ，在绕 Y 轴旋转俯仰角 θ。

在用户星轨道坐标系乘以姿态矩阵，就得到用户星本体坐标系指向矢量。即

$$\boldsymbol{r}_b = \boldsymbol{R}(\psi, \varphi, \theta) \boldsymbol{r}_s$$

式中：$\boldsymbol{r}_s$——用户星轨道坐标系的指向矢量；

　　　$\boldsymbol{r}_b$——用户星本体坐标系下的指向矢量。

（3）计算天线本体坐标系下指向矢量。

设天线安装在用户星本体系 $-Z$ 轴，安装后天线 Z' 轴正向指向用户星本体系 $-Z$ 轴方向，天线 X' 轴正向指向用户星本体系 X 轴正方向，天线 Y' 轴正向指向用户星本体系 $-Y$ 轴方向。

设指向矢量在用户星本体坐标系为 $\boldsymbol{r}_b$，在天线本体坐标系为 $\boldsymbol{r}_a$。如图 14.20 所示。

则有 $\boldsymbol{r}_a = \boldsymbol{R}_X(180°) \cdot \boldsymbol{r}_b$。

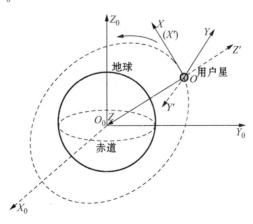

图 14.20　天线本体与卫星本体坐标系示意图

（4）计算指向角度。

如图 14.21 所示,设天线本体坐标系为 $OXYZ$,指向矢量为 $\overrightarrow{OP}=(x,y,z)$,$\overrightarrow{OP}$ 在 YOZ 平面的投影矢量 $\overrightarrow{OP'}=(0,y,z)$。

则 OP' 和 OZ 的夹角 x_j 称天线绕 X 轴转动的角度,则 OP' 和 OP 的夹角 y_j 称天线绕 Y 轴转动的角度。

则

$$\begin{cases} x_j = a\tan\left(-\dfrac{y}{z}\right) \\ y_j = a\sin\left(\dfrac{x}{\sqrt{x^2+y^2+z^2}}\right) \end{cases} \tag{14.67}$$

至此,就计算出了用户星到中继星 X 轴电机和 Y 轴电机转动的角度。

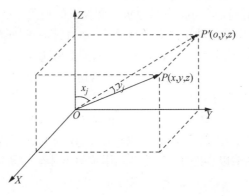

图 14.21　天线坐标系下指向示意图

14.7　用户星 GPS 数据计算指向角度方法

用户星上通常安装有 GPS 跟踪接收机,它可以实时提供 WGS-84 坐标系下卫星的位置信息,因此,也可以利用卫星上 GPS 数据计算天线的指向角度。

GPS 数据是 WGS-84 坐标系下的数据,而中继星的位置速度矢量常用 J2000.0 地心赤道坐标系表示,因此,计算指向角度,需首先将 WGS-84 坐标系下 GPS 数据转换到 J2000.0 地心赤道坐标系。这样,就可以知道 J2000.0 地心赤道坐系下用户星和中继星的位置速度矢量,再按照 1.6 节指向角度的方法计算出指向角度。

卫星 GPS 数据也可以认为是地固坐标系下的位置速度矢量,计算卫星 J2000 地心赤道坐标系位置速度过程、步骤如图 14.22 所示。

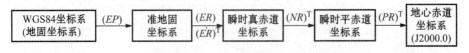

图 14.22　GPS 数据转换示意图

1) 计算准地固系用户星位置速度矢量

从地固坐标系到准地固系之间的差别是极移,设地固系用户星位置速度矢量为 $\boldsymbol{R}=$

$(X, Y, Z)^{\mathrm{T}}$，$\dot{\boldsymbol{R}} = (\dot{X}, \dot{Y}, \dot{Z})^{\mathrm{T}}$，准地固系位置速度矢量为

$$\boldsymbol{R}_{\mathrm{T}} = (X_{\mathrm{T}}, Y_{\mathrm{T}}, Z_{\mathrm{T}})^{\mathrm{T}}, \qquad \dot{\boldsymbol{R}}_{\mathrm{T}} = (\dot{x}_{\mathrm{T}}, \dot{y}_{\mathrm{T}}, \dot{z}_{\mathrm{T}})^{\mathrm{T}}$$

则
$$\boldsymbol{R}_{\mathrm{T}} = (EP)^{\mathrm{T}} \cdot \boldsymbol{R}, \quad \dot{\boldsymbol{R}}_{\mathrm{T}} = (EP)^{\mathrm{T}} \cdot \dot{\boldsymbol{R}} \tag{14.68}$$

式中：$(EP)^{\mathrm{T}}$ 为极移矩阵的转置矩阵。

$$(EP) = \begin{vmatrix} 1 & 0 & x_p \\ 0 & 1 & -y_p \\ x_p & y_p & 1 \end{vmatrix} \tag{14.69}$$

式中：x_p, y_p 是极移两分量。

2) 计算瞬时真赤道坐标系位置速度矢量

设瞬时真赤道坐标系下位置速度矢量为 $\boldsymbol{r}_{\mathrm{T}} = (x_{\mathrm{T}}, y_{\mathrm{T}}, z_{\mathrm{T}})^{\mathrm{T}}$，$\dot{\boldsymbol{r}}_{\mathrm{T}} = (\dot{x}_{\mathrm{T}}, \dot{y}_{\mathrm{T}}, \dot{z}_{\mathrm{T}})^{\mathrm{T}}$，准地固系位置速度矢量为 $\boldsymbol{R}_{\mathrm{T}} = (X_{\mathrm{T}}, Y_{\mathrm{T}}, Z_{\mathrm{T}})^{\mathrm{T}}$，$\dot{\boldsymbol{R}}_{\mathrm{T}} = (\dot{X}_{\mathrm{T}}, \dot{Y}_{\mathrm{T}}, \dot{Z}_{\mathrm{T}})^{\mathrm{T}}$，则

$$\boldsymbol{r}_{\mathrm{T}} = (ER)^{\mathrm{T}} \boldsymbol{R}_{\mathrm{T}}, \quad \dot{\boldsymbol{r}}_{\mathrm{T}} = (\dot{ER})^{\mathrm{T}} \cdot \dot{\boldsymbol{R}}_{\mathrm{T}}$$

$$(ER)^{\mathrm{T}} = \boldsymbol{R}_Z(-S_{\mathrm{G}}) = \begin{vmatrix} \cos(S_{\mathrm{G}}) & -\sin(S_{\mathrm{G}}) & 0 \\ \sin(S_{\mathrm{G}}) & \cos(S_{\mathrm{G}}) & 0 \\ 0 & 0 & 1 \end{vmatrix} \tag{14.70}$$

$$(\dot{ER})^{\mathrm{T}} = \begin{vmatrix} -\sin(S_{\mathrm{G}}) & -\cos(S_{\mathrm{G}}) & 0 \\ \cos(S_{\mathrm{G}}) & -\sin(S_{\mathrm{G}}) & 0 \\ 0 & 0 & 1 \end{vmatrix} \dot{S}_{\mathrm{G}} \tag{14.71}$$

$(ER)^{\mathrm{T}}$ 和 $(\dot{ER})^{\mathrm{T}}$ 的计算方法见 14.3.2 节。

3) 计算瞬时平赤道坐标系下位置速度矢量

设瞬时真赤道坐标系下位置速度矢量为 $\boldsymbol{r}_{\mathrm{T}} = (x_{\mathrm{T}}, y_{\mathrm{T}}, z_{\mathrm{T}})^{\mathrm{T}}$，$\dot{\boldsymbol{r}}_{\mathrm{T}} = (\dot{x}_{\mathrm{T}}, \dot{y}_{\mathrm{T}}, \dot{z}_{\mathrm{T}})^{\mathrm{T}}$，瞬时平赤道位置速度矢量为 $\boldsymbol{r}_{\mathrm{M}} = (x_{\mathrm{M}}, y_{\mathrm{M}}, z_{\mathrm{M}})^{\mathrm{T}}$，$\dot{\boldsymbol{r}}_{\mathrm{M}} = (\dot{x}_{\mathrm{M}}, \dot{y}_{\mathrm{M}}, \dot{z}_{\mathrm{M}})^{\mathrm{T}}$，则

$$\boldsymbol{r}_{\mathrm{M}} = (NR)^{\mathrm{T}} \cdot \boldsymbol{r}_{\mathrm{T}}, \quad \dot{\boldsymbol{r}}_{\mathrm{M}} = (NR)^{\mathrm{T}} \cdot \dot{\boldsymbol{r}}_{\mathrm{T}} \tag{14.72}$$

章动矩阵的转置矩阵 $(NR)^{\mathrm{T}}$ 的计算见式 (14.29)。

4) 计算 J2000.0 地心赤道坐标系下位置速度矢量

设 J2000.0 地心赤道坐标系下位置速度矢量为 $\boldsymbol{r} = (x, y, z)^{\mathrm{T}}$，$\dot{\boldsymbol{r}} = (\dot{x}, \dot{y}, \dot{z})^{\mathrm{T}}$，瞬时平赤道位置速度矢量为 $\boldsymbol{r}_{\mathrm{M}} = (\dot{x}_{\mathrm{M}}, \dot{y}_{\mathrm{M}}, \dot{z}_{\mathrm{M}})^{\mathrm{T}}$，$\dot{\boldsymbol{r}} = (\dot{x}_{\mathrm{M}}, \dot{y}_{\mathrm{M}}, \dot{z}_{\mathrm{M}})^{\mathrm{T}}$ 则

$$\boldsymbol{r} = (PR)^{\mathrm{T}} \boldsymbol{r}_{\mathrm{M}}, \quad \dot{\boldsymbol{r}} = (PR)^{\mathrm{T}} \dot{\boldsymbol{r}}_{\mathrm{M}} \tag{14.73}$$

岁差矩阵的转置矩阵 $(PR)^{\mathrm{T}}$ 的计算见式 (14.24)。

至此，计算出了用户星在 J2000.0 地心赤道坐标系下的位置速度矢量，用 14.5 节同样方法可以计算出中继星 J2000.0 地心赤道坐标系。再跟据 14.6 节的方法就可计算出天线的转动。

第 15 章 星间链路天线
扫描捕获方法

15.1 引言

中继星星间链路 Ka 天线对用户星的扫描捕获跟踪是中继卫星系统的一项关键技术,它是建立星间测控通信链路的首要条件。中继星 Ka 天线波束窄(例如≤0.26°),要求指向精度高(例如≤0.05°),由于卫星轨道预报误差和中继星姿态误差,中继星 Ka 天线程控指向用户星精度约±0.4°。因此采取 Ka 天线程控指向用户星,用户星落入±0.41°区内,接着天线扫描搜索±0.4°不定区域,使天线波束中心与目标方向偏差小于 1/2 波束宽度,再牵引转入自动跟踪,保证跟踪指向精度优于 0.05°。很多学者对这一问题进行了研究,见文献[18,68~71]。本章叙述一种适合中继星 Ka 天线的恒线速度螺线扫描捕获方法,推导出了扫描轨迹方程、天线方位轴转动及俯仰轴转动的数学表示式和扫描参数选择等。该方法的优点是:曲线方程简单、螺距相等,易于实现全覆盖扫描;扫描螺旋线平滑且线速恒定,这既对卫星姿态冲击影响小,又有利于对目标信号的发现与捕获。

15.2 中继星天线程控指向用户星的方位角 α 和俯仰角 β 表示式

在中继星天线坐标系内,用户星 Su 的位置如图 15.1 所示[20],假设中继星天线坐标系的 X_a, Y_a, Z_a 轴处于零位时,分别与星体坐标系 3 个轴 X_b, Y_b, Z_b 重合,X_a 与 X_b 固连。当天线 X_a 轴(方位轴)和 Y_a 轴(俯仰轴)处于零位时,Z_a 轴(天线电轴)指向地心。

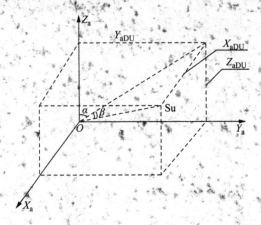

图 15.1 中继天线指向用户星的方位角 α 和俯仰角 β

当 X_a 轴从零位开始转动 α 角时，α 角的正负按右手法则确定，即右手握住 X_a 轴，拇指指向 X_a 轴箭头方向，α 角转动方向与 4 个手指方向一致为正，否则为负；同理，对 Y_a 轴转动，按右手法则确定 β 角的正负。

中继星天线指向用户星方位角 α 和俯仰角 β 为

$$\alpha = -\arctan\frac{Y_{aDU}}{Z_{aDU}} \tag{15.1}$$

$$\beta = \arctan\frac{X_{aDU}}{\sqrt{Y_{aDU}^2 + Z_{aDU}^2}} = \arcsin\frac{X_{aDU}}{\sqrt{X_{aDU}^2 + Y_{aDU}^2 + Z_{aDU}^2}} \tag{15.2}$$

式中：X_{aDU}，Y_{aDU}，Z_{aDU} 是中继星到用户星的位置矢量在中继星天线坐标系中的坐标分量。

15.3　阿基米德螺旋线方程

极坐标阿基米德螺线方程为

$$\rho = a\theta \tag{15.3}$$

式中：ρ——极径；

　　θ——极角；

　　a——正数。

θ 由零开始增加，则 ρ 随 θ 成比例（比例系数为 a）增加，曲线如图 15.2 所示。方程 $\rho = a\theta$ 所确定的螺旋线称为阿基米德螺线。可见螺线绕极坐标系原点一周、θ 增加 2π，ρ 增加 $2\pi a$，$2\pi a$ 叫一个螺距长，令螺距为 d。

$$d = 2\pi a \tag{15.4}$$

相应直角坐标系中的阿基米德螺线方程为

$$\begin{aligned} x &= a\theta\cos\theta \\ y &= a\theta\sin\theta \end{aligned} \tag{15.5}$$

螺线长 L 的表示式为

$$L = \frac{a}{2}\left[\theta\sqrt{1+\theta^2} + \ln(\theta + \sqrt{1+\theta^2})\right] \tag{15.6}$$

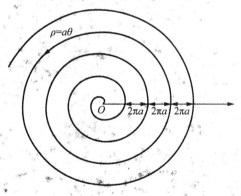

图 15.2　极坐标系阿基米德螺旋线

本章就是应用阿基米德螺线的这些基本特性来构造中继星星间链路 Ka 天线电轴恒线速螺旋扫描捕获用户星的方法。

15.4 中继星天线恒角速度螺旋扫描捕获方法

中继星天线扫描搜索方法首先要决定两个问题：一个是选定扫描轨迹，是行扫描还是螺旋扫描；另一个是天线方位轴及俯仰轴的运转方式，是扫描轨迹恒定角速度扫描还是扫描轨迹恒定线速度扫描。对于第一个问题，几乎都选定阿基米德螺线扫描轨迹。因为它方程简单、曲线平滑、螺距相等，易于实现对扫描范围的全覆盖扫描。对于第二个问题，天线运转方式取决于天线及驱动机构性能、卫星姿态要求和迟滞时间等因素。本节讨论阿基米德螺线扫描，天线运转是使扫描轨迹恒角速度的扫描捕获方法[70,71]。天线方位轴转角 α 和俯仰轴转角 β 表示如式 (15.7)，α 和 β 随时间变化如图 15.3 所示，扫描轨迹如图 15.4 所示，图中，

$$d = 0.15°, \quad \omega_a = 0.18°/s$$

$$\alpha = a\theta\cos\theta = a\omega_a t\cos\omega_a t = \frac{d}{2\pi}\omega_a t\cos\omega_a t$$

$$\beta = a\theta\sin\theta = a\omega_a t\sin\omega_a t = \frac{d}{2\pi}\omega_a t\sin\omega_a t \tag{15.7}$$

式中：$\dfrac{d}{2\pi}\omega_a$——极径增长速度；

ω_a——天线扫描轨迹角速度。

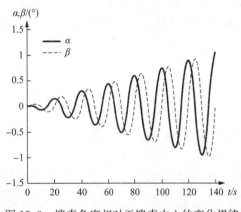

图 15.3 搜索角度相对于搜索中心的变化规律

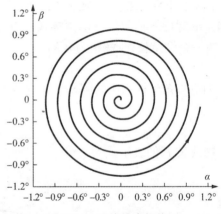

图 15.4 天线搜索规律图

从式 (15.7) 和图 15.3 可以看出，ω_a 一定，不管扫描轨迹是第 1 圈还是第 5 圈，扫过每一圈的时间相等。

对式 (15.7) 求导，可得到天线方位轴角速度 α' 和俯仰轴转角速度 β' 的表达式

$$\left.\begin{array}{l} \alpha' = \dfrac{d\omega_a}{2\pi}\sqrt{1+(\omega_a t)^2}\cos(\omega_a t + \phi) \\[3mm] \beta' = \dfrac{d\omega_a}{2\pi}\sqrt{1+(\omega_a t)^2}\sin(\omega_a t + \phi) \end{array}\right\} \tag{15.8}$$

由式 (15.8) 可以看出，天线方位角速度和俯仰角速度的幅值随着扫描圈数的增加而增大，同样角加速度也随扫描圈数增加而增大。这对卫星姿态的冲击影响增加；也不利于对目标信号的发现和捕获。因为发现和捕获目标需要一定迟滞时间，而随着扫描的圈数增加，扫描轨迹运动越快，目标穿过波束的时间越短。

15.5　中继星天线恒线速度螺旋扫描捕获方法

天线扫描轨迹仍是阿基米德螺线,而天线方位轴和俯仰轴运转是使天线电轴扫描轨迹具有恒定线速度的运转方式。恒线速度螺旋扫描捕获方法最显著的优点是扫过用户星的时间不因扫描圈数增加而改变,有利于目标信号的发现和捕获,同时,天线方位角速度和俯仰角速度的幅值不因扫描圈数增加而增大,因此等线速度扫描对卫星姿态冲击影响小。

15.5.1　螺线长 L 的近似表示式

从式(15.6)的数值计算可知,对于中继星天线螺旋扫描一般需要扫 0～5 圈,即 θ 角从 0 变到 10π。当 θ 取值 1π 以上,$\ln(\theta+\sqrt{1+\theta^2})$ 相对于 $\theta\sqrt{1+\theta^2}$ 是小量,而且 $\theta\sqrt{1+\theta^2}\approx\theta^2$,所以,对于中继星天线螺旋扫描,螺线长 L 可近似为

$$L \approx \frac{a}{2}\theta^2 = \frac{d}{4\pi}\theta^2 \tag{15.9}$$

15.5.2　等线速螺线的极角 θ 的表示式

由式(15.9)可得

$$\theta = \sqrt{\frac{4\pi L}{d}} = \sqrt{\frac{4\pi}{d}}\sqrt{vt} \tag{15.10}$$

式中:v——螺线的线速度,°/s;

　　　t——时间,s。

15.5.3　天线方位轴转角 α 和俯仰轴转角 β 的数学表示式

将式(15.10)代入式(15.5)得

$$\alpha = \frac{d}{2\pi}\sqrt{\frac{4\pi}{d}}\sqrt{vt}\cos\left(\sqrt{\frac{4\pi}{d}}\sqrt{vt}\right) \tag{15.11}$$

$$\beta = \frac{d}{2\pi}\sqrt{\frac{4\pi}{d}}\sqrt{vt}\sin\left(\sqrt{\frac{4\pi}{d}}\sqrt{vt}\right) \tag{15.12}$$

注意式(15.10)～式(15.12)中各量的单位。θ 的单位为 rad,L 的单位与 d 的单位相同,此处为(°)。v 的单位为°/s,t 的单位为 s。α 和 β 的单位为(°)。

扫描轨迹如图 15.6 所示,α,β 随时间的变化如图 15.7 所示。从图 15.7 可见,与图 15.3 不同,扫一圈的时间随扫描圈数增加而增加,保证每 1 秒钟扫过相等的螺线长。

15.5.4　扫描轨迹恒线速度 v 与天线方位角俯仰角的角速度(α',β')的关系

令

$$A = \sqrt{\frac{4\pi v}{d}} \tag{15.13}$$

则式(15.12)可写为

$$\left.\begin{aligned}\alpha &= \frac{d}{2\pi}A\sqrt{t}\cos A\sqrt{t}\\\beta &= \frac{d}{2\pi}A\sqrt{t}\sin A\sqrt{t}\end{aligned}\right\} \tag{15.14}$$

对 α,β 分别求导得到 α',β'

$$
\left.\begin{aligned}
\alpha' &= \frac{dA}{4\pi}\left[\frac{1}{\sqrt{t}}\cos A\sqrt{t} - A\sin A\sqrt{t}\right] \\
&= \frac{dA}{4\pi}\sqrt{A^2 + \frac{1}{t}}\cos(A\sqrt{t} + \phi) \\
\beta' &= \frac{dA}{4\pi}\sqrt{A^2 + \frac{1}{t}}\sin(A\sqrt{t} + \phi)
\end{aligned}\right\} \tag{15.15}
$$

$$
\phi = \arctan\frac{A}{\dfrac{1}{\sqrt{t}}} \tag{15.16}
$$

当 $d = 0.13°$, $v = 0.04°/s$ 时，$A^2 = 3.86658$

t 从 $2\sim135$ s，$\dfrac{1}{t} \leqslant \dfrac{1}{2}$

$$
\sqrt{A^2 + \frac{1}{t}} \approx A \quad (t \geqslant 2\text{ s})
$$

则

$$
\left.\begin{aligned}
\alpha' &\approx \frac{dA^2}{4\pi}\cos(A\sqrt{t} + \phi) \approx v\cos(A\sqrt{t} + \phi) \\
\beta' &\approx v\sin(A\sqrt{t} + \phi)
\end{aligned}\right\} \tag{15.17}
$$

由此得出结论：

(1) 天线方位轴俯仰轴角速度变化是正弦形的。

(2) 角速度正弦形变化的振幅变化很小，变化约 12%。

(3) 角速度正弦形变化的振幅近似等于扫描轨迹线速度 v。

15.5.5 计入用户星运动参数的恒线速度螺旋扫描天线转角表示式

假设，在中继星天线坐标内，用户星的运动由式(15.1)和式(15.2)求得，并令螺旋扫描开始($t=0$)时刻方位角为 α_0，俯仰角为 β_0，扫描时间 t 从 0 开始后式(15.1)和式(15.2)求得卫星方位角为 α_{op}，俯仰为 β_{op}。则计入用户星运动参数(α_{op}, β_{op})的天线转角表示式为

$$
\left.\begin{aligned}
\alpha &= \alpha_{op} + \frac{d}{2\pi}\sqrt{\frac{4\pi}{d}}\sqrt{vt}\cos\left(\sqrt{\frac{4\pi}{d}}\sqrt{vt}\right) \\
\beta &= \beta_{op} + \frac{d}{2\pi}\sqrt{\frac{4\pi}{d}}\sqrt{vt}\sin\left(\sqrt{\frac{4\pi}{d}}\sqrt{vt}\right)
\end{aligned}\right\} \tag{15.18}
$$

通过试验研究表明：对已知运动状态的目标，天线扫描过程中按本章式(15.18)计入目标运动参数 α_{op}, β_{op}，其扫描捕获时间与对相应不运动目标的扫描捕获时间相当。

15.5.6 扫描参数选择

15.5.6.1 扫描参数及单位

(1) 天线 3 dB 波束宽度。用 r 表示天线 3 dB 波束横截面的圆的半径，单位为度。

(2) 扫描范围。中继星天线根据中继星和用户星轨道预报计算出的方位角和俯仰角，程控指向用户星。由于轨道预报误差和中继星姿态误差使程控指向误差(例如为 $\pm0.41°$)大于

天线 3 dB 波束宽度。所谓扫描就是用天线 3 dB 波束横截面圆扫过的面积完全覆盖指向误差范围例如±0.41°的不定区,搜索用户星。单位为(°)。

(3) 迟滞时间 τ。主要是指天线接收到用户星信号作积分处理、进行判决所花的时间和天线驱动迟滞时间。迟滞时间单位为 s,例如 $\tau=0.64$ s。

(4) 螺距 d。在垂直于天线扫描起始位置的电轴的横截面内,电轴扫描轨迹为阿基米德螺线。该螺线的一个特点是螺距相等,用 d 表示。此处,单位为(°)。

(5) 螺线长 L,扫描起始时 $L=0$,L 随 θ 的增加而增长。L 的单位与 d 的单位相同,此处,L 的单位为(°)。因为 L 与 d 的关系类似于圆的周长与圆半径的关系。

(6) 扫描时间 T,完成一次扫描所需的时间,单位为 s。

(7) 扫描线速度 v,天线扫描速度有两种,一种是扫描轨迹具有恒定角速度,另一种是扫描轨迹具有恒定线速度。本方法是具有恒定扫描线速度,即每秒钟内天线电轴走过相等的螺线长度。单位为°/s。

15.5.6.2　扫描参数选择

天线 3 dB 波束宽度、扫描范围和迟滞时间是捕获跟踪系统设计和分机研制已经明确的指标。例如:天线直径 3 m、工作频率 Ka 频段,3 dB 波束宽度为 0.26°;中继星和用户星的轨道预报误差、中继星姿态误差等是大系统的指标,已有定数,例如为±0.41°;迟滞时间假设为 0.64 s。在这里如何选择螺距 d,使天线 3 dB 波束横截面扫过面积完全覆盖扫描范围;选择天线扫描线速度 v 的大小,v 既是在中继星姿态控制允许的范围内,又使扫描过程中,用户星通过 3 dB 波束内的时间 N(例如 $N=2\sim3$)倍于迟滞时间,并使扫描时间 T 缩短。

1) 螺距选择

天线 3 dB 波束宽度为 $2r=0.26°$,扫描范围为 0.41°,迟滞时间为 0.64 s。选择螺距 $d=r=0.13°$,图 15.6 中扫描螺线第 2 圈 3 dB 波束截面与第 3 圈 3 dB 波束截面相交示意图如图 15.5。$A_1A_2=d=r$,相交弦长 $b_1b_2=2r\sin60°=0.225°$。

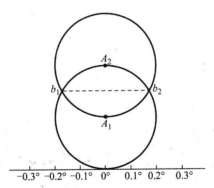

图 15.5　螺距选择为天线半波束宽度示意图

2) 扫描线速度 v 的选择

15.5.4 节证明了此方法中,天线方位角速度幅值及俯仰角速度幅值随扫描圈数增加变化很小,幅值近似等于扫描轨迹的线速度 v,所以,这里的 v 的选择也就等于天线方位角速度及俯仰角速度的选择。这里的 v 包括两部分线速度,一种是不计入用户星运动参数时,纯螺旋线的线速度,例如选为 0.04°/s,另一种由于用户星运动引入的线速度,根据分析计算,其速度在 $0\sim0.018$°/s 之间。所以总的线速度选为 0.06°/s。则扫过 b_1b_2 时间为 3.75 s,为迟滞时间 0.64 s 的 5.8 倍。这就能保证图 15.6 中第 2 圈时,用户星在 b_1b_2 线内能可靠捕获;用户星在 b_1b_2 以上的,扫第 3 圈能可靠捕获。从迟滞时间看,总的线速度还可以适当提高,这就要看卫星姿态控制是否允许提高,还要看天线驱动能力是否能提高。

15.5.7　信号判决门限设置

在扫描过程中,信号门限设置应综合考虑虚警概率、检测概率、捕获时间、旁瓣错锁等因素。信号出现判决可在天线扫描整个不定区域后,找出和信号强度最大(或再加上差信号最小条件)点,即为目标出现坐标;也可根据先验知识,设置双门限,当扫描过程中,信号强度超过门限 1,判断为目标出现,停止螺旋扫描,改为小范围找极值;当信号强度超出门限 2,天线转入自动跟踪。为防止旁瓣错锁,门限设置应使天线第一旁瓣造成误检测概率最小。

15.5.8　计算例

[例 1]　扫描轨迹和天线转角计算。

假设天线 3 dB 波束宽度为 0.26°,螺距 $d=0.13$°(半波束宽度),恒线速螺旋扫描。扫描线速度 0.04°/s,代入式(15.12)得

$$\alpha=\frac{d}{2\pi}\sqrt{\frac{4\pi v}{d}}\sqrt{t}\cos\sqrt{\frac{4\pi v}{d}}\sqrt{t}\approx(0.040\,684\,296\,72\sqrt{t})°\cos(112.664\,206\,3\sqrt{t})°$$

$$\beta=\frac{d}{2\pi}\sqrt{\frac{4\pi v}{d}}\sqrt{t}\sin\sqrt{\frac{4\pi v}{d}}\sqrt{t}\approx(0.040\,684\,296\,72\sqrt{t})°\sin(112.664\,206\,3\sqrt{t})°$$

$$(15.19)$$

扫描范围 0.41° 计算得到扫描轨迹图如图 15.6 所示。可见:螺距 $d=0.13$°,图中第 2 个小圆圈和第 3 个小圆圈 3 分别是扫描第 2 圈和第 3 圈时的 3 dB 波束截面,还能看到扫 3.625 圈(θ 从 0 变到 7.25π)就能全覆盖 ±0.41° 范围。计算式(15.19)得到天线方位转角 α,俯仰转角 β 随时间变化规律如图 15.7 所示。可见与图 15.3 不同,随着扫描圈数增加,每扫 1 圈花的时间增长,以保证线速度相等,即每 1 秒钟扫过相等的螺线长。

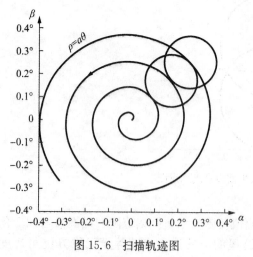

图 15.6　扫描轨迹图

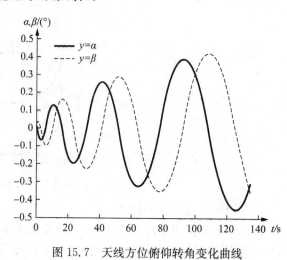

图 15.7　天线方位俯仰转角变化曲线

[例 2]　捕获时间 T 计算。

假设天线 3 dB 波束宽度为 0.26°,螺距 $d=0.13$°(半波束宽度),等线速扫描,扫描线速度

0.04°/s,扫描范围±0.41°,迟滞时间 0.64 s。

从数字计算结果和图 15.6 中的扫描轨迹看,要扫 3.625 圈(θ 从零度增到 7.25π),可靠全覆盖±0.41°范围。

捕获时间≤134 s。

此时扫过用户星时间是 5.8 倍迟滞时间,这对目标信号的发现和捕获是足够的。

如果在扫描时间 134 s 内没有发现目标,控制系统应有重新捕获方案。

15.6　本章小结

提出并论证了中继星星间链路 Ka 天线(中继星天线或用户星天线)对目标的扫描捕获方法,采用阿基米德螺线扫描轨迹,并采用恒线速度(比采用恒角速度)螺旋扫描捕获方法更好。因为它的螺距相等易于实现全覆盖扫描范围;它曲线平滑且线速恒定,有利于对目标信号的发现和捕获,天线方位角速度幅值及俯仰角速度幅值不因扫描圈数的增加而增大,这对卫星姿态冲击影响小。本章导出了扫描轨迹方程和天线方位俯仰转角表示式,论述了此方法的性能和扫描参数的选择,分析计算证明了设计的扫描捕获方法的有效性。

第16章 中继星单址天线星地大回路指向控制系统分析与仿真

16.1 引言

中继星单址天线采用星地大回路捕获跟踪方案对用户星角跟踪的工作原理如图1.13所示。

星-地大回路捕获跟踪方案中，单址跟踪天线馈源输出的俯仰角和方位角误差信号经处理后形成调幅单通道角跟踪信号，经由星地链路天线传回地面终端站，同时基准信号通过遥测通道传回地面终端站。地面终端站接收的角跟踪信号经LNA、变频、滤波、角误差分离、跟踪算法处理后，产生星上天线跟踪用户星所用的驱动信号，以遥控指令形式经星地馈电链路发送至星上，星上遥控指令接收机接收处理后，形成天线跟踪信号驱动单址天线对用户星进行跟踪。

星地大回路捕获跟踪方案相比星上自主捕获跟踪方案，跟踪控制算法和跟踪指令由地面终端站完成，具有星上数据处理设备相对简单、捕获跟踪策略和算法能够地面修正等优点，早期美国中继卫星设计中采用了这种方案。这一方案中由于角跟踪信号和跟踪指令需经星地馈电链路往返传输，由此产生的信号传输长时延因素对高精度实时跟踪控制带来不利影响。

中继卫星单址天线采用星地大回路闭环跟踪形式时，信号处理与控制回路由星上设备、星地馈电链路、地面处理终端组成，回路中包括信号星地往返延时、信号处理延时、滤波和动态延时等约1~2秒。本章对星地大回路捕获跟踪方案指向控制系统进行了仿真分析。

16.2 星-地大回路系统输入信号模型——用户星仿真模型建立

16.2.1 用户星仿真模型的功能及参数选取

建立用户星模型的功能如下：

（1）计算出在地心赤道坐标系中，用户星位置与时间的函数关系。

（2）以TDRS星体滚动、俯仰、偏航三轴建立坐标系，将用户星位置转换到TDRS星体坐标系中。

（3）在TDRS星体坐标系，将用户星运动分解为方位和俯仰角运动。这两个角度是用户星模型的输出信号。

用户星模型的输出信号作为星地大回路模型闭环系统的输入信号。对于中继星单址天线指向系统,这部分的算法亦可作为捕获牵引与闭环跟踪前一阶段的 S 波段天线开环指向算法。

用户星模型参数设置如下:

轨道半长轴 $a_u = 6\,954\,\text{km}$;偏心率 $e_u = 0.052$;

升交点赤经 $\omega_u = 45°$;轨道倾角 $i_u = 65.1°$;

近地点俯角 $\omega_u = 45°$;过近地点时刻 $\tau_u = 0\,\text{s}$。

另外定义 m 为从近地点开始,卫星沿半径为 a 的圆,以平均角速度运转过的角度。

16.2.2　在中继星坐标系下用户星轨道模型及捕获跟踪角度算法

仅考虑二体问题,无摄动情况下,用户星在地心赤道坐标系中的运动方程为

$$\begin{cases} x_c = r(\cos u \cos \Omega_u - \sin u \sin \Omega_u \cos i_u) \\ y_c = r(\cos u \cos \Omega_u + \sin u \sin \Omega_u \cos i_u) \\ z_c = r \sin u \sin i_u \\ r = \sqrt{x_c^2 + y_c^2 + z_c^2} \\ u = \omega_u + f \end{cases} \qquad (16.1)$$

以中继星的滚动、俯仰、偏航三轴建立直角坐标系,(x_1, y_1, z_1) 为用户星在中继星星体坐标系中的坐标,(x_c, y_c, z_c) 为用户星在地心赤道坐标系中的坐标,两者的转换关系为

$$\begin{bmatrix} x_1 \\ y_1 \\ z_1 \end{bmatrix} = \begin{bmatrix} -a\cos p - b\sin p \\ a\sin p - b\cos p \\ 0 \end{bmatrix} + \begin{bmatrix} \cos p & \sin p & 0 \\ -\sin p & \cos p & 0 \\ 0 & 0 & 1 \end{bmatrix} \begin{bmatrix} x_c \\ y_c \\ z_c \end{bmatrix} \qquad (16.2)$$

式中:a, b, p 为

$$\begin{cases} a = r_E \cos \omega_E t \\ b = r_E \sin \omega_E t \\ p = \dfrac{\pi}{2} + \omega_E t \end{cases} \qquad (16.3)$$

(参数选取:地球自转角速度 $\omega_E = 7.290\,8 \times 10^{-5}\,\text{rad/s}$;同步轨道半径 $r_E = 42\,878\,\text{km}$)

方位角为

$$\theta_{fw} = \arctan \frac{x_1}{y_1} \qquad (16.4)$$

俯仰角为

$$\theta_{fy} = \arctan \frac{z_1}{\sqrt{x_1^2 + y_1^2}} \qquad (16.5)$$

16.2.3　用户星轨道仿真数据

根据用户星仿真模型仿真计算一个周期的用户星相对于中继星运动的方位角速度变化曲线、方位角加速度变化曲线,并且作出方位角信号的频谱图,如图 16.1~图 16.3 所示。

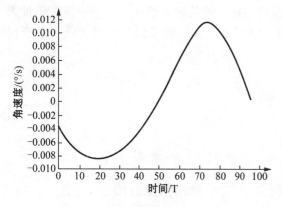

图 16.1　一个周期的用户星相对于
中继星运动的方位角速度变化曲线
注:T 为跟踪用户星一个时间周期

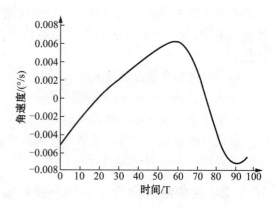

图 16.2 一个周期的用户星相对于
中继星运动方位角加速度变化曲线
注:T 为跟踪用户星一个时间周期

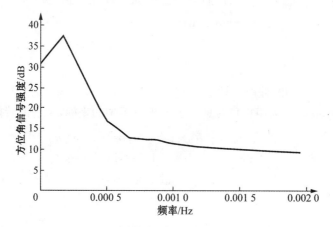

图 16.3　用户星模型方位角运动信号频谱图

16.3　星-地大回路系统时延分析简化模型

16.3.1　星-地大回路系统原理框图

如图 16.4 所示。

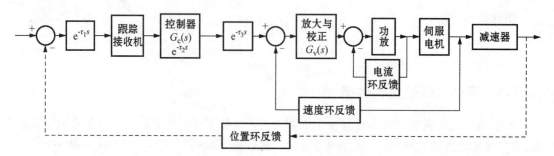

图 16.4　星-地大回路单址天线方位轴自跟踪伺服系统简化原理图

16.3.2　控制回路中的时延分布

控制回路时延来源有:星-地往返传输时延;计算机处理时间;滤波时延及其他动态时延。时延的数值是不确定的,大约为 1～2 s,它取决于具体的系统组成和采用的数据处理算法。在本节的分析中,考虑最坏情况,时延取 2 s。各部分的时延初步估算为:$\tau_1=0.3\,\text{s}$(包括星-地传输时延和一部分动态时延);$\tau_2=1.4\,\text{s}$(包括滤波时延和计算机处理时间);$\tau_3=0.3\,\text{s}$(包括地-星-地传输时延和一部分动态时延)。

16.3.3　星-地大回路系统时延分析模型参数选取与数学模型建立

星-地大回路简化分析模型中天线驱动部分参数设置如下。

天线惯量 $J=80\,\text{kg·m}^2$;

驱动电机采用力矩电机,该电机最高转速为 700 r/min;

减速比为 11 000:1;

天线最大转速 $0.38°/\text{s}$;

接收机灵敏度 5 V/(°);

接收机时间常数 0.008 s;

测速机灵敏度 0.172 V/(rad·s)。

将控制回路模型中速度环设计成过渡过程为临界阻尼状态,则未校正的位置环开环传递函数为

$$G'(s) = \frac{4.8\times10^4}{S(s^2+20\pi s+10^3)(s+40\pi)}\,\text{e}^{-(\tau_1+\tau_2+\tau_3)} \tag{16.6}$$

16.4　星-地大回路控制系统的时延分析与仿真

16.4.1　未校正的星-地大回路系统性能分析与仿真

1) 未校正系统稳定性分析

未校正系统开环伯德图如图 16.5 所示。未校正系统幅频裕度为 9 dB;相角裕度为 30°。

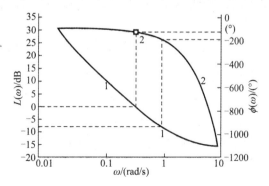

图 16.5　星-地大回路未校正系统开环伯德图

注:曲线 1 为幅频特性;曲线 2 为相频特性

2) 未校正系统对用户星跟踪性能仿真

因未校正系统是一阶无静差系统,其稳态误差主要由速度误差引起,因此,仿真时间设置在用户星模型运动达到最大角速度的时间段内($4\,400\sim4\,600\,$s)。系统对用户星模型方位角运动跟踪仿真数据如表16.1所示。

表 16.1 星-地大回路系统对用户星跟踪仿真数据(方位角)

星-地大回路未校正系统对用户星模型方位角运动跟踪仿真数据 仿真时间($4\,400\sim4\,600\,$s)			$\dfrac{1+aT_0s}{1+T_0s}$校正后星-地大回系统对用户模型 方位角运动跟踪仿真数据 仿真时间($4\,400\sim4\,600\,$s)		
完成1%			完成1%		
Ans=	-3.22	-5.38×10^{-1}	-2.68	Ans=	-3.22	-1.26	-1.96
完成2%			完成2%		
Ans=	-3.20	-3.44	-2.46×10^{-1}	Ans=	-3.20	-3.57	3.74×10^{-1}
完成5%			完成5%		
Ans=	-3.12	-2.88	-2.38×10^{-1}	Ans=	-3.12	-3.15	2.98×10^{-2}
完成10%			完成10%		
Ans=	-3.00	-3.01	1.38×10^{-2}	Ans=	-3.00	-3.02	2.63×10^{-2}
完成20%			完成20%		
Ans=	-2.74	-2.77	2.67×10^{-2}	Ans=	-2.74	-2.77	2.66×10^{-2}
完成40%			完成40%		
Ans=	-2.23	-2.26	2.72×10^{-2}	Ans=	-2.23	-2.26	2.72×10^{-2}
完成60%			完成60%		
Ans=	-1.70	-1.73	2.76×10^{-2}	Ans=	-1.70	-1.73	2.76×10^{-2}
完成80%			完成80%		
Ans=	-1.17	-1.20	2.80×10^{-2}	Ans=	-1.17	-1.20	2.80×10^{-2}
完成100%			完成100%		
Ans=	-6.38×10^{-1}	-6.66×10^{-1}	2.82×10^{-2}	Ans=	-6.38×10^{-1}	-6.66×10^{-1}	2.82×10^{-2}

仿真数据表明:存在大时延环节的未校正系统对用户星模型方位角运动的稳态跟踪误差数量级为10^{-2}°。

16.4.2 经典PID校正后星-地大回路系统跟踪性能分析与仿真

对星-地大回路系统采用形式为$\dfrac{1+aT_0s}{1+T_0s}$的环节进行校正。校正环节参数$a=7.5,T_0=0.09$。校正后系统开环伯德图如图16.6所示。校正后系统幅频裕度为7 dB;相角裕度为60°。

校正后系统对用户星跟踪性能仿真(仿真时间设置在用户星模型运动达到最大角速度的时间段内($4\,400\sim4\,600\,$s))。方位角运动的跟踪仿真数据如表16.1所示。数据表明:校正后系统对用户星的稳态跟踪精度没有明显改善,跟踪误差数量级仍为10^{-2}°。

表16.1中第一、四列数据为输入信号;第二、五列数据为输出信号;第三、六列数据为误差信号。

对系统采用不同的控制律进行校正,并改变控制器参数,由于大时延的影响,校正后系统不能同时具备良好的稳定性和高的跟踪精度。

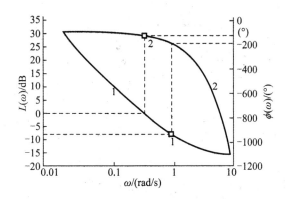

图 16.6　$\dfrac{1+aT_0s}{1+T_0s}$ 校正后系统开环伯德图

注：曲线为幅频特性；曲线 1 为相频特性

　　从以上仿真分析可以看出：对于星-地大回路控制系统，由于大时延环节的影响，系统开环增益受到临界放大系数的限制，系统的速度误差常数不能得到提高。因此，靠提高系统开环增益使系统达到高精度跟踪指向要求的方法是不行的；由于大时延环节的影响，系统相频特性下降很快，系统不能采用积分校正；经典的超前校正、迟后校正以及超前-迟后校正等都不能很好解决使星-地大回路自跟踪系统同时具有良好的稳定性和较高的跟踪精度这一矛盾问题。

16.5　星地大回路系统复合控制方案

16.5.1　星-地大回路系统复合控制方案

　　星-地大回路复合控制系统原理图如图 16.7 所示。

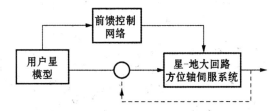

图 16.7　星-地大回路复合控制系统原理图

　　取输入信号的一阶倒数作为前馈控制信号构成复合控制系统，前馈控制通道传输函数为
$$G_p(s) = \lambda e^{\tau_4 s}s（参数 \lambda 与天线驱动部分参数有关）$$

　　$G_p(s) = \lambda e^{\tau_4 s}s$ 的物理意义是将输入信号的一阶倒数（即速度），通过超前环节使超前 τ_4 时刻输出。就这一意义说，$G_p(s) = \lambda e^{\tau_4 s}s$ 相当于一个估值器或预报器，其输出信号是输入信号未来 τ_4 时刻的一阶导数值。因此，虽然 $e^{\tau_4 s}$ 环节是物理不可实现的，但是可用估值器实现前馈通道的功能，构成与复合控制效果相同的控制系统。

　　中继星系统中，单址天线对用户星的跟踪首先是根据用户星星历开环指向。假定跟踪过程中对用户星星历不断修正，则可根据星历表预报用户星轨道，将预报的角速度作为前馈控制信号对系统进行复合控制。根据以上考虑，构造星-地大回路复合控制系统。

16.5.2 星-地大回路复合控制系统性能仿真

对星-地大回路复合控制系统进行以下两组仿真：

第一组仿真：仿真时间段内用户星模型方位角运动角速度达到最大值（仿真时间区间为 4 500~4 700 s）。

第二组仿真：仿真时间段内用户星模型方位角运动角加速度达到最大值（仿真时间区间为 5 400~5 700 s）。

系统对用户星模型方位角运动的跟踪仿真数据如表 16.2 所示。

表 16.2　星-地大回路复合控制系统对用户星跟踪仿真数据（方位角）

仿真时间 4 500~4 700 s			仿真时间 5 400~5 700 s		
完成 1%			完成 1%		
Ans=	-2.21	1.15×10^{-2}	Ans=	6.47	3.77
		-2.2			2.70
完成 2%			完成 2%		
Ans=	-2.19	-2.11	Ans=	6.49	7.25
		-7.74×10^{-2}			-7.62×10^{-1}
完成 5%			完成 5%		
Ans=	-2.13	-2.09	Ans=	6.55	6.55
		-3.70×10^{-2}			-7.69×10^{-3}
完成 10%			完成 10%		
Ans=	-2.02	-2.03	Ans=	6.64	6.64
		1.94×10^{-3}			1.20×10^{-3}
完成 20%			完成 20%		
Ans=	-1.81	-1.82	Ans=	6.83	6.83
		2.03×10^{-3}			1.15×10^{-3}
完成 40%			完成 40%		
Ans=	-1.39	-1.39	Ans=	7.17	7.17
		2.05×10^{-3}			1.02×10^{-3}
完成 60%			完成 60%		
Ans=	-9.63×10^{-1}	-9.65×10^{-1}	Ans=	7.46	7.46
		2.06×10^{-3}			8.90×10^{-4}
完成 80%			完成 80%		
Ans=	-5.33×10^{-1}	-5.35×10^{-1}	Ans=	7.72	7.72
		2.07×10^{-3}			7.57×10^{-4}
完成 100%			完成 100%		
Ans=	-1.02×10^{-1}	-1.04×10^{-1}	Ans=	7.94	7.94
		2.08×10^{-3}			6.25×10^{-4}

表 16.2 中第一、四列数据为输入信号；第二、五列数据为输出信号；第三、六列数据为误差信号。从以上数据分析可以得出：

复合控制不损害原系统的稳定性，且理论推导和仿真结果证明，根据轨道预报提取前馈控制信号构成的星-地大回路复合控制系统可降低系统稳态跟踪误差（对用户星稳态跟踪误差数量级为 10^{-3} °）并减小跟踪时的峰值角误差，因此，复合控制方案是解决使星-地大回路自跟踪系统同时具有良好的稳定性和较高的跟踪精度这一矛盾问题的有效途径。

参 考 文 献

[1] Badri Younes, David Zillig, et al. Nasa future operations at ka-band for leo spacecraft support ops 98 [C]. Conference Japan, 1998. Paper ID: 5a004.

[2] Sandberg J. Artemis S-Band And Ka-band Inter Orbit Link [C]. AIAA-98-1393.

[3] Yunichi Fujiwara, Yasuo Sudo, et al. Japan first data relay test satellite (DRTS) [C]. IAC-03-M. 1.03.

[4] 石书济, 孙鉴, 刘嘉兴. 飞行器控制系统[M]. 北京: 国防工业出版社, 1999.

[5] Chen C Harry, Shian Ming, et al. A Ku/Ka Dual-band Dual-CP tracking feed [J]. IEEE 1996: 2022-2025.

[6] Takehiko Sagara, Hiroshi Aruga, et al. Development of Ka —band tracking receive engineering model for DRTS [C]. AIAA-98-1221.

[7] Nakata H, Ohmura T, et al. Comets Ka-band acquistion and trackong experiment [C]. IAF-99-M. 5.10.

[8] Sagara Takehiko, Batori Naoya, Nagase Masateru. 23GHz tracking recriver for ADEOS interobit communication subsystem [C]. AIAA-94-1155-cp.

[9] Tham Q, Ly J H, et al. Robust antenna pointing control for TDRS spacecraft [C]. Proceedings of the 36th Conference on Decision & Control San Diego, California USA. December 1997: 4938-4942.

[10] Quang Tham, Francis Lee, et al. Robust pointing control of spacecraft with large appendages Aerospace Conference [C]. Proceedings. , IEEE: 369-375 1997, 2.

[11] Francis C Lee. μ -analysis for robust control in spacecraft with large appendages [C]. Proceedings of the 19th Chinese Control Conference, 200: 390-393.

[12] Tom T Tsao, Francis C Lee, David Augenstein. Relationship between robustness μ -analysis and cslassical stability margins [C]. IEEE Aerospace Conference. March 21-28, 1998: 481-486.

[13] 黎孝纯. 中继星天线对用户星的捕获跟踪方案[C]. 全国航天测控技术研讨会论文集, 1996.

[14] 黎孝纯. 中继星天线捕获跟踪指向系统设计中的几个问题[J]. 空间电子技术, 1999(3).

[15] 黎孝纯, 薛丽, 陈明章, 等. 取数传信号频谱主瓣的小部分(如 1/5～1/10)带宽内信号实现角跟踪的理论与实践[C]. 空间电子学学术年会论文集, 2004. .

[16] 黎孝纯, 薛丽. 对宽带数据传输信号的角跟踪理论[J]. 电子学报, 2005(10).

[17] 黎孝纯, 朱舸. 再论证"对宽带数据传输信号的角跟踪理论"[J]. 空间电子技术, 2008(2).

[18] 黎孝纯, 于瑞霞, 闫剑虹. 星间链路天线扫描捕获方法[J]. 空间电子技术, 2008(4).

[19] 黎孝纯. 星间链路角跟踪系统校相分析[J]. 空间电子技术, 2009(2).

[20] 黎孝纯, 王珊珊, 余晓川. 中继星天线程控指向用户星的方位角和俯仰角计算[J]. 空间电子技术, 2007(4).

[21] 杨可忠, 杨智友, 章日荣. 现代面天线新技术[M]. 北京: 人民邮电出版社, 1993.

[22] Bitter D, Aubry C. Sum and difference radiation patterns of a corrugated conical horn by means of Laguerre-Gaussian function [C]. 5th EMC 1975 conference proceedings, 1975: 677-681.

[23] Berkowits R S, et al. Modein Radar: Analysis, Evaluation and System Design [M]. John Wiley &

Sons Inc，1965.

[24] 曹桂明,聂莹,王积勤. 微波部件微放电效应综述[J]. 宇航计测技术,2005(4)

[25] 陈建荣,吴须大. 星载设备中的微放电现象分析[J]. 空间电子技术,1999,1.

[26] 蔡晓宏. 多载波卫星系统中无源互调问题的研究[D]. 西安电子科技大学,2003.

[27] 王海宁,梁建刚,等. 高功率微波条件下的无源互调问题综述[J]. 微波学报,2005,(21).

[28] 杨可忠. 环焦天线的设计[J]. 无线电通信技术,1992,18(2).

[29] 黄立伟,金志天. 反射面天线[M]. 西安:西北电讯工程学院出版社.

[30] Mittra R, Chan C H, Cwick T. Techniques for analyzing frequency selective surface—A review [C]. Proc. IEEE, 1988, 76.

[31] 郭峰. Ku 波段圆锥波纹喇叭馈源的设计[D]. 电子科技大学.

[32] Bruce MacA. Thomas, et al. Design of wide-band corrugated conical horns for cassegrain antennas [C]. IEEE Trans. On AP-34，No. 6，June 1986.

[33] 许智,梁昌洪. Ka 频段 TM01 模行波耦合器设计[C]. 全国天年会论文集,2007.

[34] Kock G F, Scheffer H. Coaxial radiator as feed for Low noise paraboloid antennas [J]. Nachrichtentech Z. , 1969, 22(3).

[35] 陶仁祥,邱家恒. 高效率低漏过抛物面天线的同(共)轴馈源[J]. 跟踪雷达,1982(4).

[36] Capece P, Basile A, et al. Inter orbit link antenna for the Artemis satellite [C]. AP-S, 1995.

[37] 张福顺,张进民. 天线测量[M]. 西安:西安电子科技大学,1995.

[38] 杨可忠,杨智友,章日荣. 现代面天线新技术[M]. 北京:人民邮电出版社,1993:530-550.

[39] 杨可忠,杨智友,章日荣. 现代面天线新技术[M]. 北京:人民邮电出版社,1993:38-43.

[40] 许智,梁昌洪. 一种圆极化多模耦合器. 电波科学学报,2011,36(1):151-156.

[41] Miller S E. Couplerd wave theory and waveguide applications [J]. Bell syst. Tech. J. , May 1954, 661-719.

[42] 梁昌洪,谢拥军,管伯然. 简明微波[M]. 北京:高等教育出版社,2006.

[43] 高全辉. 单通道单脉冲遥测自跟踪系统的设计[C]. 全国遥控遥测技术首届年会论文集,1998.

[44] 黎孝纯. 调频遥测相干单脉冲自动跟踪系统[C]. 空间电子学会论文集,1990.

[45] 金浩. PCM—FM 遥测信号单信道角跟踪系统[J]. 通信与测控,1995(3).

[46] 钟义信. 伪噪声编码通信[M]. 北京:人民邮电出版社,1979.

[47] 吴湘淇. 信号、系统与信号处理(上)[M]. 北京:电子工业出版社,2000.

[48] Toral Marco, Hefferman Paul, Ngan Yi, et al. Payload on- orbit performance verification of tdrs hij 22nd AIAA International Communications Satellite Systems [C]. Conference & Exhibit, 9-12 May 2004, Monterey, California (TDRS 天线在轨测试).

[49] McGRAW. Hill Book company, INC, 1962.

[50] Obtaining Beam-pointing accuracy with Cassgrain antennas [J]. Microwaves, august 1967：40-44.

[51] 玻璃钢结构设计[G]. 上海玻璃钢研究所,1980.

[52] 航天可靠性设计手册[M]. 北京:机械工业出版社,1999.

[53] NASA MTI [R]. (材料技术) Report 95TR29 1995.

[54] 梅晓榕. 自动控制原理[M]. 北京:科学出版社,2002.

[55] 王昌明,何云峰,包建东,等. 测控执行器及其应用[M]. 北京:国防工业出版社,2008.

[56] 王宗培,孔昌平,李楚武,等译. 步进电动机及其控制系统[M]. 哈尔滨:哈尔滨工业大学出版社. 1984.

[57] 陈理璧. 步进电动机及其应用[M]. 上海:上海科学技术出版社. 1983.

[58] 强锡富. 传感器[M]. 北京:机械工业出版社,1991.

[59] 梅生伟,申铁龙,等. 现代鲁棒控制理论与应用[M]. 北京:清华大学出版社,2003.

[60] 吉明,姚绪梁.鲁棒控制系统[M].哈尔滨:哈尔滨工程大学出版社,2002.

[61] 吴敏,桂卫华,等.现代鲁棒控制[M].长沙:中南大学出版社,2006.

[62] 钟掘,等.复杂机电系统耦合设计理论与方法[M].北京:机械工业出版社,2007.

[63] 肖英奎,尚涛,等.伺服系统实用技术[M].北京:化学工业出版社,2004.

[64] 廖晓钟,刘向东.控制系统分析与设计[M].北京:清华大学出版社,2008.

[65] 孙增圻.系统分析与控制[M].北京:清华大学出版社,2006.

[66] 杜继宏,王诗宓.控制工程基础[M].北京:清华大学出版社,2008.

[67] 陈贻迎.矢阵及其在航天器测控参数计算中的应用[J].飞行器测控技术,1998,4.

[68] 王晰,经姚翔.窄波束天线捕获运动目标方法[C].空间电子学学术年会论文集,2004.

[69] 经姚翔.窄波束天线扫描搜索参数分析[C].空间电子学学术年会论文集,2004.

[70] 孙小松,杨涤,等.中继卫星天线指向控制策略研究[J].宇航学报,2004,4.

[71] 李于衡,刘宁宁.在轨跟踪与数据中继卫星测控关键技术[J].上海航天,2006,4.

[72] 汪莹,于志坚,于益农.扩频信号角跟踪带宽分析与优化[J].飞行测控学报,2007,5.

[73] 齐春子,吕振铎.卫星大型柔性天线弹性振动抑制的研究[J].宇航学报,1998,10.

[74] 刘敦,杨大明.带柔性附件卫星的模型化及截断[J].宇航学报,1989,10.

[75] 匡金炉.带柔性附件的航天器系统动力学特性研究[J].宇航学报,1998,4.

[76] Kawakami Y, Hojo H, Ueba M. Control design of an antenna pointing control system with large on-board reflector [J]. Automatic Control in Aerospace. Tsukuba, Japan, 1989: 33-37.

[77] 李勇.控制理论和柔性航天器控制技术的一些新进展[R].出国考察技术报告,1997,1.

[78] 陆佑方.柔性多体系统动力学[M].北京:高等教育出版社,1996.

[79] 孙红霞,译.大型空间天线的控制问题[J].通讯与测控,1998,3.

[80] Kakad Y P. Dynamics of spacecraft control laboratory experiment (SCOLE) Slew Maneuvers. (NASA-CR-4098).

[81] 曲广吉,程道生.复合柔性结构航天器动力学模型的混合坐标建模研究[J].航天器工程,1998,7(3).

[82] 阎绍贵,黄铁球,吴德隆.空间飞行器柔性附件动力学建模方法研究[J].导航与航天运载技术,1999,2.

[83] 陆毓琪,刘正福,黄葆华.耦合多体系统动力响应计算[J].宇航学报,1998,1.

[84] 马兴瑞,王天舒,王本利,等.大型复杂航天器的柔性附件展开的动力学分析[J].中国空间科学技术,2000,8.

[85] 杨雷,曲广吉.航天器柔性多体系统动力学的高效建模方法[J].1997,9.

[86] 汤锡生,陈贻迎,朱民才,等.载人飞船轨道确定和返回控制[M].北京:国防工业出版社,2002.

[87] 章仁为.卫星轨道姿态动力学与控制[M].北京:北京航空航天大学出版社,1998,8.

[88] 刘林.航天器轨道理论[M].北京:国防工业出版社,2000,6.

[89] 杨嘉墀.航天器轨道动力学与控制[M](上).北京:中国宇航出版社,2005,10.

[90] 郗晓宁.近地航天器轨道基础[M].北京:国防科技大学出版社,2003,4.

[91] 卫星坐标系[S].GJB 1028—90.

[92] 郭文鸽.用户星中继终端天线指向算法[J].飞行器测控学报,2009,2.

[93] 郑军.中继星系统多普勒频移分析与补偿[C].航天测控技术研讨会,2006.

[94] 杨峰辉.自动校相技术在现代测控雷达中的实现[J].飞行器测控学报,2003,3.

[95] 汪晓燕.单通道单脉冲角跟踪系统的研究[J].电讯技术,2005,3.

[96] 刘云飞.舰载测控系统的标校[J].无线电通信技术,2003,2.

[97] 柯树人.圆波导多模自跟踪系统的电轴漂移和交叉耦合[J].雷达测量技术,1973,2.

[98] 柯树人.差信道采用四相调制的伪单脉冲自跟踪方法[J].通信与控制,1998.

[99] 杜浩维.遥感与测控站天线跟踪系统的设计问题[J].通信与控制,1995.

[100] 石荣,陈锡明,唐海,唐南. 差模跟踪接收机和差通道相位标校与调整[J]. 电子信息对抗技术,2006.

[101] 柯树人. 圆波导线计划 TE$_{11}$ 模和圆极化 TE$_{21}$ 模自跟踪体制[C]. 航天测控技术研讨会议论文集,2003.

[102] 赵恩慧,沈宗珍. 一种 S/Ka 双频段共用自跟踪反射面天线的方案设计[C]. 空间电子学学术年会论文集,2002.

[103] 王秉钧,王少勇,田宝玉,等. 现代卫星通信系统[M]. 北京:电子工业出版社,2004.

[104] 赵鸿,余晓川,王珊珊. 跟踪接收机理论分析与方案设计[C]. 空间电子学学术年会论文集,2006:503-508.

[105] 弋稳. 雷达接收机技术[M]. 北京:电子工业出版社,2005.

[106] Shiban K. Koul, Bharathi Bhat. 微波和毫米波移相器(第一卷)——介质与铁氧体移相器[M]. Artech House Boston. London,ISBN 0-89006-319-2.

[107] 胡寿松. 自动控制原理[M](第五版). 北京:国防工业出版社,1987.

[108] 陈芳允,贾乃华. 卫星测控手册[M]. 北京:科学出版社,1993.

[109] 周三文,黄龙,卢满宏. FFT 在高动态信号捕获中的应用[J]. 飞行器测控学报,2005,124:61-64.

[110] 万心平,张厥盛,郑继禹. 锁相技术[M]. 西安:西安电子科技大学出版社,1990.

[111] 杨小牛,楼有才,徐建良. 软件无线电原理与应用[M]. 北京:电子工业出版社,2001.

[112] 曾兴雯,刘乃安,陈健. 高频电路原理与分析(第三版)[M]. 西安:西安电子科技大学出版社,2001.

[113] 郭文鸽,李亚晶,祝转民. 基于 TMS320VC33 的近地卫星星历改进算法[C]. 2007 年航天测控技术讨论会文集.